21 世纪重点大学规划教材

操作系统

吴小平　罗俊松　编著

机械工业出版社

本书结合 Windows XP 和 Linux 实例，全面系统地介绍操作系统的原理和实现技术。全书共 9 章，第 1 ~6 章介绍操作系统的概念、功能、基本特征，以及处理器管理、存储器管理、设备管理、文件管理、死锁等操作系统的基本内容；第 7 章介绍多处理器、网络及分布式操作系统的基本原理；第 8 章介绍操作系统的安全性；第 9 章为实验指导。全书从教学实际出发，章节安排上尽量满足读者的阅读习惯，采用通俗易懂的语言，突出基础，注重应用。

本书可以作为高等学校计算机本科专业的操作系统课程教材，也可作为计算机应用开发人员的参考用书。

图书在版编目(CIP)数据

操作系统/吴小平，罗俊松编著．—北京：机械工业出版社，2011.8（2015.8重印）
（21 世纪重点大学规划教材）
ISBN 978 -7 -111 -34377 -6

Ⅰ．①操…　Ⅱ．①吴…　②罗…　Ⅲ．①操作系统 - 高等学校 - 教材
Ⅳ．①TP316

中国版本图书馆 CIP 数据核字(2011)第 137860 号

机械工业出版社(北京市百万庄大街 22 号　邮政编码 100037)
责任编辑：陈　皓　马　超
责任印制：乔　宇
保定市中画美凯印刷有限公司印刷

2015 年 8 月第 1 版・第 3 次印刷
184mm×260mm・19.75 印张・485 千字
4801 -6600 册
标准书号：ISBN 978 -7 -111 -34377 -6
定价：38.00 元

凡购本书，如有缺页、倒页、脱页，由本社发行部调换

电话服务
社服务中心：(010)88361066
销售一部：(010)68326294
销售二部：(010)88379649
读者购书热线：(010)88379203

网络服务
门户网：http://www.cmpbook.com
教材网：http://www.cmpedu.com
封面无防伪标均为盗版

出 版 说 明

“211 工程”是“重点大学和重点学科建设项目”的简称，是国家“九五”期间唯一的教育重点项目。

进入“211 工程”的100所学校拥有全国32%的在校本科生、69%的硕士生、84%的博士生，以及87%的有博士学位的教师；覆盖了全国96%的国家重点实验室和85%的国家重点学科。相对而言，这批学校中的教授、教师有着深厚的专业知识和丰富的教学经验，其中不少教师对我国高等学院的教材建设做过很多重要的工作。为了有效地利用“211 工程”这一丰富资源，实现以重点建设推动整体发展的战略构想，机械工业出版社推出了“21 世纪重点大学规划教材”。

本套教材以重点大学、重点学科的精品教材建设为主要任务，组织知名教授、教师进行编写。教材适用于高等院校计算机及其相关专业，选题涉及公共基础课、硬件、软件和网络技术等，内容紧密贴合高等院校相关学科的课程设置和培养目标，注重教材的科学性、实用性、通用性，在同类教材中具有一定的先进性和权威性。

为了体现建设“立体化”精品教材的宗旨，本套教材为主干课程配备了电子教案、学习指导、习题解答、课程设计和毕业设计指导等内容。

机械工业出版社

前言

操作系统是计算机系统中不可缺少的基本系统软件，它用来控制和管理计算机系统的软、硬件资源，使计算机的各个部件能高效地协调运行，并为用户提供一个方便、灵活、安全使用计算机的平台。操作系统的原理与应用不仅是计算机专业学生必须学习和掌握的基本知识之一，也是从事计算机应用开发的人员深入了解和使用计算机技术的必备知识。操作系统课程除了是计算机各专业的核心课程之外，随着计算机技术的发展和应用领域的不断扩大，一些与计算机相关的专业也相继将它列为重要的必修或选修课程。

本书是作者在多年讲授“操作系统”课程的基础上，针对操作系统课程的特点，广泛汲取操作系统研究论著的精华，并充分结合目前操作系统课程的教学实际编写而成的。本书以操作系统的原理为主线，系统讲述操作系统的基本概念、基本原理及实现技术，并以Windows XP 和 Linux 操作系统为实例，介绍现代操作系统的设计思想和主要实现方法。本书通过经典理论与实例相结合的方式，使用形象、生动、易懂的教学模式，尽量避免抽象、空洞的纯理论教学。本书在讲述操作系统经典内容的同时，也注意介绍操作系统的发展趋势及操作系统的最新研究应用成果。

本书共 9 章。第 1 章介绍操作系统的概念、功能、基本特征、发展历史及主要种类，同时对流行的操作系统的特点进行介绍；第 2 章介绍处理器管理，包括进程的概念、控制、同步、通信、线程等内容；第 3 章介绍处理器调度和死锁；第 4 章介绍存储管理，包括分区式存储管理、分页式存储管理、分段式存储管理、段页式存储管理、虚拟存储管理等内容；第 5 章介绍设备管理，包括概念、I/O 控制方式、缓冲管理、设备分配、I/O 软件、虚拟设备、磁盘管理等内容；第 6 章介绍文件管理，包括文件组织与数据存储、文件目录、文件存储空间管理、文件的共享与保护、保持文件数据的一致性等内容；第 7 章介绍多处理器操作系统、网络操作系统、分布式操作系统的基本原理；第 8 章介绍操作系统的安全性，包括安全性概述和实现安全性的基本策略等内容；第 9 章为操作系统的实验指导。在相应章节后介绍操作系统实例，以帮助读者加深对操作系统原理的理解。

本书建议理论讲授 50 学时左右，上机实践 20 学时。本书第 1、2、3、5、6、7 章和附录由吴小平编写，其余部分由罗俊松编写，全书由吴小平统一定稿。

由于计算机技术发展很快，书中不足之处在所难免，敬请广大读者批评指正。

编　者

目　　录

第1章 操作系统概论

计算机系统包括硬件系统和软件系统两部分。计算机硬件由处理器、存储器及输入/输出设备等可见部分组成，它是计算机软件运行的物质基础，通过运行计算机软件才能充分发挥硬件的功能，使计算机完成各种系统和应用任务。计算机软件有系统软件和应用软件之分，其中，操作系统是最重要、最基本的系统软件，它是对硬件系统的首次扩充，是所有软件运行的基础。其他软件的运行都依赖操作系统的支持及其提供的服务。现代计算机系统，无论是个人计算机还是小、中及大型计算机，都配备一种或多种操作系统。

本章首先介绍操作系统的概念、功能、基本特征，然后介绍操作系统的发展历史，最后介绍主要的操作系统种类和目前流行的操作系统的基本特点。

1.1 操作系统的概念

1. 配备操作系统的目的

现代计算机系统都配备一种或多种操作系统。人们对操作系统并不陌生，只要使用过计算机，就一定使用过操作系统。DOS、Windows、UNIX、Linux 等就是计算机操作系统的典型代表。

为什么要在计算机系统中配备操作系统呢？可以从以下几方面进行理解。

（1）方便人们使用计算机

没有安装任何软件的计算机称为“裸机”。直接使用“裸机”十分困难，计算机的效率也很难发挥。为此，人们在计算机硬件上增加软件，对硬件的功能进行扩充。计算机硬件只能识别0和1组成的机器代码，因此，若计算机上没有配备操作系统，用户要自己编写软件，就必须使用机器语言。例如，若用户想要输入数据或打印数据，就必须自己使用机器语言编写相应的输入程序或打印程序。显然，没有配备操作系统的计算机极难使用，且对使用计算机的用户有很高的技术要求。

在计算机上配备操作系统后，用户一方面可以直接使用操作系统提供的各种命令操作计算机，如直接使用命令输入数据或输出数据；另一方面也可以利用得到操作系统支持的系统软件或应用软件操作计算机，例如，可以使用编译程序方便地将用户使用高级语言编写的源程序翻译成机器代码，这样用户不必再用机器语言编写程序。在计算机上配备操作系统后，既方便了用户，使计算机变得易学易用，又极大地降低了对计算机用户的技术要求。

（2）有效管理计算机资源

计算机由处理器、存储器、输入/输出设备及网络设备等硬件资源组成。处理器用于执行程序，存储器用于存储程序和数据，输入/输出设备用于人机交互，网络设备用于计算机之间的通信。计算机的这些资源都非常宝贵，需要对它们进行合理管理，使所有资源总是尽可能处于高效利用状态。例如，为了使处理器和内存等硬件资源充分发挥它们的功能，计算机系统不会限定一段时间内在机器上只运行一道程序，而是允许多用户或单用户以多任务方式使用计算机，即允许同时装入多个任务运行。在这种情况下，需要解决的问题是，怎样对计算机的硬件资源进行有效管理，使装入的多道作业各得其所、互不干扰地在一段时间内同时执行。

管理计算机资源十分烦琐，对管理者有很高的技术要求。显然，计算机资源不可能由一般用户直接管理，只能让操作系统担任系统资源的管理者。利用操作系统对系统资源进行合理管理，可以使系统的各种资源得到高效利用，从而提高整个系统的运行效率。

2. 操作系统的定义

为了有效管理计算机资源，方便用户使用计算机，必须为计算机配备操作系统。操作系统属于最靠近硬件的系统软件，是对计算机硬件功能的首次扩充，是其他软件的基础运行平台。其他软件则是位于操作系统基础之上，并在操作系统的管理和支持下运行。因此，操作系统在计算机系统中占有重要地位。

任何计算机，只有在安装了相应操作系统后才构成一台可以使用的计算机系统。只有安装了操作系统，用户才能方便地使用计算机，计算机的各种资源才能分配给用户使用。只有在操作系统的支撑下，其他软件（如编译程序、数据库程序及网络程序等）才能获得运行条件而执行。操作系统性能的高低直接决定着计算机整体的硬件性能能否充分发挥出来。操作系统本身的安全性和可靠程度亦在一定程度上决定了整个计算机系统的安全性和可靠性。操作系统在整个计算机系统中的地位如图 1-1 所示。

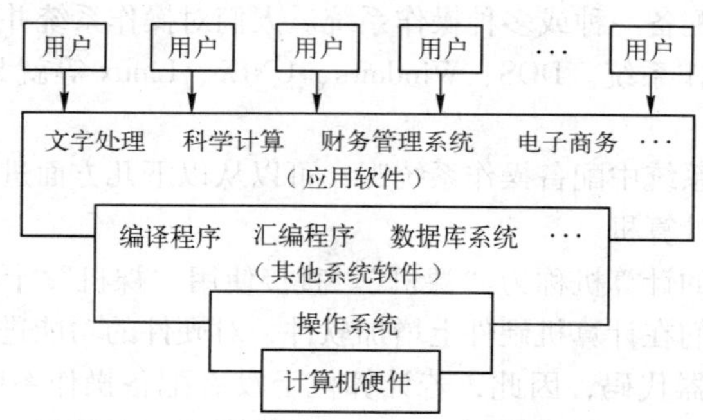

图 1-1　操作系统在计算机系统中的地位

尽管操作系统已出现并使用了很长时间，但操作系统的准确定义至今仍无统一的标准。综合各种观点和说法，一种被普遍认同的观点是：操作系统是一组控制和管理计算机硬件和软件资源，合理地组织计算机的工作流程，为其他软件提供支持，使计算机系统所有的资源最大限度地发挥作用，改善人机界面，方便用户使用计算机的最基本的系统软件。该观点表明，操作系统的作用主要表现在以下两个方面。

1）从用户使用计算机角度看，操作系统是用户和计算机之间的接口。操作系统通过用户接口为用户提供服务，用户通过操作系统方便地使用计算机系统。

2）从计算机角度看，操作系统是计算机各种资源的管理者，负责对各种硬件资源和软件资源进行分配和管理。

3. 操作系统的目标

目前存在多种类型的操作系统，不同类型的操作系统其目标侧重也不尽相同，通常设计操作系统应达到以下几个目标。

1）方便用户使用计算机。操作系统应提供统一且界面友好的用户接口，以方便用户使用计算机。

2）能有效管理硬件资源和软件资源。操作系统应能有效分配和管理计算机的软、硬件资源，使系统资源得到充分利用。

3）提高系统效率。操作系统应能合理地组织计算机的工作流程，改善系统性能，提高系统运行效率。

4）具有可扩充性。操作系统必须具有很好的可扩充性，可以根据需要方便地增添新功能和修改旧功能，以适应技术不断发展的需要。

5）具有开放性。操作系统应遵循国际标准进行设计，构造一个统一的开放环境，以便不同厂家生产的计算机和设备能通过网络集成，且能正确、有效地协调工作，实现应用程序的可移植性和互操作性。

6）具有可靠性。可靠性包括正确性和健壮性。操作系统除了应满足正确性这一基本要求外，还应满足在发生硬件故障或某种意外情况时，仍能进行适当处理，避免造成严重损失的健壮性要求。

7）具有可移植性。可移植性是指将程序从一个计算机环境转移到另一个计算机环境中仍能正常运行的特性。由于操作系统开发是一项非常庞大的工程，为了避免重复工作，缩短软件研发周期，现代操作系统设计已将可移植性作为一个重要目标。

1.2 操作系统的主要功能

配备操作系统的目的是高效地使用资源，以提高系统资源的利用率和方便用户使用。为了实现上述目的，操作系统应具有以下几方面的管理功能：处理器管理功能、存储器管理功能、设备管理功能及文件管理功能。此外，随着网络技术的不断发展，操作系统还应具备相应的网络功能。同时，为了方便用户使用计算机，操作系统还应向用户提供方便、友好的用户接口。

1. 处理器管理功能

处理器是计算机系统中的核心硬件资源，它的性能与使用情况对整个系统的性能有至关重要的影响。处理器的速度一般比其他硬件设备的工作速度快得多，其他设备的正常运行往往也离不开处理器。因此，有效管理处理器并充分利用处理器资源是操作系统最重要的管理任务之一。处理器管理主要包括以下内容。

（1）进程控制

在多道程序环境中，要使作业运行，必须先为它创建一个或多个进程，并为之分配必要的资源。进程运行结束时，要撤销该进程，以便回收该进程占用的资源。进程控制的主要任务就是为作业创建进程，撤销已结束的进程，以及控制进程在其生命过程中的状态转换。

（2）进程同步

系统中的进程以异步方式运行，即进程以各自独立的、人们不可预知的速度向前推进。为了使多个进程能有条不紊地运行，需要进行进程同步，即对进程的执行次序及访问资源的顺序进行协调。协调有以下两种方式。

1）进程互斥方式：指诸进程在访问临界资源时，必须采用互斥方式访问。

2）进程同步方式：指诸进程在合作完成某个共同任务时，必须对它们的执行次序加以协调。

为了实现进程同步，系统中必须设置进程同步机制。

（3）进程通信

在多道程序环境中，系统往往为一个应用程序建立多个进程，通过这些进程的相互合作来完成一项共同任务。这些相互合作的进程之间需要交换信息，即在进程间进行通信。进程间常采用消息传递机制通信。具体的通信方式有以下两种。

1）直接通信方式。当合作的诸进程位于同一个计算机系统中时，通常采用直接通信方式，即由源进程利用发送命令将消息直接挂到目标进程的消息队列上，而目标进程利用接收命令从其消息队列中取出消息。

2）间接通信方式。当合作的诸进程位于不同的计算机系统中时，通常采用间接通信方式，即由源进程利用发送命令将消息送入一个存放消息的中间实体中，之后由目标进程利用接收命令从中间实体中取出消息。

（4）调度

在多道程序环境中，作业一般要经过调度才能执行。存在以下两种最基本的调度。

1）作业调度：指从后备队列中，按照一定的算法选择若干个作业，调入内存，建立相应的进程，并分配必要的资源，使之成为就绪进程，再将它们插入就绪队列。

2）进程调度：指从就绪队列中，按照一定的算法选择一个进程，将处理器分配给它使之运行。

2. 存储器管理功能

这里的存储器指内部存储器，它是计算机系统中重要且“紧俏”的资源，管理它的好坏对系统性能有重要影响。存储器管理的主要任务是：为多道程序提供良好的运行环境，方便用户使用存储器，提高存储器的利用率及从逻辑上扩充内存容量。存储器管理主要包括以下内容。

（1）内存的分配与回收

为每道作业分配内存空间使它们各得其所、互不干扰，以及当作业运行结束时及时回收分配给它的内存空间，是存储器管理最基本的功能。操作系统分配内存可以采用以下两种具体的分配方式。

1）静态分配方式。即作业需要的内存空间在它装入时分配，作业装入后的整个运行期间内，既不允许作业申请新的内存空间，也不允许作业在内存中移动位置。

2）动态分配方式。即在作业装入时为它分配所需要的基本内存空间，在以后的运行期间内，允许作业申请新的内存空间，也允许作业在内存中移动位置。

（2）内存保护

为了保证所有进程都在自己的内存空间中运行而互不干扰，系统必须随时检查进程对内存的访问是否合法。必须防止某个进程访问非共享的其他进程的代码和数据，尤其应防止用户进程侵犯操作系统的内存区。

（3）地址映射

源程序经编译、链接后形成可装入程序。可装入程序的起始地址是0，程序中的其他地址都相对起始地址 0 进行计算，这些地址形成的范围称为“逻辑地址空间”或“地址空间”，其中的地址称为“逻辑地址”或“相对地址”。

计算机内存中的内存单元也通过地址进行区分。由内存中一系列内存单元限定的地址范围称为“内存空间”，其中的地址称为“物理地址”或“绝对地址”。

在多道程序环境中，将程序装入内存后，其地址空间中的逻辑地址与内存空间中的物理地址不可能一致，因此，存储器管理必须提供地址映射功能，将逻辑地址转换为对应的物理地址。

（4）内存扩充

计算机的物理内存容量总是有限的。有限的内存容量往往限制着大型程序运行或一段时间内多道程序同时运行。为了满足用户的内存要求和改善系统性能，现代操作系统都提供了相应的内存扩充功能。存储器管理中的内存扩充不是增加物理内存的容量，而是利用虚拟存储技术，将物理外存虚拟为虚拟内存，从逻辑上对内存容量进行扩充，使用户感觉到系统的内存容量比系统真实物理内存容量大得多。

（5）内存共享

为了提高内存资源的利用率，存储器管理应提供内存共享功能，即当多个程序含有相同的代码段时，允许在内存中只保留该代码段的一个副本。

3. 设备管理功能

计算机系统的外围设备种类繁多，控制复杂。相对处理器而言，外围设备的运转速度比较慢。如何充分利用各种设备资源，提高处理器与设备的并行性，方便用户和程序控制、操作设备，一直是操作系统需要解决的主要问题。

设备管理的主要任务是：为用户分配 I/O（输入/输出）设备，完成用户提出的 I/O 请求，提高处理器和 I/O 设备的利用率，提高系统的 I/O 速度，方便用户使用 I/O 设备。要完成上述任务，设备管理应具有以下功能。

（1）缓冲管理

由于处理器与外围设备的速度差异很大，当它们需要交换信息时，应在它们之间设置缓冲区，以缓解它们速度不匹配的矛盾。缓冲管理就是设置和管理各种类型的缓冲区。合理设置缓冲区，可以有效提高处理器和 I/O 设备的利用率，进而提高系统的吞吐量。

（2）设备分配与回收

设备分配就是根据用户的输入/输出请求及系统现有资源的使用情况，按照某种设备分配策略为用户分配所需设备。设备分配除了分配 I/O 设备外，还包括分配对应的设备控制器。若处理器与设备控制器之间存在 I/O 通道，设备分配还包括分配相应的 I/O 通道。

设备回收指当进程的输入/输出完成后，系统应及时回收设备，以便将它重新分配给其他进程使用。

（3）设备驱动

设备驱动又称为设备处理。设备驱动过程中要使用专门的设备驱动程序（或称设备处理程序）。设备驱动程序与硬件密切相关，不同的设备控制器具有不同的设备驱动程序。设备驱动程序用来实现处理器与设备控制器之间的通信。

设备驱动过程如下：①设备驱动程序首先检查输入/输出请求的合法性，检查设备是否处于空闲状态，传递必要的参数及设置设备的工作方式；②向设备控制器发出输入/输出命令，启动I/O设备完成指定的输入/输出操作；③输入/输出完成后驱动程序及时响应由设备控制器发来的中断请求，并根据该中断请求的类型调用相应的中断处理程序进行处理。对于设置了通道的计算机系统，设备驱动程序还应根据用户的输入/输出请求，自动构成通道程序。

（4）实现设备独立性

设备独立性又称为设备无关性，其基本含义是：应用程序独立于具体使用的物理设备，即应用程序通过逻辑设备名申请使用设备，而该逻辑设备名到底对应哪一台物理设备由操作系统根据实际情况决定。

实现设备独立性提高了设备分配时的灵活性，使程序不再局限于某个具体的物理设备，既有利于提高系统效率，又方便用户编程。

（5）实现虚拟设备

在一段时间内仅允许一个进程使用的设备称为独占设备。使用虚拟设备技术可以将一台独占设备改造为能同时提供给多个进程共享的设备，或者说，可以将一台物理设备变换为多台对应的逻辑设备（虚拟设备）同时提供给多个用户使用。使用虚拟设备技术可以有效提高系统设备的利用率。

4. 文件管理功能

现代计算机系统中，信息（程序和数据）总是以文件形式保存在外存上，需要时再调入内存。保存在外存上的文件，不可能由用户直接管理，而是由操作系统中的文件管理功能进行管理。文件管理的主要任务是：对系统文件和用户文件进行有效管理，实现按名存取，实现文件的共享、保密和保护，保证文件安全，向用户提供一套能方便操作文件的命令和接口。要实现上述任务，文件管理应具有以下功能。

（1）文件存储空间管理

文件存储空间管理的主要任务是为文件分配和回收外存空间。分配方法应有利于提高外存的利用率和提高文件的读/写速度。

（2）目录管理

操作系统通过文件目录对文件实施管理。文件目录中，每个文件对应一个目录项，该目录项包含文件名、文件属性、文件在外存上的位置等信息。通过对文件目录进行有效管理，实现文件按名存取，实现文件共享，提高文件的检索速度。

（3）文件的读/写管理

该管理的基本功能是实现文件的读或写，即怎样根据用户请求，从外存中读取文件数据，或将数据写到外存文件中。

（4）文件保护

为了防止系统中的文件被非法窃取或破坏，文件管理功能必须提供有效的保护措施，以达到下述目标：防止未经核准的用户存取文件，防止冒名顶替存取文件，防止以不正确的方式使用文件。

5. 网络功能

随着计算机网络的迅速发展，网络功能已成为操作系统的重要组成部分。现代操作系统都注重为用户提供便捷、可靠的网络通信服务。为此，操作系统应至少具有以下几种网络功能。

（1）网络资源管理

管理用户对网上资源的访问，实现网上资源共享，保证网络信息资源的安全性和完整性。

（2）数据通信管理

数据通信管理为网络应用提供必要的网络通信协议；处理网络信息传输过程中的物理细节；通过通信软件，按照网络通信协议，完成网络上计算机之间的信息传输。

（3）网络管理

网络管理包括网络性能管理、网络安全管理、网络故障管理、网络配置管理及日志管理等。

6. 用户接口

为了方便用户使用计算机，操作系统向用户提供了"用户接口"。用户接口提供了一个友好的用户使用计算机的途径。目前操作系统提供的用户接口通常包括以下几种。

（1）命令接口

为了便于用户直接或间接控制自己的作业，操作系统向用户提供了命令接口。用户可以通过向作业发出命令来控制作业运行。例如，在控制台上输入 UNIX 命令 ls，将列出当前文件目录的内容。命令接口可进一步划分成联机命令接口和脱机命令接口两种。

（2）程序接口

程序接口是为用户程序在执行过程中访问系统资源而设置的，是用户程序取得操作系统服务的唯一途径，提供给编程人员使用。程序接口由一组系统调用组成。每个系统调用是一个能完成特定功能的子程序。

（3）图形接口

图形接口采用了图形化的操作界面，将系统的各项功能、各种应用程序及数据文件以非常容易识别的图标形式直观、逼真地表示出来。用户可以方便地使用鼠标、菜单及对话框等完成各种操作。

1.3 操作系统的基本特征

目前存在着多种类型的操作系统。不同类型的操作系统有各自的特征，但它们都具有并发、共享、虚拟及异步等共同特征。在这些共同特征中，并发是操作系统中最重要的特征，其他 3 个特征都以并发为前提。

1. 并发

并发指若干个事件或活动在同一时间段内发生。在多道程序环境中，并发指在一个时间段内宏观上有多个程序在同时运行。注意不要将并发与并行概念混淆，并行指若干个事件或活动在同一时刻发生。尽管程序并发执行指某时间间隔内宏观上有多道程序在同时执行，但微观上程序的具体执行方式取决于计算机系统中处理器的数量。在单处理器系统中，由于只有一个处理器，在每一时刻只能执行一个程序，故程序执行在微观上总是交替进行的；而在多处理器系统中，由于存在多个处理器，在同一时刻每个处理器上可以处理一个程序，故程序可以并行执行。

操作系统是一个并发系统，并发性是操作系统的最基本特征。在操作系统的支持下，通常称“多道程序可以并发执行”。需要注意的是，上述说法并不完全正确，这是因为通常的程序是静态实体，它们是不能并发执行的。为了使程序能够并发执行，系统必须分别为每个程序建立相应的进程，只有多个进程才能并发执行。为了使多个程序能够并发执行正是在操作系统中引入进程的目的。

操作系统的并发性能够消除计算机系统中各个进程之间的相互等待，有效改善系统资源的利用率，提高系统的运行效率。但并发性也会引发一系列问题，使操作系统的设计和实现复杂化。

2. 共享

共享指计算机系统中的资源可以供内存中多个并发执行的进程共同使用。共享是操作系统的另一个主要特征。利用操作系统的共享特征，可以减少资源浪费，提高系统资源的利用率。由于资源的属性不同，所以诸进程对资源的共享方式也不一样。目前存在两种资源共享方式。

（1）互斥共享方式

系统中的有些资源，如打印机、磁带机等，虽然它们可以提供给多个进程使用，但为了使所打印或记录的结果不致混乱，应规定在一段时间内只允许一个进程访问该资源。这类在一段时间内只能由一个进程使用的资源称为临界资源或独占资源。计算机系统中的大多数物理设备属于临界资源，软件中的某些变量、堆栈等数据结构也属于临界资源。对临界资源必须采用互斥方式进行共享，即当一个进程正在访问某临界资源时，其他欲访问该资源的进程必须等待，仅当该进程访问结束并释放对应的临界资源后，才允许另一进程对已空闲的临界资源进行访问。

（2）同时访问方式

系统中还有一些资源（如磁盘），允许在一段时间内“同时”被多个进程访问。对这类资源，诸进程采用同时访问方式进行共享。但需要注意的是，所谓“同时”往往是宏观上的，而在微观上，有可能是诸进程交替对该资源进行访问。

并发和共享是操作系统的两个最基本的特征，它们相互依存。一方面，只有多个进程并发执行，才存在资源共享问题；另一方面，资源共享是支持并发的基础，若不能对资源进行有效共享，必然会影响进程的并发执行，导致系统效率低下。

3. 异步

异步性又称随机性或不确定性，指系统中的诸进程总是按照各自独立的、不可预知的速度向前推进。在多道程序环境中，允许多个进程并发执行，但由于资源等因素限制，每个进程的运行并不是“一气呵成”，而是以“走走停停”的方式执行。内存中的每个进程在何时开始执行，在何时暂停，以什么速度向前推进，每道作业需要多少时间才能完成都是不可预知的。

操作系统的异步性特征给系统带来了潜在的危险，若处理不好，有可能产生与时间有关的错误。因此，操作系统必须保证，只要初始条件和运行环境相同，同一进程的多次运行都会获得完全相同的结果。

4. 虚拟

操作系统中的“虚拟”指通过某种技术（称为虚拟技术）将一个物理实体变为若干个逻辑上的等价物。物理实体是实际存在的；逻辑等价物实际上并不存在，只是用户感觉上的东西。例如，利用多道程序设计技术，通过让多道进程并发执行的方法，可以将一台物理处理器虚拟为若干台逻辑上的处理器；于是，一台物理处理器就能同时为多个用户服务，且使以分时方式同时使用该物理处理器的多个终端用户从感觉上认为自己独占了一台计算机。

操作系统中使用了多种虚拟技术，包括虚拟处理器技术、虚拟存储器技术、虚拟设备技术和虚拟信道技术等。虚拟存储器技术，即将计算机的物理外存虚拟为虚拟内存，从逻辑上扩充内存容量；虚拟设备技术，即将一台I/O设备虚拟为若干台逻辑上的I/O设备，并允许每个用户占用一台逻辑上的I/O设备；虚拟信道技术，即将一条物理信道虚拟为多条逻辑信道（虚信道）。

1.4 操作系统的逻辑结构和运行模型

操作系统逻辑上可以划分为内核和核外程序两部分。核外程序主要是一些支撑程序和实用程序，完成与硬件无关的功能。操作系统内核是最靠近计算机硬件的一组程序模块，提供支持进程并发执行的基本功能和基本操作，并具有访问硬件设备和所有内存空间的权限。操作系统内核运行在核心态，是唯一能执行特权指令的程序。

1. 操作系统的逻辑结构

根据内核的组织结构，可以将操作系统划分如下。

（1）单内核结构

单内核结构即内核在结构上可以看成一个整体，虽然有些内核的内部又划分成若干模块或层次，但系统运行时，内核形成一个整体的二进制大映像。单内核结构中，模块间的交互通过直接调用相应模块中的函数来实现，而不是通过消息传递，所有模块都在相同的内核空间中运行，内核代码是高度集成的。单内核结构的优点是效率较高。

单内核操作系统又可以划分为以下两种基本结构。

1）整体模块结构。

设计思想是：将操作系统按功能分解为若干模块，每个模块再划分成若干个子模块，每个子模块具有一定的独立功能，若干子模块协作实现某项功能；从结构上看，上层模块实现主控和调度功能，中层模块提供各种服务，下层模块是一组公用过程，用来支撑上层模块工作；模块之间可以通过模块接口任意交互，数据可以全程使用；模块之间传递参数和返回结果的方式可以按需要进行约定；在分别对各模块进行设计、编码、调试的基础上，再将所有模块连接成一个完整的操作系统。整体模块结构具有很长的历史，技术已趋于成熟，因此Linux操作系统仍然采用这种结构设计。

整体模块结构的优点是：结构紧密，模块间可以方便地进行组合以满足不同的需要，灵活性较好，效率高；缺点是：对模块功能的划分往往不能精确确定，模块的独立性可能较差，模块之间调用关系复杂，导致系统结构不清晰，正确性和可靠性不容易保证，系统维护较困难。

2）分层式结构。

设计思想是：操作系统被划分成若干模块（程序），这些模块（程序）按照功能调用次序分成若干层；每一层的程序只能使用其底层模块提供的功能和服务，即低层为高层服务，高层可以调用低层的功能，反之则不能。按照分层式结构设计的操作系统，不但系统结构清晰，而且不会出现循环调用。

分层式结构的主要优点是：按照单向调用关系，以层为单位组织各模块（程序），使得模块之间的依赖、调用关系更加清晰和规范，对一个分层进行修改不会影响到其他层次，系统的调试和验证比较容易，系统的正确性更容易得到保证，系统中间的接口也会减少。当然，要在具有单向依赖关系的各分层之间实现通信，系统的通信开销较大，因而系统的效率会受到一定影响。

（2）微内核结构

操作系统仅将系统的一些核心功能放入内核，因此称为微内核，而其他功能都在内核之外，由在用户态运行的服务器（进程）实现。

微内核结构的设计思想是：操作系统分成两部分。一部分是运行在核心态的微型内核，它提供系统最基本的功能，只完成极少的核心态任务，如进程管理和调度、内存管理、消息传递和设备驱动等，内核构成了操作系统的基本部分；另一部分是一组服务器进程，它们运行在用户态，并以客户—服务器方式提供服务，如文件管理服务、进程管理服务、存储管理服务、网络通信服务等，操作系统的绝大部分功能由这组服务器进程提供。在微内核结构中，客户与服务器进程之间采用消息传递机制进行通信，通信过程借助内核实现，即由内核接收来自客户的请求，再将该请求传送至相应的服务器进程，同时，内核也接收来自服务器进程的应答，并将此应答回送给请求用户。

微内核结构的优点是：对进程的请求提供一致性接口，不必区分内核级服务和用户级服务，所有服务均采用消息传递机制提供；具有较好的可扩充性和易修改性，增加新服务或替换老服务只需要增加或替换服务器（进程）；可移植性好，与 CPU 有关的代码集中在微内核中，将系统移至新平台修改较小；对分布式系统提供有力支持，客户给服务器进程发送消息，不必知道服务器进程驻留在哪台机器上。缺点是运行效率较低，这是因为进程之间必须通过内核的通信机制才能相互通信。

2. 操作系统的运行模型

操作系统本身是一组程序，这组程序按照什么方式运行称为操作系统的运行模型。操作系统有以下 3 种运行模型。

（1）独立运行的内核模型

操作系统有自己独立的存储空间，有独立的运行环境，例如，有自己的核心栈，其执行过程不与应用程序（进程）发生关联。若操作系统具有这种运行模型，则当用户进程被中断或发出系统调用时，被中断进程的现场被保存到该进程的运行现场区，内核接收控制权并开始执行，且内核程序总是运行在自己的核心栈上。

在这种模型下，操作系统作为一个独立实体在内核模式下运行，因而内核程序要并发执行很困难，进程概念只适合应用程序。独立运行的内核模型出现在早期的操作系统中。

（2）嵌入应用进程中执行的模型

为了提高内核程序的并发性，操作系统在创建应用进程时，同时为它分配了一个核心栈，该核心栈用来运行内核程序，以形成操作系统程序嵌入应用程序内执行的方式。若操作系统具有这种运行模型，则当用户进程发出系统调用或遭遇中断时，处理器转到核心态下运行，控制转移给操作系统，用户进程的现场被保护，并启用刚被中断进程的核心栈作为内核程序执行过程调用的工作栈。需注意的是，整个过程中只发生了处理器的状态转变（从用户态转变为核心态），进程的现场切换并没有发生，即认为内核程序嵌入在当前用户进程中执行。

(3) 作为独立进程运行的模型

操作系统的小部分核心功能（进程切换和通信、底层存储管理、中断处理等）仍然在核心态下运行，而操作系统的大部分功能由一组独立的服务器进程提供，这组服务器进程运行在用户态。

1.5 操作系统的形成与发展

20世纪50年代中期出现了第一个简单的批处理操作系统，20世纪60年代中期产生了多道批处理系统，不久又出现了分时系统。20世纪80年代后，随着微机、计算机网络、多处理器系统的快速发展，微机操作系统、网络操作系统、多处理器操作系统及分布式操作系统逐渐出现并迅速发展。计算机操作系统的形成和发展历史，可以划分成以下几个阶段。

1. 人工操作阶段

从计算机产生到20世纪50年代中期的机器属于第一代计算机。这段时间的计算机运行速度慢，设备少，操作系统尚未出现。用户（程序员）采用手工方式直接使用和控制计算机硬件，即由程序员将编写（最先采用机器语言编写，后来采用汇编语言编写）好的程序和数据事先穿孔在纸带或卡片上，再将纸带或卡片装入纸带输入机或卡片输入机，然后启动它们，让它们将程序和数据输入计算机。在程序运行结束并取走计算结果后，才让下一个用户上机。

人工操作方式存在用户独占全机资源及处理器等待人工操作两个缺点，因此严重降低了计算机资源的利用率，即出现了严重的人机矛盾。随着处理器速度的迅速提高，系统规模不断扩大，而I/O设备的速度却提高缓慢，人机矛盾越来越突出。

为了缓解人机矛盾，有人提出了“自动作业定序”的思想，即让作业之间的转换自动完成。作业自动转换技术的实现导致了操作系统的雏形——监控程序的产生。

2. 监控程序阶段

随着第二代晶体管数字计算机的出现，计算机运行速度显著提高，再采用人工操作方式将导致大量处理器时间浪费，严重影响处理器的利用率。为了减少作业转换的时间，提高处理器的利用率，20世纪50年代中期出现了监控程序干预下的单道批处理系统。单道批处理系统是操作系统的雏形，其工作过程如图1-2所示。

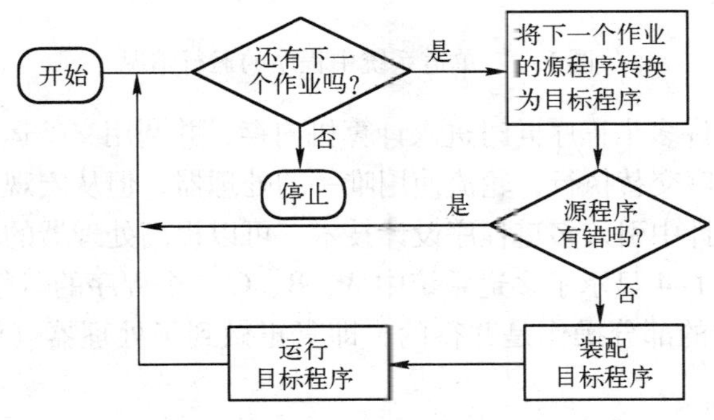

图1-2 单道批处理系统的处理流程

操作员按照作业性质组织一批作业，将这批作业统一从纸带或卡片输入到磁带上，再由监控程序将磁带上的作业装入内存一个接一个自动处理。处理过程是：首先由监控程序将磁带上的第一个作业装入内存，并将运行控制权交给该作业；当该作业处理完成时，又将控制权交还给监控程序，再由监控程序将磁带上的第二个作业调入内存；按照这种方式使作业一个接一个自动得到处理，直至磁带上的所有作业全部完成。由于作业的装入、启动等操作都由监控程序自动完成，无须用户干预，因此，处理器和其他系统资源的利用率都得到了提高。

单道批处理系统是在解决人机矛盾的过程中出现的。但作业间自动转换问题解决后，随着处理器与I/O设备在速度上的差异日益扩大，处理器因等待输入/输出操作而空闲的时间越来越多，处理器与I/O设备速度不匹配的矛盾越来越突出。因此，单道批处理系统仍然不能很好地利用系统资源。

3. 操作系统成熟时期

第三代计算机是集成电路数字计算机。第三代计算机运行速度更快，内存容量及设备的数量和种类都大大增加。为了更好地发挥硬件的功能，更好满足各种应用的需要，迫切需要一个功能强大的监控程序（管理程序）来控制系统的所有操作，管理系统的所有软、硬件资源。

20世纪60年代，随着中断技术和通道技术的实现，多道程序设计技术成为现实。借助多道程序设计技术，人们成功设计出了具有一定并发处理能力的监控程序，并在此基础上进一步形成了功能更加强大的系统程序集合，出现了真正意义上的操作系统。第一个通用操作系统是在IBM System/360计算机上运行的OS/360，它实现了真正的资源管理，建立了相应的资源管理机制。后来，陆续出现了多道批处理系统、分时系统及实时系统。

为什么设计操作系统时必须引入多道程序设计技术呢？

在单道系统（如早期的单道批处理系统）中，任何时间内存中仅有一个作业，处理器与其他硬件设备串行工作，导致许多资源空闲，系统性能差。图1-3显示了处理器、输入机及打印机的串行工作情况。由图中可以看到，当输入机或打印机工作时，处理器必须等待。

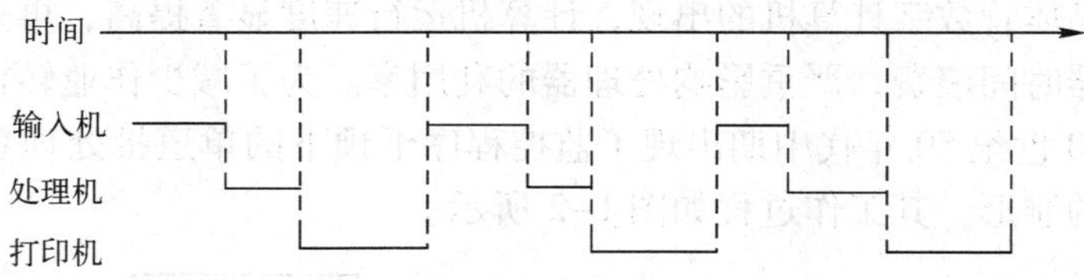

图1-3　单道系统中程序的运行情况

多道程序设计指允许多个程序同时进入计算机内存，并利用交替运算方法使它们运行。尽管从微观上看，这些程序交替执行，轮流使用唯一的处理器，但从宏观上看，这些程序是同时执行的。在操作系统设计中引入多道程序设计技术，可以提高处理器的利用率，充分发挥计算机硬件的并行能力。图1-4显示了多道系统中A、B、C三个程序的运行情况。图1-4中显示，A、B、C在运行过程中的部分操作是并行的，即真正做到了处理器（CPU）运行与I/O设备处理同时进行。

必须注意：多道程序设计中程序的道数不是任意的，它受程序中输入/输出占用时间的比例、内存大小及用户响应时间等因素影响。

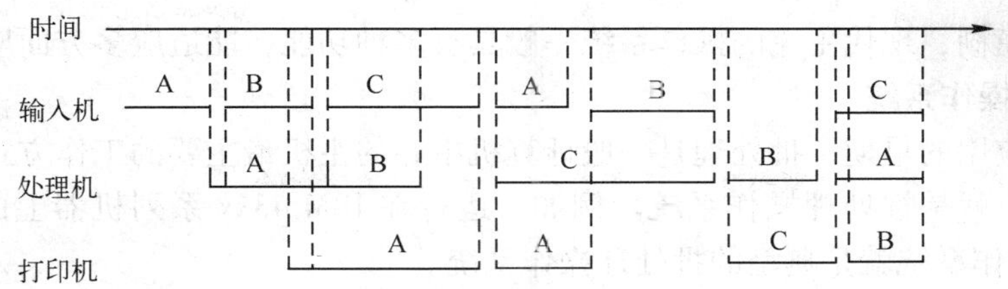

图 1-4　多道系统中 A、B、C 三个程序的运行情况

进行多道程序设计时需解决以下几个问题。

1）程序浮动与存储保护问题。程序浮动指程序能从一个内存位置移动到另一个内存位置而不影响其运行；存储保护指多个程序共享内存时，要求每个程序只能访问授权的区域。

2）处理器的调度和管理问题。多道程序对处理器的使用是交替进行的，这就要求对每个程序何时使用处理器及怎样使用处理器等环节进行安排和管理。

3）其他资源的管理和调度问题。多道程序除了能共享处理器资源外，同样能共享系统中的其他资源，如何保证合理分配和正确使用这些资源也是需要解决的问题。

4. 操作系统的进一步发展时期

20 世纪 80 年代后，随着微电子技术的迅速发展，大规模及超大规模集成电路技术得到了广泛应用。计算机硬件不断升级换代，计算机的体系结构更加灵活多样。微型计算机得到迅速发展，推动了微机操作系统的出现和发展。由于微型计算机迅速普及，主要使用对象亦发生了改变，计算机的使用对象趋于个人化，导致进行操作系统设计时将如何方便用户使用计算机放在了更重要的地位。系统的操作界面向着更加方便用户与计算机交互的方向发展，传统的字符界面逐步被图形用户界面取代。这段时期发展出的微机操作系统种类繁多，功能强大，以 DOS、Windows、OS/2、UNIX 等为典型代表。

20 世纪 90 年代后，计算机应用逐步向网络化、分布式及智能化方向发展，推动操作系统进入了一个新的发展时期。各种网络操作系统、多处理器操作系统、分布式操作系统及嵌入式操作系统纷纷出现，功能日新月异。操作系统的设计观念也发生了改变，由主要追求如何提高系统资源的利用率，转变到同时要考虑使用方便及人工效率等因素。

推动操作系统发展的动力是多方面的，总体上可以概括如下。

1）提高计算机资源利用率的需求。

2）方便用户使用计算机的要求。

3）计算机硬件的不断更新换代。

4）计算机体系结构的不断发展。

5）计算机应用需求的不断扩大。

1.6　主要操作系统类型

为了在特定计算机硬件环境下满足用户对计算机的使用要求，在计算机发展的不同时期，出现了不同类型的操作系统，这些操作系统在用户面前呈现出不同的处理方式和运行特征。可以按照功能、特点及使用方式将操作系统划分为若干种基本类型。但需要注意的是，随着操作系统技术的不断发展，操作系统的功能越来越综合化和多元化，操作系统类型的划分界限越来越模糊，现代主流的操作系统一般具有多种功能，能适应多方面应用的需要。

1. 批处理操作系统

在计算机应用的早期，批处理是一般计算机中心的主机最主要的工作方式，这些主机上配置的操作系统就是批处理操作系统。例如，运行在 IBM 43xx 系列机器上的 IBM DOS/VS 和 DOS/VSE 操作系统就是典型的批处理操作系统。

在批处理系统中，用户提交给计算机的工作常被称为作业。一个作业通常由程序、数据和作业说明书组成。当用户将作业提交给操作员以后，为了减少作业处理过程中的时间浪费，操作员先将作业按照其性质进行分组（分批），然后以组（批）为单位将作业提交给计算机，由计算机自动完成这批作业并输出结果。

根据内存中允许存放作业的个数，批处理操作系统又分为单道批处理操作系统和多道批处理操作系统。

早期的批处理操作系统是单道批处理操作系统，其特征是一批作业自动顺序执行，每次只允许一个作业进入内存运行，先提交的作业总是先完成。单道批处理系统中，整个系统的资源被进入内存的作业独占使用，因此资源利用率很低。例如，当作业进行输入/输出操作时，由于内存中无其他作业，CPU 只能等待，导致 CPU 的利用率很低。

为了提高 CPU 和其他系统资源的利用率，在批处理操作系统设计中引入了多道程序设计技术，于是形成了多道批处理操作系统。多道批处理操作系统仍然一次自动完成一批作业处理，但在同一时间允许多个作业同时进入内存并发执行。在多道批处理操作系统中，作业的运行次序与作业的提交顺序没有严格的对应关系，先提交的作业完全有可能后完成，因为作业的执行顺序由调度算法确定。多道批处理操作系统的资源利用率很高，这是因为当一个作业在等待输入/输出时，操作系统将调度另一个作业执行。

现在的批处理操作系统一般指多道批处理操作系统。多道批处理操作系统的优点是资源利用率高，系统吞吐量（即系统在单位时间内完成的工作总量）大。缺点是作业平均周转时间（作业周转时间指从作业进入系统开始，直至完成退出系统的总时间）长，用户与计算机的交互能力差，不利于程序的开发与调试。

2. 分时操作系统

尽管批处理操作系统具有效率高等优点，但用户在脱机方式下工作时无法干预自己的程序运行，不能得知程序进展情况，不利于程序调试和排错，使用计算机非常不方便。而用户对计算机系统的期望是，使用方便，能人机交互，多个用户能以共享方式同时使用一台计算机。于是，在操作系统设计中，同时融合了多道程序设计技术和分时技术，出现了分时操作系统。配备了分时操作系统的计算机，简称为分时系统。

在分时系统中，一台主机同时连接了多个带显示器、键盘和其他外围设备的终端，每个用户拥有自己的终端，在分时操作系统的支持下，允许这些用户通过自己的终端，以分时交互方式使用主机，共享主机资源，并且，每个用户在上机时感觉不到其他用户存在，似乎自己独占了主机资源。

分时操作系统实现的思想是：作业直接进入内存，且不允许一个作业长期占用处理器，规定每个作业在运行一个很短的时间间隔（如 0.1 s，通常将这段时间间隔称为一个时间片）后，便暂停该作业运行，并立即调度下一个作业运行，以保证在不长的时间（如 2 ~ 3 s）内，所有用户的作业都执行一次。于是，从用户角度看，所有用户都能及时与自己的作业交互，所有用户的请求都能得到及时响应。

分时操作系统是一种联机的、多用户多任务的、交互性的操作系统。第一个分时操作系统（CTSS）出现在1961年，它被成功运行在IBM 709和IBM 7094机上，支持32个交互式用户同时工作。1970年出现了著名的UNIX分时操作系统。目前，分时操作系统已成为最流行的一种操作系统，几乎所有现代操作系统都具备分时处理功能。

分时操作系统具有以下特点。

1）独立性。由于分时操作系统以时间片轮转的方法使一台计算机同时为若干个终端用户服务，因此，客观效果是这些用户彼此独立，互不干扰，每个用户感觉好像自己独占了计算机。

2）同时性（多路性）。指从宏观上看，多个用户在同时使用一台计算机。

3）交互性。分时操作系统的用户是联机用户，用户可以采用人机会话方式与程序会话，直接控制程序运行。

4）及时性。终端用户的立即型请求（CPU处理时间较短的请求）能够在足够短的时间内得到响应（如2～3s）。

分时操作系统与批处理操作系统存在以下不同。

1）追求目标不同。批处理操作系统以提高资源利用率和系统吞吐量为主要目标；分时操作系统则以满足用户的人机交互需求，方便用户使用计算机为主要目标。

2）适应作业不同。批处理操作系统适应非交互性的大型作业；而分时系统适应交互性的小型作业。

3）作业控制方式不同。批处理操作系统由用户使用JCL（作业控制语言）书写作业控制流，预先提交，脱机工作；分时操作系统由用户从键盘输入命令，以联机交互方式直接控制作业运行。

响应时间是衡量分时操作系统性能的一个重要指标，其影响因素很多，如CPU的速度、联机终端的数目、时间片的长短、系统调度开销大小及对换信息量的多少等。可以通过控制终端数目，调整时间片，采用重用代码及减少对换信息量等方法进行改善。

3. 实时操作系统

随着计算机技术的不断发展，计算机的应用领域日益扩大，20世纪60年代后期，计算机已广泛应用于控制与商业事务处理等领域。这些新出现的应用中的一些任务往往在时间上带有紧迫性，要求在规定的时间内完成响应和处理，这类任务称为实时（及时）任务。实时任务对计算机系统提出了新的需求，要求计算机系统能及时响应外部事件的请求，在规定的时限内完成对该事件的处理，并有效地控制所有实时任务协调一致运行。应用需求导致了实时操作系统出现。

实时操作系统指具有实时（及时）特性，能够支持实时控制和实时信息处理的操作系统。存在3种典型的实时系统：过程控制系统、信息查询系统及事务处理系统。过程控制系统主要用于生产过程的自动控制、自动驾驶及武器自动控制等。信息查询系统主要用于实时信息查询，即当计算机同时接收来自不同终端的提问和服务请求时，系统必须在很短的时间内做出响应。事务处理系统除了能够对终端用户的实时请求做出及时响应外，还必须对系统中的数据文件及时刷新，火车或飞机订票系统、银行业务处理系统就是这类系统的典型代表。

实时操作系统具有以下特征。

1）及时响应和处理。实时操作系统就是为缩短系统的响应和处理时间而设计的操作系统，因此，设计操作系统时，特别是实时控制系统，必须首先考虑及时响应和处理。

2）安全可靠。尽管批处理操作系统和分时操作系统也要求安全可靠，但实时操作系统对系统的安全性和可靠性有更高的要求。对过程控制系统，尤其是重大控制项目，如航天航空、药品与化学反应、武器控制等，任何疏忽都可能导致灾难性的后果，因此系统中必须有相应的容错机制。对信息查询和事务处理系统，则要求保证信息与数据的完整性。

3）交互能力有限。实时操作系统是较少有人为干预的监督和控制系统，虽然也提供人机交互，但交互操作应根据应用对象和应用要求的不同进行限制。用户只能访问系统中特定的专用服务程序，不能像分时操作系统一样向终端用户提供多方面服务。

4）多路性。实时操作系统也具有多路性。过程控制系统一般具有现场多路采集、处理和控制执行的功能。信息查询和事务处理系统则允许多个终端用户同时向系统提出服务请求，每一个用户都会得到独立的服务和响应。

4. 微机操作系统

微型计算机的出现引发了计算机产业革命，使其迅速进入社会的各个领域，拥有巨大的使用量和最广泛的用户群。配备在微型计算机上的操作系统称为微机操作系统。随着微机的CPU字长从8位、16位、32位，发展到64位，依次出现了8位、16位、32位及64位微机操作系统。可以将微机操作系统划分如下。

（1）单用户单任务操作系统

单用户单任务操作系统的含义是指在同一时间内只允许一个用户上机且只允许运行一道用户程序，计算机的所有资源归一个程序使用。单用户单任务操作系统是最简单的操作系统，主要配备在8位微机和16位微机上，其典型代表是CP/M和MS-DOS，其中，CP/M主要配置在8位微机上，MS-DOS主要配置在16位微机上。

（2）单用户多任务操作系统

单用户多任务操作系统的含义是指在同一时间只允许一个用户上机但允许同时运行多个用户程序。由于这些并发执行的程序共享系统资源，因此系统的性能得到了明显改善。目前，在32位微机上运行的操作系统主要是单用户多任务操作系统，其中最具代表性的是OS/2和Microsoft Windows家族。

（3）多用户多任务操作系统

多用户多任务操作系统的含义指允许多个用户通过各自的终端同时使用一台主机，且允许每个用户同时运行多个程序，共享主机的各类资源。在大、中、小型机上配备的操作系统都是多用户多任务操作系统。目前占主流地位的32位微机，也有不少配置了多用户多任务操作系统，其中最具代表性的是UNIX和Linux。

微机操作系统以追求界面友好和使用方便为重要目标。目前流行的微机操作系统大多是多任务的操作系统，并具有网络功能。

5. 网络操作系统

随着社会进入信息化时代，计算机技术、通信技术及信息处理技术得到了快速发展，推动了计算机网络的出现和发展。计算机网络指一些互连的自治计算机系统的集合。所谓自治计算机指计算机具有独立处理能力，而互连则表示计算机之间能够实现通信和相互合作。通过计算机网络，可以将地理上分散的、具有独立功能的若干计算机和终端设备通过通信线路连接起来，实现数据通信和资源共享。

网络操作系统是计算机网络中最重要的系统软件，它能够控制计算机在网络中传送信息和共享资源，并能为网络用户提供各种所需的服务。网络操作系统具有以下几方面功能。

1）网络通信。即在源主机和目标主机之间实现无差错的数据传输。这是计算机网络最基本的功能。

2）资源管理。即对网络中的所有软、硬件共享资源（文件、硬盘及打印机等）实施有效管理，协调诸用户使用共享资源，保证数据的安全性和一致性。

3）网络服务。即在前两个功能的基础上，为方便用户而直接向用户提供多种有效服务，如电子邮件服务、文件传输服务、共享硬盘服务及共享打印服务等。

4）网络管理。最基本的任务是安全管理，既要确保存取数据的安全性，又要保证系统出现故障时数据的安全性。此外，还包括对网络性能进行监视，对网络使用情况进行统计，以便为提高网络性能、进行网络维护和记账等提供必要的信息。

5）互操作能力。现代网络操作系统都提供了在一定范围内的互操作功能。所谓互操作，是指在客户/服务器的局域网环境下，连接到服务器上的多种客户机和主机不仅能与服务器通信，而且还能以透明方式访问服务器上的文件系统；而在互联网环境下的互操作，指不同网络间的客户机不仅能通信，而且也能以透明方式访问网络中的文件服务器。

6. 多处理器操作系统

要改善计算机系统的性能，除了提高计算机元器件的速度外，另一条途径是改进计算机系统的体系结构。最主要的办法是通过增加系统处理器的数量，实现任务的并行处理。

早期的计算机系统基本上都是单处理器系统，20 世纪 70 年代以后，打破了单处理器体系结构垄断的局面，出现了多处理器体系结构。近年来推出的大、中、小型机，大多数采用了多处理器体系结构，甚至在高档微型计算机中也出现了这种趋势。引入多处理器系统（MPS）的原因主要有以下几点。

1）增加系统的吞吐量。随着系统中处理器数量增加，可使系统在较短的时间内完成更多的工作。

2）节省投资。在达到相同处理能力的条件下，采用具有 n 个处理器的系统比使用 n 台独立的计算机更节省费用。这是因为这 n 个处理器安装在同一个机箱内，且使用同一个电源，以及共享内存、打印机等资源。

3）提高系统的可靠性。多处理器系统通常具有系统重构功能。当系统中的某个处理器发生故障时，系统能立即将在该处理器上处理的任务迁移到其他一个或多个处理器上继续处理，整个系统仍然能够正常运行，只是系统性能有所降低。

可以从不同角度对多处理器系统分类。根据处理器之间耦合的紧密程度可以将多处理器系统划分为紧密耦合多处理器系统和松散耦合多处理器系统。根据多处理器系统中处理器的功能是否相同，可以将多处理器系统划分为同构对称型多处理器系统（SMPS）和异构非对称型多处理器系统（AMPS）。

在多处理器系统上安装的操作系统称为多处理器操作系统。多处理器操作系统目前有以下 3 种类型。

1）主从式。主从式操作系统安装在一台主处理器上，用来管理整个系统的资源，并分配任务给从处理器。

2）独立监督式。独立监督式与主从式不同，在这种类型中，每一个处理器均有各自的管理程序（核心）。

3）浮动监督式。有一台处理器作为执行全面管理功能的“主处理器”，但根据需要，“主处理器”是可浮动的，即可从一台处理器切换到另一台处理器。

7. 分布式操作系统

分布式系统是通过网络将多个分散的处理单元连接起来，并在分布式处理软件的支持下构成一个整体而形成的系统。在分布式系统中，系统的处理和控制功能分散在系统的各个处理单元上，系统的所有任务可以动态地分配到各个处理单元上处理。分布式系统的各个处理单元既高度自治，又能相互协同，并在整个系统范围内实现资源的动态分配和管理，有效控制和协调多个任务并行执行。若分布式系统的每个处理单元是计算机，则可称为分布式计算机系统；若处理单元只是处理器和存储器，则称为分布式（处理）系统。

分布式系统是一个一体化的系统，在整个系统中有一个全局的操作系统，称为分布式操作系统。分布式操作系统负责全系统（包括每个处理单元）的资源分配、调度、任务划分、信息传输及协调控制等工作，并为用户提供统一的界面和标准接口。系统运行过程中操作具体在哪个处理单元上执行，到底使用哪个处理单元的资源都由分布式操作系统决定，用户无须知道，也就是说，系统的访问过程对用户是透明的。

分布式系统与网络系统有以下不同。

1）分布性。在分布式系统中有一个统一的分布式操作系统，由它统一管理整个分布式系统的资源；而网络系统中每个结点可以有自己的网络操作系统。

2）并行性。分布式系统可以将任务动态地分配到不同的处理单元上并行处理；而网络操作系统中每个用户的任务通常在本地处理。

3）透明性。分布式系统的访问过程对用户是透明的，如用户要访问某个文件，只需提供文件名，不需要知道文件存放在哪个站点；而网络系统的访问过程对用户是不透明的，若用户要访问某个文件，必须提供文件名和文件存放位置。

4）共享性。在分布式系统中，各站点的资源可以供全系统共享；而在网络系统中，一般只有服务器上的部分资源可以供全网共享。

5）健壮性。分布式系统具有健壮性，若某站点出现故障，则在该站点上处理的任务可以自动迁移到其他站点；而网络系统的健壮性相对差一些，若服务器出现故障则有可能导致全网瘫痪。

著名的分布式操作系统有 Amoeba（荷兰自由大学）、Plan 9（AT&T 公司贝尔实验室）、Cm *（美国卡内基－梅隆大学）、X 树系统（美国加州大学伯克利分校）、Arachne（美国威斯康星大学）、CHORUS（法国国家信息与自动化研究所）、GUIDE（法国 Bull 研究中心）、Clouds（美国佐治亚理工学院）和 CMDS（英国剑桥大学）等。

8. 嵌入式操作系统

随着信息技术的快速发展和 Internet 的广泛使用，出现了多种类型的信息电器产品。所有信息电器都与嵌入式（计算机）系统应用有关。在嵌入式（计算机）系统中，硬件不再以物理独立的装置和设备形式出现，而是大部分或者全部隐藏和嵌入到各种应用系统中，实现软、硬件的一体化。由于嵌入式系统的应用环境与其他计算机系统的应用环境存在较大的差别，于是推动了嵌入式软件和嵌入式操作系统出现。

嵌入式操作系统是运行在嵌入式应用环境中，对整个系统以及所操作和控制的各种部件、装置等资源进行统一协调、处理、指挥和控制的系统软件。嵌入式操作系统具有一般操作系统的共性，但由于它所处硬件平台的局限性，应用环境的多样性，以及开发手段的特殊性，又与一般操作系统有较大的区别，具有微型化、可定制、实时性强、可靠性高、易移植等特点。

嵌入式操作系统按其实时性能可分为两类。一类是面向通信和控制领域的强实时嵌入式操作系统，如 WindRiver 公司的 VxWorks、ISI 公司的 pSOS 等；另一类是面向家用电器和电子产品的弱实时嵌入式操作系统，如 Microsoft 公司的 Windows CE、Sun 公司的 Java OS for Consumers 等。

1.7 流行操作系统简介

1.7.1 Windows 操作系统

Windows 操作系统是目前个人计算机中应用较广泛的一种操作系统。自 1983 年 11 月微软公司发布了它的第一个视窗操作系统软件 Windows 1.0 以来，经过近几十年的发展，先后推出了若干不同版本。目前最新的版本是 Windows 7 和 Windows Server 2008。Windows 采用了图形用户界面（GUI），与传统的字符界面相比，具有操作方便、使用灵活等优点。

在 Windows 系列产品中，Windows 1. x、Windows 2. x 和 Windows 3. x 是 16 位的单用户多任务操作系统，只能在 Intel x86 CPU 上运行。它们具有支持虚拟内存技术，支持多媒体技术，支持对象链接与嵌入技术（OLE）等优点，但由于必须在 DOS 的支持下运行，不能自行引导，因此还不能算是完整的操作系统。

1993 年，微软公司推出了 32 位的 Windows NT 操作系统。Windows NT 有两个产品，一个是 Windows NT Server，用于服务器；另一个是 Windows NT Workstation，用于客户机。Windows NT 先后推出了 3.1、3.5、3.51、4.0 几个版本，其中最成功的是 Windows NT Server 4.0。Windows NT 系列可支持 Intel x86 和部分 RISC CPU，较好地实现了充分利用硬件新特性、可扩充性、可移植性、兼容性等目标。Windows NT 支持 SMP 和多线程，支持抢先可重入多任务处理和页式虚拟存储管理，支持多种应用程序接口和多种可装卸文件系统，具有容错功能和集成网络计算机功能。Windows NT 不需要 DOS 支持，可以自行引导。

1995 年 8 月，Windows 95 发布，它取代了 3.1 版和 DOS 版 Windows。Windows 95 新的桌面、任务栏及开始菜单依然存在于今天的 Windows 系统中。Windows 95 是一个 16/32 位混合编程的操作系统，它也可以自行引导，且增加了支持长文件名、抢占式多任务和多线程等新技术。

1996 年 11 月，微软公司推出 32 位嵌入式操作系统 Windows CE 1.0。Windows CE 1.0 是一款基于 Windows 95 的操作系统，它是微软公司嵌入式、移动计算平台的基础。

1998 年 6 月，Windows 98 正式发布。人们普遍认为，Windows 98 并非一款新的操作系统，它只是提高了 Windows 95 的稳定性。Windows 98 SE（第二版）发行于 1999 年 5 月 5 日。它包括了一系列的改进，如 Internet Explorer 5、Internet Connection Sharing、NetMeeting

3.0 和 DirectX API 6.1 等。

2000 年 2 月，Windows 2000 发布。Windows 2000 包括一个用户版和一个服务器版。Windows 2000 是一个面向商业环境的 32 位操作系统，为单一处理器或对称多处理器的 32 位 Intel x86 计算机而设计，以 Windows NT 技术为核心。Windows 2000 最为重要的功能是Active Directory（活动目录服务）。

2000 年 12 月，Windows Me 发布。相对其他 Windows 操作系统，短暂的 Windows Me 只延续了 1 年，即被 Windows XP 取代。Windows Me 是最后一个基于实时 DOS 的 Windows 9x 系统。

2001 年 10 月，微软公司发布了 Windows XP。Windows XP 是一个把消费型操作系统和商用型操作系统融合在一起的 32 位操作系统。最初发行了两个版本：专业版（Windows XP Professional）和家庭版（Windows XP Home Edition）。专业版在家庭版的基础上添加了新的网络认证、双处理器等功能。Windows XP 的主要技术特点如下。

1）系统可靠性大大增强。Windows XP 采用了完全受保护的内存模型，几乎消灭了 Windows 98 的蓝屏现象；在 Windows XP 中，重要的内核数据结构都是只读的，因此应用程序不能破坏它们；所有设备驱动程序也是只读的，并进行了页保护，因此恶意的程序不能影响操作系统核心区域；为了提高系统可靠性，微软公司还采用了并行 DLL 技术、核心文件保护技术等措施。

2）具有更好的系统性能。加快了微机启动和关机时间，减少了系统重新启动现象，增强了图形、音频、视频及网络处理系统的性能。

3）系统具有还原功能。可以自动创建可标记的还原点，使用户将计算机还原到指定日期前的系统状态，且还原时不会丢失用户的数据文件、电子邮件等。

4）更好的安全性。采用防火墙技术，保护用户不受 Internet 上的一般攻击；支持加密文件系统（EFS），可以产生加密文件，且加密和解密过程对用户是透明的。

2003 年 4 月，微软公司正式发布服务器操作系统 Windows Server 2003。它增加了新的安全和配置功能，提供了高度集成的服务器组件，能使客户将 IT 基础设施的运行效率提高将近 30%。Windows Server 2003 有多种版本，包括 Web 版、标准版、企业版及数据中心版。每个版本均有 32 位和 64 位两种编码。Windows Server 2003 R2 于 2005 年 12 月发布。

2006 年 11 月，Windows Vista 开发完成并正式进入批量生产。Windows Vista 的新特性主要包括如下几个方面。

1）安全功能。Windows Vista 对安全功能进行了增强，提供了新的加密 API，新增了系统服务的访问权限控制、版权管理服务、安全防护软件、用户账户控制、文档虚拟化及 BitLocker 数据加密等功能，并改进了加密文件系统以支持磁盘和文件加密功能。

2）部署功能。Windows Vista 提供了远程安装服务、商业桌面部署和 Windows 自动化安装套件等部署服务，并采用了 WIM（Windows Imaging Format）文件结构的映像格式。

3）应用程序兼容性。Windows Vista 通过 Program Compatibility Assistant（程序兼容性助手）自动进行基本的兼容性变更，通过虚拟化技术（Virtual PC，Virtual Server）支持旧版环境的应用程序，为 UNIX 程序子系统提供了 POSIX 兼容环境，并新增了 64 位版本。

2008 年 2 月，微软公司发布新一代服务器操作系统——Windows Server 2008。Windows Server 2008 是迄今为止最灵活、最稳定的 Windows 服务器操作系统，它加入了包括 Server

Core、PowerShell 和 Windows Deployment Services 等新功能，并加强了网络和群集技术。

2009 年 10 月 22 日，微软公司正式发布了最新一代的操作系统 Windows 7。Windows 7 具有以下优点。

1）可简化日常任务。例如，家庭组可以帮助用户通过家庭网络轻松地共享文件和打印机；Jump List 可快速访问用户最喜爱的图片、歌曲、网站和文档；Windows 搜索可以帮助用户即刻找到计算机上几乎任何内容；更完善的缩略图预览、更易查看的图标和更丰富的自定义方式等。

2）具备更快且更可靠的性能。例如，完全支持 64 位，能充分利用 64 位计算机的强大功能；能快速地休眠和恢复；使用更少的内存；快速识别 USB 设备等。

3）使新事物成为可能。例如，使用远程媒体流使用户可以在家庭计算机上欣赏音乐和视频；使用触控功能，且在计算机上配备触摸屏后，用户不用键盘和鼠标就可以操作计算机等。

1.7.2　UNIX 操作系统

UNIX 操作系统是目前唯一能运行在从微型机到巨型机上的通用多用户操作系统。UNIX 操作系统在 1969 年诞生于美国 AT&T 贝尔实验室，最初由 Ken Thompson 和 Dennis Ritchie 开发。由于其具有简洁、易移植等优点，很快得到注意、普及和进一步发展。UNIX 与 Windows 操作系统不同，主要用于高档工作站和服务器领域。

UNIX 的诞生源于 Multics 项目的失败。Multics 是由麻省理工学院、AT&T 贝尔实验室和通用电气公司合作进行的操作系统项目。该项目失败后，贝尔实验室的雇员 Thompson 和 Ritchie 领导一组开发者，利用 Multics 项目的经验，在 DEC PDP－7 计算机上开始编写一个新的操作系统，开发了一个新的多任务操作系统，该系统实现了一个文件系统、一个命令解释器（Shell）和一些简单的文件工具，并最终被命名为 UNIX。

最初的 UNIX 是用汇编语言编写的，而一些应用则由 B 语言和汇编语言混合编写。1973 年 Thompson 和 Ritchie 用 C 语言重写了 UNIX。用 C 语言编写的 UNIX 代码简洁紧凑、易移植、易读、易修改，为此后 UNIX 的发展奠定了坚实的基础。

1974 年，Thompson 和 Ritchie 合作在《ACM 通信》上发表了一篇关于 UNIX 的文章，这是 UNIX 第一次出现在贝尔实验室以外。此后，UNIX 被政府机关、研究机构、企业和大学注意到，并逐渐流行开来。随着 UNIX 软件和源代码以许可证形式迅速免费扩散，许多大学和研究机关在免费使用的同时对 UNIX 进行了深入研究、改进和移植，贝尔实验室又将这些改进和移植加入到以后的 UNIX 版本中。另一方面，使用 UNIX 又培养了懂得 UNIX 使用和编程的大量学生，学生毕业后又将 UNIX 传播到各种商业机构和政府机关中。这种大众的积极参与对 UNIX 操作系统的改进、完善、传播和普及起到了重要作用。

1984 年，AT&T 的拆分使得 AT&T 可以进入计算机市场，于是除了贝尔实验室的研究小组继续研究和发行 UNIX 研究版以外，AT&T 成立了专门的 UNIX 对外发行机构，先后发行了 System Ⅲ、System Ⅴ、System Ⅴ Release 2（SVR2）和 System Ⅴ Release 3（SVR3）。由于 AT&T 的 UNIX 商业发布版本不再包含源代码，所以加州大学伯克利分校继续开发 BSD UNIX，作为 UNIX System III 和 V 的替代选择。BSD 对 UNIX 最重要的贡献之一就是 TCP/IP。BSD 有 8 个主要的发行版中包含了 TCP/IP。

随着 UNIX 迅速发展，以及众多大学和公司参与，UNIX 出现了许多变种，如 Sun Solaris、IBM AIX、HP UX 等。这些变种有些选择 System V 作为基础版本，有些选择了 BSD，有些则选择了 UNIX 研究版。BSD 的一名主要开发者——Bill Joy，在 BSD 基础上开发了 SunOS。

1987 ~ 1989 年，AT&T 决定将 Xenix（微软公司开发的一个 x86 - pc 上的 UNIX 版本）、BSD、SunOS 和 System V 融合为 System V Release 4（SVR4）。这个新发布版将各版本的多种特性融为一体，结束了混乱的竞争局面。1993 年以后，大多数商业 UNIX 发行商都开始基于 SVR4 开发自己的 UNIX 变种。

在 UNIX 操作系统发展的过程中，为了让不同 UNIX 版本之间相互兼容，IEEE 拟定了一个 UNIX 标准，称为可移植操作系统接口（POSIX），它定义了相互兼容的 UNIX 操作系统必须支持的最少系统调用接口和工具。到目前为止，该标准已被多数 UNIX 版本支持。

UNIX 操作系统取得成功的重要原因是系统的开放性。公开的源代码使用户可以方便地向 UNIX 操作系统中添加新功能和新工具，导致系统越来越完善，成为有效的程序开发支撑平台。UNIX 操作系统的主要特点如下。

1）UNIX 是最早出现的操作系统之一，发展到现在已趋于成熟，可移植性强，适合多种硬件平台。

2）UNIX 具有良好的用户界面。其程序接口提供了 C 语言的相关库函数及系统调用。UNIX 的命令接口是 Shell，Shell 命令丰富齐全，且功能强大，有助于系统操作和系统管理。

3）UNIX 提供了完善而强大的文本处理工具，特别适合于对字符流进行处理，其中的很多强大功能是 Windows 操作系统无法比拟的，如 grep、awk、sed、正则表达式的应用等。

4）为用户提供了良好的开发环境。UNIX 的默认安装一般都包括标准的 C 语言编译器 cc，新版本的 UNIX 还包括 GCC，程序员可以利用它们方便地开发 C 和 C++ 应用程序。UNIX 提供了 make、sccs、rcs 等程序，有利于大型项目的开发。另外，它还对数十种流行的程序开发语言提供支持。

5）有良好的文件系统、文件和路径名规范。UNIX 的文件系统有很多种，如早期的 s5、ufs、AFS、EAFS、HTFS、DTFS，以及日志型的 jfs、xfs、vxfs 等。其跨平台的文件系统 ufs、jfs 和网络文件系统 nfs 极大地方便了用户。UNIX 还支持硬连接和符号连接。

6）具有强大的网络、集群计算和分布式计算功能，适合当今的 Internet。其 telnet 设计思想很适合用户进行远程管理。

7）完善的系统日志。除了提供 syslog 系统日志外，还提供 sulog、lastlog、wtmplog 等日志，同时用户还可以自定义日志。由于 UNIX 非常擅长处理文本，用户可以方便地对这些日志进行查看、分类及再加工。

8）增强的系统安全机制。系统大多满足 C2 级系统安全规范，部分专用系统已经达到了 B1 级。经典而完善的按属主和用户组进行 3 种权限管理的机制仍然是当今最完善的用户权限解决方案之一。

9）系统备份功能完善。除了系统本身提供的 dd、tar、cpio、dump 等传统归档备份程序外，用户还可以采用第三方的备份工具。

10）系统的专业性和可定制性强。每种 UNIX 操作系统都有自己的安装程序，与 Windows 操作系统相比，它们要专业和复杂得多，有很多系统还支持网络安装。对于同一个操作系统，用户可以定制成不同的类型，如字符终端、图形工作站、服务器等。

11）系统具有稳定和健壮的系统核心。其最新的核心是 System V Release 5（SVR5），它支持众多新技术，如 DDI8 设备驱动程序、64 位技术、多路输入/输出、控制器热插拔、硬盘跨接和镜像、多控制台支持、核心动态调整等，以满足复杂的应用需要。

12）功能强大的帮助系统。

1.7.3 Linux 操作系统

Linux 是一个完全遵循 POSIX 标准的通用多用户操作系统，它提供了 UNIX 编程界面，但内核完全重写。Linux 的硬件要求很低，能运行在多种硬件平台上，功能强大且架构开放。Linux 是一个自由软件，使用免费且源代码完全开放，因此非常适合学习和进行二次开发。进入 21 世纪以后，随着开源软件在世界范围内影响力的日益增强，Linux 在服务器、桌面、行业定制等领域获得了长足发展，尤其在服务器领域，Linux 已经获得了令人瞩目的成就，使 Linux 成为最受欢迎的操作系统之一。

Linux 操作系统诞生于 1991 年。当时的芬兰学生 Linus Torvalds 编写了一个类似 MINIX 的操作系统内核，但功能很不完善。当他将这个系统按自由软件发布在 Internet 上并想要寻找志同道合的合作伙伴时，立即得到了众多程序员的积极响应，有数百名程序员参与了 Linux 内核代码的编写或修改工作。

1994 年，Linux 1.0 发布，代码 17 万行，按照完全自由免费的协议发布，随后正式采用了 GPL 协议，至此，Linux 的代码开发进入良性循环。很多系统管理员开始在自己的操作系统环境中尝试 Linux，并将修改的代码提交给核心小组。

1996 年，Linux 2.0 内核发布，此内核有大约 40 万行代码，并可以支持多个处理器。此时的 Linux 已经进入了实用阶段，全球大约有 350 万人使用。

1998 年 Linux 得到了迅猛发展。1998 年 1 月，小红帽高级研发实验室成立，同年 Red Hat 5.0 获得了 InfoWorld 的操作系统奖。1998 年 4 月，Mozilla 代码发布，成为 Linux 图形界面上的主流浏览器。值得一提的是，由于 Oracle 和 Informix 两家数据库厂商明确表示不支持 Linux，使得 MySQL 数据库得到了充分的发展机会。1998 年 12 月，IBM 公司发布了适用于 Linux 的文件系统 AFS 3.5、Jikes Java 编辑器、Secure Mailer 及 DB2 测试版。Sun 公司逐渐开放了Java 协议，并且在 UltraSPARC 上支持 Linux 操作系统。

1999 年，IBM 公司宣布与 Red Hat 公司建立伙伴关系，以确保 Red Hat 在 IBM 机器上正确运行。1999 年 3 月，第一届 LinuxWorld 大会召开，象征着 Linux 时代来临。1999 年 5 月，SGI 公司宣布向 Linux 移植其先进的 XFS 文件系统。1999 年 7 月，IBM 公司启动对 Linux 的支持服务并发布了 Linux DB2，从此结束了 Linux 得不到支持服务的历史，这标志着 Linux 真正成为了服务器操作系统中的一员。

进入 21 世纪以后，Linux 的应用得到了进一步发展，先后出现了许多推动 Linux 发展的重要事件，例如，Red Hat 公司发布了嵌入式 Linux 的开发环境；Intel 与 Xteam 合作，推出基于 Linux 的网络专用服务器；Oracle 宣布在 OTN 上的所有会员都可免费索取支持 Oracle 9i 的 Linux 版本；Red Hat 为 IBM S/390 大型计算机提供了 Linux 解决方案；支持 64 位计算机的 Linux 开发成功；NEC 宣布将在其手机中使用 Linux 操作系统；SGI 公司宣布成功实现了 Linux 操作系统支持 256 个 Itanium 2 处理器等。

随着 Linux 操作系统的迅速发展，使用 Linux 的计算机亦越来越多。根据 2008 年 11 月的 TOP500 超级计算机列表显示，当时世界上最快的 500 套超级计算机中，采用 Linux 作为其操作系统的占了 439 套。

目前，Linux 技术已经成为 IT 行业发展的热点，投身于 Linux 技术研究的社区、研究机构和软件企业越来越多，支持 Linux 的软件、硬件制造商和解决方案提供商也迅速增加，Linux 在信息化建设中的应用范围也越来越广，Linux 的产业链已初步形成，并正在得到持续的完善。Linux 操作系统在高端服务器操作系统领域和桌面操作系统领域两方面的应用越来越多。

Linux 操作系统能够得到迅速流行是因为它具有以下优点。

1）完全免费。Linux 是一款免费的操作系统，用户可以通过网络或其他途径免费获得，并可以任意修改其源代码，这是其他操作系统所做不到的。正是由于完全免费，来自全世界的无数程序员参与了 Linux 的修改、编写等工作，程序员可以根据自己的兴趣和灵感对其进行改变，从而让 Linux 不断壮大。

2）完全兼容 POSIX 1.0 标准。这使得可以在 Linux 上通过相应的模拟器运行常见的 DOS 和 Windows 的程序，为用户从 Windows 转到 Linux 奠定了基础。

3）多用户、多任务。Linux 支持多个用户通过各自的终端同时使用一台主机，且每个用户以各自独立的方式同时运行多个程序，各用户之间互不影响。

4）良好的界面。Linux 同时具有字符界面和图形界面（X Window System）。在字符界面中，用户可以通过键盘输入相应的命令进行操作。在 X Window 环境中，用户可以使用鼠标进行操作。

5）丰富的网络功能。互联网是在 UNIX 的基础上繁荣起来的，Linux 的网络功能当然也不会逊色。它的网络功能与其内核紧密相连，在这方面 Linux 要优于其他操作系统。在 Linux 中，用户可以轻松实现网页浏览、文件传输、远程登录等网络操作，并且可以作为服务器提供 WWW、FTP、E-mail 等服务。

6）安全可靠、性能稳定。Linux 采用了许多安全技术措施，包括对读、写进行权限控制、审计跟踪、核心授权等技术，这些措施为系统安全提供了有力保障。Linux 由于经常作为网络服务器的操作系统，因此其稳定性十分出色。

7）支持多种平台。Linux 可以运行在多种硬件平台上，如 x86、680x0、SPARC、Alpha 等处理器平台。此外，Linux 还可作为一种嵌入式操作系统，运行在掌上电脑、机顶盒或游戏机上。2001 年 1 月份发布的 Linux 2.4 版内核已经能够完全支持 Intel 64 位芯片架构。Linux 也支持多处理器技术，支持多个处理器同时工作。

虽然 Linux 操作系统具有不少明显优势，但也存在一些不足。例如，目前 Linux 操作系统的应用软件和工具软件仍没有 Windows 操作系统完备，使用上也没有后者方便。但不管怎样，Linux 已成为一个充满生机且有着广泛应用前景的操作系统。

1.8 操作系统涉及的一些相关概念简介

1.8.1 中断和异常

1. 中断和异常的概念

中断机制是计算机系统最重要的处理机制之一。现代计算机都配置了相应的硬件中断机构。当执行系统调用或操作系统管理I/O设备和处理各种内、外部事件时，都需要通过中断机制进行处理，因此，从某种意义上可以将操作系统看成是由"中断驱动"的。

所谓中断指计算机运行过程中，当某个事件发生后，CPU暂时停止当前进程执行，转而执行相应的中断处理程序，待处理完毕后又返回被中断点继续执行原进程或重新调度新进程执行的过程。中断是操作系统中的重要概念。操作系统提供的主要功能通常由操作系统内核实现，而通过中断是进入内核的唯一途径。中断有外中断和内中断之分。现在人们所说的中断一般指外中断，而将内中断称为异常。

引入中断（外中断）是为了使CPU和通道（或设备）能够并行工作。在CPU启动通道（或设备）进行输入/输出后，通道（或设备）就可以独立工作了，这时CPU可以去做与输入/输出无关的事情，CPU运算和设备输入/输出并行进行；当通道（或设备）完成本次输入/输出后，需要告诉CPU继续处理本次输入/输出以后的事情，通道（或设备）告诉CPU必须通过中断机制。

异常（内中断）指当CPU运行时出现了算术溢出、访存指令越界等错误，或执行了一条"陷入"指令时，CPU中断当前执行流程，转到相应的错误处理程序或陷入处理程序。陷入（Traps）指令也称自陷指令或访管指令，用于实现在用户态下运行的进程调用操作系统内核程序，即当运行的用户进程或系统实用进程欲请求操作系统内核为其服务时，可以安排执行一条陷入指令引起一次特殊异常。

中断（外中断）与异常存在以下区别。

中断（外中断）指来自CPU执行指令以外的事件发生，如设备发出的各种输入/输出结束中断、时钟中断等，通过它使CPU对发生的事件进行处理。引起中断的事件与CPU当前执行的程序（进程）无关。每个不同的中断具有不同的中断优先级，以表示事件的紧急程度。在处理高级别中断时，低级别中断可以被临时屏蔽。

异常（内中断）指源自CPU执行指令内部的事件，如地址越界、算术溢出、非法操作码、缺页及专门的陷入指令等。对异常的处理一般要依赖当前程序（进程）的运行现场，而且异常不能被屏蔽，一旦发生应立即处理。

在计算机系统中，可能有多个中断源在某一时刻同时发出中断信号，也有可能前一个中断还未处理完毕时又发生了新的中断。为了不丢失每一个中断信号，计算机使用了"中断寄存器"来保存产生的中断信号。中断寄存器的每一位（称为中断位）对应一个确定的中断，并规定：若值为1，则有中断信号；若值为0，则无中断信号。

由于有可能多个设备在某一时刻同时发出中断信号，所以存在响应和处理的优先顺序问题。为了使CPU能够优先处理紧迫的中断，在进行硬件设计时，对各类中断规定了高低不同的响应级别。通常将中断享有的响应级别称为中断优先权或中断优先级。当级别不同的多个中断信号同时出现时，级别高的具有优先响应权利，而且级别高的中断可以打断低级别中断的处理过程。

对于一个实际系统，规定多少个中断优先级，每个中断应划归哪一个级别，由软、硬件设计者视系统的设计而定。一般来说，高速设备的中断优先级应高，低速设备的中断优先级应低。这是因为优先响应高速设备的中断请求可以让CPU尽快向高速设备发出下一个输入/输出请求，从而提高高速设备的利用率。

为了改变由中断优先级决定的固定中断响应顺序，允许在程序中进行中断屏蔽。所谓

“中断屏蔽”是指禁止中断出现或禁止响应中断。有些系统通过屏蔽来禁止某些中断出现，但更多系统允许中断出现，但通过屏蔽使CPU暂时不响应它们。可以通过执行特权指令来设置中断屏蔽。一旦执行特权指令设置了中断控制器内某中断位的屏蔽码，那么即使相应的中断发生，也不会通知CPU，只是用中断寄存器将中断信号暂时保存起来，以便将来屏蔽解除时再处理。这类禁止响应中断的屏蔽方式称为软屏蔽。通过设置中断屏蔽，操作系统可以根据需要屏蔽掉同时到达的某些中断，从而可以由操作系统来决定中断响应的顺序。

处理器优先级指正在处理器上运行程序（进程）的中断优先级。当处理器处于某一优先级时，只允许处理器去响应比该优先级别高的中断，而屏蔽低于和等于该优先级的中断。可以通过设置处理器的优先级来通知硬件屏蔽优先级小于或等于处理器优先级的中断。

CPU执行指令产生的异常不能被屏蔽，必须马上响应处理。在异常处理程序运行时，是否屏蔽外部中断及屏蔽哪些外部中断取决于异常处理的需要，一般不需要对外部中断进行屏蔽。

2. 中断/异常的响应和处理

要使CPU能响应中断，CPU的控制部件中一定要有一个能检测中断的机构。该机构在每条指令执行结束时扫描中断寄存器，“询问”是否有中断信号，若无中断信号或信号被屏蔽，则CPU继续执行进程的后续指令；否则CPU暂停当前进程执行，转入操作系统内核的中断处理程序。这一过程称为中断响应。

异常响应则指在指令执行期间，指令的实现逻辑发现出现了异常，于是CPU停止当前进程执行，转入操作系统内核的异常处理程序的过程。

中断发生时正执行指令的地址称为“中断点”，而后一条指令的地址称为“恢复点”。CPU一旦响应中断，就立即开始执行中断处理程序，中断处理结束后，会重新返回恢复点继续执行后续指令。为了能顺利返回恢复点，在中断处理前、后必须保存和恢复被中断的程序现场。所谓程序现场是指在中断发生那一时刻的确保程序能继续执行的各种信息，如PC寄存器、通用寄存器，以及一些与程序运行有关的特殊寄存器的内容。现场的保护和恢复可由硬件和软件共同完成。现场信息保存在被中断程序（进程）的相关数据结构中。

响应异常需要保存的信息在不同情况下有所区别，这是因为异常发生时，返回点会因不同的异常而有所不同。对用户程序执行出错而引起的异常，操作系统的一般处理是结束程序，因此不会再返回该用户程序了；对通过陷入指令进行的系统调用，处理完成后会返回陷入指令的下一条指令；对虚存系统访存指令的缺页异常，处理完成后会返回发生异常的指令，且重新执行该指令。

为了方便处理中断/异常，每个中断/异常信号一般有对应的中断/异常处理程序，这些程序的入口地址保存在特定的主存单元中。常将这段主存单元称为中断/异常向量或系统控制块。中断/异常向量除了存放中断/异常处理程序的入口地址外，还常用来保存CPU的状态转换信息，如中断/异常处理程序运行要用到的PS寄存器值和PC寄存器值。PC是程序计数器寄存器，CPU的取指令部件根据它到内存中取指令。PS是处理器状态寄存器，它描述了CPU的执行状态，主要包括CPU当前运行状态、优先级、是否屏蔽外中断等标志位。

当响应中断/异常时，硬件先将当前PC和PS寄存器的内容作为被中断程序现场保存起来，然后从中断/异常向量相应的单元中取出新的PC和PS值，并装入到PC和PS寄存器。CPU根据新装入的PC和PS内容转到相应的中断/异常处理程序进行中断/异常处理。

整个中断/异常从发现到处理，都由硬、软件相互配合完成。下面以某个小型机上的UNIX系统为例，介绍中断/异常的响应和处理过程。

（1）中断/异常进入

中断/异常发生后，硬件机构自动进入响应中断/异常过程，步骤如下。

1）硬件机构自动将当前PC和PS寄存器的内容保存到CPU的暂存寄存器中。

2）根据发生的中断/异常，硬件从相应的中断/异常向量单元中取出新的PC和PS值，分别装入PC和PS寄存器，并在PS中正确填写“先前处理器状态”字段。

3）硬件将暂时存放在暂存寄存器中的原PC和PS值作为现场信息保存到与被中断程序相关的栈中。

完成以上3步后，控制便转入到相应的处理程序。硬件控制中断和异常转入处理程序的具体方式有所差异：对于不同的中断，硬件将直接转入不同的中断入口程序；而所有异常则先转入一个公共的入口程序，再根据异常类型号（存放在中断/异常向量的相应单元中），转到相应的异常处理程序。

可以将整个中断/异常处理过程概括为以下3个阶段：①保存现场；②分析原因，转入相应的处理程序；③恢复现场。大部分操作系统试图使用一个公共的总控程序对这3个阶段进行统一管理。UNIX也不例外，设置了一个名为“call”的总控程序，统一负责转入这3个阶段的工作。

在设置公共总控程序的情况下，尽管硬件最初转入的程序入口各不相同，但软件总是设法将它们转入公共的总控程序。例如，当打印机中断出现时，尽管最初硬件根据中断向量转入程序Lpou，但Lpou程序利用以下指令：

```
Lpou: jsr r0 call; Lpou
```

将控制转移到总控程序call。该转移指令执行的效果是，将r0寄存器的内容保存在栈中，将打印机真正的中断处理程序地址Lpou存入r0寄存器，且将控制转入名为call的总控程序。

设置公共的总控程序后，以下工作由总控程序进行管理和控制：①继续保存断点现场；②分析原因，启动相应的中断/异常处理程序；③恢复断点现场，返回。

（2）保存现场

UNIX操作系统采用分散方法保存现场。操作系统为每一个程序（进程）分配了一段内存区域作为现场区，用于保存CPU现场。现场区必须组织成堆栈形式。当出现中断/异常时，就将现场信息依次压入堆栈，恢复现场时再按先进后出方式依次退栈。UNIX操作系统响应和处理一次中断/异常时，需保存的现场内容如图1-5所示。

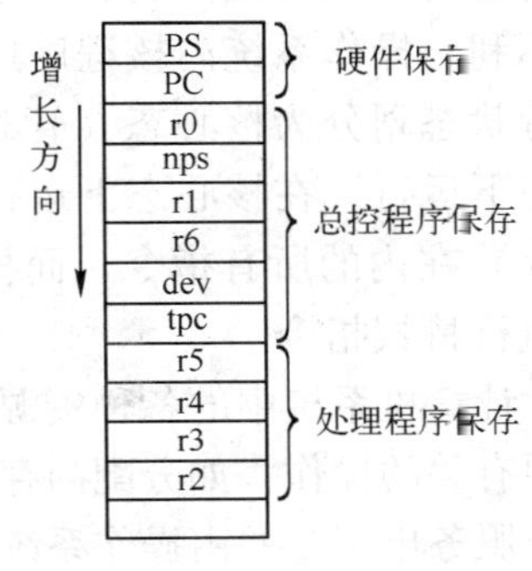

图1-5 UNIX操作系统响应中断/异常时的现场内容

在响应中断/异常时，首先由硬件将PC和PS寄存器的内容入栈，而后转入相应的入口处理程序，这些入口程序在将控制过渡到总控程序的同时，将r0寄存器的内容入栈，进入总控程序后，再依次将处理器状态寄存器的内容（记为nps）、通用寄存器r1和r6的内容、异常种类的编号

（即 nps 的前 5 位，记为 dev）的内容推入堆栈。

（3）分析原因并转入中断/异常处理程序

在 UNIX 操作系统中，此步工作比较简单，这是因为此前已将中断/异常处理程序的地址保存到了 r0 寄存器中。对不同中断信号，r0 保存了相应中断处理程序的地址；对于不同异常，尽管 r0 中保存的是同一个处理程序的地址，但在现场 dev 中保存了当前发生异常的类型，于是异常处理程序在以后的处理过程中，可以根据异常类型的不同进行区别处理。

在此阶段，总控程序根据 r0 寄存器的内容，转入各个具体的中断/异常处理程序，同时将处理结束返回到总控程序的地址（记为 tpc）保存在栈中。而各中断/异常处理程序在进行相应处理之前，将通用寄存器（r5、r4、r3、r2）的内容推入堆栈，返回总控程序时，再恢复这些寄存器。

（4）恢复现场

中断/异常处理结束后，需要退出中断/异常。若发生了多级中断，则在退出当前中断时，应根据实际情况进行不同处理。

若本次中断是一个高级中断，且被中断的程序是一个低级中断程序，则应返回到该低级中断处理程序。UNIX 操作系统通过保存的 nps 内容来判断 CPU 的先前状态，若是核心态，则根据保存的现场恢复被中断的低级中断处理程序现场，具体恢复动作如下：退栈，恢复 r0 和 r1 寄存器；执行 rtt 指令，将现场区保存的 PC 值和 PS 值装入 PC 和 PS 寄存器中，从而退出本次中断。

若被中断的是用户进程，则在退出中断/异常以前，应进行一次调度，以便选出更适合在当前情况下运行的新进程。其原因是，在本次中断/异常处理过程中，原被中断的用户进程有可能由于某些事件没有发生已不再具备运行条件，或者已被降低了运行优先权；也有可能在本次中断/异常处理过程中其他某个进程已获得了更高的优先权。因此，有必要进行一次调度，但无论怎样选择，必须为当前选择的进程恢复现场，且退出中断/异常。恢复现场和退出中断/异常的方式与前一种情况相同。

1.8.2 系统调用

在计算机系统中，CPU 执行的程序可以分成两类。一类是用户自己编写的程序或者是操作系统外层的程序，另一类是操作系统的内核程序。这两类程序的作用不同，后者是前者的管理者或控制者。显然对这两类程序不能给予同等待遇，否则对系统的安全极为不利。操作系统内核程序应享有用户程序不能享有的某些特权，于是，可以将 CPU 的运行状态划分为核心态（管态、系统状态）和用户态（目态）两种。操作系统内核在核心态下运行，在核心态下运行的程序可以执行包括特权指令（即有可能影响系统安全的指令）在内的所有指令；而核外的所有程序在用户态下运行，用户态下运行的程序不允许执行特权指令。

计算机系统中的各种资源由操作系统统一管理。运行在用户态下的程序，凡是要进行与资源有关的操作，如分配内存、文件管理、进行输入/输出等，只能以某种方式向操作系统提出服务申请，并由操作系统代为完成。另一方面，操作系统还必须为用户提供与进程有关的系统服务和其他一些服务，如提供日期、时间及当前系统的某些状态等。因此，操作系统必须提供某种形式的接口，以便让运行在用户态的程序能通过这些接口获得操作系统提供的各种服务。操作系统与用户态程序之间的接口就是“系统调用”。用户程序（或在用户态运行的系统程序）正是通过系统调用来请求操作系统内核为它服务的。

为了系统安全，用户态下运行的程序不能像调用一般子程序那样通过普通转子指令直接调用核心态下运行的操作系统内核程序。那么，用户程序如何将服务请求传递给操作系统内核呢？这就需要借助中断/异常机制。目前，大多数计算机都提供了一条能产生异常的机器指令，称为自陷指令、陷入指令或访管指令，例如，在 PDP-11 机器上提供了自陷指令 trap，其指令码为 104400～104777（八进制）。当 CPU 执行该指令时，硬件自动完成以下操作。

1）PS 内容压入现场栈。

2）PC 内容压入现场栈。

3）从中断向量 034 单元中取出内容装入 PS。

4）从中断向量 036 单元中取出内容装入 PC。

不难看出，若在程序中安排了一条 trap 指令，则当 CPU 执行该指令时，便产生一个“陷入”，从而进入操作系统内核程序。显然，既然系统调用是用户程序（或在用户态运行的系统程序）与操作系统内核之间的接口，用户程序通过该接口来获得操作系统内核的服务，那么每个系统调用接口函数中应至少包含一条自陷指令。

为了方便高级语言程序使用系统调用，操作系统通常将系统调用组织成系统调用库形式，库中包含了许多系统调用接口函数。这些接口函数看上去就像一些普通的子程序，以方便高级语言程序调用，但它们一般由汇编指令实现，且至少包含一条自陷指令。使用系统调用库来进行系统调用，不但可以使用户不必关心系统调用实现的细节，而且可以避免因用户直接使用自陷指令而可能引起的错误。

系统调用的具体处理过程如下。

1）当 CPU 执行到 trap 指令时，产生一次异常；保存现场后，控制转入总控程序。

2）总控程序进一步保存现场后，根据异常类型号转到系统调用总入口处理程序。

3）系统调用入口处理程序根据 trap 指令的类型号，查阅系统调用入口表，得知自带参数个数，然后从约定的寄存器读入参数，最后根据系统调用入口表转入相应的服务程序。

4）服务程序结束后返回，系统调用处理程序将此次服务的结果存入约定的返回结果的寄存器。

5）最后回到总控程序，恢复现场，退出系统调用处理。至此，完成了一次系统调用，用户程序又可以继续运行。

1.9 习题

1. 为什么计算机要配备操作系统？
2. 什么是操作系统？在计算机上配备操作系统的主要目的是什么？
3. 计算机系统的资源分为哪几类？请举例说明。
4. 操作系统有哪些主要功能？
5. 操作系统的主要特征有哪些？
6. 比较并发和并行的概念。
7. 简述操作系统设计中使用的虚拟技术。

8. 简述操作系统提供的各种用户接口。
9. 为什么在操作系统设计中要引入多道程序设计技术？简述多道程序设计技术。
10. 推动操作系统发展的动力有哪些？
11. 简述操作系统的发展史。
12. 什么是多道批处理操作系统？它有什么特点？
13. 什么是分时操作系统？它有什么特点？
14. 什么是实时操作系统？它有什么特点？
15. 比较单用户单任务、单用户多任务、多用户多任务操作系统。
16. 简述网络操作系统的主要功能。
17. 简述分布式操作系统的主要特点。
18. 简述嵌入式操作系统的主要特点。
19. 简述多处理器操作系统的主要特点。
20. Windows 操作系统的产品主要有哪些？各自有什么特点？
21. 简述 UNIX 操作系统的主要特征。
22. 简述 Linux 操作系统的主要特征。
23. 简述操作系统各种逻辑结构的特点。
24. 简述操作系统各种运行模型的特点。
25. 什么是中断？什么是异常？它们有何异同？
26. 什么是核心态？什么是用户态？什么指令必须在核心态下执行？
27. 为什么要对中断分级？简述多级中断的处理原则。
28. 什么是中断屏蔽？设置中断屏蔽的目的是什么？
29. 什么是中断向量？
30. 简述中断/异常的处理过程。
31. 简述系统调用与过程调用的区别。

第2章 进程管理

处理器是计算机系统的重要资源，操作系统最重要的任务之一就是管理好处理器。在基于多道程序的系统中，为了使多个程序能够并发执行，操作系统中引入了进程的概念。在多进程操作系统中，进程是资源分配和独立运行的基本单位。为了提高程序并发执行的程度，操作系统中又引入了线程。在多进程多线程操作系统中，除仍将进程保留为资源分配的基本单位外，独立运行的基本单位是线程。因此，处理器管理中最基本的任务就是进程、线程管理。

本章将介绍进程、线程管理方面的内容。主要包括进程、线程的基本概念，以及进程控制、进程的互斥与同步、进程间通信等。

2.1 进程的概念

2.1.1 进程的引入

1. 程序顺序执行及其特征

程序是一个按照严格次序执行的操作序列。对一个特定的程序，可以将它划分成若干程序段，各程序段必须按照某种次序顺序执行，仅当前一个操作执行完成后，才能执行后继操作。同样，对一个特定的作业，也必须顺序执行，总是先输入，再计算，最后输出。而对一批作业，若使用单道批处理系统进行处理，也是顺序执行，前一个作业处理结束后，才能处理后一个作业，且每个作业的输入、计算、输出也是顺序执行关系。若用 I 代表输入，C 代表计算，O 代表输出，箭头代表操作的先后顺序，则在单道批处理系统中对一批作业的处理顺序可以用图 2-1 示意。

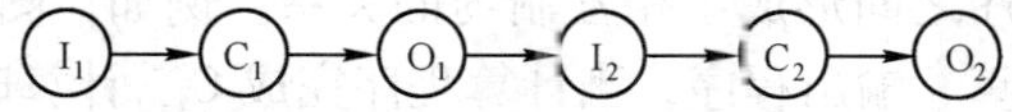

图 2-1 两个作业顺序执行示意

程序顺序执行具有以下特征：

1）顺序性。处理器严格按照程序规定的顺序执行，即后一个操作必须在前一个操作结束后才能开始。

2）封闭性。程序在封闭环境下执行，即正在执行的程序独占全机资源，资源的状态只受本程序控制，程序一旦开始执行，其执行结果就不受外界因素影响。

3）执行结果具有可再现性。只要程序的执行环境和初始条件相同，则程序无论按照什么方法重复执行，无论是“走走停停”还是“一气呵成”，都具有相同的执行结果。

2. 程序并发执行及其特征

尽管同一作业的输入、计算、输出必须顺序执行，但不同作业的输入、计算、输出之间却没有先后顺序关系。为了提高作业处理的效率，完全可以按照以下方式处理作业：输入程序完成第一个作业的输入后，在使用计算程序对第一个作业进行计算的同时，由输入程序输入第二个作业；在使用输出程序输出第一个作业的计算结果的同时，分别由计算程序对第二个作业进行计算和由输入程序输入第三个作业……。也就是说，在对一批作业进行处理时，可以让它们并发执行，以提高效率。图 2-2 示意了一批作业的并发执行过程。

图 2-2 中显示，尽管对同一个作业而言，输入（I）、计算（C）、输出（O）必须顺序执行，即存在 $I_i \rightarrow C_i \rightarrow O_i$ 的顺序关系，但不同作业的输出、计算、输入可以并发执行，即 I_{i+2}、C_{i+1}、O_i 在宏观上可以同时执行。

一个程序段中的多条语句有时也可以并发执行。例如，若某个程序段包含以下几条语句：

$S_1: a = x + 5;$

$S_2: b = 3 * y;$

$S_3: c = a - b - 5;$

$S_4: d = 20 + c;$

显然，S_3 依赖 S_1 和 S_2 的执行结果，因此 S_3 必须在 S_1 和 S_2 执行完成后才能执行；但 S_1 与 S_2 之间却没有相互依赖关系，因此可以并发执行。这段程序中语句的执行顺序可用图 2-3 表示。

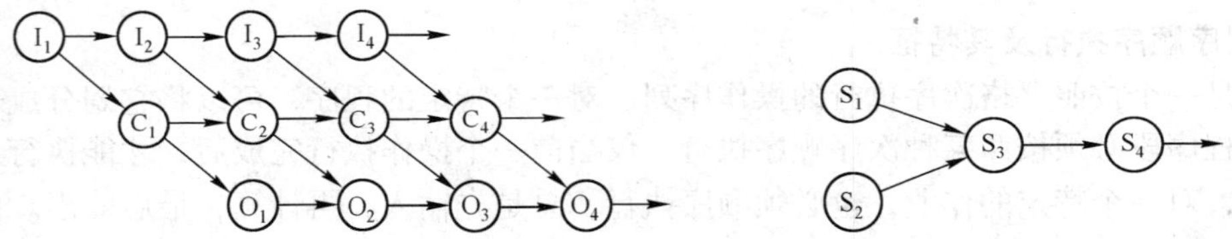

图 2-2　若干作业并发执行示意　　图 2-3　4 条语句执行过程示意

程序并发执行具有以下特征。

1）间断性。程序在并发执行时，由于它们共享系统资源，以及为完成同一任务而相互合作，致使在这些并发程序之间形成了相互制约的关系。例如，图 2-2 中的 I、C、O 分别代表相互合作的输入、计算、输出程序，当计算程序完成 C_{i-1} 计算时，若输入程序尚未完成 I_i 输入，则计算程序就无法进行 C_i 计算，致使计算程序必须暂停等待。又如，当输出程序完成 O_i 输出时，若计算程序尚未完成 C_{i+1} 计算，则输出程序就因无法输出 C_{i+1} 的计算结果而只好等待，只有完成 C_{i+1} 计算后，输出程序才能恢复继续输出。因此，并发程序的执行过程不是一气呵成，而是具有“执行—暂停—执行”这种间断性特征。

2）失去封闭性。由于并发执行的程序共享系统资源，因此这些资源的状态可以由多个程序改变，一个程序的执行过程受其他程序的影响，也就是程序运行失去了封闭性，例如，当处理器资源被某个程序占用时，另一个程序只能等待。

3）程序执行结果不具可再现性。由于程序并发执行时失去了封闭性，自然导致其执行结果不具有可再现性。例如，有两个循环程序 A 和 B，它们共享了一个变量 n；程序 A 每执行一次，都要进行 n ++ 操作；程序 B 每执行一次，都要进行 cout << n 操作，然后再将 n 置 0；若程序 A、B 以不同的速度运行，且 n 的当前值是 d，则有可能出现以下几种情况：

① n++操作发生在 cout<<n 和 n=0 操作之前，此时得到的 n 值分别是 d+1、d+1、0。

② n++操作发生在 cout<<n 和 n=0 操作之后，此时得到的 n 值分别是 d、0、1。

③ n++操作发生在 cout<<n 和 n=0 操作之间，此时得到的 n 值分别是 d、d+1、0。

由于并发程序的执行结果不具有可再现性，因此得出程序实际上不能并发执行的结论是显然的。要使程序能够并发执行，必须在程序上增加能使它并发执行的控制结构，形成一个能够并发执行的独立实体。也就是说，必须先为程序创建进程，然后才能使它以进程形式并发执行。

3. 进程的定义和基本特征

在多道程序环境中，程序的并发执行结果具有不可再现性这一特征，决定了通常的程序不能并发执行。为了使程序能够并发执行，且为了对并发执行的程序加以描述和控制，人们引入了“进程”的概念。

进程这一概念在 20 世纪 60 年代初提出，最初在美国麻省理工学院的 Multics 系统和 IBM 公司的 CTSS/360 系统中引入。尽管它已成为操作系统中的一个最基本也是最重要的概念，但一直没有一个统一的定义。许多人从不同角度给进程下过定义，其中几个较典型的定义如下：

1）进程是程序在处理器上执行时所发生的活动。

2）进程是程序的一次执行。

3）进程是一个程序及其数据在处理器上顺序执行时所发生的活动。

4）进程是程序在一个数据集合上的运行过程。

可以认为，进程是程序在某个数据集合上的一次并发执行过程。引入进程，正是为了使程序能够并发执行。要使程序能够并发执行，需要为它配置相应的控制结构，即进程控制块（PCB）。程序、相关的数据及进程控制块（Proccess Control Block，PCB）3 部分组合在一起，就构成了可以独立运行的实体——进程实体。进程实体的运行过程就是进程。

需要注意的是，在实际应用中，对进程和进程实体两个概念往往并不加以区分，例如，人们说创建进程，实际上是创建进程实体；说撤销进程，实际上是撤销进程实体。

进程是操作系统中最基本、最重要的概念。在没有引入线程的操作系统中，进程具有两个属性，即既是系统资源分配的基本单位，又是独立调度、独立运行的基本单位。在操作系统中引入线程后，进程的属性发生了分离，这时，进程只是资源分配的基本单位，而处理器调度的基本单位是线程。

进程具有以下特征：

1）动态性。进程是进程实体的一次执行过程，因此进程本身就是一个“动”的概念。动态性是进程最基本的特征。进程具有生命期，表现为在计算机运行过程中，进程因操作系统创建而产生，因处理器调度而执行，因操作系统撤销而消亡。

2）并发性。并发性是进程的重要特征，引入进程就是为了使原来不能并发执行的程序能够并发执行。

3）独立性。独立性指在未引入线程的操作系统中，进程（进程实体）是一个能够独立运行、独立分配资源和独立接受调度的基本单位，凡未建立进程的程序都不能作为一个独立单位参与运行。在引入线程的操作系统中，进程仍是作为独立分配资源的单位。

4）异步性。并发执行的诸进程之间不是独立的，它们之间或因共享资源，或因相互合作完成同一任务，总是存在相互制约关系。一个进程的执行过程受其他进程的影响和控制。因此，进程的执行过程是断断续续的，它总是以各自独立的、人们不可预知的速度向前推进。

5）共享性。指并发执行的诸进程共享系统的资源。

进程与程序有以下不同：

1）进程是进程实体的一次执行过程，是动态概念；程序是一组有序的代码，不一定非要执行，是静态概念。

2）进程能够并发执行，程序只能顺序执行。

3）进程有生命期，它只在计算机运行期间才有可能存在；程序可以在外存上长期保存。

4）进程（进程实体）由程序、相关的数据及进程控制块3部分组成；程序只是进程实体中的可执行代码部分。

需要注意，进程与程序之间并不总是一一对应的，可以为一个程序创建多个进程。例如，操作系统可以为一个应用程序创建一个输入进程、一个计算进程、一个输出进程，再使这几个进程并发执行，以提高运行效率。

2.1.2 进程控制块

为了使在多道程序环境下不能独立运行的程序转变成能够并发执行的进程，操作系统为每个进程定义了一个专门的数据结构——进程控制块。进程控制块构成了进程实体的一部分，记录了操作系统所需的、用于描述进程状态和控制进程运行的全部信息。操作系统正是使用进程控制块来对进程进行控制和管理的。进程控制块通常包含以下几方面信息。

（1）进程标识信息

标识信息用来标识一个进程。PCB中保存的进程标识信息包括：

1）外部标识符，供用户使用，通常由字母和数字组成。

2）内部标识符（进程号），通常是一个整数，供系统使用。系统中的所有进程都被操作系统赋予了唯一的进程号，操作系统内核函数可以通过进程号来访问相应的PCB。

3）父进程标识符，创建当前进程的进程的标识符，用来描述进程的家族关系。

4）子进程标识符，由当前进程创建的进程的标识符，用来描述进程的家族关系。

（2）处理器现场信息

处理器现场信息主要指CPU各个寄存器的内容。当某个进程执行时，处理器的现场信息位于CPU的各个寄存器中；当该进程被切换而暂时放弃CPU时，这些信息保存在被暂停进程的进程控制块中，以便被暂停进程重新获得CPU时，能够从断点恢复继续执行。需要保存的处理器现场信息包括：

1）指令计数器，存放进程要执行的下一条指令的地址。

2）通用寄存器，又称为用户可见寄存器，用于暂存信息，可以被用户程序访问。

3）程序状态字，存放条件码、执行态、中断屏蔽标志等状态信息。

4）用户栈和系统栈指针等。

（3）进程调度信息

存放与进程调度和进程对换有关的信息，包括：

1）进程状态，即进程的当前状态，可以作为进程调度和进程对换的依据。

2）进程优先级，描述进程使用 CPU 的优先级别，级别高者应优先获得 CPU 使用权。

3）进程阻塞原因（事件），指明进程因等待什么事件而阻塞。

4）进程调度所需的其他信息，例如，进程已等待 CPU 的时间总和、进程已执行的时间总和等，它们与所采用的调度算法有关。

（4）进程控制信息

用于管理和控制进程，包括：

1）程序和数据的地址，指该进程的程序和数据在内存或外存的首地址。

2）进程同步和通信机制，如消息队列指针、所使用的信号量和锁等。

3）资源清单，列出除了 CPU 以外，进程所需的全部资源及该进程已获得的全部资源。

4）链接指针，指向本进程（实际是 PCB）所在队列中下一个 PCB 的首地址。

5）其他控制信息，如进程段/页表指针、内存访问权限、处理器特权、记账信息等。

进程控制块（PCB）是操作系统中最重要的数据结构。正是借助 PCB，操作系统才能对并发进程进行有效管理和控制。例如，当操作系统要调度某进程执行时，首先要从该进程的 PCB 中查出其状态和优先级；在调度到某进程后，要根据其 PCB 中保存的处理器现场信息为该进程恢复运行现场，并根据其 PCB 中保存的程序和数据的内存起始地址（简称始址），找到相应的程序和数据；进程在执行过程中，若需要实现进程同步、通信或访问文件，也需要访问进程的 PCB；当进程由于某种原因暂停执行时，又需要将断点的处理器现场保存到本进程的 PCB 中。事实上，在进程的整个生命期内，操作系统总是通过 PCB 来感知进程的存在并实施管理，可以说，PCB 是进程存在的唯一标志。

操作系统为程序创建一个进程实际上是为它建立一个 PCB；操作系统撤销进程实际上是回收分配给该进程的 PCB。由于操作系统要经常访问进程的 PCB，所以 PCB 应常驻内存。

在一个并发系统中，往往同时存在多个进程。这些进程（在单 CPU 系统中）除了一个处于执行状态外，其他或处于就绪状态，或处于阻塞状态。为了对这些进程进行有效管理和调度，需要将它们按照适当方式组织起来。由于进程的特征主要由 PCB 描述，因此实际上是将每个进程的 PCB 按照一定方式组织起来。为了提高效率，操作系统通常将处于相同状态的所有进程的 PCB 组织在一个数据结构中，称为“进程队列”，或简称队列。于是，存在 3 种进程队列：运行队列、就绪队列、阻塞（或等待）队列。常用的进程队列组织方式有以下两种。

（1）链接方式

利用 PCB 中的链接指针将具有相同状态的 PCB 链接成一个队列。链接方式既可以采用单向链接，也可以采用双向链接。若采用单向链接，则每个 PCB 中只设置一个链接指针；若采用双向链接，则每个 PCB 中要设置两个链接指针，一个指向当前 PCB 的前一个 PCB，另一个指向当前 PCB 的后一个 PCB。

由于不同状态的 PCB 可以链接成不同的队列，于是就有运行、就绪、阻塞（或等待）3 种队列。在单处理器系统中，运行队列只有一个进程（PCB）。就绪队列可以按照进程的优先级或 FIFO（先进先出）的原则排队，也可以按照优先级的高低分成几个就绪队列。阻塞（或等待）队列一般有多个，对应进程处于不同的等待状态，如等待输入/输出完成、等待分配内存等。另外，操作系统将空闲的 PCB 也链接成一个空闲队列。链接方式的原理如图 2-4 所示。

（2）索引方式

操作系统在内存中为具有相同状态的 PCB 建立相应的索引表，同状态的每个 PCB 在该表中对应一个索引项，记录了该 PCB 在内存中的首地址，并将索引表在内存中的首地址记录在内核专门的指针单元中。系统通常建立了一个就绪索引表、一个或几个阻塞（或等待）索引表、一个空闲索引表。索引方式的原理如图 2-5 所示。

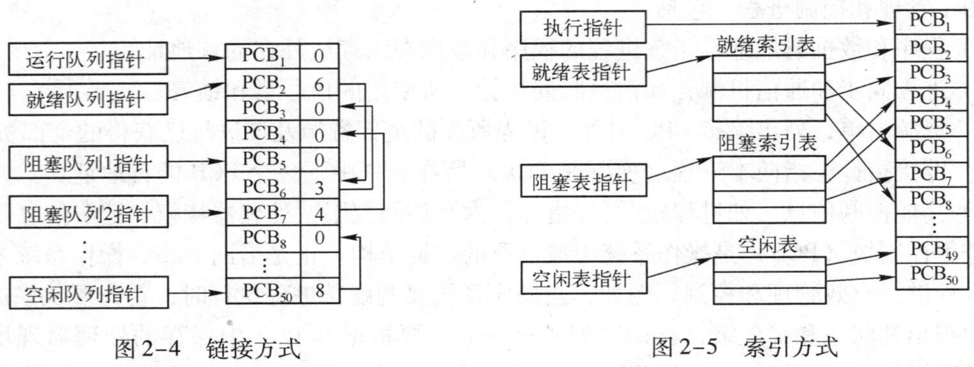

图 2-4　链接方式　　　　图 2-5　索引方式

2.1.3　进程的状态及其转换

并发诸进程在从创建到撤销的整个生命期内，由于竞争资源及进程合作等原因，总以“执行—暂停—再执行”的方式断断续续地向前推进。一个进程有时占用处理器执行，有时虽然可以执行但分配不到处理器，有时虽然处理器空闲但因进程等待某个事件而无法执行。进程不同活动特点的变化称为进程处在不同的状态。

1. 进程的基本状态及其转换

一般来说，进程在其生命期内至少存在以下 3 种基本状态。

1）运行（执行）状态。指进程已获得了 CPU，正在执行。在单处理器系统中，只能有一个进程处于运行状态，而在多处理器系统中，可以有多个进程并行执行。

2）就绪状态。指进程已分配到除 CPU 以外的其他必要资源，一旦获得 CPU，便可以立即执行。在一个系统中，可能有多个进程处于就绪状态，为了对它们进行有效管理和调度，通常将它们排成一个队列（实际上是将它们的 PCB 排成一个队列），该队列称为就绪队列。

3）阻塞状态，又称等待状态或睡眠状态。指正在执行的进程由于等待某个事件发生（或完成）而无法继续执行，于是便暂时放弃 CPU 处于暂停状态。使进程阻塞的典型事件有：等待输入/输出完成、等待信号量、等待分配缓冲空间等。在一个系统中，可能有多个进程处于阻塞状态，为了对它们进行有效管理，可以将它们排成一个队列，但更一般的做法是根据阻塞原因将处于阻塞状态的进程排成多个队列。

处于不同状态的进程，一旦条件允许，便可以从一个状态转换到另一个状态。例如，处于运行状态的进程会因等待事件（如等待输入/输出完成）进入阻塞状态；处于阻塞状态的进程，一旦等待的事件出现（如输入/输出已完成），就会转变成就绪状态；处于就绪状态的进程，一旦获得 CPU，就会转变成运行状态；处于运行状态的进程，若分配给它的时间片用完或有优先级更高的进程到来，便会暂时终止执行，从运行状态转变为就绪状态。进程各状态之间的转换关系如图 2-6 所示。

在很多系统中，为了对进程在其生命期间内的活动进行更加有效的管理，在原来 3 个基本进程状态的基础上又增加了两个进程状态：创建状态和终止状态。

创建状态指进程被创建时的状态。在该状态下，进程正在等待操作系统完成创建进程的必要操作，如为新进程分配必要的资源和建立必要的管理信息，新进程尚未就绪。处于创建状态下的进程，有可能因内存容量限制或系统性能等因素影响而推迟提交时间。一旦系统完成进程创建工作，进程就从创建状态转变成就绪状态，并插入就绪队列，等待被调度执行。

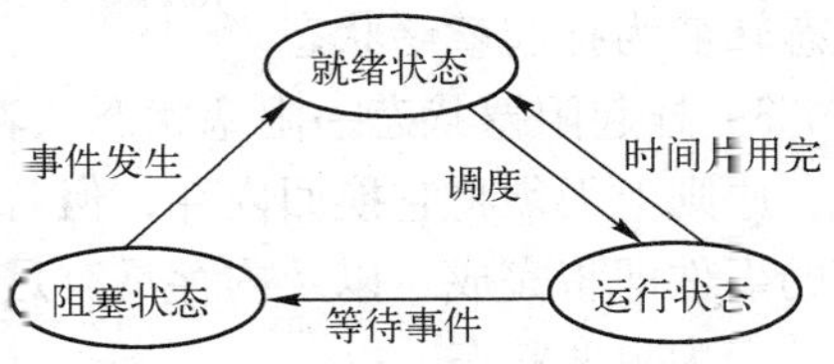

图 2-6 进程的 3 种基本状态及其转换

终止状态指进程完成任务正常到达结束点，或因出现无法克服的错误而异常终止，或被操作系统或有终止权的进程终止所处的状态。处于终止态的进程仍然保留在内存中等待操作系统或相关进程进行善后处理（如提取信息），但不再接受调度，直至被删除。

2. 引入挂起功能后进程的状态及其转换

所谓“挂起”是指把一个进程暂时从内存转移到外存。系统运行过程中，机器的资源总是有限的，在资源不足的情况下，操作系统会将部分进程暂时从内存中调出，转移到外存上，当条件允许时再重新调入内存。

引起进程挂起的原因是多方面的。例如，若内存资源已不能满足进程运行需要，则必须将某些进程挂起，把它们暂时转移到磁盘对换区，以便腾出内存空间供其他进程使用；若系统中的进程过多，负荷过重，这时需要挂起一部分进程，以便平衡系统负载；系统出现故障或某些功能受到破坏，需要暂时挂起一些进程，以便排除故障；用户发现进程有问题，要求挂起自己的进程，以便进行检查和修改；父进程希望挂起自己的某个子进程，以便对它进行检查或修改，或者协调各个子进程间的活动。

进程被挂起后，其状态就变成挂起状态。挂起状态又称为静止状态，而非挂起状态可称为活动状态。存在两种具体的挂起状态：挂起就绪状态（或称静止就绪状态）和挂起阻塞状态（或称静止阻塞状态、静止等待状态、挂起等待状态等）。挂起就绪状态表明进程已具备运行条件，但目前位于外存中。挂起阻塞状态表示进程在外存上等待某事件发生。

引入挂起功能后，进程各种状态之间的转换关系如图 2-7 所示。其中，引起进程间状态转换的一些原因如下。

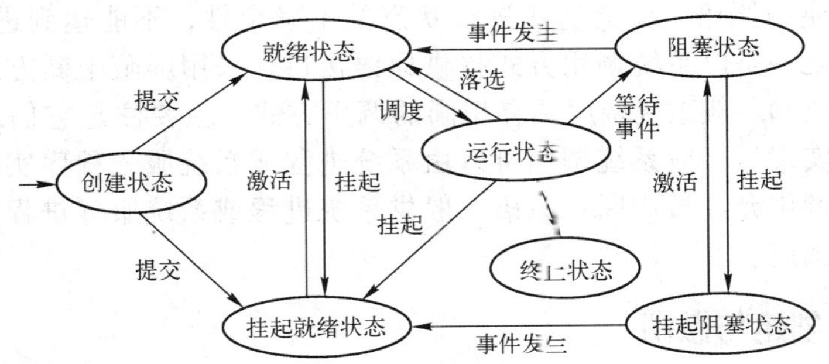

图 2-7 引入挂起功能后进程的状态及其转换

1）阻塞状态→挂起阻塞状态。当内存不足或系统负荷较重时，系统会选择处于阻塞状态的进程换到外存上，使它处于挂起阻塞状态。

2）挂起阻塞状态→挂起就绪状态。若导致进程阻塞的事件完成，则该进程由挂起阻塞状态转变为挂起就绪状态。

3）挂起阻塞状态→阻塞状态。若进程等待的事件发生，该进程一般转变为挂起就绪状态，原则上无须将它换回内存，但若挂起阻塞的进程具有较高优先级，且系统知道导致它阻塞的事件即将完成，以及内存具有足够的空闲空间，则相关进程被换回内存，由挂起阻塞状态转变为阻塞状态。

4）挂起就绪状态→就绪状态。当内存中不存在就绪进程，或者挂起就绪状态的进程比就绪状态的进程具有更高的优先级，则操作系统将处于挂起就绪状态的进程换回内存，并转变为就绪进程插入就绪队列。

5）就绪状态→挂起就绪状态。系统首先挂起处于阻塞状态的进程，但若系统的负荷仍然比较重，则也可以挂起一些优先级比较低的就绪进程。

6）运行状态→挂起就绪状态。在抢占式系统中，若一个优先级较高的挂起阻塞进程等待的事件已经完成，则该进程首先由挂起阻塞状态转变为挂起就绪状态，再由挂起就绪状态转变为就绪状态，然后抢占 CPU，而此时若内存空间不够，则会导致正在执行的进程直接转换为挂起就绪状态。另外，处于运行状态的进程也可以自己挂起。

7）创建状态→挂起就绪状态。当内存不足或系统负荷较重时，系统有可能会选择将处于创建状态的进程换到外存上，使之处于挂起就绪状态。

需要注意的是，上面讨论的进程状态是实际系统中进程状态的抽象和简化；为了管理和调度方便，不同的实际系统往往设置了不同的进程状态，例如，UNIX 的进程状态有 9 种，Linux 的进程状态有 5 种。

2.2 进程控制

进程控制的主要任务是创建进程、撤销进程及实现进程的状态转换。进程控制一般由操作系统内核完成。操作系统内核通过原语来实现进程控制。原语是由若干机器指令构成的用来完成特定功能的一段程序，它们在核心态下执行，且具有原子性。所谓原子性，是指程序不允许被中断，即程序中的所有操作要么全做，要么全不做。使用原语的原因是：如果不使用原语，就会造成进程状态的不确定性，不能达到进程控制的目的。原语的实现方法之一是以系统调用方式提供原语接口，采用屏蔽中断方式来保证操作的原子性。尽管原语和一般系统调用具有相同的调用方式，但要注意它们之间存在下述区别：原语由内核实现，一般系统调用可以由系统进程或系统服务程序实现；原语不能被中断，一般系统调用允许被中断；原语一般供系统进程或系统服务进程使用，一般系统调用被用户进程调用。

2.2.1 进程的创建与撤销

在需要时，一个进程可以创建一个新进程，被创建的进程称为子进程，创建者进程称为父进程。在计算机系统中，除了系统“祖先”进程外，其他进程都由父进程创建，而“祖先”进程在系统初始化时由操作系统创建。例如，在 UNIX 操作系统中，系统初始化时由操作系统创建的 1 号进程是所有用户进程的祖先；当用户登录时，1 号进程为每个登录用户创建一个终端进程，这些终端进程又进一步创建子进程，二是进程之间形成了一种家族关系。

区分进程之间的家族关系十分重要。这是因为子进程可以继承父进程所拥有的资源，例如，继承父进程打开的文件及缓冲区等；当子进程撤销时，应将它从父进程那里继承的资源归还给父进程；在撤销父进程时，也必须同时撤销它的所有子进程。为了标识进程之间的家族关系，在每个进程的 PCB 中设有表示家族关系的表项，以指明自己的父进程和子进程。

进程的创建和撤销最终都由操作系统使用进程创建原语和进程撤销原语实现。

1. 进程创建

要使程序能够并发执行，必须为它创建进程。导致父进程创建子进程的典型事件有以下几类。

1）提交批处理作业。在批处理系统中，当作业调度程序将某作业调入内存时，系统就要为它创建进程，并分配必要的资源，然后插入就绪队列。

2）用户登录。在分时系统中，当终端用户合法登录后，系统便为该用户建立一个终端进程。

3）提供服务。当运行中的用户进程提出某种请求后，系统可以创建专门的服务进程来提供用户所需的服务。例如，当用户进程要求打印文件时，系统可以创建一个打印进程提供打印文件服务，其好处是可以使用户进程和打印进程并发执行。

4）应用进程请求。基于应用进程需要，由应用进程自己创建新进程，以便新进程以并发运行的方式完成特定的任务。例如，某应用进程为了加快任务完成速度，可以分别创建相应的输入进程、计算进程和输出进程，并使它们并发执行。

一旦操作系统发现了要求创建新进程的事件，就调用进程创建原语按照下述步骤创建一个新进程。

1）申请一个空闲的 PCB：申请从 PCB 集合中分配一个空闲的 PCB，并为新进程分配一个唯一的进程标识符。

2）为新进程分配内存资源：为新进程的程序、数据，以及用户栈和核心栈分配必要的内存空间。将程序和数据从外存装入到为该进程分配的内存空间中。

3）为新进程分配其他必要资源。

4）初始化 PCB：在进程控制块中填入该进程的初始信息。例如，填入本进程和父进程的标识符；使程序计数器指向程序的入口地址；使栈指针指向用户栈和核心栈的栈顶。将进程的状态设置为就绪状态或挂起就绪状态；设置进程的优先级，通常将它设置为最低优先级，除非用户以显式方式提出优先级要求。

5）将新进程插入就绪队列：若进程就绪队列能够接纳新进程，则将新进程的 PCB 插入到就绪队列中。

不同操作系统创建进程的方式不尽相同。在传统 UNIX 操作系统中，父进程使用 fork( ) 创建子进程。fork( ) 系统调用不带任何参数，在执行 fork( ) 时，内核将进行以下几个操作。

1）在进程表中为新进程申请一个表项。

2）为新进程分配一个唯一的 PID（进程标识符）。

3）将父进程的现场及地址空间为新进程做一个备份。一般来说，只需复制数据段和堆栈段，代码段无须复制，因为父、子进程共享该段。若子进程立即调用 exec( )家族的函数，则代码段、数据段和堆栈段都无须复制，这是因为调用 exec( )家族的函数后，一个新的子进程将会替代原子进程，此后，子进程就可以执行与父进程完全不同的任务。

4）因为父、子进程共享文件，所以增加文件和索引节点的引用计数。

5）将子进程的状态设置为 Ready to Run。

6）将子进程的 PID 返回给父进程（可用于跟踪子进程状态），将 0 返回给子进程。

2. 进程撤销

进程完成特定工作或出现严重错误后，操作系统将撤销该进程，即回收被撤进程的 PCB 和它占用的内存空间等资源。引起撤销进程的事件如下。

1）进程正常结束。例如，进程执行到终止指令、用户退出分时系统等。

2）进程异常结束。进程运行过程中因出现了错误或故障而被迫终止。异常终止的原因如下。

① 越界错误：进程试图访问的存储区已越出本进程的内存区域。

② 非法指令：进程试图执行一条不存在的指令。

③ 保护错：进程试图访问一个不允许访问的资源或文件。

④ 特权指令错：用户进程试图执行只允许操作系统执行的指令。

⑤ 运行超时：进程的执行时间已超过了指定的最大值。

⑥ 等待超时：进程等待某事件的时间超过了规定的最大值。

⑦ 算术运算错：进程试图执行被禁止的运算，例如，0 作为除数、操作数溢出。

⑧ 严重输入/输出错误。

⑨ 进程申请的内存空间超过了系统能提供的最大容量，以及对共享内存区的非法使用等。

3）外界干预。即进程应外界请求而终止运行。例如，由于某些外界原因（如发生死锁），操作系统或操作员可以撤销相应进程；父进程可以终止它的任何子孙进程；当父进程终止时，操作系统也会将它的所有子孙进程终止，以防止它们变成不可控进程。

一旦发生上述事件，系统或进程就调用撤销原语终止进程或子进程。具体步骤如下。

1）根据被撤销进程的标识号，从 PCB 集合中查找出该进程的 PCB，从中读出进程的状态。

2）若被撤销进程处于执行状态，则立即终止该进程执行，并置调度标志为真，指示该进程被终止后，应重新进行处理器调度。

3）若被撤销进程有子孙进程，则应将所有子孙进程终止。

4）将被撤销进程的所有资源归还给父进程或操作系统。

5）回收被撤销进程的 PCB，并将它插入空闲 PCB 队列。

2.2.2 进程的阻塞与唤醒

进程阻塞指进程让出处理器，转而等待一个事件。进程唤醒指当它等待的事件发生或完成时，进程由阻塞状态转变为就绪状态。引起进程阻塞和唤醒的事件有以下几类。

1）请求操作系统提供服务，而由于某种原因系统不能立即满足要求，该进程只好阻塞等待。

2）进程启动了某种操作，且该进程必须在这个操作完成后才能继续执行，则进程只好阻塞等待操作完成。

3）对于相互合作进程，若某进程必须获得其他进程提供的数据后才能继续执行，只要数据尚未到达，该进程只能阻塞等待。

4）有一些系统进程，专门用来完成特定任务，一旦任务完成，就将自己阻塞起来等待新任务到达。例如，系统中的输出进程专门用于输出数据，只要现有的数据已全部输出完毕且没有新的输出请求，输出进程就将自己阻塞起来，直到又有进程提出输出请求时，才将它唤醒。

一旦发生了阻塞事件，进程就调用阻塞原语将自己阻塞起来。需要注意，阻塞是进程的自主行为，是自己阻塞自己。进程阻塞原语的执行步骤如下。

1）停止进程执行，将该进程 PCB 中的现行状态由执行状态改为阻塞状态。

2）修改该进程 PCB 中的其他相关内容，再将 PCB 移入相应的阻塞队列。

3）转向进程调度程序重新调度，将处理器分配给另一就绪进程，并进行进程切换。

当阻塞进程等待的事件发生或完成后，在操作系统的控制下由相关进程调用唤醒原语将等待该事件的被阻塞进程唤醒。进程唤醒原语的执行过程如下。

1）将要唤醒的进程（PCB）从相应的阻塞队列中移出。

2）修改进程 PCB 的相关内容，将 PCB 中的现行状态由阻塞改为就绪，然后将该进程（PCB）移入就绪队列。

3）若被唤醒进程的优先级比当前运行进程的优先级高，则置调度标志为真，指示应重新进行处理器调度。

需要说明的是，阻塞原语和唤醒原语的作用正好相反。如果一个进程因某个事件调用了阻塞原语将自己阻塞起来，那么当等待的事件发生后，必须在与之相合作的另一进程中或者在与之相合作的其他几个相关进程中，安排唤醒原语将被阻塞进程唤醒。例如，若某进程因等待 I/O 设备而阻塞，则目前使用该设备的进程在使用完毕并释放它后，应调用唤醒原语将因等待该设备而阻塞的进程唤醒，否则，被阻塞进程就会因不能被唤醒而长期处于阻塞状态。

2.2.3 进程的挂起与激活

所谓“挂起”，是指暂时将一个进程从内存换出到外存，而激活是指解除挂起状态，将进程重新换回内存。

若出现了引起进程挂起的事件，例如，内存资源已不能满足进程运行需要、系统中因进程过多而负荷过重、用户进程请求将自己挂起、父进程请求将自己的某个子进程挂起、系统出现故障等，系统便使用挂起原语将处于阻塞状态的进程或指定进程挂起。进程挂起原语的执行过程如下。

1）根据被挂起进程的标识号，从 PCB 集合中查找出该进程的 PCB，从中读出进程的状态。

2）修改 PCB 中的进程状态。若处于就绪状态，就将它修改为挂起就绪状态；若处于阻塞状态，就将它修改为挂起阻塞状态；若处于运行状态，就将它修改为挂起就绪状态。

3）将被挂起进程的 PCB 复制到指定内存区域，以便用户或父进程考查该进程的运行情况。

4）将被挂起进程的非常驻部分从内存换出到外存的对换区中。

5）若被挂起进程原来正在执行，则转入进程调度程序，从就绪队列中重新调度其他进程执行。

若出现了激活进程的事件，例如，系统资源尤其是内存资源已较充裕，或者用户或父进程要求激活指定进程等，系统便使用进程激活原语将指定进程激活。进程激活原语的执行过程如下。

1）将被激活进程从外存换入内存。

2）修改该进程的状态。若现行状态是挂起就绪，便将它修改成就绪状态；若现行状态是挂起阻塞，便将它修改成阻塞状态。

3）若系统采用抢占调度策略，且被激活进程现为就绪状态，则需比较被激活进程与正在执行进程的优先级，看是否需要重新调度。若被激活进程的优先级高，则需要重新调度，暂停当前进程运行，将 CPU 分配给刚激活的进程。

2.3 进程的互斥与同步

在操作系统中引入进程，是为了使程序能够并发执行，从而提高系统资源的利用率和改善系统性能。但进程具有的异步性特征也会造成系统混乱，导致进程的运行结果不一致，尤其是在它们争用临界资源及在相互合作完成同一任务时更是如此。因此，必须采用相应的方法对并发诸进程的执行顺序或访问临界资源的顺序进行协调，使进程的执行结果具有可再现性。

2.3.1 基本概念

1. 进程之间的制约关系

在多道程序环境中，由于共享资源和相互合作等原因，并发诸进程之间存在以下两种相互制约的关系。

1）间接相互制约关系。指同处于一个系统中的诸进程，由于共享资源而产生的相互制约关系。例如，有两个并发执行的进程 P1 和 P2，如果在进程 P1 提出打印请求时，系统已将唯一的打印机分配给了进程 P2，则进程 P1 只能阻塞等待，直到 P2 进程释放了打印机，P1 进程才被唤醒。像打印机这种在一段时间内只能由一个进程使用的资源称为临界资源。并发诸进程对临界资源的共享导致进程之间出现了间接相互制约关系。间接相互制约关系的存在使得并发诸进程不能同时访问临界资源，只有其他进程没有占用临界资源时，当前进程才能访问，即进程访问临界资源必须以互斥方式进行。

2）直接相互制约关系。指并发诸进程因相互合作完成同一任务而产生的相互制约关系。例如，为了提高运行效率，系统为一个应用程序分别建立了输入进程 P_I、计算进程 P_C 和输出进程 P_O。P_I通过缓冲区 A 向 P_C提供数据，P_O从缓冲区 B 中接收 P_C的计算结果并输出。若缓冲区 A 空，则 P_C因不能获得输入数据只能将自己阻塞起来等待，当 P_I将数据输进缓冲区 A 后，再将 P_C唤醒进行计算；与之类似，若缓冲区 B 空，则 P_O因不能获得输出数据只能将自己阻塞起来等待，当 P_C将数据输进缓冲区 B 后，再将 P_O唤醒进行输出。相互合作进程之间存在的直接相互制约关系决定了必须采用进程同步方法，对诸进程的执行顺序进行协调，使进程的运行结果具有可再现性。

所谓“进程同步”就是对并发诸进程的执行顺序进行协调，使进程的执行结果具有可再现性；而“进程互斥”则指并发诸进程必须以互斥方式访问临界资源。不难看出，进程互斥关系实际上是一种特殊的进程同步关系，即对诸进程访问临界资源的次序进行协调。

并发诸进程之间若不进行同步，将出现严重后果。下面是一个例子。

一个银行系统的两个终端上分别运行着P1和P2两个进程，这两个进程共享了一个账户变量count，进程P1的功能是往该账户中存款，进程P2的功能是从该账户中取款，count的初始值是1000元。两个进程的部分程序段如下：

```
P1                      P2
…                       …
S1：X = count;          S1：Y = count;
S2：X = X + 100;        S2：Y = Y - 50;
S3：count = X;          S3：count = Y;
…                       …
```

由于这两个进程以并发方式运行，以不可预知的速度向前推进，于是有可能出现以下几种执行结果。

1）P1→P2或P2→P1，即进程顺序执行。两种方式的执行结果相同，count变成1050。

2）P1:S1→P2→P1:S2→P1:S3，即先执行P1中的S1语句，再执行P2，最后执行P1中剩余的语句。执行结果是count变成1100。

3）P2:S1→P1→P2:S2→P2:S3，即先执行P2中的S1语句，再执行P1，最后执行P2中剩余的语句。执行结果是count变成950。

由于进程并发执行具有异步性，致使上述进程并发执行的结果不唯一。究其原因是共享变量count是临界资源，诸进程必须以互斥方式进行访问。

2. 临界区

前面的讨论已表明，对临界资源，无论是硬件临界资源，还是软件临界资源，并发诸进程必须以互斥方式进行访问。若将访问临界资源的那段代码称为临界区，显然，只要能保证诸进程以互斥方式进入自己的临界区，就能实现并发诸进程对临界资源的互斥访问。

要保证诸进程以互斥方式进入自己的临界区，则在进入临界区之前必须进行检查，看是否临界资源已被其他进程占用。若此时临界资源已被其他进程占用，本进程就不能进入临界区；若此时临界资源尚未被其他进程访问，本进程便可以进入临界区对该资源进行访问，同时应设置临界资源正在被访问的标志；当进程访问完临界资源后，还需将临界资源正在被访问的标志恢复为临界资源未被访问的标志。在进入临界区之前进行检查的那段代码可以称为“进入区”，而将临界资源正在被访问的标志恢复为临界资源未被访问的标志那段代码可以称为“退出区”。于是，含有访问临界资源的进程具有如图2-8所示的结构。

其他区域
进入区
临界区
退出区
其他区域

图2-8 具有临界区的进程结构

进程访问临界区应遵循以下原则：

1）空闲让进。当无进程位于临界区时，表明临界资源处于空闲状态，此时应允许一个申请进入临界区的进程立即进入临界区，以有效利用临界资源。

2）忙则等待。当已有进程位于临界区时，表明临界资源正在被访问，此时其他试图进入临界区的进程必须等待，以保证对临界资源进行互斥访问。

3）有限等待。对申请访问临界资源的进程，应保证它能在有限的时间内进入自己的临界区，以避免陷入“死等”状态。

4）让权等待。当进程不能进入自己的临界区时，应立即释放处理器，让自己阻塞起来等待，以避免陷入“忙等”。

2.3.2 实现进程互斥的硬件方法

所谓采用硬件方法实现进程互斥就是通过使用计算机提供的一些机器指令来实现进程互斥。实现进程互斥本质上是实现临界区互斥，而实现临界区互斥的关键是正确设置进入区和退出区。机器指令本身在一个指令周期内执行，且不能被中断，因此，只要采用它正确地设置了进入区和退出区，就能够实现临界区互斥。可用来实现进程互斥的机器指令有以下 3 个：开关中断指令、测试与设置指令、交换指令。

1. 开关中断指令

开关中断指令又称为硬件锁，使用它来实现进程互斥最简单。具体方法是：进程在进入临界区之前先执行“关中断”指令，屏蔽掉所有中断；进程完成临界区的任务后，再执行“开中断”指令，将中断打开。由于单处理器系统中的进程只能交替执行，因此，一旦在进入临界区之前屏蔽掉所有中断，计算机系统就不再响应中断，进程在进入临界区后就会一直占用 CPU，而其他进程则不能进入临界区。利用开关中断指令实现进程互斥的程序结构如下：

```
cobegin                    // 伪代码 cobegin 和 coend 表示夹在它们之间的进程可以并发执行
    process Pi( )          // i = 1,2,3,…,n
    { …
      关中断
      临界区
      开中断
      …
    }
coend
```

使用开关中断指令实现进程互斥只适合单处理器系统，且存在以下缺点：如果关中断的时间过长，会使系统效率下降；若关中断不当，有可能导致系统无法正常调度。

2. 测试与设置指令 TS（Test and Set）

若采用这种方法，则要为每个临界资源设置一个布尔型变量 s，可以将它看成一把锁。若 s 的值为 false（开锁状态），则表示没有进程访问该锁对应的临界资源；若 s 的值为 true（关锁状态），则表示该锁对应的临界资源已被某个进程占用。

TS 指令的功能可以用一个函数描述如下：

```
bool TS( bool & s )
{ if( s ) return true;
```

```
    s = true; return false;
}
```

利用 TS 指令可以实现临界区的开锁和关锁原语操作。在进入临界区之前，首先用 TS 指令测试 s，若 s 等于 false，则表明没有进程使用临界资源，于是本进程可以进入临界区，否则必须循环测试直至 s 的值为 false。当前进程在退出临界区时，必须将 s 重新置为 false，以表示将该临界资源的锁重新打开。由于 TS 指令执行过程中不能被中断，因此使用本方法可以保证实现进程互斥的正确性。利用 TS 指令实现进程互斥的程序结构如下：

```
bool s = false;
cobegin                // 伪代码 cobegin 和 coend 表示夹在它们之间的进程可以并发执行
  process Pi( )                    // i = 1,2,3,…,n
  { …
      while( TS(s) );          // 关锁
      临界区;
      s = false;               // 开锁
      …
  }
coend
```

3. 交换指令（Swap）

交换指令（Swap）的功能是交换两个字的内容，可以用以下函数描述。

```
void Swap( bool &a, bool &b )
{ bool temp = a;
  a = b;
  b = temp;
}
```

若要使用交换指令来实现进程互斥，需要为每个临界资源设置一个布尔型的全局变量 s。若 s 的值为 false，则表示没有进程在临界区；若 s 的值为 true，则表示有进程在访问临界资源。此外，还要为每个进程设置一个布尔型的局部变量 key。只有当 s 的值为 false 并且 key 的值为 true 时，本进程才能进入临界区。进入临界区后，s 的值为 true，key 的值为 false；退出临界区时，应将 s 的值置为 false。使用交换指令实现进程互斥的程序结构如下：

```
bool s = false;
cobegin                        // 伪代码 cobegin 和 coend 表示夹在它们之间的进程可以并发执行
  process Pi( )                // i = 1,2,3,…,n
  {   …
      bool key = true;
      do { Swap( s, key); } while( key );          // 进入区
      临界区;
      s = false;                                    // 退出区
      …
  }
```

```
coend
```

虽然使用TS指令和Swap指令可以方便地实现进程互斥，但它们都存在以下缺点：当一个进程正在访问临界区时，其他想进入临界区的进程必须不断循环测试s的值。显然，不断循环测试s造成了CPU浪费，这种现象称为“忙等”。上述两种方法都没有遵循“让权等待”原则。

2.3.3 实现进程互斥的软件方法

可以使用多种软件方法来实现进程互斥，下面介绍有代表性的两种。

1. 两标志算法

该算法的基本思想是：为希望访问临界资源的两个并发进程设置两个标志T1和T2，以表示进程是否在临界区；若Ti(i=1,2)等于0，则表示进程Pi(i=1,2)没有在临界区；若Ti(i=1,2)等于1，则表示进程Pi(i=1,2)在临界区；在每个进程进入临界区之前，先判断临界区是否已被另一进程访问，若是，则本进程等待，否则，本进程进入临界区。该算法可以描述如下：

```
P1                  P2
…                   …
while( T2 );        while( T1 );
T1 =1;              T2 =1;
临界区;             临界区;
T1 =0;              T2 =0;
…                   …
```

这个方法实现起来比较简单，但总是先检查了对方的标志后才设置本进程的标志，这个过程有可能被中断，因此，可能会导致两个进程在分别检测对方标志后同时进入临界区。一种改进方法是先设置自己的标志，然后再检测对方的标志。改进后算法的结构描述如下：

```
P1                  P2
…                   …
T1 =1;              T2 =1;
while( T2 );        while( T1 );
临界区;             临界区;
T1 =0;              T2 =0;
…                   …
```

算法改进后，又可能导致并发执行的两个进程都不能进入临界区。因此，两标志算法不能很好地解决两个进程同时到达的问题。

2. 三标志法

该算法又称Peterson算法。算法的基本思想是：设置3个标志T1、T2、T，其中T1和T2的作用与两标志法相同，而T是一个公共标志，用来表示允许进入临界区的进程标号；若进程希望进入临界区，则先设置自己的标志Ti(i=1,2)，然后再检测公共标志T，若T等于Ti(i=1,2)，则表示允许进程Pi(i=1,2)进入临界区。Peterson算法较好地解决了当两个进程同时到达时，进程互斥使用临界区问题。该算法的结构可以描述如下：

```
P1                              P2
…                               …
T1 = 1;                         T2 = 1;
T = 2;                          T = 1;
while( T2 == 1 && T == 2 );     while( T1 == 1 && T == 1 );
临界区;                          临界区;
T1 = 0;                         T2 = 0;
…                               …
```

2.3.4 信号量机制

虽然使用前面介绍的硬件方法和软件方法都能解决进程互斥问题，但这些方法都存在一定的缺陷。为了克服这些缺陷，可以使用信号量机制来实现进程的互斥和同步。信号量机制最先由荷兰学者 E. W. Dijkstra 在 1965 年提出，该方法使用信号量及有关的 P、V 操作原语来解决进程的互斥与同步问题。

在操作系统中，信号量代表了一类物理资源，它是相应物理资源的抽象。具体实现时，信号量被定义成具有某种类型的变量，通常的类型有整型类型和结构体类型。具有整型类型的信号量称为整型信号量；具有结构体类型的信号量称为结构型信号量或记录型信号量。信号量除了初始化以外，在其他情况下其值只能由 P 和 V 两个原语操作才能改变。P 操作和 V 操作又称为 wait 操作和 signal 操作。

1. 整型信号量

最初，Dijkstra 将信号量定义为一个整型变量。若信号量是 S，则 P 操作原语和 V 操作原语可以分别描述如下：

```
int S;
P(S): while( S <= 0 );
      S = S - 1;
V(S): S = S + 1;
```

整型信号量机制中的 P 操作，只要信号量 S≤0，就会不断循环测试，因此，该机制没有遵循“让权等待”原则，而使进程处于“忙等”状态。针对这种情况，人们对整型信号量机制进行了扩充，增加了一个阻塞进程队列，从而出现了结构型信号量。

2. 结构型信号量

结构型信号量又称为记录型信号量。该信号量被定义成具有两个分量的结构体型数据结构。结构型信号量中的一个分量是一个整型变量，代表相应资源当前可用的数量；另一个分量是一个队列指针，指向因等待对应资源而阻塞的进程队列。可以将结构型信号量描述如下：

```
typedef struct {
    int value;
    struct pcb * L; // L 指向因等待相应资源而阻塞的进程队列,pcb 为 PCB 对应的结构体类型
```

```
} semaphore;
semaphore S;
```

S. L 是一个指针，指向因等待相应资源而阻塞的进程队列的队首。S. value 的初值是一个非负整数，代表系统中某种资源的数量。随着该资源被不断分配，S. value 的值将发生变化，对应出现以下几种情况：

1）当 S. value 大于 0 时，S. value 表示该资源当前可用的数量。

2）当 S. value 等于 0 时，S. value 表示该资源正好用完。

3）当 S. value 小于 0 时，S. value 表示因等待该资源而阻塞的进程数量。

若 S. value 的初值为 1，则表示只有一个临界资源，一段时间内只允许一个进程对该资源进行访问。这种情况下的结构型信号量又称为“互斥信号量”。

结构型信号量 S 的 P(S)原语操作可以用以下函数描述。

```
void P( semaphore &S )
{   S. value = S. value - 1;
    if( S. value  <  0 )block( S. L );                    // block 是阻塞原语
}
```

P(S)操作的物理含义是：执行一次 P(S)操作相当于申请一个资源；若 S. value 大于 0，则 S. value 减 1 表示该资源当前可用的数量减少了 1 个；若 S. value 减 1 后小于 0，则立即调用阻塞原语 block 将本进程阻塞起来，并插入到 S. L 指针指向的阻塞进程队列中，这时因等待该资源而阻塞的进程又多了一个。显然，结构型信号量机制采用了“让权等待”策略。

V(S)原语操作可以用以下函数描述：

```
void V( semaphore &S )
{ S. value = S. value + 1;
  if( S. value  <=  0 ) wakeup( S. L );               // wakeup 是唤醒原语
}
```

V(S)操作的物理含义是：执行一次 V(S)操作相当于释放一个资源，于是执行 S. value 加 1 操作；若 S. value 加 1 后的值仍然小于或等于 0，表明仍有处于阻塞状态的进程在等待这类资源，于是调用唤醒原语 wakeup 将阻塞队列（S. L）的第一个等待进程唤醒，并移入就绪队列。

由于结构型信号量具有整型信号量不能替代的优点，因此在操作系统中广泛使用它来解决进程之间的互斥和同步问题。本书后面提到的信号量若没有特殊说明，均指结构型信号量。

3. 使用信号量实现进程互斥

借助信号量机制容易实现并发诸进程以互斥方式访问临界资源。方法如下：为要访问的临界资源设置一个互斥信号量（即 value 初值为 1 的结构型信号量）mutex，将其初值设置为 1，然后将各进程的临界区置在 P(mutex)和 V(mutex)之间。程序模型如下：

```
semaphore mutex;
mutex. value = 1;
cobegin                  // 伪代码 cobegin 和 coend 表示夹在它们之间的进程可以并发执行
  process Pi( )           // i = 1,2,…,n
```

```
    { …
        P(mutex);
        临界区;
        V(mutex);
        …
    }
coend
```

将各进程的临界区置于P(mutex)和V(mutex)之间后，每个欲访问该临界资源的进程在进入临界区之前，都要进行P(mutex)操作，若该资源没有被其他进程访问，则P(mutex)操作成功，进程便可以进入自己的临界区，这时若再有其他进程要进入临界区，其P(mutex)操作必然失败，只能将自己阻塞起来等待。进程访问完临界资源退出临界区时，应进行V(mutex)操作，释放该临界资源，且唤醒因等待该资源而阻塞的第一个进程（若存在的话）。

在利用信号量机制实现进程互斥时需注意，P(mutex)和V(mutex)操作必须成对出现；缺少P操作将会导致系统混乱，对临界资源进行互斥访问将得不到保证；缺少V操作将会使临界资源永远不会被释放，导致因等待该资源而阻塞的进程不再被唤醒。

4. 使用信号量实现进程同步

通过在需要同步的地方插入对信号量的P操作或V操作，可以实现进程间同步。例如，有两个并发执行的进程P1和P2合作完成同一任务，P1中有以下两条语句：x=5；y=x+5；P2中有以下语句：z=y+10；为了使任务能够正确完成，必须对这两个进程进行同步，以确保只有执行了y=x+5这条语句后，才能执行语句z=y+10。同步方法是：设置一个由两个进程共享的信号量S，将它的初值赋为0，再将P(S)操作放在z=y+10前面，将V(S)操作放在y=x+5语句后面。具体描述如下：

```
semaphore S; S.value=0;
P1                  P2
…                   …
x=5;                P(S);
y=x+5;              z=y+10;
V(S);               …
…
```

由于S被初始化为0，P2进程执行到P(S)原语处必定受阻塞。只有进程P1执行完y=x+5语句，并进行V(S)操作使S增1后，P2进程方能执行语句z=y+10。

又如，有6个并发执行的进程Pi(i=1,2,…,6)，若希望它们按照如图2-9所示的次序执行，则可以采用信号量机制实现。由于每个进程执行的前提是它的所有前驱进程已执行完毕，因此可以为每个前驱关系（箭头表示）设置一个信号量，然后使用信号量的P操作来等待对应的前驱进程执行结束，用V操作来表示对应的前驱进程已执行结束。每个前驱关系对应的信号量S[i](i=0,1,…,7)如图2-9所示。按该图次序并发

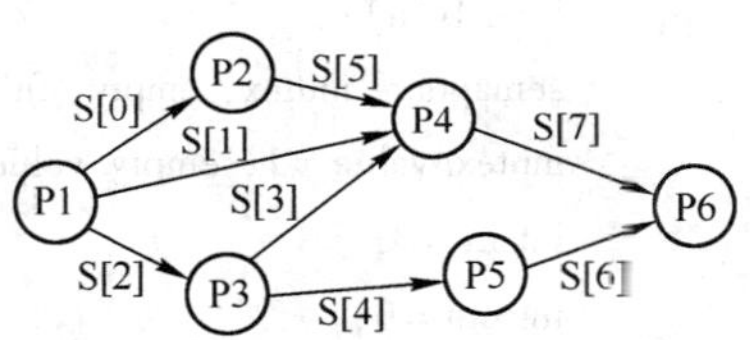

图2-9　几个进程的执行次序示意

执行的程序可以描述如下：

```
semaphore S[8];
for(int i =0;i < 8;i ++ ) S[i].value =0;
process PP( )
{ cobegin
    { P1; V(S[0]); V(S[1]); V(S[2]); }
    { P(S[0]); P2; V(S[5]); }
    { P(S[2]); P3; V(S[3]); V(S[4]); }
    { P(S[1]); P(S[3]); P(S[5]); P4; V(S[7]); }
    { P(S[4]); P5; V(S[6]); }
    { P(S[6]); P(S[7]); P6; }
  coend          // 伪代码 cobegin 和 coend 表示夹在它们之间的语句可以并发执行
}
```

2.3.5 经典互斥与同步问题

在研究如何实现进程互斥与同步的过程中，提出了一系列经典的进程互斥和同步问题。了解这些问题的解决方法，可以帮助读者更好地理解进程互斥与同步的原理和具体实现方式。

1. 生产者—消费者问题

问题描述：有一群生产者进程在不断生产产品，而另一群消费者进程在不断消费生产出的产品；为了解决生产和消费速度不匹配的矛盾，在生产者和消费者进程之间设置了一个具有 n 个缓冲区的缓冲池；生产者进程不断将它生产出的产品投放到缓冲区中，每次投放的产品占满一个缓冲区，消费者进程不断从缓冲区中取走产品去消费，一次取出一个缓冲区的产品；尽管生产者进程和消费者进程以异步方式运行，但它们之间必须保持同步，即不允许消费者进程到一个空缓冲池中取产品，也不允许生产者进程将产品投放到一个已装满产品的缓冲池。

用一个具有 n 个数组元素的环状数组来模拟缓冲池，每个数组元素模拟一个缓冲区。缓冲池是临界资源，每个进程必须以互斥方式使用缓冲区。

其中一种解决方法是：设置 3 个信号量 mutex、empty、full；mutex 是互斥信号量，初值为 1，用来实现诸进程以互斥方式使用缓冲区；empty 是资源信号量（即表示某种资源当前可用的数量），用来表示缓冲池中当前空缓冲区的数量，其初值为 n；full 也是资源信号量，用来表示缓冲池中当前满缓冲区的数量，其初值为 0。生产者—消费者问题的解决方案描述如下：

```
item B[n];                   // item 表示缓冲区的类型,数组 B 模拟具有 n 个缓冲区的缓冲池
semaphore mutex, empty, full;
mutex.value =1; empty.value =n; full.value =0;
int in =0;                   // 缓冲区指针,指向当前可投放产品的缓冲区
int out =0;                  // 缓冲区指针,指向当前可取走产品的缓冲区
item product;                // product 代表一个产品
```

```
cobegin                          // 伪代码 cobegin 和 coend 表示夹在它们之间的进程可以并发执行
  process producer_i()                    process consumer_j()
  {   while(1)                            { while(1)
      {  product = produce();                 {  P(full);
         P(empty);                               P(mutex)
         P(mutex);                               product = B[out];
         B[in] = product;                        out = (out + 1) % n;
         in = (in + 1) % n;                      V(mutex);
         V(mutex);                               V(empty);
         V(full); }                              consume(); }
  }                                       }
  coend
```

程序中的函数 produce()和 consume()分别表示生产和消费产品。

在生产者进程中，首先用 P(empty)测试是否有空缓冲区；若无则阻塞等待，若有则通过 P(mutex)和 V(mutex)原语以互斥方式将产品投放到指定缓冲区中；由于增加了一个满缓冲区，因此生产者进程最后执行 V(full)操作，该操作将因缓冲池空而阻塞的第一个消费者进程唤醒（若它存在的话）。

在消费者进程中，首先用 P(full)测试是否有满缓冲区；若无则阻塞等待，若有则通过 P(mutex)和 V(mutex)原语以互斥方式从指定缓冲区中取出产品；由于增加了一个空缓冲区，因此消费者进程最后执行 V(empty)操作，该操作将因缓冲池满而阻塞的第一个生产者进程唤醒（若它存在的话）。

2. 哲学家进餐问题

问题描述：有 5 个哲学家公用一张圆桌，分别坐在周围的 5 个椅子上，在圆桌上交替放有 5 个碗和 5 支筷子；哲学家的生活方式是交替地进行思考和进餐；平时，哲学家进行思考，饥饿时便试图取用其左、右最靠近他的筷子，只有在他拿到两支筷子时才能进餐；进餐完毕后放下筷子继续思考。

在这个问题中，筷子应作为临界资源使用，因此需为每支筷子设置一个互斥信号量，其初值均为 1。每个哲学家在进餐之前，必须借助互斥信号量的 P 原语进行以下两个操作：取左边的筷子和取右边的筷子。进餐完毕后，必须借助互斥信号量的 V 原语放下手上的两支筷子。一种解决问题的方法描述如下：

```
semaphore chopstick[5];
for(int i = 0;i < 5;i ++) chopstick[i]. value = 1;
cobegin                          // 伪代码 cobegin 和 coend 表示夹在它们之间的进程可以并发执行
  process philosopher_i( )                        // i = 0,1,2,3,4
  {   while( 1 )
      { think( );
        P(chopstick[i]);
        P(chopstick[(i + 1)%5]);
        eat( );
        V(chopstick[i]);
```

```
        V(chopstick[(i+1)%5]); }
    }
coend
```

程序中的函数 think()和 eat()分别表示思考和进餐。P(chopstick[i])和 P(chopstick[(i+1)%5])表示哲学家分别取其左、右两支筷子。V(chopstick[i])和 V(chopstick[(i+1)%5])表示表示哲学家分别放下左、右两支筷子，并唤醒因没有拿到筷子而阻塞的相应哲学家进程。

上述解法有可能引起死锁。例如，若每个哲学家各拿了 1 支左边（或右边）筷子，则再去拿右边（或左边）筷子时就会出现死锁。可以采用以下方法之一来预防出现死锁：

1）最多允许 4 位哲学家同时拿左边（或右边）的筷子。

2）仅当哲学家的左、右两支筷子均可用时，才允许他拿起筷子吃饭。

3）奇数号哲学家先取左边筷子，然后再取右边的筷子；而偶数号哲学家先取右边筷子，然后再取左边的筷子。

3. 读者—写者问题

问题描述：有一个数据文件，可以被多个进程共享；各进程共享数据文件的方式不同；有的进程只是从文件中读取信息，这类进程称为“读者进程”；有的进程或写信息到文件中，或又读又写，这些进程统称为“写者进程”；为了不使文件内容混乱，要求各进程在使用文件时必须遵守以下规定：

1）允许多个读者进程同时读文件。

2）不允许写者进程与其他进程同时访问文件。

由于本问题中可以有多个读者进程读文件，但不允许写者进程与其他进程同时访问文件，因此需设置一个共享变量 Readcount 来记录正在读文件的进程数目，只有 Readcount 等于0 时，才有可能允许写。共享变量 Readcount 是临界资源，必须设置一个互斥信号量 rmutex 来保证对它进行互斥访问。由于不允许写者进程与其他进程同时访问文件，于是设置一个信号量 wmutex 来保证这种访问的互斥性。读者—写者问题的一种解决方法描述如下：

```
semaphore rmutex, wmutex;
rmutex. value =1; wmutex. value =1;
int Readcount =0;
cobegin                    // 伪代码 cobegin 和 coend 表示夹在它们之间的进程可以并发执行
process reader_i( )                              process writer( )
{   P(rmutex);                                   { P(wmutex);
    if(Readcount == 0) P(wmutex);                    {写文件操作};
    Readcount ++;                                    V(wmutex);
    V(rmutex);                                   }
    {读文件操作};
    P(rmutex);
    Readcount --;
    if(Readcount ==0) V(wmutex);
    V(rmutex);
}
coend
```

在读者进程中，若已有其他进程在读文件（Readcount 大于 0），则本进程自然也可以读；若没有其他进程读文件（Readcount 等于 0），则必须使用 P(wmutex)原语判断是否有进程在写，若没有，则本进程开始读文件，否则只能阻塞等待。若本进程在读文件，则读文件的进程增加一个，于是 Readcount 执行加 1 操作；本进程读完文件后，正在读文件的进程减少一个，于是 Readcount 执行减 1 操作。由于共享变量 Readcount 是临界资源，因此必须使用 P(rmutex)和 V(rmutex)原语来保证访问的互斥性。当没有进程读文件（Readcount 减少至 0）时，必须使用 V(wmutex)原语唤醒因等待读完成而阻塞的第一个写者进程（若存在的话）。

写者进程比较简单。使用 P(wmutex)原语来测试是否允许本进程写文件，若不允许，则本进程阻塞等待；若允许，则本进程开始写文件。写文件完成后，必须使用 V(wmutex)原语唤醒因等待进程完成写操作而阻塞的第一个其他写者进程，或者唤醒因等待写操作完成而阻塞的全部读者进程（若存在的话）。

上述算法属于读者优先算法。该算法中，只要存在读者，写者将被延迟，且只要有一个进程在读，随后而来的读者都将被允许访问文件，从而有可能引起写者进程较长时间等待，甚至还可能导致写者因长时间不能写而出现所谓“饥饿”现象。

4. 理发店问题

问题描述：理发店有 k 位理发师，k 张理发椅，有 n 个可供顾客休息的沙发；如果没有顾客，理发师便在理发椅上睡觉，若有顾客需要理发，就唤醒理发师进行理发；当全部理发师都在理发时如果有新顾客到来，这时若有空沙发可坐，该顾客就坐下来等待，若没有空沙发，他就离开理发店。

解决这个问题需要设置三个信号量和一个共享变量。共享变量 count 用来记录当前坐在沙发上等候的顾客数，初值为 0。注意：坐在沙发上等候的顾客不一定全都要理发。信号量 barbers 用来记录当前空闲的理发师数，初值为 k；信号量 customers 用来记录当前等待理发的顾客数，初值为 0；信号量 mutex 用来实现对共享变量 count 的互斥访问，初值为 1。算法描述如下：

```
semaphore customers, barbers, mutex;
customers. value =0; barbers. value =k; mutex. value =1;
int count =0;
cobegin
  process barber( )
  { while( 1 )
    { P(customers); // 判断是否有顾客需要理发,若有则继续向下执行,若无则理发师睡眠
      P(mutex);     // 进入临界区
      count --;     // 从沙发上起来一位准备理发的顾客，于是沙发上少坐了一位顾客
      V(mutex);     // 退出临界区
      { 理发师给顾客理发 };
      V(barbers); }          // 给顾客理完发后,空闲的理发师又多了一位,于是 barbers 加 1
  }
  process customer( )
  { P(mutex);                // 进入临界区
```

```
        if(count < n)            // 若有空沙发,则新顾客等待理发,否则离开理发店
        { count ++ ;             // 新顾客坐到空闲的沙发上
          V(customers);          // 新增加了一位需理发的顾客,于是 customers 加 1
          V(mutex);              // 退出临界区
          P(barbers);            // 查看是否有空闲的理发师,若有则继续,否则顾客等待。
          { 顾客理发 };
        }
        else
        { V(mutex);              // 退出临界区
          { 顾客离开理发店 }
        }
      }
    coend;
```

在理发师进程中，首先通过 P(customers)原语判断是否有顾客需要理发，若无，则进程将自己阻塞起来等待，若有，则将 count 减 1（由于一位顾客去理发，所以在沙发上等待的顾客减少了一位）；当理发师给顾客理完发后，空闲的理发师又增加了一位，于是执行 V(barbers)操作，该操作还将因等待理发师而阻塞的第一个顾客进程唤醒（若它存在的话）；P(mutex)和 V(mutex)原语用来保证以互斥方式访问共享变量 count。

在顾客进程中，首先判断是否有空闲的沙发，若无，新到顾客离开理发店，若有，新顾客坐到沙发上等待，于是执行 count ++ 操作；新顾客到来后，需要理发的顾客又增加了一位，于是执行 V(customers)操作，该操作还将因等待顾客而阻塞的第一个理发师进程唤醒（若它存在的话）；由于有顾客需要理发，于是通过 P(barbers)判断是否有空闲的理发师，若无，则进程将自己阻塞起来等待，若有，则请他给顾客理发。P(mutex)和 V(mutex)原语同样用来保证以互斥方式访问共享变量 count。

2.3.6 管程机制

虽然前面介绍的信号量机制是一种有效的进程互斥和同步机制，但这种机制会使大量的 P、V 操作分散在各个进程中，这不仅给管理带来了麻烦，而且若操作不当的话，还极易导致错误出现，甚至有可能出现系统死锁。为了解决信号量机制带来的不便，出现了另一种进程同步工具——管程。使用管程机制，通过将分散在各个进程中的同步操作集中起来统一控制和管理，可以更方便地实现进程的互斥与同步，并减少错误发生。

管程机制的基本思想是：将共享资源用共享的数据结构表示，将对资源的访问和管理程序抽象为对该数据结构进行操作的一组过程；表示共享资源的数据结构只能由这组过程访问，这组过程也只能访问表示共享资源的数据结构；于是，进程对共享资源的访问就转变为调用这组过程来访问代表共享资源的数据结构。代表共享资源的数据结构和在该数据结构上实施操作的那组过程一并称为管程。Hansen 为管程下的定义是：一个管程定义了一个数据结构和能为并发进程（在该数据结构上）所执行的一组操作，这组操作能同步进程和改变管程中的数据。管程提供了一种封装机制，它将代表共享资源的数据结构和对该数据结构进行操作的过程完全封闭起来，所有进程若要访问共享资源，只有通过调用管程中的接口过程才能进入，而管程机制确保了每次只能有一个进程进入管程，从而实现诸进程以互斥方式使用临界资源。

管程使用了称为“条件变量”的同步机制来对进程同步。条件变量是封装在管程内的一种数据结构，它对应一个进程阻塞队列，只能被管程中的过程访问，且对管程内的所有过程是全局的。条件变量只能通过 wait 和 signal 两个原语进行控制，而 wait 和 signal 原语总是在某个条件变量 X 上执行，表示为 X. wait 或 X. signal。X. wait 操作的作用是使本进程阻塞在条件变量 X 上，X. signal 操作的作用是若有进程被阻塞在条件变量 X 上，则将第一个阻塞进程唤醒。

如果一个管程内的过程在某条件变量 X 上执行 wait 原语（即 X. wait），则调用该过程的进程被阻塞，且退出管程并移入 X 对应的阻塞队列（称为进程被阻塞在条件变量 X 上）。这时，在管程外等待访问临界资源的第一个进程就会进入管程。如果一个进程调用管程内的某个过程在条件变量 X 上执行 signal 原语（即 X. signal），则若当前仍有进程被阻塞在 X 上的话，就将第一个阻塞进程唤醒，若当前没有进程被阻塞，则 X. signal 操作没有任何作用。

由管程的定义可知，管程应该包括 3 个组成部分：① 局部于管程内部的共享数据结构（通常是一组共享变量）说明；② 对该数据结构进行操作的一组过程；③ 对共享数据结构设置初始值的语句。可以在形式上将一个管程描述如下：

```
monitor  管程名
{ 共享变量说明;
  条件变量说明;
  初始化语句;
  define 管程内定义的,管程外可以调用的过程或函数名列表;
  use 管程外定义的,管程内将调用的过程或函数名列表;
  过程或函数 1 定义;
  过程或函数 2 定义;
      …
  过程或函数 n 定义;
}
```

下面给出使用管程解决进程互斥和同步的几个例子。

(1) 利用管程解决生产者—消费者问题

首先建立一个管程，命名为 Producer_Consumer。该管程包含两个函数：Put( )和 Get( )。生产者进程调用函数 Put( )将产品投放到缓冲池中，消费者进程调用函数 Get( )从缓冲池中取出产品。Producer_Consumer 管程可以描述如下：

```
monitor Producer_Consumer
{   item B[n];                              // 模拟缓冲池
    int in = 0, out = 0, count = 0;
    condition notfull, notempty;            // 定义两个条件变量
   define put, get;                         // 说明 put 和 get 两函数在管程内定义,在管程外可调用
    void put( item x )                      // 将产品 x 投放到缓冲池中
    {   if(count >= n) notfull. wait;       // 若缓冲池满,则将自己阻塞
        B[in] = x;
```

```
        in = (in + 1) % n;
        count + + ;
        notempty. signal;                // 投放产品后,若仍有消费者在等待,则将第 1 个唤醒
    }
    void get( item &x )                  // 从缓冲池中取出一个产品放到 x 中
    {   if(count <= 0) notempty. wait;   // 若缓冲池空,则将自己阻塞
        x = B[out];
        out = (out + 1) % n;
        count - - ;
        notfull. signal;                 // 取走产品后,若仍有生产者在等待,则将第 1 个唤醒
    }
}
```

使用管程解决生产者—消费者问题的方法如下:

```
cobegin                 // 伪代码 cobegin 和 coend 表示夹在它们之间的进程可以并发执行
  process produce_i()                   // i = 1,2,…,n
  {  item x;
     x = produce();                     // 生产一个产品并放入变量 x 中
     Producer __ Consumer. put(x);
  }
process consumer_i()                    // i = 1,2,…,m
   {  item x;
      Producer __ Consumer. get(x);
      Consume(x);                       // 消费产品 x
   }
coend
```

(2) 利用管程解决哲学家进餐问题

首先建立一个管程，命名为 dining_philosophers。该管程中，使用了一个枚举类型来表示哲学家的 3 种状态：thinking（思考）、hungry（饥饿）、eating（吃饭）；为每个哲学家设置了一个条件变量 self[i](i=1,2,3,4,5)；设置了 pickup()、putdown()、test()3 个函数。test（i）测试哲学家 i 是否已具备用餐条件；仅当该哲学家饥饿，且他左、右的哲学家都不用餐时，哲学家 i 才具备用餐条件；若已具备条件，则通过 signal 操作让他准备用餐。pickup（i）函数先调用 test（i）函数测试哲学家 i 是否已具备用餐条件，若不具备用餐条件，则使用 wait 操作使自己等待。putdown（i）函数在哲学家 i 用餐完毕后调用，它通过分别调用 test()函数检查其左边、右边的两人是否已具备用餐条件，若已具备用餐条件，则准备用餐。

dining_philosophers 管程可以描述如下:

```
monitor dining_philosophers
{   enum status{ thinking, hungry, eating };
    enum status state[5];
    condition self[5];
```

```
    for(int i=0;i<5;i++) state[i]=thinking;
    define pickup,putdown;  //说明 pickup 和 putdown 函数在管程内定义,在管程外可调用
    void test(int i)                          // 测试哲学家 i 是否已具备用餐条件
    {   if(state[(i-1)%5]!=eating && state[i]==hungry && (state[(i+1)%5]!=eating)
          { state[i]=eating; self[i].signal;} //若已具备用餐条件,则解除等待准备用餐
    }
    void pickup(int i)                        // 哲学家 i 饿了,希望进餐
    {   state[i]=hungry;
        test( i );                            // 测试哲学家 i 是否已具备用餐条件
        if(state[i] != eating) self[i].wait; // 若哲学家 i 不具备用餐条件,则等待
    }
    void putdown(int i)        // 哲学家 i 结束用餐,并测试其左、右的哲学家是否已具备用餐条件
    {   state[i]=thinking;     // 哲学家 i 结束用餐
        test((i-1)%5);         // 若哲学家 i 左边的其他哲学家已具备用餐条件,则准备进餐
        test((i+1)%5);         // 若哲学家 i 右边的其他哲学家已具备用餐条件,则准备进餐
    }
```

使用管程解决哲学家进餐问题的方法如下：

```
cobegin          // 伪代码 cobegin 和 coend 表示夹在它们之间的进程可以并发执行
  process philosopher_i()                    // i=0,1,2,3,4
  { while( 1 )
     { thinking();                           // 哲学家 i 思考
       dining_philosophers.pickup(i);
       eating();                             // 哲学家 i 进餐
       dining_philosophers.putdown(i);
     }
  }
coend
//philosopher_i()进程中的函数 thinking()和 eating()分别表示思考和进餐
```

2.4 进程间通信

进程通信指在进程之间进行信息交换。并发执行的诸进程为了合作完成同一任务，为了互斥与同步，它们之间需要交换信息。交换的信息量可多可少，少的也许只是一个状态或者只有一个字节，多的则可能有成千上万个字节。操作系统提供了多种进程间通信机制，它们分别适用于不同场合，可以从不同角度对进程间的通信机制进行分类。

按照通信量的大小，可以将进程间的通信分为以下几种。

1）低级通信。进程之间一次只能传送很少信息，例如，一个字节，一个整数。前面介绍的进程互斥与同步就涉及低级通信。低级通信的优点是速度快；缺点是传送信息量小，效

率低，通信过程对用户不透明，编程较复杂。

2）高级通信。进程间一次可以传送大量信息。优点是通信效率高，通信过程对用户透明，编程相对较简单。进程间的高级通信又分为以下 3 种：

① 共享内存通信方式。通信双方利用共享的内存区来实现进程间通信。

② 共享文件通信方式。通信双方利用共享一个文件来实现进程间通信。该通信方式又称为管道通信，而被共享的文件称为管道。

③ 消息传递通信方式。利用操作系统提供的消息传递系统来实现进程间通信，进程间以消息为单位进行信息交换。由于这种通信方式是直接使用操作系统提供的通信命令（原语）进行通信，操作系统隐藏了实现通信的细节，因而大大降低了编程的复杂性，得到了广泛使用。消息传递通信根据实现方式的不同又可进一步分为消息缓冲通信方式（直接通信方式）和信箱通信方式（间接通信方式）。

高级通信方式既适用于集中式操作系统，又适用于分布式操作系统。

2.4.1 共享内存通信方式

共享内存通信方式指在内存中划出一块共享内存区，要通信的进程双方将自己的虚拟地址空间映射到共享内存分区上（如图 2-10 所示），通信时，发送进程将需要交换的信息写入该共享内存分区中，接收进程从共享内存分区中读取信息，从而实现进程之间的通信。由于共享内存通信方式不要求数据移动，两个需要交换信息的进程通过对同一个共享的数据区进行写/读操作来达到互相通信的目的，而这个共享的数据区实际上是每个互相通信进程的一个组成部分，因此它是进程之间最快捷、最有效的一种通信方法。UNIX、Windows、OS/2 等操作系统都采用了这种通信方式。

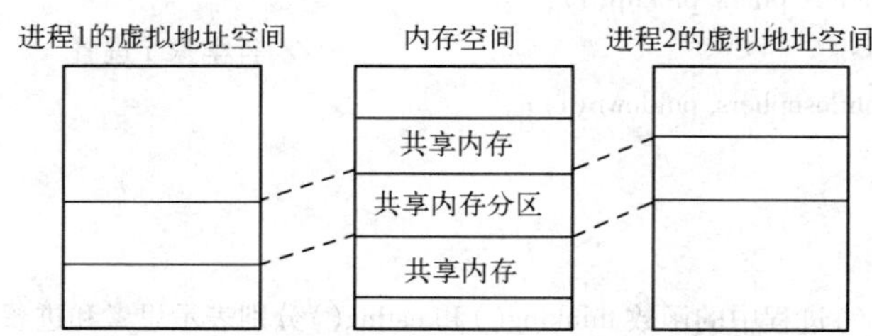

图 2-10　共享内存通信方式示意

当进程要利用共享内存与另一个进程通信时，必须先利用“创建”系统调用向系统申请使用共享内存的一块分区。若系统中已经建立了相应的共享内存分区，则该系统调用返回这个共享内存分区的描述符；若尚未建立，便为进程建立一个指定大小的共享内存分区。

进程建立了共享内存分区或已获得了其描述符后，还必须利用“附接”系统调用将该共享内存分区连接到自己的虚拟地址空间上，并指定该内存分区的访问属性，即指明该区是只读还是可读可写。此后，这个共享内存分区便成为该进程虚拟地址空间的一部分，进程可以采用与访问其他虚拟地址空间一样的方法进行访问。当进程不再需要该共享内存分区时，再利用“断接”系统调用把该共享内存分区与进程断开。

对于共享内存分区，可以利用相应的系统调用对其状态信息进行查询，如查询长度、所连接的进程数、创建者标识符等。也可设置或修改其属性，如共享内存分区的许可权、当前连接的进程计数等。还可以利用系统调用对共享内存分区进行加锁或解锁，以及修改共享内存分区标识符等操作。

使用共享内存通信方式，可以实现多个进程之间的信息交换，但怎样实现对共享内存分区的互斥使用则是程序开发人员的责任。

2.4.2 消息缓冲通信方式

消息缓冲通信方式由 Hansen 在 1973 年首先提出，后来被广泛应用于本地进程之间的通信。消息缓冲通信属于直接通信方式。若采用这种通信方式，则发送进程利用发送命令（原语）直接将信息发送到接收进程的消息缓冲队列，而接收进程从自己的消息缓冲队列中取出消息。进程间的信息交换以消息为单位。

消息缓冲通信的基本思想是：在内存的操作系统空间设置一组消息缓冲区，用于暂存发送的消息；当发送进程要向接收进程发送消息时，首先在自己的内存空间设置一个发送区，将要发送的消息填入其中，并填入消息长度及本进程标识符等信息，然后调用发送原语 send；执行 send 原语将产生异常，自陷系统；内核接收控制权后，则为需要发送的消息分配一个空缓冲区，并将要发送的消息从发送进程的发送区复制到其中，然后将该缓冲区链接到接收进程的消息（缓冲）队列上，至此，完成消息发送过程；接收进程在本进程的内存空间设置一个接收区，在接收消息时，通过执行接收原语 receive，直接从自己的消息（缓冲）队列上取下第一个消息缓冲区，并将其内容复制到接收区，然后释放该消息缓冲区的空间，至此，完成消息接收过程。

消息缓冲通信方式使用了消息缓冲区来暂存发送的消息，消息缓冲区由操作系统负责管理，其结构描述如下：

```
struct messagebuffer
{   int sender;                              // 发送进程的标识符
    int size;                                // 消息长度
    char text[ ];                            // 消息正文
    struct messagebuffer * next;             // 指向下一个消息缓冲区的指针
}
```

消息缓冲队列是临界资源，在使用消息缓冲机制进行通信时，发送进程和接收进程必须以互斥方式访问消息缓冲队列，于是设置一个互斥信号量 mutex，初值为 1，用来保证对消息队列访问的互斥性。另外，有可能消息的发送速度和接收速度并不一样，必须在发送进程与接收进程之间进行同步，为此，设置一个资源信号量 sm，初值为 0，用来表示消息缓冲队列中现有消息缓冲区的数量。这些信号量与消息缓冲队列的队首指针 mq 一起存放在进程的进程控制块 PCB 中，具体描述如下：

```
struct PCB
{   …
    struct messagebuffer * mq;               // 消息缓冲队列的队首指针
    semaphore mutex;                         // 互斥信号量
```

```
semaphore sm;                          // 资源信号量
}
```

发送进程调用发送原语 send（receiver，a）将发送区 a 中存放的消息发送至接收进程 receiver。发送原语先将发送的消息复制到申请的消息缓冲区，再将消息缓冲区挂接在接收进程的消息缓冲队列的队尾。由于消息缓冲队列属于临界资源，因此对它的访问必须夹在 P（j. mutex）和 V（j. mutex）两个原语之间。缓冲区的挂接操作将使接收进程 j 的消息队列中增加一个满缓冲区，于是在发送原语最后安排了 V（j. sm）操作，其目的是若有因等待消息而阻塞的接收进程存在的话，则将第一个阻塞进程唤醒。发送原语可描述如下：

```
void send(receiver,a)
{  getbuffer(a. size,i);                // 根据消息长度申请一个空消息缓冲区 i
   i. sender = a. sender;               // 将发送区的内容复制到消息缓冲区 i
   i. size = a. size;
   i. text = a. text;
   i. next = NULL;
   getid(PCB set,receiver,j);           // 从 PCB 集合中获得接收进程的标识符 j
   P(j. mutex);                         // 互斥使用 j 的消息队列
   insert(j. mq,i);                     // 将消息缓冲区挂接在 j 的消息队列的队尾
   V(j. mutex);                         // 允许其他进程使用 j 的消息队列
   V(j. sm);                            // sm 加 1,且若有接收进程在等待消息,则将第一个唤醒
}
```

接收进程调用接收原语 receive（b）将消息队列队首缓冲区中的数据复制至消息接收区 b。接收原语首先判断接收进程的消息缓冲队列中是否存在消息缓冲区，若不存在，则接收进程阻塞，否则，取下消息队列队首的消息缓冲区，再将其内容复制到接收进程的接收区内，最后将该缓冲区占用的内存释放掉。由于消息缓冲队列属于临界资源，因此对它的访问必须夹在 P（j. mutex）和 V（j. mutex）两个原语之间。接收原语可描述如下：

```
void receive(b)
{  j = internal name                    // 将接收进程的内部标识符存放到变量 j 中
   P(j. sm);                            // 若消息队列中存在消息缓冲区则继续,否则将自己阻塞
   P(j. mutex);                         // 互斥使用 j 的消息队列
   Remove(j. mq,i);                     // 从消息队列中取下第一个消息缓冲区,存放到 i 中
   V(j. mutex);                         // 允许其他进程使用 j 的消息队列
   b. sender = i. sender;               // 将缓冲区 i 中的消息复制到消息接收区 b 中
   b. size = i. size;
   b. text = i. text;
   releasebuf(i);                       // 释放消息缓冲区 i 占用的内存
}
```

利用发送原语 send 和接收原语 receive 实现消息缓冲通信的过程如图 2-11 所示。

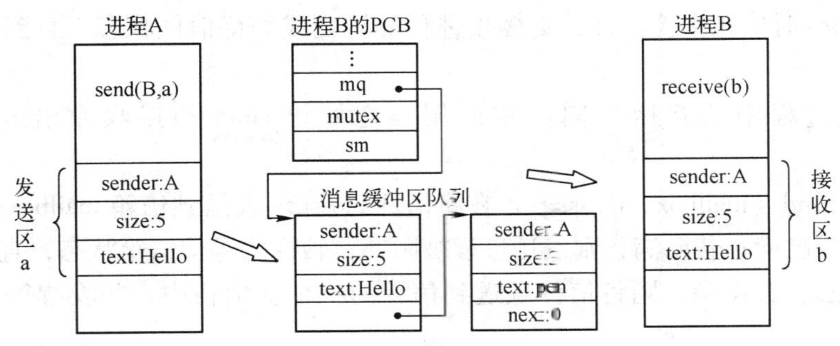

图 2-11　消息缓冲通信示意

2.4.3　信箱通信方式

信箱通信方式又称为间接通信方式，指进程之间的通信要借助称为信箱的共享数据结构实体，来暂时存放发送进程发送给接收进程的消息。发送进程利用发送原语 send 将消息发送到信箱中，接收进程利用接收原语 receive 从信箱中取出对方发送给自己的消息。这时的消息被形象地称为信件。信件可以在信箱中安全存放，供核准进程随时读取。采用信箱通信的最大好处是，发送方和接收方不必直接建立联系，没有处理时间上的限制，发送方可以在任何时间发送信件，接收方也可以在任何时间取走信件。

信箱是用来存放信件的存储区域，每个信箱有一个唯一的标识符。信箱的结构由“信箱头”和“信箱体”两部分组成。信箱头包含信箱容量、信箱属性、信件格式、信箱的资源/互斥信号量、指向当前可存放信件位置的指针等。信箱体分成若干个信格，每个信格用来存放一封信件。信箱通信方式如图 2-12 所示。

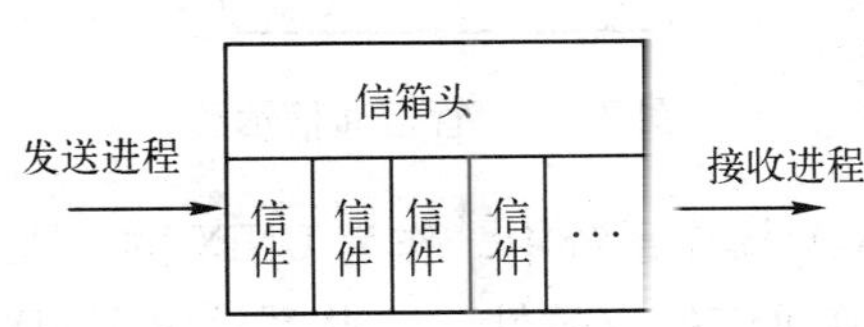

图 2-12　信箱通信示意

要实现信箱通信，操作系统或用户进程首先需要使用创建信箱原语创建一个信箱，创建者是信箱的拥有者。由操作系统创建的信箱称为公有信箱，这种信箱可供系统中的所有核准进程发送信件和读取发送给自己的信件。由用户进程创建的信箱称为私有信箱，这种信箱只允许拥有者从中读取信件，其他进程只能发送信件到该信箱中。若用户进程在创建信箱时或创建信箱后指明信箱可被哪些进程共享，则拥有者和共享者都能从信箱中读取发送给自己的信件，这类信箱有人称为共享信箱。如果创建信箱的进程不再需要信箱，可以调用撤销信箱原语撤销该信箱，但公用信箱在系统运行期间始终存在。

通信过程中，由于发送进程和接收进程各自独立工作，如果发送得快而接收得慢，则信箱会溢出；相反，如果发送得慢而接收得快，则信箱会变空。因此，为了避免信件丢失和错误送出信件，信箱通信应具有以下同步规则：

1）若发送信件时信箱已满，则发送进程应转变成等待信箱状态，直到信箱有空信格时才被唤醒。

2）若取信件时信箱中无信件，则接收进程应转变成等待信件状态，直到有信件时才被唤醒。

信箱通信过程中的互斥与同步在调用发送原语 send 和接收原语 receive 时自动进行。

发送原语 send（mailbox，message）在将信件 message 发送到信箱 mailbox 的过程中，首先确定信箱是否已满；若已满，则发送进程被阻塞，转变为等待信箱状态，直到信箱中有空信格时才被唤醒；若没满，则将信件发送到信箱的一个空信格中，并唤醒等待信件的接收进程。

接收原语 receive（mailbox，message）在从信箱 mailbox 中读取信件的过程中，首先确定信箱中是否存在信件；若信箱中没有信件，则接收进程自己阻塞等待，直到有信件时才被唤醒；若信箱中有信件，则读取信件，然后唤醒被阻塞的发送进程。

2.4.4 管道通信方式

由于内存容量有限，使用共享内存通信方式交换的信息量受到一定限制，为了传输大量数据，可以采用管道通信（即共享文件通信）的方式。

所谓管道，是指连接在两个进程之间的一个打开的共享文件，专门用于进程之间进行数据通信。发送进程可以源源不断地从管道一端写入数据流，每次写入的长度是可变的；接收进程可以从管道的另一端读出数据，读出的长度也是可变的。管道通信方式如图 2-13 所示。

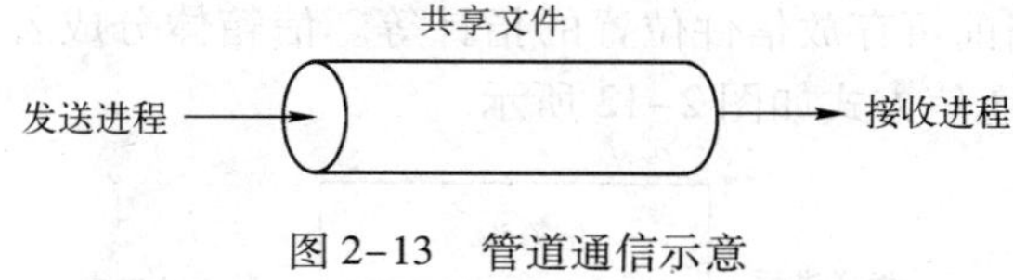

图 2-13　管道通信示意

管道通信首先出现在 UNIX 操作系统中。作为 UNIX 的一大特色，管道通信一出现立即引起了人们的兴趣。由于管道通信的有效性，一些系统继 UNIX 之后相继引入了管道技术，使管道通信成为一种重要的通信方式。

管道通信的基础是文件系统。管道的创建、打开、读/写及关闭等操作可以借助文件系统的原有机制实现，而发送进程和接收进程使用管道的方式则通过引入通信协调机制来解决。在对管道文件进行读/写操作过程中，发送进程和接收进程要按照以下方式实施正确的互斥与同步，以确保通信的正确性。

1）当一个进程正在对管道进行读/写操作时，其他进程必须等待。

2）当发送进程将一定数量的数据写入管道后，就将自己阻塞，直至管道中的数据被接收进程取走后，再由接收进程将它唤醒；而接收进程在接收数据时，若管道是空管道，则也将自己阻塞，直到发送进程将数据写入管道后，再由发送进程将它唤醒。

管道通信机制中的互斥与同步都由操作系统自动进行，对用户是透明的。

若要使用管道进行通信，则在使用管道之前，发送进程和接收进程必须以某种方式确定双方的存在。只有确定了对方已存在，才有信息交流的必要。

管道通信具有传送数据量大的优点，其缺点是通信速度较慢。

2.5 线程

自从20世纪60年代出现了进程概念以后，进程一直是操作系统中能拥有资源和独立运行的基本单位，直到20世纪80年代中期，又出现了线程这种能独立运行的更小实体。在操作系统中引入线程是为了进一步提高系统内程序并发执行的程度，从而进一步提高系统的吞吐量。近年来，线程已得到广泛应用，不仅在大部分新推出的操作系统中引入了线程，而且在不少数据库管理系统和应用软件中亦通过引入线程来改善系统性能。

2.5.1 引入线程的目的

在操作系统中引入进程后，使原来不能并发执行的程序转变成能够并发执行的进程，从而改善了资源的利用率和系统吞吐量。进程在系统中承担了两个角色，它既是拥有资源的基本单位，也是可以独立调度、独立运行的基本单位。然而，正是由于进程同时扮演了两个角色，使得进程并发执行要付出很大的时空开销，导致它不可能具有很高的并发执行程度。该结论的理由是，要使进程能够并发执行，操作系统必须进行以下一系列操作。

1）创建进程。要使程序能够并发执行，首先需要为它创建进程。而系统在创建进程过程中，需要为该进程分配它所需要的除处理器以外的资源，例如，分配内存空间，分配输入/输出设备，建立相应的进程控制块（PCB）。

2）进程切换。进程并发执行过程中，随时有可能进行进程切换。而在进行进程切换时，要保存被中断进程的CPU现场，并为新选中的进程设置CPU环境，整个过程要花费比较多的处理器时间。

3）撤销进程。进程运行结束后需要撤销进程，而在撤销进程过程中，必须先对该进程占用的资源执行回收操作，然后撤销进程控制块。

上述操作要占用不少处理器时间，对资源的占用也需付出相应的代价。换句话说，进程作为资源的拥有者，在创建、切换及撤销过程中，系统要付出很大的时空开销。因此，系统中并发执行的进程，在数量上不宜过多，进程切换的频率也不宜过高，也就是进程的并发执行程度不能太高。

为了使多个程序能够更好地并发执行，同时又尽量减少系统的开销，一个很自然的想法是将进程承担的两个角色由操作系统分开，承担资源分配的实体不再作为独立运行的实体，而作为调度、分派基本单位的运行实体不再是拥有资源的实体。这样做的好处是运行实体可以“轻装上阵”，而承担资源分配的实体亦不会频繁切换。正是在这种想法的指导下，导致了线程的出现。

另一方面，多处理器计算机系统的出现，为提高计算机的运行速度和吞吐量提供了良好的硬件条件，但要使多个CPU协调运行，充分发挥它们的并行处理能力，还必须配置良好的多处理器操作系统。由前面的介绍可知，进程在创建、切换、撤销过程中开销太大，在多处理器系统中已不再适合作为独立运行的实体；而若在操作系统中引入线程，并以线程作为独立运行单位，则可以充分发挥多个CPU的并行处理能力，改善多处理器系统的性能。于是，不少主要的操作系统，如UNIX、Windows和OS/2，对线程技术进行了进一步开发，使之适用于多处理器系统。

2.5.2 线程的概念

在引入线程的操作系统中，线程是进程中能够并发执行的实体，是能够被系统独立调度和分派的基本单位。线程除了具有为保证其运行而必不可少的资源外，基本不拥有系统资源。一个进程可以包含若干个线程，同属于一个进程的所有线程共享该进程的全部资源。线程具有以下属性：

1）线程属于轻型实体，基本不拥有系统资源，只拥有为保证其运行而必不可少的资源，例如，有一个线程控制块（TCB）、程序计数器、一组寄存器及堆栈等。

2）线程是独立调度和分派的基本单位，也是能够独立运行的基本单位。

3）同一个进程中的所有线程共享该进程所拥有的全部资源，例如，同一个进程的所有线程使用相同的地址空间（即进程的地址空间），可以访问该进程的所有文件、定时器和信号量等。

4）线程并发执行程序高，不但同一个进程内部的诸线程可以并发执行，而且属于不同进程的诸线程也可以并发执行。

与进程类似，线程也有生命周期，也存在执行、就绪、阻塞3种基本状态。3种状态的含义与转换关系也与进程类似。由于线程不是资源的拥有单位，因此挂起状态对于单个线程没有意义。如果某个进程因挂起被换出内存，则它的所有线程由于共享地址的原因，也必须全部对换出去。由此可见，挂起状态是进程级状态，而不是线程级状态。与之类似的是，进程终止将导致该进程中的所有线程终止。

在多线程操作系统中，创建新进程时，同时也为该进程创建了一个线程，该线程常被称为初始化线程。初始化线程可以根据需要调用线程创建函数或者使用系统调用创建新的线程。线程执行过程中，若需等待某事件，则会将自己阻塞起来；若等待的事件已发生，相关线程会唤醒因等待该事件而阻塞的线程。线程也有生命期，生命期结束时需要终止线程。终止线程有两种方式：一种是线程完成了自己的工作后正常终止；另一种是线程在执行过程中出现了某种错误或由于某种原因被其他线程强行终止。也有一些系统线程，一旦被建立起来，便一直运行下去，不再被终止，这类线程一般用于在后台为其他线程提供服务。

在大多数操作系统中，线程被终止后并不立即释放它所占用的系统资源，只有进程中的其他线程执行了“分离函数”后，被终止的线程才与资源分离。只要线程尚未释放资源，则仍然可以被其他线程调用，从而使被终止的线程重新恢复运行。

在操作系统中引入线程后，进程不再是一个执行实体，只是资源分配的实体，这时进程扮演的角色是为它包含的多个线程提供资源，例如，提供用户地址空间、线程间的互斥与同步机制、已打开的文件、已申请到的I/O设备、地址映射表等。一个进程可以包含若干个线程，至少必须包含一个线程，而某个线程只能属于一个特定的进程。

在多线程操作系统中，为了使并发执行的多个线程能够有条不紊地运行，操作系统必须提供用于实现线程间互斥与同步的机制。一般多线程操作系统提供的同步机制有以下几种：互斥锁、读写锁、条件变量和计数信号量等。这几种同步机制中：

1）互斥锁仅允许每次使用一个线程来执行特定的代码或者访问特定的数据。

2）读写锁允许对受保护的共享资源进行并发读取和独占写入。若要修改资源，线程必须首先获取互斥写锁；只有释放了所有的读锁之后，才允许使用互斥写锁。

3）条件变量会一直阻塞线程，直到特定的条件为真。

4）计数信号量通常用来协调对资源的访问，达到指定的计数时，信号将阻塞。使用计数，可以限制访问某个信号的线程数量。

2.5.3 线程与传统进程比较

线程具有许多传统进程拥有的特征，因此有人将它称为轻量级进程，而将传统进程称为重量级进程。与传统进程比较，它们存在不少相似之处。例如：

1）二者都具有 ID、一组寄存器、状态、优先级及所要遵循的调度策略。

2）每个进程都有一个进程控制块（PCB），线程也拥有一个线程控制块（TCB）。

3）进程中的线程共享该进程的资源，子进程也共享父进程的资源；线程和子进程的创建者可以对线程和子进程实施某些控制，例如，创建者可以撤销、挂起、激活被创建者，以及修改被创建者的优先级；线程和子进程可以改变其属性并创建新的线程和子进程。

传统进程不涉及线程概念，它由进程控制块、程序和数据空间、用户栈和核心栈等组成。在具有多线程结构的进程中，尽管进程仍然具有进程控制块和与本进程关联的程序和数据空间，但每个线程有各自独立的线程控制块、用户栈和核心栈，以及线程状态信息。具有多线程结构的进程模型和传统进程的模型如图 2-14 所示。

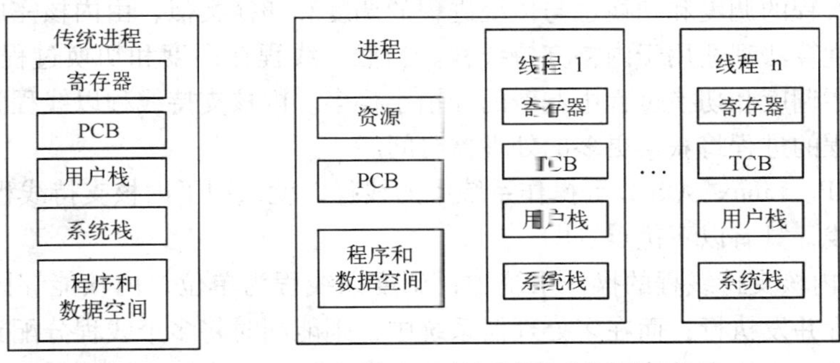

图 2-14　传统进程和具有多线程的进程结构示意

线程与传统进程存在以下差异。

1）传统进程除了是调度和分派的基本单位以外，还是资源分配的基本单位。而在引入线程的操作系统中，线程只是调度和分派的基本单位。

2）在引入线程的系统中，不仅同一个进程中的诸线程可以并发执行，而且属于不同进程中的线程也可以并发执行（也称为进程并发执行），线程并发执行的程度高于传统进程并发执行的程度。

3）创建和撤销一个线程所花费的时空开销远小于创建和撤销一个传统进程所花费的时空开销，尤其是线程间彼此切换所需的时间远小于传统进程间切换所需要的时间。

4）传统进程是系统资源分配的基本单位，而线程基本不拥有资源，但可以使用它所隶属进程的资源，如程序段、数据段、打开的文件，I/O 设备等。不同进程的地址空间是相互独立的，而属于同一个进程的所有线程共享同一个地址空间（该进程的地址空间）。

5）由于不同进程具有各自独立的数据空间，因此要进行数据传递只能通过通信方式进行，这种方式相对费时和不便；但在多线程操作系统中，一个进程的数据空间被该进程的所有线程共享，一个线程的数据可以直接被同属于一个进程的其他线程使用，因此数据传递既方便又快捷。

2.5.4 线程实现机制

不同系统中线程的实现方式不一样。可以将线程的实现方法分成3类：用户级线程、内核支持线程和混合式线程。无论什么类型的线程，都必须以直接或间接方式获得操作系统内核支持，内核支持线程可以直接使用系统调用为它服务，而用户级线程若要取得内核服务，则必须借助于一个中间系统。

（1）内核支持线程

内核支持线程在操作系统内核的直接支持下运行，无论是用户进程中的线程，还是系统进程中的线程，它们的创建、撤销和切换等都通过系统调用由内核实现。

每当创建一个新线程时，操作系统内核就在内核空间为该线程分配一个线程控制块，用来登记该线程的线程标识符、寄存器内容、状态及优先级等信息，并分配运行所必需的资源。每当撤销一个线程时，内核便回收为该线程分配的资源和线程控制块。由此可见，内核支持线程的创建和撤销类似于传统进程的创建与撤销。

内核支持线程的调度和切换也与传统进程的调度和切换类似，由内核完成。传统进程的调度方式和调度算法都适用于内核支持线程。当然，线程在调度和切换过程中花费的开销，要比传统进程在调度和切换过程中花费的开销小得多。内核支持线程以线程为调度单位，因而具有多个线程的进程将获得更多的处理器时间。

Windows XP、Linux、OS/2 等操作系统中的线程，就采用了内核支持线程模式。

内核支持线程具有以下优点。

1）在引入内核支持线程的操作系统中，调度以线程为单位，内核能够同时调度一个进程内的多个线程并发执行；而在多处理器系统中，则能同时将多个线程分配到各个处理器上并行执行；因此，内核支持线程比较适合多处理器系统。

2）在引入内核支持线程的操作系统中，一个线程因等待某个事件而阻塞不会影响其他线程执行。这是因为此时内核会调度同一个进程内的其他线程占用处理器运行，或调度其他进程中的线程执行。

3）内核支持线程本身只使用了很小的数据结构和堆栈，切换速度较快，加之内核本身也可以采用多线程技术实现，因此，引入内核支持线程的操作系统一般具有较高的运行效率。

内核支持线程的主要缺点是：线程运行在用户态，而线程的调度和管理由内核实现，这使同一进程中的线程需要在用户态和核心态之间来回切换，系统开销较大。

（2）用户级线程

用户级线程在用户空间内实现。这种线程的创建、撤销、切换及通信都不能直接利用系统调用完成，而是借助线程库这个中间系统实现。线程库是操作系统提供的一个专门用来管理用户级线程的软件包，它驻留在用户空间内，提供了创建线程、撤销线程、线程切换、线程调度、线程同步及线程之间通信等功能。线程库在用户级线程与内核之间起到了接口作用。用户级线程通过线程库以间接方式获得内核提供的服务，从而使用户级线程与内核无关；反过来，由于线程库的隔离，内核也不知道用户级线程的存在。

在引入用户级线程的系统中，当系统创建一个进程时，线程库要为该进程创建一个“初始化”线程，初始化线程可以调用线程库中的创建线程过程创建其他线程。当线程运行结束时，又可以调用线程库中的撤销线程过程终止线程。同样，线程的调度、切换、同步及通信等操作都可以通过调用线程库中的相应过程实现。上述线程执行的所有操作都发生在用户空间中，无须内核直接提供帮助，线程控制块等数据结构也保存在用户空间内，内核完全不知道用户级线程的存在。

用户级线程具有以下优点。

1）用户级线程的切换无须通过陷入（内中断）进入内核，切换操作在进程的用户空间中进行，用于管理线程的数据结构均保存在进程的用户空间内，因此用户级线程的切换速度高于内核支持线程的切换速度，而且系统开销小。

2）用户级线程可以运行在任何操作系统上，就是在不支持线程的操作系统上也可以实现用户级线程。

3）由于线程调度由线程库实现，而线程库的线程调度算法与系统的进程调度算法无关，因此线程调度灵活方便。各应用程序可以根据需要在线程库中选择不同的线程调度算法，而不会干扰内核的进程调度程序。

用户级线程的缺点如下。

1）由于内核不知道用户级线程的存在，因此，当用户级线程执行一个系统调用时，系统将阻塞该线程所属的整个进程，使得该进程内的所有线程都不能运行，从而降低了线程的并发性。而在内核支持线程中，一个线程阻塞不会导致整个进程阻塞。

2）在引入用户级线程的操作系统中，调度以进程为单位，即每次将一个进程分配到一个 CPU 上。其后果是，属于同一个进程中的线程不能同时在多个 CPU 上并行执行，只能在同一个 CPU 上并发执行，即使其他 CPU 都空闲也是如此。

（3）混合式线程

一些操作系统同时实现了用户级线程和内核支持线程，Solaris 便是一个例子。在这些操作系统中，线程实现分成两个层次：用户层和核心层。用户层线程（用户级线程）使用线程库实现，核心层线程（内核支持线程）在操作系统内核中实现。

线程的创建、同步、调度都在用户空间中完成。一个应用程序中的多个用户级线程被映射到一些（小于或等于）内核支持线程上，而内核支持线程可以在多个处理器上并行执行，且若一个用户级线程阻塞，内核会立即调度另一个线程执行，不会出现因某个线程阻塞而导致整个进程阻塞的现象。因此，系统在宏观和微观上都具有很好的并行性。

2.6 Windows XP 中的进程和线程管理

1. Windows XP 中的进程

Windows 操作系统中的进程是系统资源分配的基本单位。在 Windows 操作系统中，进程是作为对象加以管理的，其属性包括进程标识、资源访问令牌、进程基本优先级和处理器亲和度等，可通过其句柄加以引用。

为了支持多种运行环境子系统，Windows XP 核心的进程之间没有任何关系。各运行环境子系统分别进行各自的进程控制和管理，其中，Win32 子系统被设计成整个系统的主子系统，放置一些基本的进程管理功能，其他子系统利用 Win32 子系统的功能来实现自身的功能。在 Windows XP 中，应用进程的进程控制块信息被分散在其运行的当前环境子系统、Win32 子系统及系统内核中。

Windows XP 中的每个 Win32 进程都用一个执行体进程块（EPROCESS）表示。执行体进程块描述了进程的基本信息，其主要内容如下。

1）进程标识符：它是该进程在操作系统中的唯一标识。

2）安全描述符：记录谁是进程的创建者，谁可以访问该进程。

3）基本优先级：进程中线程的基本优先级。

4）内存管理信息。

5）执行时间：进程中所有线程已执行时间的总量。

6）进程环境块。

7）链接指针：指向下一个执行体进程块。

Windows XP 的各环境子系统都由相应的系统调用实现进程控制。进程可利用系统调用来创建新的进程，创建者称为父进程，而被创建的新进程称为子进程。子进程从父进程继承一些属性，又与父进程有区别，形成自己独立的属性。按子进程是否覆盖父进程和是否加载新进程，子进程的创建可分为 fork、spawn 和 exec 三种类型。

退出进程通过相应的系统调用实现。进程退出过程中，操作系统会删除系统维护的相关数据结构并回收进程占用的系统资源。

2. Windows XP 中的线程

Windows XP 的线程是内核支持线程，它是系统的处理器调度对象。线程现场主要包括寄存器、线程环境块、核心栈和用户栈。Windows XP 中的每个线程用一个线程控制块表示。线程控制块描述了线程的基本信息，其主要内容如下。

1）线程标识符：用来唯一标识一个线程。

2）动态优先级：记录任何时刻线程的执行优先级。

3）线程环境块。

4）指向本线程所属进程的执行体进程块（EPROCESS）的指针。

5）线程类别：指示本线程是客户线程还是服务器线程。

6）执行时间：本线程执行时间总计。

7）输入/输出信息。

在 Windows XP 中，进程具有就绪、运行、阻塞（等待）3 个基本状态；但线程具有 6 种状态。Windows XP 的线程状态如下。

1）就绪状态：线程已获得除处理器外的其他必备资源，正等待调度执行。

2）备用状态：已选择线程的执行处理器，正等待进入运行状态。

3）运行状态：线程处于正在执行的状态。

4）等待状态：正等待某事件，若该事件出现，则根据优先级进入运行或就绪状态。

5）转换状态：与就绪状态相似，但线程的内核堆栈位于外存。

6）终止状态：线程执行完毕进入该状态。

Windows XP 中线程状态的转换关系如图 2-15 所示。

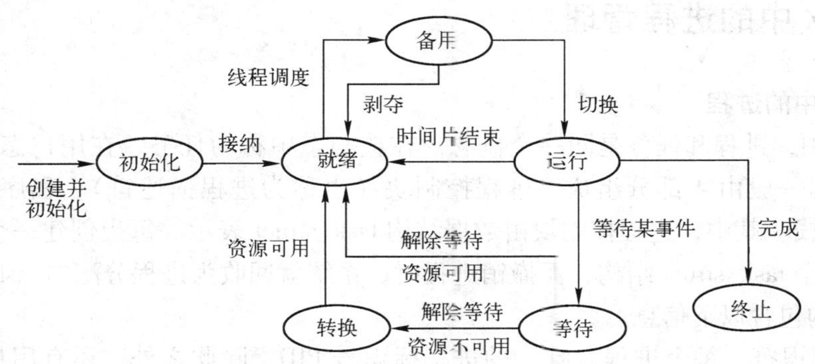

图 2-15 Windows XP 的线程状态转换图

3. 进程或线程间的同步和互斥

Windows XP 提供了以下 3 种同步对象和相应的系统调用，用于进程或线程间的同步。

1）互斥对象：即互斥信号量，通过对互斥对象的创建和释放以控制在特定时刻某对象只能被一个线程使用。

2）信号量对象：即资源信号量，通过经典的信号量机制限制并发访问资源的线程数量。

3）事件对象：相当于“触发器”，可用于通知线程发生某个事件。

在上述 3 种同步对象之外，Windows XP 还提供了下述与进程同步相关的机制。

1）临界区对象：实现在同一进程内线程间的访问互斥。

2）互锁变量访问 API：它相当于硬件指令，对一个整数（进程内的变量或进程间的共享变量）进行操作，其目的是避免线程间切换的影响。

4. 进程间通信

Windows XP 提供了多种进程间通信机制，分别适用于不同的场合，主要包括如下内容。

1）信号：是一种单向、异步的低级通信方式，相当于软件中断。每个进程都有信号处理例程。Windows XP 有两组与信号相关的系统调用，分别处理不同信号。

2）共享存储区：可用于进程间的大数据量通信，进行通信的各进程可任意读/写共享存储区，同时需要进程互斥和同步机制来确保数据的一致性。Windows 操作系统采用文件映射机制实现共享存储区。

3）管道：是在进程间以字节流方式传送信息的通信通道，利用操作系统核心的缓冲区进行单向通信。Windows 操作系统提供命名和无名两种管道机制，前者用于服务器和客户机进程间的通信，后者类似于 UNIX 操作系统的管道。

4）邮件槽：一种不定长、不可靠的单向消息通信机制。消息发送不需要接收方准备好，随时可以发送。它只能从客户进程发往服务器进程。服务器进程负责创建邮件槽，它可从邮件槽中读消息；而客户进程可利用邮件槽向它发送消息。

5）套接字：一种网络通信机制，提供网络中不同计算机上进程间的双向通信，支持可靠字节流和不可靠报文两种服务，可采用客户/服务器或对等工作模式。Windows 操作系统的套接字规范为 Winsock。

2.7 Linux 中的进程管理

1. Linux 中的进程

在 Linux 中，进程和任务是同一个概念，在核心态中称为任务，在用户态中称为进程。Linux 中的进程一般由 4 部分组成：进程控制块（也称为进程描述符）、程序段、数据段、系统栈和用户栈。其中，进程控制块由数据结构 task_struct 表示。每当创建一个进程，系统就为之分配一个 task_struct 结构，而撤销进程时，系统就回收为进程分配的 task_struct 结构。task_struct 结构包含以下信息。

1）进程标识符。每个进程有唯一的进程标识号 PID，除此之外，还有用户标识符 UID 和用户组标识符 GID。

2）进程状态。Linux 中的每个进程，可以具有 5 种基本状态。

3）进程调度信息，包含进程优先级、调度策略、时间片等。

4）进程通信机制。

5）进程指针，标识进程之间的家族关系，包含指向父进程、子进程和兄弟进程的指针。

6）时间和定时器，用来记录进程执行的总时间和进行软件定时。

7）文件系统信息，记录进程访问文件的信息。

8）CPU 现场保护区。

9）虚存信息。大多数进程要使用虚拟存储器，Linux 内核需要跟踪记录这些虚拟存储器在实际物理存储器上的地址。

10）连接指针。为了便于管理，Linux 在每个进程控制块中设置了两个链接指针，通过它们将所有处于相同状态的进程链接成一个双向链表，该链表称为进程队列。

Linux 中存在两种运行模式：核心态和用户态。内核总是在核心态下运行，进程通常在用户态下运行。

2. Linux 中的进程状态

在 Linux 中，进程存在以下 5 种基本状态。

1）可运行状态（TASK_RUNNING）。具有该状态的进程表明已经具备了运行资格。这个状态实际对应了两个状态：要么已获得了 CPU，正在执行；要么正处于就绪队列中，等待进程调度。

2）可中断的等待状态（TASK_INTERRUPTIBLE）。运行中的进程由于等待某个事件，而暂时放弃 CPU，处于阻塞等待状态，直至等待的事件出现才将它唤醒。处于可中断状态的进程既可以因资源满足而被唤醒，也可以由其他进程通过信号和定时中断唤醒。

3）不可中断的等待状态（TASK_UNINTERRUPTIBLE）。这是另一种等待（阻塞）状态。若进程是因硬件环境不满足而等待（如因某种资源不满足而等待），则处于这种等待状态。处于不可中断等待状态的进程不能通过信号和定时中断唤醒，只能使用特殊方式，如使用唤醒函数 wake_up()唤醒。

4）暂停状态（STOPPED）。进程处于暂时停止运行状态，以便接受某种处理。导致出现这种状态的原因有以下两种：① 进程收到信号：SIGSTOP、SIGSTP、SIGTTIN、SIGT-

TOUT；② 受其他进程的 ptrace 系统调用控制而被跟踪，暂时将 CPU 交给控制进程。

5）僵死状态（TASK_ ZOMBIE）。进程已被终止，正在结束中。也就是进程由于某种原因已停止执行，但尚保留着进程的进程描述符 task_struct，正等待其他进程提取该进程的信息。等信息提取结束后，当前进程才被删除。

Linux 中几种基本进程状态之间的转换关系如图 2-16 所示。

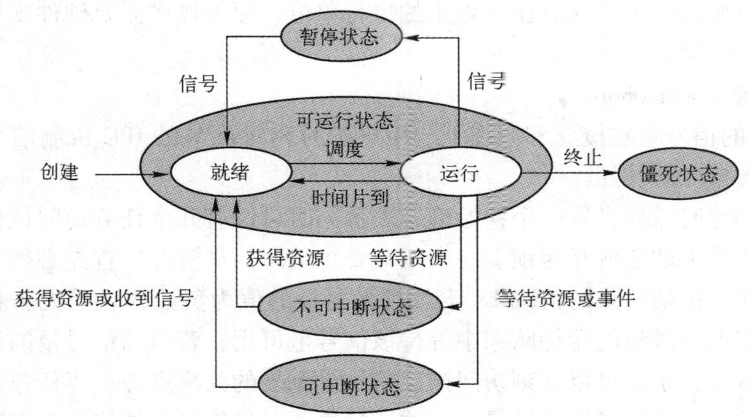

图 2-16　Linux 的进程状态转换图

3. Linux 中的进程控制

在 Linux 中，每个进程具有生命期，都经历创建、调度运行、撤销死亡的过程。启动 Linux 时，系统首先自动建立了系统的第一个进程，该进程可以被称为初始化进程，其 pid（进程标识号）为 0。初始化进程又可以创建它的子进程，子进程又可以进一步创建它的子进程……以至于形成一个树形的进程族系。初始化进程创建的第一个用户进程是 init，其 pid 为 1，所有用户态进程都是它的子孙进程。

除了初始化进程以外，其他进程都由父进程调用 fork 或 clone 系统调用创建，创建一个进程时，系统要为该进程的进程描述符（task_struct）和核心栈分配空间，并复制父进程的 task_struct、堆栈和页表等内容，父进程的代码和数据不需要复制，可以通过只读方式进行共享，最后返回新进程的 pid。系统调用 fork 与 clone 的区别是，由前者创建的子进程会将父进程的全部资源继承下来，而由后者创建的子进程有选择性地继承父进程的资源。

进程被创建后，可以通过函数 exec( ) 使它启动执行。当一个进程调用函数 exec( ) 执行其子进程时，子进程便成为执行进程。子进程执行过程中，使用了父进程的部分信息，如父进程的进程标识号 pid、用户 ID、进程组 ID、环境参数、文件默认创建权限掩码及计时器剩余时间等。

父进程创建子进程后，可以调用 wait 系统调用将自己阻塞起来以等待子进程执行结束，调用 wait 后，父进程被阻塞。当子进程执行结束时，便向父进程发送一个终止信号，父进程收到该信号后，就取出子进程的进程标识号，并读取子进程的信息。

撤销一个进程可以利用系统调用 exit 实现。exit 首先释放进程占用的大部分资源，如内存、文件等，但保留 task_struct 结构，并将进程的状态改为 TASK_ZOMBIE（僵死状态），然后通知父进程，等待父进程提取相关信息后，最后才将其他资源释放掉，并重新进行进程调度。

4. Linux 内核的同步机制

在主流的 Linux 内核中包含了几乎所有现代操作系统具有的同步机制，这些同步机制包括如下内容。

（1）原子操作

所谓原子操作，就是该操作绝不会在执行完毕前被任何其他任务或事件打断，也就说，它是最小的执行单位，不可能有比它更小的执行单位。原子操作需要硬件支持。原子操作主要用于实现资源计数。

（2）信号量（semaphore）

Linux 内核的信号量在概念和原理上与用户态的 System V 的 IPC 机制信号量一样，但是它绝不可能在内核之外使用。

信号量在创建时需要设置一个初始值，表示同时可以有几个任务访问该信号量保护的共享资源；初始值为 1 就变成互斥锁。一个任务要想访问共享资源，首先必须得到信号量，获取信号量的操作将把信号量的值减 1；若当前信号量的值为负数，表明无法获得信号量，该任务必须挂起在该信号量的等待队列中等待该信号量可用；若当前信号量的值为非负数，表示可以获得信号量，于是可以立刻访问被该信号量保护的共享资源。当任务访问完被信号量保护的共享资源后，必须释放信号量，释放信号量通过将信号量的值加 1 实现，如果信号量的值为非正数，表明有任务在等待当前信号量，于是唤醒等待该信号量的任务。

（3）读写信号量（rw_semaphore）

读写信号量将访问者分成了读者和写者。读者在保持读写信号量期间只能对该读写信号量保护的共享资源进行读访问。如果一个任务除了需要读，可能还需要写，那么它被归类为写者。写者在对共享资源访问之前必须先获得写者身份，写者在发现自己不需要写访问的情况下可以降级为读者。读写信号量同时拥有的读者数不受限制。如果一个读写信号量当前没有被写者拥有并且也没有写者等待读者释放信号量，那么任何读者都可以成功获得该读写信号量；否则，读者必须被阻塞直到写者释放该信号量。如果一个读写信号量当前没有被读者或写者拥有并且也没有写者等待该信号量，那么一个写者可以成功获得该读写信号量，否则写者将被阻塞，直到没有任何访问者。

（4）自旋锁（spinlock）

自旋锁与互斥锁有点类似，只是自旋锁不会引起调用者睡眠，如果自旋锁已经被别的执行单元保持，调用者就一直循环在那里看是否该自旋锁的保持者已经释放了锁。由于自旋锁使用者一般保持锁的时间非常短，因此选择自旋而不是睡眠非常必要，自旋锁的效率高于互斥锁。

跟互斥锁一样，一个执行单元要想访问被自旋锁保护的共享资源，必须先得到锁，在访问完共享资源后，必须释放锁。如果在获取自旋锁时，没有任何执行单元保持该锁，那么将立即得到锁；如果在获取自旋锁时该锁已经有保持者，那么获取锁操作将自旋在那里，直到该自旋锁的保持者释放了锁。

（5）读写锁（rwlock）

读写锁实际是一种特殊的自旋锁，它把对共享资源的访问者划分成读者和写者。这种锁相对于自旋锁而言，能提高并发性，因为在多处理器系统中，它允许同时有多个读者来访问共享资源。写者是排他性的，一个读写锁同时只能有一个写者或多个读者，但不能同时既有读者又有写者。在读写锁保持期间抢占也是失效的。

如果读写锁当前没有读者，也没有写者，那么写者可以立刻获得读写锁，否则它必须自旋在那里，直到没有任何写者或读者。如果读写锁没有写者，那么读者可以立即获得该读写锁，否则读者必须自旋在那里，直到写者释放该读写锁。

（6）大读者锁（brlock）

大读者锁是读写锁的高性能版，读者可以非常快地获得锁，但写者获得锁的开销比较大。大读者锁只存在于2.4版本的内核中，它们的使用与读写锁的使用类似，只是所有的大读者锁都是事先已经定义好的。这种锁适合于读多写少的情况，在这种情况下它远好于读写锁。

大读者锁的实现机制是：每一个大读者锁在所有CPU上都有一个本地读者写者锁，一个读者仅需要获得本地CPU的读者锁，而写者必须获得所有CPU上的锁。

（7）RCU

RCU（Read-Copy Update）就是读—复制修改。对于被RCU保护的共享数据结构，读者不需要获得任何锁就可以访问它，但写者在访问它时首先需复制一个副本，然后对副本进行修改，最后使用一个回调机制在适当的时机把指向原来数据的指针重新指向新的被修改的数据。

RCU也是读写锁的高性能版本，但它比大读者锁具有更好的性能。RCU既允许多个读者同时访问被保护的数据，又允许多个读者和多个写者同时访问被保护的数据，读者没有任何同步开销，而写者的同步开销取决于写者间的同步机制。

（8）顺序锁（seqlock）

顺序锁也是对读写锁的一种优化，对于顺序锁，读者绝不会被写者阻塞，也就是说，读者在写者对被顺序锁保护的共享资源进行写操作时仍然可以继续读，而不必等待写者完成写操作；写者也不需要等待所有读者完成读操作后才去进行写操作；但是，写者与写者之间仍然是互斥的。如果读者在读操作期间，写者进行了写操作，那么，读者必须重新读取数据，以确保得到数据的完整性。

5. Linux的通信机制

（1）信号

信号是软中断信号的简称，它是UNIX操作系统最古老的进程间通信机制之一，主要用来向进程发送异步的事件信号。Linux的大多数信号与UNIX信号相同。当信号到达时，进程可以通过以下4种方式来响应信号。

1）忽略信号。进程对信号不做处理，但SIGSTOP和SIGKILL信号不能被忽略。

2）阻塞信号。进程暂时不处理该信号，将其挂起。

3）进程处理信号。进程通过已注册的信号处理程序处理该信号。

4）内核执行默认处理。由内核默认的处理程序处理该信号。

在Linux操作系统中，定义了32种信号，每个信号用一个整数表示，全部信号的定义包含在include/asm/signal.h头文件中。

（2）管道

管道是Linux操作系统中常用的进程间通信机制，所谓管道通信就是借助共享文件实现通信。有两种类型的管道。一种是有名管道（又称命名管道），这种管道实际是一个按名存取的文件，一旦使用函数mkfifo()建立，就可以以文件形式长期存在。任何一个进程可以像访问普通文件那样使用有名管道。另一种是无名管道（简称管道），它是由系统调用 pipe 建立起来的临时文件，该文件一般位于内存中，由文件系统的高速缓冲区组成，很少启动外设。无名管道只允许创建管道的进程以比特流方式传送信息，且只有在操作时才临时存在，当所有进程都不使用某无名管道时，系统内核便收回该管道文件的索引节点。

管道按照先进先出（FIFO）方式传送信息，且只能单向传送。发送进程利用文件系统中的写文件系统调用 write（fd ［1］，buf，size）将 buf 中长度为 size 的信息送入管道入口 fd ［1］；接收进程利用文件系统中的读文件系统调用 read（fd ［0］，buf，size），从管道出口 fd ［0］ 读出长度为 size 的信息送入 buf。

在 Linux 中，管道用两个文件表数据结构实现，两者共享同一个临时的 VFS（虚拟文件系统）索引节点（inode），而索引节点又指向内存的一个物理页面，如图 2-17 所示。当写进程向管道写数据时，数据被复制到索引节点指示的共享内存中，当读进程从管道读取数据时，再从共享的内存中将数据复制下来。

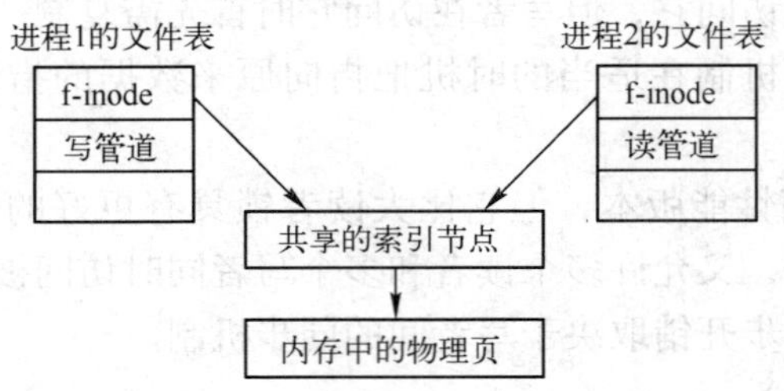

图 2-17　管道实现示意图

使用管道进行通信，内核必须提供相应的同步机制，来同步对管道的访问。Linux 使用的同步机制有锁、等待队列及信号等。同步过程对用户是透明的。

（3）共享内存

共享内存通信方式指在内存中划出一块共享存储区，要通信的进程双方将自己的虚拟地址空间映射到共享存储区上；通信时，发送进程将需要交换的信息写到该共享存储区中，接收进程从共享存储区中读取信息，从而实现进程之间的通信。由于共享内存通信方式不要求数据移动，两个需要交换信息的进程通过对同一个共享的数据区进行写/读操作来达到互相通信的目的，因此它是进程之间最快捷、最有效的一种通信方式。

在 Linux 中，每个共享内存区域使用 shmid_ds 和 shmid_kernel 结构来描述。shmid_ds 结构记录了以下信息：共享段的大小、共享内存最后一次连接的时间、共享内存最后一次取消连接的时间、共享内存最后一次改变的时间、创建共享内存段的进程的 pid、共享内存段上当前连接的进程数等。shmid_kernel 结构在 shmid_ds 的基础上对共享内存段进行进一步描述，例如，共享内存段以页为单位的大小、共享内存段的起始页地址等。

与共享内存有关的系统调用有以下几个。

1）shmget( )：用于新建共享内存区域，或返回一个已存在共享内存区域的标识。

2）shmat( )：用于将新建的共享内存区域映射到进程的虚拟地址空间。

3）shmdt( )：用于把共享内存区域从进程的虚拟地址空间中分离出来。

4）shmctl( )：用于实现对共享内存区域的控制操作。

（4）消息队列

Linux 中的消息队列与消息缓冲通信类似，进程之间通信利用消息队列进行。消息队列是存放在系统空间中的链表，它的节点存放消息，每个消息队列由一个消息队列标识号来确定。

Linux 中与消息队列有关的数据结构有以下 3 个：msqid_ds、msg 和 msgbuf。

msqid_ds 结构包含以下内容：指向消息队列中第一个消息的指针、指向消息队列中最后一个消息的指针、最后一个消息到达消息队列的时间、最后一次从消息队列中取出消息的时间、最后一次改变消息队列的时间、写等待队列、读等待队列、消息队列中当前所有消息的总字节数、消息队列中的消息个数、消息队列能容纳的最大字节数、最后一个发送消息的进程的 pid、最后一个接收消息的进程的 pid 等。

msg 结构包含以下内容：指向消息队列中下一个消息的指针、指向消息正文开始处的指针、消息类型、消息发送时间、消息正文的长度等。

msgbuf 结构包含以下内容：消息类型、消息正文。

Linux 中与消息队列有关的系统调用主要有以下几个。

1）msgget( )：用于建立或打开一个消息队列。

2）msgsnd( )：向某个消息队列发送一条消息。

3）msgrcv( )：从某个消息队列中接收一条消息。

4）msgctl( )：提供一系列消息控制操作，如查询消息队列中的消息数量、修改消息队列的许可权等。

2.8 习题

1. 程序并发执行为什么会失去封闭性和可再现性？
2. 什么是进程？为什么要引入进程？它与程序的区别？
3. 进程具有哪些基本特征？
4. 进程具有哪些状态？状态之间会发生哪些转换？
5. 什么是挂起状态？引起进程挂起的原因有哪些？
6. 进程控制块是什么？它通常包含哪些主要信息？
7. 阐述引起创建进程的事件及创建进程的主要步骤。
8. 阐述引起撤销进程的事件及撤销进程的主要步骤。
9. 阐述引起进程阻塞和唤醒的主要事件。
10. 分别阐述阻塞进程和唤醒进程的基本过程。
11. 分别阐述挂起进程和激活进程的基本过程。
12. 进程并发执行过程中存在哪些相互制约关系？
13. 什么是进程互斥？什么是进程同步？
14. 什么是临界资源？什么是临界区？
15. 进程访问临界区应遵循哪些基本原则？
16. 阐述实现进程互斥与同步的硬件方法。
17. 阐述实现进程互斥与同步的软件方法。

18. 什么是整型信号量？整型信号量的 P 操作和 V 操作的含义分别是什么？

19. 什么是结构型信号量？结构型信号量的 P 操作和 V 操作的含义分别是什么？

20. 怎样使用信号量实现进程互斥？试举例说明。

21. 怎样使用信号量实现进程同步？试举例说明。

22. 阐述解决生产者—消费者问题的基本原理。

23. 阐述解决哲学家进餐问题的基本原理。

24. 阐述解决读者—写者问题的基本原理。

25. 阐述解决理发店问题的基本原理。

26. 试用信号量机制解决“过独木桥”问题。问题描述是：同一方向的行人可以同时过桥；当某一个方向的行人过桥时，另一个方向的行人只能等待；当某一方向无人过桥时，另一方向的行人可以过桥。

27. 有 7 个并发执行的进程 Pi（i = 1,2,…,7），若希望它们按照如图 2-18 所示的次序执行，试写出进程并发执行的算法。

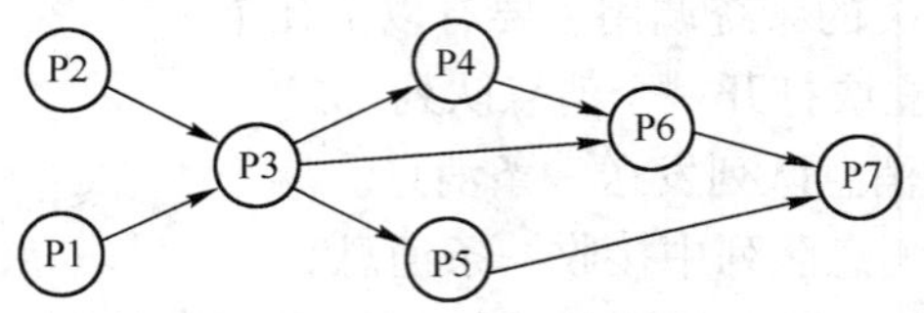

图 2-18　进程的执行次序示意

28. 桌子上有一个果盘，每次只能放一个水果；父亲专门向果盘中放苹果，母亲专门向果盘中放梨；儿子只吃苹果，女儿只吃梨；试用信号量机制写出父亲、母亲、儿子、女儿进程并发执行的算法。

29. 在公共汽车上，司机的活动描述为：启动汽车、正常行车、到站停车；售票员的活动描述为：关车门、售票、开车门；试写出司机与售票员之间的同步算法。

30. 一个阅览室共有 100 个座位，用一张表来管理，每个表目记录座位号和读者姓名。读者进入时要先在表上登记，离开时要注销登记。试写出读者“进入”和“注销”之间的同步算法。

31. 有 3 个并发进程 A、B、C，它们共享一个缓冲区 Buf；进程 A 负责从输入设备读入数据进缓冲区 Buf；进程 B 利用 Buf 中的数据进行计算，计算结果仍放回 Buf 中；进程 C 从缓冲区 Buf 取出计算结果输出；Buf 每次只能存放一个记录。试写出同步算法。

32. 假定有 3 个进程 R、W1、W2 共享一个缓冲区 B，B 中只能存放一个数。进程 R 从输入设备读入一个数进缓冲区 B。若读入的是奇数，则由进程 W1 取出打印；若读入的是偶数，则由进程 W2 取出打印。规定不能重复从 B 中取数打印。试写出同步算法。

33. 阐述管程机制。试用管程机制解决理发店问题。

34. 阐述共享内存通信方式的实现原理。

35. 阐述消息缓冲通信方式的实现原理。

36. 阐述信箱通信方式的实现原理。

37. 阐述管道通信方式的实现原理。

38. 什么是线程？为什么要引入线程？它有哪些主要特点？

39. 阐述线程与进程之间的关系。
40. 阐述线程与传统进程的异同。
41. 阐述内核支持线程的实现机制。
42. 阐述用户级线程的实现机制。
43. 简述 Windows XP 中的进程和线程。
44. 简述 Windows XP 中线程和进程的同步与通信机制。
45. 简述 Linux 中进程的状态和进程控制。
46. 简述 Linux 内核的同步机制。
47. 简述 Linux 中进程间的通信机制。

第 3 章　处理器调度与死锁

在计算机系统中，有可能在外存上存在大量批处理作业正等待处理，也有可能存在大量交互作业正源源不断提交。由于内存和处理器资源有限，于是就出现以下问题需要解决：按照什么原则挑选外存上的批处理作业进入内存运行，按照什么原则从众多的就绪进程中挑选出一个获得处理器。这些工作由处理器调度程序完成。由于处理器是重要的计算机资源，处理器调度程序性能的高低直接影响着整个计算机系统的性能，因此，怎样对作业和进程进行有效调度一直是操作系统设计的中心问题之一。

为了使程序能够并发执行，操作系统中引入了进程。尽管借助多个进程并发执行可以显著改善系统的资源利用率和提高系统的吞吐量，但进程并发执行也存在着一种危险——出现死锁。怎样事先预防死锁发生，以及当死锁发生后怎样及时解除死锁也是操作系统设计中要解决的重要问题。

本章将对如何实现处理器调度和如何处理死锁进行介绍。

3.1　处理器调度

3.1.1　处理器调度的基本概念

所谓处理器调度就是按照一定的规则分配处理器。在多道程序环境中，一个作业提交后，必须经过处理器调度方能获得处理器而运行。不同类型的作业，需要经历的调度各不相同。对批处理作业而言，一般需要先后经历高级调度（作业调度）和低级调度（进程调度）方能获得处理器；而对于交互型的终端作业，通常只需经过低级调度（进程调度）就可以获得处理器。除了高级调度和低级调度以外，在一些比较完善的操作系统中，还设置了中级调度。每一种调度可以采用不同的调度方式和调度算法来实现。各种调度类型与进程状态之间的关系如图 3-1 所示。

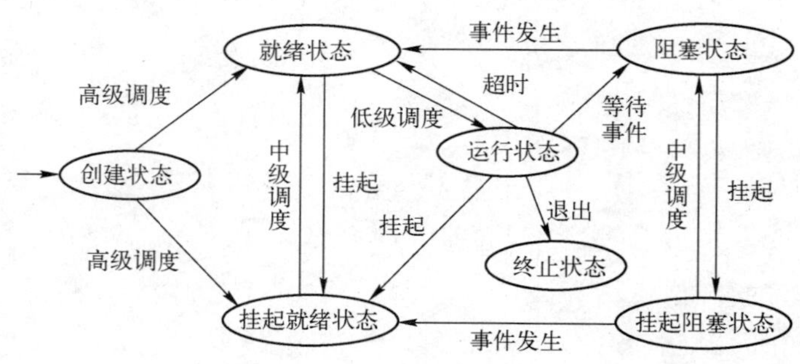

图 3-1　调度类型与进程状态之间的关系示意

1. 低级调度

低级调度又称为短程调度，在没有引入线程的操作系统中被称为进程调度，而在多线程操作系统中被称为线程调度。低级调度的功能是根据某种原则，将处理器分配给就绪队列中的某个进程或线程，然后进行进程（线程）切换，使选中的进程（线程）执行。

低级调度是操作系统中最基本的一种调度，是操作系统中最核心的部分，各种操作系统中都必须配置这级调度。由于低级调度十分频繁，其调度策略的优劣直接影响整个系统的性能，因此，用于低级调度的这部分代码必须精心设计，且常驻内存。

低级调度需要解决以下几个问题：按照什么原则选择获得处理器的就绪进程（线程），即调度算法如何确定；何时进行处理器分配，即调度时机；如何将处理器分配给选中的进程（线程），如何进行进程（线程）切换等。

存在以下两种低级调度方式。

（1）非抢占调度方式

又称为非剥夺方式。若采用这种调度方式，则进程（线程）一旦获得处理器，就一直执行下去，直至执行结束或者由于发生某个事件而被阻塞时，才放弃处理器，这时操作系统才会重新进行低级调度，将处理器分配给其他就绪进程（线程）。进程（线程）执行期间，绝不允许其他进程（线程）抢占正在执行进程（线程）的处理器。在采用非抢占调度方式时，只有以下几种情况才会重新进行低级调度。

1）正在执行的进程（线程）执行完毕，或因发生某个事件而无法继续执行。

2）进程（线程）在执行过程中提出了输入/输出请求，且只有输入/输出完成后，才能继续向后执行。

3）进程（线程）在通信或同步过程中，执行了某种原语操作，如 P 操作、阻塞原语、唤醒原语等。

非抢占调度方式的优点是实现简单和系统开销小，缺点是不能满足紧急任务需要立即执行的要求。这种调度方式只能用在实时性要求不高的系统中，在要求严格的实时系统中不能采用这种调度方式。

（2）抢占调度方式

又称为剥夺方式。若采用这种调度方式，则允许调度程序根据某种原则，暂停当前正在执行的进程（线程），将处理器重新分配给另一个就绪进程（线程）。抢占的原则如下。

1）优先权原则。允许优先权更高的新到进程（线程）抢占当前正在执行进程（线程）的处理器；同样，若就绪队列中某就绪进程的优先权变得高于正在执行进程的优先权，也允许抢占发生。

2）短进程（线程）优先原则。允许运行时间更短的新到进程（线程）抢占当前正在执行进程（线程）的处理器。

3）时间片原则。若当前正在运行进程（线程）的时间片结束，则调度程序将暂时停止当前进程（线程）执行，将处理器重新分配给就绪队列中的某个就绪进程（线程）。

低级调度是各类操作系统必须具备的一种调度。在最简单的分时操作系统和实时操作系统中，可以只设置低级调度。每一种调度都与一定的进程队列相关联。与低级调度相关联的进程（线程）队列称为就绪队列。就绪队列可以按照多种方式进行组织，可以按照 FIFO（先进先出）原则进行组织，也可以按照优先权原则进行组织，还可以按照短进程优先原则进行组织。若约定就绪队列按照 FIFO 原则组织，且采用时间片原则进行调度，则只有低级调度的处理器调度模型如图 3-2 所示。

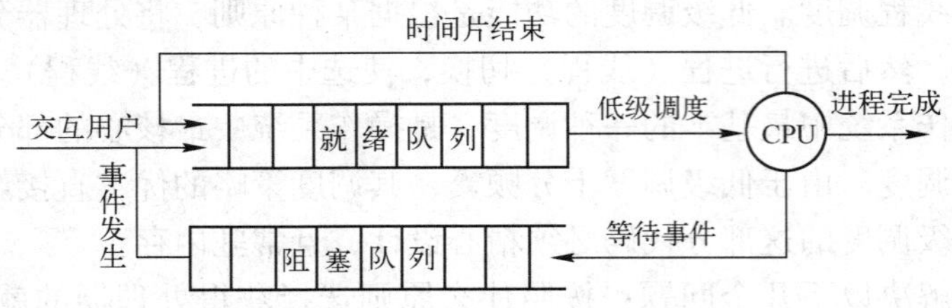

图 3-2　只有低级调度的调度模型

在该调度模型中，进程（线程）执行可能出现以下 3 种情况。

1）任务在给定的时间片内完成，这时进程释放处理器进入完成状态。

2）任务在给定的时间片内没有完成，操作系统重新调度，从就绪队列中重选一个就绪进程（线程）执行，并将暂停的进程（线程）排在就绪队列的队尾。

3）若进程执行时因某事件被阻塞，则操作系统将它放入阻塞队列，且重新调度，从就绪队列中挑选一个就绪进程执行。

2. 高级调度

高级调度又称为长程调度、接纳调度、作业调度。该调度与作业有关。

在计算机发展过程中，作业曾经是一个使用非常广泛的概念，而 PC 用户对这个概念接触相对较少。所谓作业指用户交给计算机所做的工作。每个作业由程序、数据和作业说明书 3 部分组成。存在两种类型的作业：交互式作业和批处理作业。

交互式作业又称为终端作业或联机作业，这类作业主要出现在分时系统和个人计算机中，作业常通过命令方式提交，作业直接提交到内存。

批处理作业又称为脱机作业，一般见于批处理系统中。这类作业要求用户预先将作业的 3 部分准备好，然后在系统的控制下通过某种作业输入方式（脱机输入方式、SPOOLing 方式等）将它们提交到外部辅助存储器上，同时为该作业申请一个作业控制块（JCB），于是，一个作业被建立起来。批处理作业建立起来后，以后的启动运行就不再需要用户干预，系统会根据作业说明书来控制作业的执行过程。

在批处理系统中，大量的作业被保存在外部辅助存储器上。为了对这些作业进行有效管理，需要将它们按照一定方式组织起来。通常将它们组织成队列形式，该队列被称为后备队列。

高级调度就是根据一定的调度算法，从后备队列中选择若干作业，将它们调入内存，为它们创建进程，并分配除 CPU 之外的其他资源，然后将新创建的进程插入就绪队列，等待低级调度。高级调度是批处理操作系统特有的调度；对于分时系统和实时系统，由于作业直接提交到内存，因此，不需要高级调度。

高级调度由高级调度程序负责完成。高级调度程序需要完成以下几方面工作。

1）记录系统中各个作业的情况。

2）按照某种作业调度算法从外存的后备队列中挑选若干作业。

3）为选中的作业分配必需的资源，如内存、外设等。

4）为选中的作业创建进程。

5）作业结束后进行善后处理工作。

高级调度程序会控制多道程序的道数，这是因为若选入的作业太少，会导致系统资源的利用率降低和系统吞吐量减少；而若选入的作业过多，则会影响系统的服务质量。

批处理系统运行过程中，如果有作业执行完毕退出系统，或者 CPU 空闲时间超过了规定的阈值，就会重新进行高级调度。

作业经由高级调度调入内存，为它们分配资源，建立进程，插入就绪队列之后，还需要经过低级调度才能获得处理器而执行。具有高级和低级两级调度的处理器调度模型如图 3-3 所示。

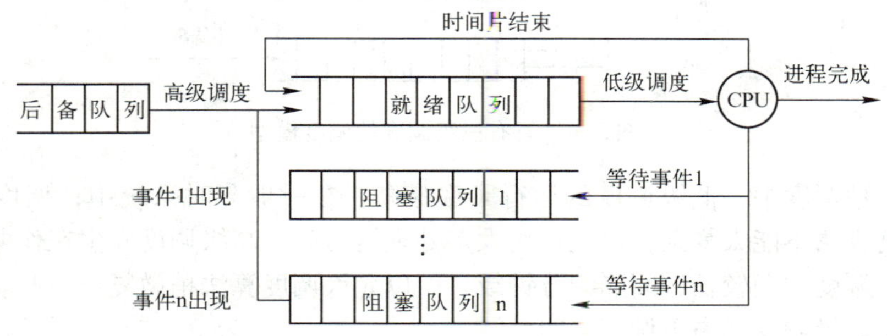

图 3-3　有低级调度和高级调度的调度模型

在具有两级调度的模型中，低级调度常采用最高优先权优先调度算法。这种情况下，就绪队列可能有以下两种组织方式。

1）优先权队列。队首进程（线程）是当前优先权最高的就绪进程（线程），进程（线程）进入就绪队列时，将根据优先权的高低插入到队列的相应位置上。对于这种就绪队列，低级调度程序总是将处理器分配给队列的第一个进程（线程），因此调度效率较高。优先权队列是最常用的就绪队列形式。

2）无序链表。就绪队列按照 FIFO（先进先出）原则组织，进程进入就绪队列总是插入到队尾，每次低级调度需要在就绪队列中查找当前优先权最高的就绪进程，再将处理器分配给它，因此调度效率较低。这种就绪队列使用较少。

除了小型系统只需要设置一个阻塞队列外，对于较大的系统，可以设置多个阻塞队列，每个阻塞队列对应一种进程（线程）阻塞事件。

3. 中级调度

中级调度又称为中程调度、交换调度、平衡调度等。引入这种调度的目的是提高内存的利用率和提高系统吞吐量。中级调度实际上就是交换（对换）功能。

为了改善系统性能，当内存资源紧缺时，有必要将那些暂时不能执行的进程通过挂起功能换出至外存上等待，以便腾出足够的内存空间供急需的进程使用。换出到外存上等待的进程处于挂起状态，不再接受低级调度。当这些进程又重新具备运行条件且内存出现空闲时，再由中级调度决定将位于外存上的哪些已具备运行条件的进程重新对换到内存，将它们的状态修改为就绪状态，插入就绪队列等待低级调度。中级调度可以使内存得到更加合理的利用，起到短期均衡系统负载的作用。功能完善的操作系统一般都引入了中级调度。具有中级调度的处理器三级调度模型如图 3-4 所示。

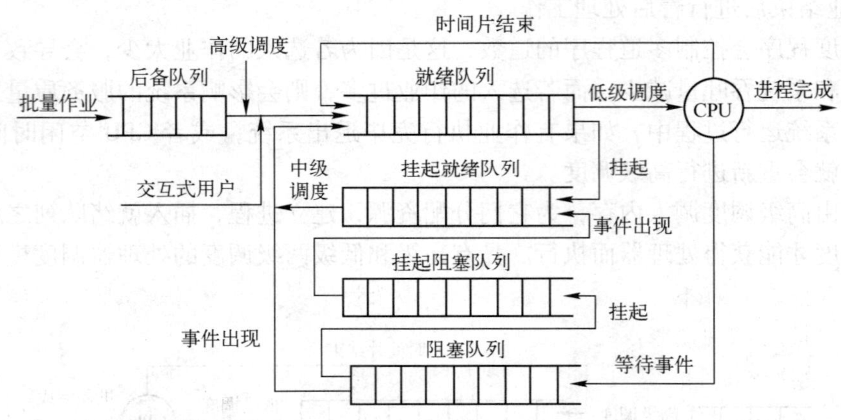

图 3-4　具有三级调度的调度模型

在以上 3 种调度中，低级调度的运行频率最高，在一般分时系统中，调度间隔为毫秒级，因而调度算法不能太复杂，以免占用太多处理器时间。高级调度发生在作业运行结束退出系统之时，调度周期较长，间隔为分钟级，所以允许调度算法稍微复杂一些。中级调度的运行频率介于低级调度和高级调度之间。

3.1.2　选择调度算法的原则

选择操作系统的调度算法是一件比较复杂的事情，要考虑诸多因素，既要有利于提高资源的利用率和系统的吞吐量，又要考虑用户的公平性及响应时间等要求。不同的操作系统类型由于追求的目标不一样，对响应时间和系统资源利用率的要求各不相同，应该采用不同的调度算法。确定操作系统调度算法的基本原则是有助于提高计算机系统的性能。可以从不同的角度来对操作系统的调度算法进行评价，下面列出了几条评价指标，其中前 3 条是面向系统的指标，后 5 条是面向用户的指标。

(1) CPU 的利用率

CPU 是计算机系统最重要的资源，其利用率是衡量计算机系统性能的最重要指标之一。

CPU 的利用率 = CPU 的有效工作时间/(CPU 的有效工作时间 + CPU 的空闲时间)

真实计算机系统 CPU 的利用率一般在 40% ~90% 之间。选择调度算法应有利于使 CPU 一直保持忙状态。这一指标对大、中型计算机系统特别重要；对微型机系统，这条指标的重要性稍可降低。

(2) 系统吞吐量

系统吞吐量指单位时间内系统完成的作业数量。该指标与作业的平均运行时间长短有很大关系，若系统处理的作业是短作业，则可能有较高的吞吐量；若系统处理的作业是长作业，则吞吐量较低。系统吞吐量是批处理系统中选择高级调度算法的重要指标之一。不同的作业调度方式和作业调度算法对系统的吞吐量有很大影响。应合理选择调度算法，使系统具有最大的平均吞吐量。

(3) 各类资源平衡利用

在大、中型计算机系统中，各种资源都非常昂贵，因此，不仅要求 CPU 应具有很高的利用率，而且要求其他资源也得到有效利用。应合理选择调度算法，使系统中的各类资源尽量处于忙碌状态。当然，对于微型计算机，这条指标并不十分重要。

(4) 周转时间

从作业被提交给系统开始，直到作业完成为止这段时间间隔称为作业周转时间。该时间由以下几部分组成：作业在外存后备队列中等待高级调度的时间，进程在就绪队列中等待低级调度的时间，进程在处理器上执行的时间，进程等待输入/输出完成的时间。作业周转时间越短，系统的效率和吞吐量就越高，因而它是评价批处理系统性能、选择高级调度算法的重要指标。应合理选择调度算法，使作业的周转时间尽可能减少。

不同的作业，具有不同的周转时间，对于整个计算机系统，总是希望作业的平均周转时间和平均带权周转时间达到最小。

若作业 i 的周转时间为 T_i，则 n 个作业的平均周转时间 T 定义为

$$T = \frac{1}{n}\left[\sum_{i=1}^{n} T_i\right]$$

作业 i 的周转时间 T_i 与该作业的执行时间 T_{si} 之比称为该作业的带权周转时间。所有作业的带权周转时间 W_i 的平均值称为作业的平均带权周转时间。若平均带权周转时间用 W 表示，则可将 W 表示为

$$W = \frac{1}{n}\left[\sum_{i=1}^{n} W_i\right] = \frac{1}{n}\left[\sum_{i=1}^{n} \frac{T_i}{T_{si}}\right]$$

(5) 响应时间

所谓响应时间指从用户通过键盘提交一个请求开始，直至系统首次产生响应为止的这段时间间隔。它包括以下几个组成部分：从键盘输入请求信息传送到 CPU 的时间，处理器对请求信息进行处理的时间，将形成的响应信息回传到终端显示器的时间。

响应时间是评价分时系统性能、为分时系统选择低级调度算法的重要指标。应合理选择调度算法，使系统的响应时间尽可能缩短。

(6) 截止时间

截止时间是评价实时系统性能的重要指标，也是选择实时调度算法的重要准则。截止时间分为开始截止时间和完成截止时间。开始截止时间指任务在该时间之前必须开始，否则有可能出现难以预料的后果。完成截止时间指任务在该时间之前必须完成，否则有可能出现难以预料的后果。选择实时系统的调度算法，必须满足实时任务对截止时间的要求。

(7) 优先权准则

在为批处理系统和分时系统选择调度算法时，可以遵循优先权准则，以便使紧急任务能够得到及时处理。在为实时系统选择调度算法时，必须遵循优先权准则，且往往需要采用抢占调度方式，以避免出现不可预料的后果。

(8) 公平准则

由于多种原因，系统中的各个进程获得调度的机会往往是有差异的。从用户的观点，各个进程应该具有公平的获得处理器的机会。选择调度算法，应尽可能遵守公平准则，保证每个进程都能获得合理的 CPU 份额及其他资源份额，不会出现“饥饿”现象。

当然，上述指标之间本身就有矛盾之处，在选择调度算法时必须根据操作系统的类型及要达到的目标在各种指标之间进行权衡，以达到最好效果。

3.1.3 调度算法

调度实际上是一种资源分配，而调度算法是根据操作系统的资源分配策略规定的资源分配算法。由于算法的设计出发点不同，各种调度算法的适用场合也不一样。有的适用于高级调度，有的适用于低级调度，还有的适用于多种调度场合。下面介绍一些经典的调度算法。

1. 先来先服务调度算法

先来先服务（FCFS）调度算法是最简单的一种调度算法，它既可以用于高级调度，也可以用于低级调度。这种调度算法根据作业/进程（线程）进入调度队列的顺序来决定调度次序。

若该算法用于高级调度，则每次调度总是从后备队列中挑选出最先进入队列的一个或若干个作业，将它们调入内存，为它们分配资源、创建进程，然后插入就绪队列等待低级调度。若该算法用于低级调度，则每次调度总是将 CPU 分配给就绪队列的队首进程（线程），使之投入运行。

先来先服务调度算法属于非剥夺调度算法，进程（线程）一旦获得 CPU 就一直运行下去，直到执行结束或因等待某事件，才主动放弃 CPU。进程（线程）运行过程中不允许抢占发生。

表 3-1 列出了采用先来先服务调度算法时 4 个作业到达系统的时间、估计运行时间、开始执行时间、完成时间，并计算出各自的周转时间和带权周转时间。

表 3-1 先来先服务调度算法的例子

作业名	到达时间	估计运行时间/min	开始时间	完成时间	周转时间/min	带权周转时间/min
Job1	8:00	20	8:00	8:20	20	1
Job2	8:05	200	8:20	11:40	215	1.075
Job3	8:10	1	11.40	11.41	211	211
Job4	8:15	100	11.41	13:21	306	3.06
平均周转时间 T = 188，带权平均周转时间 W = 54.03						

从表 3-1 中可以看出，短作业 Job3 的带权周转时间达到 211，而长作业 Job4 的带权周转时间只有 3.06。由此可知，先来先服务调度算法有利于长作业/长进程，而不利于短作业/短进程，有利于 CPU 繁忙型作业/进程，不利于输入/输出繁忙型作业/进程。

先来先服务调度算法的优点是简单且容易实现；缺点是效率较低，且只顾及作业/进程的等待时间，没有考虑作业（进程）的执行时间长短。

2. 短作业/短进程优先调度算法

短作业/短进程优先调度算法根据作业/进程的运行时间长短来决定调度顺序，短者优先得到调度。该算法既可以用于高级调度，也可以用于低级调度。若用于高级调度，则称为短作业优先（SJF）调度算法，若用于低级调度，则称为短进程优先（SPF）调度算法。若采用短作业优先调度算法，则调度程序从后备队列中挑选出一个或若干个估计执行时间最短的作业，将它们调入内存准备运行；若采用短进程优先调度算法，则调度程序将 CPU 分配给就绪队列中估计执行时间最短的进程，使之执行。

短作业/短进程优先调度算法也属于非剥夺调度算法。进程运行过程中，不允许发生抢占。除非当前进程执行结束或因等待某事件而自己放弃 CPU，否则不会出现新的调度。

表 3-2 列出了在采用了短作业优先调度算法时，表 3-1 中 4 个作业到达系统的时间、估计运行时间、开始执行时间、完成时间，并计算出各自的周转时间和带权周转时间。

表 3-2　短进程优先调度算法的例子

作 业 名	到 达 时 间	估计运行时间/min	开 始 时 间	完 成 时 间	周 转 时 间/min	带权周转时间/min
Job1	8:00	20	8:00	8:20	20	1
Job2	8:05	200	10:01	13:21	316	1.58
Job3	8:10	1	8:20	8:21	11	11
Job4	8:15	100	8:21	10:01	106	1.06
平均周转时间 T = 113.25，带权平均周转时间 W = 3.66						

由表 3-2 可知，在 Job1 运行过程中，先后有 Job2、Job3、Job4 三个作业进入后备队列。由于 Job3 的运行时间最短，因此 Job1 运行结束后先运行 Job3，再依次运行 Job4 和 Job2。

对比表 3-1 和表 3-2 可知，采用短作业/短进程优先调度算法，作业的平均周转时间和带权平均周转时间有明显改善，说明这种调度算法可以有效降低作业的平均等待时间，提高系统的吞吐量。

短作业/短进程优先调度算法存在以下缺点：对长作业不利，甚至可能导致长作业长期得不到调度；不能保证带有紧迫性的作业能够得到及时处理；作业的长短是由用户估计的，存在不准确的可能性，不一定能真正做到短作业优先。

3. 最高优先权优先调度算法

最高优先权优先调度算法的基本思想是：根据任务的紧迫程度，给每个作业/进程赋予一个优先权（级），再根据优先权（级）的高低来决定调度的先后顺序，具有最高优先权者最先获得调度。该调度算法既适用于低级调度，也适用于高级调度。若用于高级调度，则系统从后备队列中挑选一个或若干个优先权最高的作业，装入内存等待运行。若用于低级调度，则将 CPU 分配给就绪队列中优先权最高的就绪进程，使它投入运行。

当最高优先权优先调度算法用于低级调度时，根据是否允许发生抢占，可以将算法进一步划分成以下两种算法。

1）非抢占式优先权算法。这种调度算法将 CPU 分配给就绪队列中当前优先权最高的进程；进程获得 CPU 后就一直运行下去，直至进程运行结束或因等待某事件而主动放弃 CPU 时，系统才会重新调度，将 CPU 分配给另一个优先权最高的进程。进程执行期间，不允许新到优先权更高的进程抢占当前进程的处理器。

2）抢占式优先权算法。这种调度算法同样将处理器分配给就绪队列中当前优先权最高的进程，但在进程执行期间，若出现了优先权更高的进程，则调度程序立即停止当前进程执行，将处理器重新分配给优先权更高的进程，即允许具有更高优先权的进程抢占当前执行进程的处理器。使用本算法进行调度时，每当系统中出现了一个新就绪进程，调度程序就将新进程的优先权与当前运行进程的优先权进行比较；若当前进程的优先权高，则当前进程继续执行；若新进程的优先权高，则停止当前进程执行，进行进程切换，使新进程投入运行。抢占式优先权算法能很好地满足紧迫任务的要求，可用于比较严格的实时系统，以及要求较高的分时系统和批处理系统中。

优先权（级）一般用一个整数表示。至于是数值大表示优先权高，还是数值小表示优先权高，不同的系统有不同的规定。进程（线程）的优先权可以分为静态优先权和动态优先权两种。

静态优先权在创建进程（线程）时确定，且在进程的整个生命期内保持不变。

动态优先权指在创建进程（线程）时赋予的优先权，可以随着进程（线程）推进或等待时间的增加而发生改变。例如，若采用抢占式调度算法，则可以规定：就绪进程的优先权随其等待时间的增加而提高，当前运行进程的优先权随其执行时间的增加而下降。这样规定的好处是，原来优先权低的进程，只要等待了足够的时间，就会被调度执行；而正在执行的进程也不会长期霸占处理器。

4. 最高响应比优先调度算法

最高响应比优先（HRRF）调度算法可以看成是一种优先权调度算法，只是将作业的响应比当成动态优先权。这种调度算法可用于高级调度。

作业在后备队列上的等待时间与要求运行时间之和称为系统对该作业的响应时间，该时间在数值上与作业的周转时间相等。系统对该作业的响应时间与作业要求运行时间之比称为作业的响应比 R，即有：

$$R=\frac{\text{系统响应时间}}{\text{作业要求运行时间}}=\frac{\text{作业等待时间}+\text{作业要求运行时间}}{\text{作业要求运行时间}}$$

最高响应比优先调度算法是介于 FCFS 算法与 SJF 算法之间的一种非剥夺式调度算法。这种调度算法既考虑了作业的等待时间，也考虑了作业的处理时间，既照顾了短作业，也不会使长作业等待时间过长，因而有效地改善了调度性能。表 3-3 给出了 4 个作业采用最高响应比优先算法进行调度的一个例子。

表 3-3 最高响应比优先调度算法的例子

作业名	到达时间	估计运行时间/min	开始时间	完成时间	响 应 比	周转时间/min	带权周转时间/min
Job1	8:00	20	8:00	8:20	Job2 = 1.075，Job3 = 11，Job4 = 1.05	20	1
Job2	8:05	200	8:21	11:41	Job4 = 2.06	216	1.08
Job3	8:10	1	8:20	8:21	Job2 = 1.08，Job4 = 1.06	11	11
Job4	8:15	100	11:41	13:21		306	3.06
平均周转时间 T = 138.25，带权平均周转时间 W = 4.035							

由表 3-3 可知，在作业 Job1 运行期间，先后有 Job2、Job3、Job4 三个作业进入后备队列。当 Job1 在 8:20 运行结束时，Job3 的响应比最高（11），因此运行 Job3；Job3 在 8:21 运行结束时，Job2 的响应比最高（1.08），因此运行 Job2；Job2 运行结束后，最后运行 Job4。该调度算法既优先调度了短作业 Job3，同时也保证了长作业 Job2 只要等待了足够长的时间就可以得到调度而运行。

对比 FCFS、SJF、HRRF 3 种调度算法的平均周转时间和带权平均周转时间可知，最高响应比优先调度算法的调度性能介于 FCFS 调度算法与 SJF 调度算法之间，但它既照顾了作业的先来后到，又考虑了作业要求系统服务的时间长短，因此是上述两种算法的一种较好的折中方法。

最高响应比优先调度算法的缺点是：在每次进行调度之前，必须重新计算各个作业的响应比，这样会增加系统开销。

5. 时间片轮转调度算法

时间片轮转调度算法是专门为分时系统设计的一种调度算法，这种算法主要用于低级调度。该算法的基本思想是：所有的就绪进程（线程）按照先进先出的原则排成就绪队列，调度程序总是将 CPU 分配给就绪队列的第一个就绪进程，使之执行一个时间片；若进程在该时间片内执行结束，则退出系统；若进程在该时间片内没有执行结束，则在本时间片结束时，系统将产生一个时钟中断，这时调度程序就会暂停当前进程执行，且将它排在就绪队列的队尾，并将 CPU 重新分配给就绪队列的第一个就绪进程；进程执行过程中，若当前进程因等待一个事件而发生阻塞，尽管它并没有使用完一个时间片，调度程序也会重新进行调度，将 CPU 重新分配给就绪队列的队首进程。

时间片轮转调度算法是一种剥夺式调度算法。使用这种算法进行调度，系统耗费在进程（线程）切换上的开销比较大，而开销的大小与时间片的长短有很大的关系。若时间片太短，则大多数进程（线程）都不可能在一个时间片内运行结束，于是频繁切换，系统开销显著增大。反之，若时间片过长，长到所有进程（线程）都可以在一个时间片内运行结束，则该算法退化成先来先服务算法，在这种情况下，用户对响应时间的要求将得不到保证。因此，为了使用户的输入能够得到及时响应，同时又不会增加太多系统开销，时间片的选择应与完成一个基本交互过程所需要的时间相当，从而保证大部分基本交互过程都能在一个时间片内完成。

时间片的长短受系统处理能力和系统负载状态等因素影响。应根据系统的处理能力合理确定时间片的长短，使多数用户的输入可以在一个时间片内处理结束。在系统运行过程中，当系统的负载很重时，为了保证用户的输入能得到及时响应，也需要对时间片的长短进行适当调整。

6. 最短剩余时间优先调度算法

最短剩余时间优先调度算法是对短进程优先调度算法进行改造得到的一种剥夺式调度算法，故又称为抢占式短进程优先调度算法。算法的基本思想是：调度程序将 CPU 分配给就绪队列中离运行结束最近的就绪进程（线程），使之投入运行；进程（线程）在执行过程中，若新到达进程（线程）的执行时间比当前进程（线程）的剩余执行时间更短，则调度程序剥夺当前进程（线程）的 CPU，调度新进程（线程）执行。

表 3-4 给出了 4 个进程到达系统的时间和所需 CPU 时间。从表 3-4 中可知，进程 P1 执行过程中，8:10 新进程 P2 到达，P2 的执行时间（20）短于 P1 的剩余执行时间（40），因此，P1 暂停，P2 执行；P2 执行过程中，8:20 新进程 P3 到达，P3 的执行时间（5）短于 P2 的剩余执行时间（10），因此，P2 暂停，P3 执行；P3 在 8:25 执行结束，同时又有新进程 P4 到达，P4 的执行时间（6）短于 P2 的剩余执行时间（10）和 P1 的剩余执行时间（40），于是 P4 执行；8:31 进程 P4 执行结束，由于 P2 的剩余执行时间（10）短于 P1 的剩余执行时间（40），于是 P2 执行；8:41 进程 P2 执行结束，最后执行 P1。

表 3-4　最短剩余时间优先调度算法的例子

进 程	到达系统时间	所需 CPU 时间/min	开始执行时间	结 束 时 间	等待时间/min	周转时间/min
P1	8:00	50	8:00	9:21	31	81
P2	8:10	20	8:10	8:41	11	31
P3	8:20	5	8:20	8:25	0	5
P4	8:25	6	8:25	8:31	0	6
平均等待时间 = 10.5，平均周转时间 = 30.75						

若本例改用短进程优先调度算法，则平均等待时间和平均周转时间分别是 27.75 和 48，由表 3-4 可知，采用最短剩余时间优先调度算法的平均等待时间和平均周转时间明显下降。

使用最短剩余时间优先算法进行调度，短进程一进入就绪状态就能够立即被调度执行，从而降低了进程的平均等待时间。但这种调度算法需要保存进程的运行信息，用来比较各个进程剩余时间的多少，且抢占本身也要耗费 CPU 时间，因此，系统开销较大。

7. 多级反馈队列调度算法

多级反馈队列调度算法也称为多级队列调度算法，其调度过程如图 3-5 所示。算法的基本思想如下。

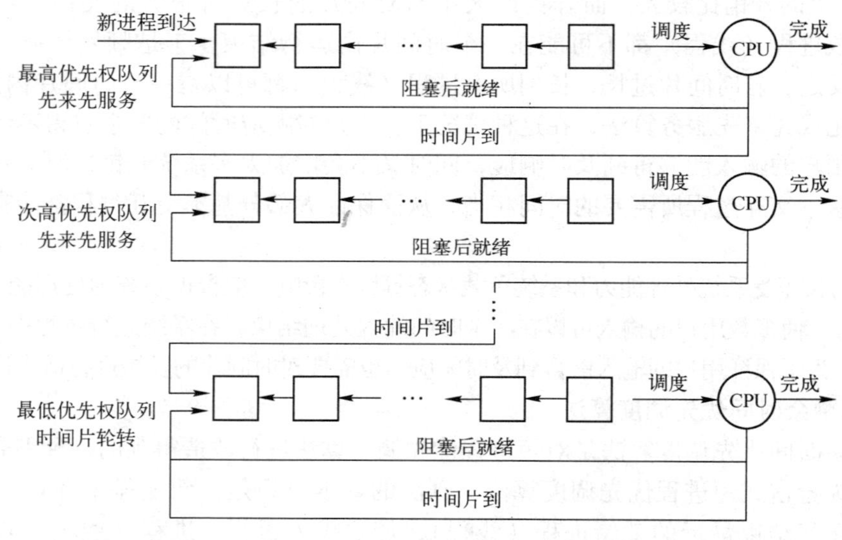

图 3-5　多级反馈队列调度算法示意

1）设置具有不同优先权的多个就绪队列，第一个就绪队列的优先权最高，然后逐次降低；不同就绪队列中的进程（线程），其执行的时间片长短不一样，优先权越高，时间片越短，而同一就绪队列中所有进程（线程）执行相同长短的时间片。

2）当一个新进程（线程）进入队列时，首先排在第一个就绪队列的队尾，按照先来先服务的原则等待调度；当某进程（线程）被调度执行时，若在当前时间片内执行结束，则退出系统；若执行过程中因等待某事件而阻塞，则唤醒后就排在当前就绪队列的队尾；若在时间片结束时尚未完成，则调度程序将该进程（线程）转到第二个就绪队列的队尾，同样按照先来先服务原则等待调度；依此类推，直至进程（线程）进入最后一个就绪队列的队尾；而最后一个就绪队列采用时间片轮转方法进行调度。

3）仅当第一个就绪队列空闲时，调度程序才调度第二个就绪队列中的进程（线程）执行；仅当第一、第二个就绪队列空闲时，调度程序才调度第三个就绪队列中的进程（线程）执行；依此类推，仅当前面 i－1 个就绪队列都空闲时，调度程序才调度第 i 个就绪队列中的进程（线程）执行。

4）当第 i 个就绪队列中的某进程（线程）正在执行时，若有新进程（线程）进入前面某个优先权更高的就绪队列，则新进程（线程）将抢占当前进程（线程）的 CPU，即调度程序暂停当前进程（线程）执行，将它放回到第 i 个就绪队列的队尾，且将处理器分配给新到的高优先权进程（线程）。

多级反馈队列调度算法综合了先来先服务算法、抢占式优先权算法及时间片轮转算法的特点，因此具有较好的调度性能，能较好地满足各类进程（线程）的需要。对于短进程（线程），系统通常可以在第一个就绪队列规定的时间片内完成，最多也只需在第二个或第三个就绪队列中各执行一个时间片就可以完成；对于长进程（线程），它们需要较长的 CPU 时间，因此会从高优先权队列向低优先权队列逐渐下沉，以获取更多的 CPU 时间。它们“沉”得越深，被调度的机会就越少，但一旦被调度到，就会获得更多的 CPU 时间。

3.1.4 实时调度

实时系统具有及时响应、高可靠性、专用性、少人工干预等特征，被广泛应用于工业控制、信息通信、网络传输、媒体处理等领域。在实时系统中，存在一个或多个实时任务，它们反映或控制某个或某些外部事件，带有某种程度的时间紧迫性。

实时任务根据对截止时间的要求，分为硬实时任务和软实时任务。对硬实时任务，系统必须满足任务对截止时间的要求，否则可能出现难以预料的后果。具有硬实时任务的系统称为硬实时系统，宇宙飞船的控制系统等就是现实中这样系统的例子。对软实时任务，也有一个截止时间，要求任务也能够在截止期限到来之前得到处理，但偶尔违反截止期限并不会带来致命的错误。具有软实时任务的系统称为软实时系统，实时多媒体系统就是一种软实时系统。

根据实时任务是否具有周期性，可以将实时任务分为周期性实时任务和非周期性实时任务。周期性实时任务以固定的时间间隔出现。非周期性实时任务的出现时间无明显周期性，但必须遵守一个开始截止时间或完成截止时间。

要进行实时调度，系统需要向调度程序提供有关实时任务的信息，如就绪时间、开始截止时间或完成截止时间、任务处理时间、资源要求和任务优先权等。

并不是所有系统都可以进行实时调度。一个系统中往往有多个实时任务，若处理器的处理能力不够强，则可能因处理器忙不过来使某些实时任务不能得到及时处理，从而导致发生难以预料的后果。在单处理器情况下，若系统有 m 个周期性的硬实时任务，它们的处理时间和周期分别为 C_i 和 T_i（$i=1, 2, \cdots, m$），则只有满足以下条件系统才是可调度的。

$$\sum_{i=1}^{m}\frac{C_i}{T_i}\leqslant 1$$

例如，若系统中有 4 个硬实时任务，它们的周期分别是 50 ms、100 ms、150 ms、200 ms，处理时间分别是 10 ms、20 ms、30 ms、40 ms，则系统是可以进行实时调度的，这是因为：

$$10/50+20/100+30/150+40/200<1$$

若再加入一个周期为 100 ms 的硬实时任务，只要完成任务的时间小于 20 ms，且进程的切换时间足够短，可以忽略不计，则系统仍然是可以调度的。

可以按照不同方式对实时调度算法进行分类。

按照实时任务性质不同，可以将实时调度算法分为硬实时调度算法和软实时调度算法。

按照调度方式不同，可以将实时调度算法分为抢占式实时调度算法和不可抢占式实时调度算法。不可抢占式实时调度算法比较简单，容易实现，常用在一些要求不严格的实时系统中。抢占式实时调度算法具有良好的时间响应性能，调度延迟可以降到毫秒级以下，用在要求严格的实时系统中。

根据调度的时间可以将实时调度算法分为静态调度算法和动态调度算法。静态调度通常是在系统配置过程中就决定了所有任务的执行时间，而动态调度则在系统运行过程中根据实际情况灵活决定任务的执行时间。静态调度无论是单处理器调度还是分布式调度，一般以比率单调（RMS）调度算法为基础，而动态调度则以最早截止时间优先（EDF）调度算法和最短空闲时间优先（LLF）调度算法为基础。

（1）比率单调调度算法

比率单调调度算法的任务优先级是按照任务周期来确定的。那些具有短执行周期的任务具有较高的优先级，而周期长的任务优先级较低。调度程序总是将处理器分配给当前优先级最高的进程（线程），且进程（线程）执行过程中允许新到优先级更高的进程（线程）抢占当前执行进程（线程）的处理器。

比率单调调度算法实现简单，系统开销小，灵活性较好，是实时调度的基础性算法。缺点是处理器的利用率较低，在一般情况下，对于随机任务集大约只有 88% 的处理器利用率。

（2）最早截止时间优先算法

最早截止时间优先算法也称为截止时间驱动（DDS）调度算法，是一种动态调度算法。最早截止时间优先指在进行调度时，根据任务的截止时间来动态确定任务的优先级，截止时间越短，优先级越高。这种调度算法更多用于抢占式调度。调度对应的就绪队列可以按照任务截止时间的早晚进行排列，具有最早截止时间的进程排在最前面，这样调度程序总是将处理器分配给队首的就绪进程，使之执行；进程执行过程中，每当有新进程到达时，系统会检查新进程的截止时间是否比当前运行进程的截止时间更早，以决定是否剥夺当前运行进程的资源。

采用最早截止时间优先调度算法，处理器的利用率最大可达 100%，但它的调度开销比比率单调调度算法大。

（3）最短空闲时间优先调度算法

最短空闲时间优先调度算法也称为最小松弛度优先调度算法，它也是一种动态调度算法。最短空闲时间优先指在进行调度时，任务的优先级根据任务的空闲时间动态确定，任务的空闲时间越短，该任务的优先级越高。

任务空闲时间 = 任务的截止时间 – 任务剩余执行时间 – 当前时间

最短空闲时间优先调度算法主要用于抢占式调度。调度对应的就绪队列可以按照任务空闲时间的长短进行排列，具有最短空闲时间的进程排在最前面，这样调度程序总是将处理器分配给队首的就绪进程，使之执行；进程执行过程中，每当有新进程到达时，系统会检查新进程的空闲时间是否比当前运行进程的剩余空闲时间更短，以决定是否剥夺当前运行进程的资源。

最短空闲时间优先调度算法在每个调度时刻都要计算任务的空闲时间，并根据计算结果改变任务优先级，因此系统开销较大，实现也相对较麻烦。

3.1.5 进程切换

进程调度和切换程序是操作系统内核程序。获得内核服务的唯一方法是通过中断或异常。处理器在执行每一条指令时，系统都会检查是否有中断或异常发生；如果没有中断和异常，处理器继续执行原来的流程；如果有中断或异常发生，系统便暂停正在执行的进程，将处理器的状态由用户态切换到核心态，执行操作系统内核程序。这个过程称为处理器模式切换（当然，从核心态到用户态的转换也属于处理器模式切换）。进行处理器模式切换后，被中断进程仍处于自己的执行环境中，内核在被中断进程的环境中进行处理。模式切换的步骤如下。

1）保存被中断进程的处理器现场信息。

2）将处理器的模式由用户态转变为核心态，以便执行系统服务程序或中断处理程序。

3）如果处理中断，则根据中断级别设置中断屏蔽位。一般情况下，若发生了某一级中断，则要屏蔽同级别及低级别的中断。对于处理异常不需要设置屏蔽。

4）根据系统调用号或中断号，从系统调用表或中断入口地址表中找到系统服务程序或中断处理程序的入口地址。

在完成系统调用服务或中断处理之后，可以通过逆向的模式切换使被中断的进程恢复运行。

若中断或异常本身由请求调度的事件引起，或者在处理其他中断或异常时，引发了请求调度事件（例如，在处理时钟中断期间，当前运行进程的时间片耗尽；在完成输入/输出结束处理时，导致了原等待该输入/输出完成的高优先级进程变成就绪状态），则会发生进程调度和切换。导致内核发生调度和进程切换的事件如下。

1）进程执行的时间片到或者进程执行结束。

2）当前进程由于某种原因进入等待状态。

3）当进程执行系统调用结束返回用户态时，尚无资格获得 CPU。

4）当内核完成中断处理，进程返回用户态时，尚无资格获得 CPU。

当请求调度的事件发生后，系统会运行调度程序挑选出新的就绪进程，然后进行进程切换，暂停当前进程，使新选进程投入运行。进行进程调度和切换涉及以下过程。

1）保存 CPU 的现场，包括程序计数器（PC）、处理器状态字（PS）、进程核心栈指针及其他寄存器内容。

2）修改被中断进程的进程控制块（PCB），如将进程状态由运行状态改为其他状态。

3）将被中断进程的进程控制块链接到相应的新状态队列中。

4）挑选准备占用 CPU 运行的新就绪进程。

5）修改被选中进程的进程控制块，如将其状态改为运行状态。

6）设置被选中进程的地址空间，恢复存储管理信息。

7）根据在被选中进程的 PCB 中保存的 CPU 环境信息恢复 CPU 现场，使新选的进程执行。

一定要注意进程切换与处理器模式切换的区别。处理器模式切换只是处理器通过中断或异常由用户态转换成了核心态（或进行相反的转换），并没有进行进程切换，被中断进程仍然处于自己的执行环境中，处理器逻辑上还在被中断进程中运行，进程空间等环境信息并没有改变，中断或异常处理结束后，操作系统只需要恢复进程进入内核时保存的处理器现场，不需要恢复进程空间等环境信息。进程切换指处理器从执行一个进程转到执行另一个进程，进程切换过程中，由于当前运行的进程改变了，因而当前进程空间等环境信息也需要改变。

一般情况下，当请求调度的事件发生时，应立即进行调度和进程切换，但由于某些原因，上述操作往往不能一气呵成。例如，操作系统内核程序运行时，发生了一个优先级别更高的输入/输出中断，当把该输入/输出中断处理结束后，等待该输入/输出完成的高优先级进程就会转变为就绪状态，故请求低级调度，而这时原来被高优先级中断打断的低级别中断处理程序尚未执行结束，若立即进行低级调度和进程切换，则不但会影响中断的响应时间，而且原来保存在 I/O 硬件中的现场信息也可能丢失。因此，如果出现了不能立即进行调度和切换的情况，系统只能将请求调度标志置位，等不能进行调度和切换的过程执行结束后，再进行相应的进程调度和切换。不能进行调度和切换的情况如下。

1）中断处理过程。在中断处理过程中，部分现场（如外设状态）存在于外设控制器中，如果此时进行进程切换，这部分现场也需要保存，而保存这部分现场比较困难。另外，中断处理是系统工作的一部分，不属于某个进程，不应该被某个进程剥夺处理器。

2）在操作系统内核临界区中。用户进程通过自陷进入操作系统内核后，若内核程序运行在临界区，则此时不能进行进程调度和切换，否则会导致位于临界区的程序不能尽快释放它占用的资源。

3）其他需要完全屏蔽的原子操作过程。原子操作需要屏蔽中断，自然不能进行进程调度和切换。

3.1.6 Windows XP 中的处理器调度

1. Windows XP 线程的调度特征

Windows XP 的处理器调度对象是线程而不是进程，它采用基于优先级的抢占式多处理器调度机制，调度系统依据优先级和时间片轮转算法进行调度。通常线程可以在任何可用的处理器上运行，但也可限制某线程只能运行在某个处理器上。调度系统总是选择优先级最高的就绪线程投入运行，若线程的优先级相同，则按时间片轮转算法进行调度。当前线程执行过程中，如果系统发现一个更高优先级的线程准备运行，那么系统就会立刻暂停低优先级线程，将 CPU 分配给高优先级线程。线程调度可由以下几种事件触发。

1）一个线程进入就绪状态。

2）一个线程的时间片结束。

3）线程由于调用系统服务而改变了优先级或被系统本身改变了优先级。

4）正在运行的线程被改变了所运行的处理器（在多处理器系统中）。

当调度系统挑选出准备运行的新线程后，便进行线程环境切换，即保存被暂停线程的运行环境，加载新线程的运行环境，使新线程投入运行。

调度决策被严格限制为以线程为基础，并不考虑这个线程属于哪一个进程。

2. 线程优先级

Windows XP 内部使用了 32 个优先级，范围为 0～31，数值越大，优先级越高。优先级可分成以下 3 部分。

1）实时优先级：16～31。

2）可变优先级：1～15。

3）级别 0 保留给系统使用，仅用于对系统中空闲物理页面进行清零的零页线程。

线程优先级既可以通过 Windows XP 内核控制，也可以通过 Win32 应用程序编程接口函数指定。线程优先级由进程基本优先级（也称为优先级类）和线程相对优先级构成。线程的默认优先级是进程的优先级。系统负责将进程基本优先级和线程相对优先级映射到 0～31 之间的一个优先级别上。应用程序默认的优先级为 8。

使用 Win32 应用程序编程接口函数可以在创建进程时指定其优先级为实时（22～26）、高级（11～15）、中上（8～12）、中级（6～10）、中下（4～7）和空闲（2～6），并在进程内创建线程时指定线程的相对优先级为相对实时、相对高级、相对中上、相对中级、相对中下、相对低级和相对空闲。

在 Windows XP 中，具有实时优先级（16～31）的线程，其进程基本优先级和线程相对优先级总是不变的；而具有可变优先级的线程，其线程相对优先级可以在一定范围（1～15）内动态变化。

在下列 5 种情况下，Windows XP 会提升线程的当前优先级。

1）I/O 操作完成。

2）信号量或事件等待结束。

3）前台进程中的线程完成一个等待操作。

4）由于窗口活动而唤醒图形用户接口线程。

5）线程处于就绪状态已超过一定时间，但还没能进入运行状态。

通过提升线程的优先级可以解决线程调度策略中潜在的不公正性，但它也不是完美的，且不会使所有应用都受益。

Windows XP 永远不会提升实时优先级范围内（16～31）的线程优先级，即优先级提升策略仅适用于可变优先级范围（0～15）内的线程。

3. 线程时间配额

当一个线程被调度进入运行状态时，它运行一个称为时间配额的时间片，时间配额是 Windows XP 允许一个线程连续运行的最大时间长度。时间配额不是一个时间长度值，而是一个整数，称为时间片配额单位，它代表了时间片的长短。

每次时钟中断时，时钟中断服务例程从线程的时间配额中减少一个固定值（一个时钟周期）。当时间配额用完时，系统将选择另一个线程进入运行状态。线程的时间片可以部分被减少的原因是：当线程在时钟间隔计数器激发之前进入等待状态时，如果没有对其时间片进行调整，那么就有可能这个线程的时间片从不会减少。例如，线程 A 运行，之后进入等待状态，然后再运行，再进入等待状态，但每当时钟间隔计数器激发时，却从来不是线程 A 占用 CPU，则该线程的时间片就从不被记账，也就不会减少。

4. 调度数据结构

为进行线程调度，Windows XP 内核维护了一组调度器数据结构，以记录各线程的状态。这组数据结构包括：

1）调度器就绪队列。包含一组子队列，每个子队列存放具有相同调度优先级的就绪线程。KiDispatcherReadyListHead 数组的每个数组元素指向一个就绪子队列。

2）就绪位图（KiReadySummary）。一个 32 位位图，每一位指示相应优先级的就绪队列中是否有线程在等待运行。0 位与调度优先级 0 相对应，1 位与调度优先级 1 相对应，依此类推。

3）运行位图（KeActiveProcessor）。一个 32 位位图，描述系统中各处理器是否处于运行状态。

4）空闲位图（KiIdleSummary）。一个 32 位位图，每一位指示一个处理器是否处于空闲状态。

5）调度器自旋锁（KiDispatcherLock）。在多处理器系统中，为了防止线程在访问调度器数据结构时与调度器代码发生冲突，需要使用调度器自旋锁，以协调各处理器对调度器数据结构的访问。

6）其他与线程调度相关的内核变量，例如，KeNumberProcessors（说明系统中可用处理器的数目）。

5. 单处理器系统的调度策略

Windows XP 在单处理器系统中的线程调度策略主要包括如下几方面内容。

（1）主动切换

线程因等待某个对象（如事件、信号量、I/O 完成、进程、线程、窗口信息等），可以调用 Win32 的某些阻塞函数将自己阻塞起来，从而进入等待状态，自动放弃对 CPU 的占用。处于等待状态的线程进入相同优先级就绪队列的末尾，而调度器将 CPU 环境切换到就绪队列中的第一个线程，使之开始执行。

线程进入等待状态时，通常其时间配额不会被重置，而是在等待的事件出现时，使线程的时间配额减 1，相当于减少 1/3 个时钟间隔；但如果线程的优先级大于或等于 14，则在等待的事件出现时，线程的优先级将被重置。

（2）抢占式调度

当一个高优先级线程进入就绪状态时，正处于运行状态的低优先级线程将被抢先。当抢先线程完成运行后，被抢先的线程可继续使用剩余的时间配额。调度器只是根据线程优先级来判断一个线程是否被抢先，而不管线程处于用户态还是内核态。当线程被抢先时，它被放回到相应优先级的就绪队列的队首。

处于实时优先级的线程在被抢先时，时间配额被重置为一个完整的时间片。处于动态优先级的线程在被抢先时，时间配额不变，当该线程重新得到处理器使用权后，再将剩余的时间配额用完。

（3）时间片用完

当处于运行状态的线程用完它的时间配额时，Windows XP 会暂停该线程运行，同时决定是否要降低线程的优先级，并查找是否有其他高优先级或相同优先级的线程正等待运行。

如果该线程的优先级降低了，Windows XP 会寻找一个优先级高于该线程的就绪线程来调度。如果该线程的优先级没有降低，并且存在优先级相同的其他就绪线程，Windows XP 将从具有相同优先级的就绪队列中选择一个就绪线程投入运行，同时将刚用完时间配额的线程排到就绪队列的队尾。如果没有优先级相同的就绪线程可运行，刚用完时间配额的线程将得到一个新的时间配额并继续运行。

（4）线程结束运行

当线程结束运行时，它的状态从运行状态转到终止状态。线程结束运行的原因可能是通过调用 ExitThread 函数从主函数中返回，或被其他线程调用 TerminateThread 函数终止。如果在处于终止状态的线程对象上不存在未关闭的句柄，则该线程将从进程的线程列表中删除，相关数据结构被释放。

3.1.7 Linux 中的处理器调度

1. 传统 Linux 中的处理器调度

在 Linux 中，进程分为普通进程和实时进程两类。实时进程的优先级高于普通进程，如果一个实时进程处于可执行状态，它将先得到执行。不同的进程类型采用了不同的调度机制。在 Linux 的进程描述符 task_struct 中，有 5 个变量与进程调度有关，它们分别表示如下。

1）policy：进程的调度策略，用来规定对进程采用什么调度策略。

2）priority：调度管理器分配给进程的静态优先级，同时也是进程允许运行的时间片大小。priority 不随时间的改变而改变，只能由用户进行修改。内核 V2.4 及以上版本已取消此变量。

3）counter：进程剩余时间片的大小，counter 等于 0，表示时间片已耗尽。在用于普通进程调度的基于动态优先级的时间片轮转调度策略中，它可以看成是进程的动态优先级；在用于实时进程调度的时间片轮转调度策略中，它仅起到时间片的作用，不用来计算动态优先级；在用于实时进程调度的先进先出调度策略中，counter 被忽略。

4）rt_priority：实时优先级，仅被实时进程使用，它是 0 ~ 99 之间的一个整数，用来区分实时进程的优先等级，rt_priority 高的实时进程将优先获得处理器。普通进程的 rt_priority 为 0，因而实时进程总是优先于非实时进程。

5）nice：进程可控优先级因子，其值是 -20 ~ 19 之间的一个整数，用于改变进程的静态优先级，nice 的默认值为 0，增加 nice 值会降低进程的优先级。

在 Linux 中，普通进程具有两种优先级：静态优先级和动态优先级。实时进程增加了第 3 种优先级：实时优先级。优先级用简单的整数表示，整数越大，优先级越高，相应进程得到 CPU 的机会也就越大。

进行调度时，Linux 首先根据 policy 将实时进程与普通进程区分开，然后对不同的进程类型采用不同的调度策略进行调度。policy 有 3 个值，分别标识了 3 种调度策略。

1）SCHED_OTHER：基于动态优先级的时间片轮转调度策略，用于普通进程调度。进程的调度依据是进程的动态优先级，即进程剩余的时间片 counter 值的大小。进程创建时，counter 从父进程那里继承了一个初值。调度程序总是调度 counter 值大的进程执行。进程运行过程中，每当发生一个时钟中断，运行进程的 counter 值就减 1，相当于进程的动态优先级在不断降低。当 counter 值减少至 0 时，运行进程被迫放弃处理器，这时调度程序将调度其他 counter 值大的进程执行。当某个进程的时间片用完以后，并不马上对其 counter 重新赋值，还要等可运行队列中所有进程的 counter 值都变为 0，即本轮调度全部结束后，系统才重新计算所有进程的 counter 值，然后开始新一轮调度。

重新计算进程 counter 值的范围既包括处于就绪状态的进程，也包括处于等待状态的进程。由于进行计算时所有就绪进程的 counter 值都已减至 0，而处于等待状态的进程的 counter 都不为 0，因此，计算结果是处于等待状态的进程将具有更高的动态优先级，且等待时间越久，进程的动态优先级越高；反之，进程占用 CPU 越多，优先级就变得越低。

2）SCHED_FIFO：先进先出调度策略，用于实时进程调度。Linux 的 SCHED_FIFO 调度策略与通常的先来先服务（FCFS）调度有所不同。通常的 FCFS 调度采用的是非剥夺式调度策略，一旦某进程获得了 CPU，便一直执行下去，直至执行结束或因某种原因而放弃 CPU 为止，中途不允许其他进程抢占当前执行进程的 CPU。而 Linux 的 SCHED_FIFO 调度是一种剥夺式调度策略，调度程序调度当前具有最高实时优先级（rt_priority）的进程运行，但某进程在执行过程中，若出现了一个实时优先级更高的就绪进程，则允许高优先级进程抢占当前运行进程的处理器。若有多个进程具有高实时优先级，则选择等待时间最长的就绪进程投入运行。

3）SCHED_RR：时间片轮转调度策略，用于实时进程调度。Linux 的 SCHED_RR 调度策略也与通常的时间片轮转调度有所区别。一般的时间片轮转调度，当进程在自己的时间片内执行时，处理器只能由当前执行进程自己释放，不允许其他进程抢占当前执行进程的处理器。而 Linux 的 SCHED_RR 调度是一种剥夺式调度策略；进程分得时间片后开始运行，运行过程中，若出现了一个具有更高优先级的实时进程就绪，则允许高优先级进程抢占当前运行进程的处理器。若有多个进程具有高实时优先级，则选择等待时间最长的就绪进程投入运行。

时间片轮转调度和先进先出调度都采用实时优先级作为调度的权值标准，时间片轮转调度是先进先出调度的一个延伸。在先进先出调度中，如果两个进程的优先级一样，则这两个进程具体执行哪一个由进程在就绪队列中的位置决定。如果采用时间片轮转调度，则两个优先级一样的任务可以按时间片循环执行。

在 Linux 系统中，只要有一个实时进程在运行，任何普通进程都不能在 CPU 上运行。当实时进程准备就绪时，如果当前 CPU 正在执行非实时进程，则实时进程立即抢占非实时进程的 CPU。

Linux 中进程的主要调度时机如下。

1）进程被动放弃 CPU。例如，当前进程的时间片用完，或者一个具有高于当前执行进程优先级的进程被唤醒，这时进程描述符 task_struct 中的 need_resched 将置为 1，通知调度程序需要重新进行调度。

2）进程主动放弃 CPU。当进程执行系统调用时，若进程状态发生了变化，将直接调用函数 schedule( )进入调度。例如，进程睡眠或终止时，会调用 sleep( )或 exit( )等函数进行进程状态转换，这些函数会主动调用调度程序进行进程调度。

3）进程执行需要等待的系统调用，如 read 或 write 等。执行这些系统调用将使进程进入等待队列，同时系统调用函数 schedule( )进入调度。

4）执行设备驱动程序。当设备驱动程序执行长而重复的任务时，在每次反复循环中，驱动程序都要检查 task_struct 结构中的 need_resched 值，如果必要，则调用函数 schedule( )

主动放弃 CPU。

5）进程从中断、异常及系统调用返回到用户态。不管是从中断、异常还是系统调用返回，最终都要调用 ret_from_sys_call( )，由这个函数进行调度标志检测，如果必要，则调用调度程序。为什么从系统调用返回时可能要调用调度程序呢？这是从效率考虑的。从系统调用返回意味着要离开内核态而返回到用户态，而状态的转换要花费一定的时间，因此，在返回到用户态前，系统将需要在内核态处理的事尽量全部做完。

Linux 的调度程序是一个叫 schedule( )的函数，该函数选择一个最合适的就绪进程，并且进行处理器环境切换，使得选中的进程得以执行。函数 schedule( )完成以下任务。

（1）处理软中断服务请求

如果有软中断服务请求，则先处理这些请求。

（2）处理当前进程

1）若当前运行进程的调度策略为 SCHED_RR，且 counter 为 0，则进程仍然保持可运行状态，但将它移至可运行队列的队尾，counter 在适当时候重新被赋值。

2）如果当前进程处于可中断状态，且信号已到达，则将进程改为可运行状态，且将它移至可运行队列的队尾。

3）将当前既非运行态，又非可中断状态的进程从可运行队列移出。由于这些进程暂无资格被调度，因此将 need_resched 置 0。

（3）挑选进程运行

1）若 CPU 空闲，则调度函数扫描可运行队列中的可运行进程，根据各进程的 goodness( ) 的函数值挑选最合适的可运行进程执行。

2）若所有可运行进程的 goodness( )的函数值都为 0，表明所有可运行进程的时间片已全部耗尽，这时应重新计算各个进程的时间片 counter，然后再重新执行函数 goodness( )。

3）如果通过 goodness( )的函数值挑选的进程就是当前运行进程，则结束调度工作，让当前进程继续执行；否则，进行进程切换，由选中的进程获得 CPU 而执行。

4）当 CPU 空闲且不存在处于可运行状态的进程时，调度程序选择空闲进程 task( )投入运行。空闲进程不能被终止，也不会被阻塞。总是保持运行状态。

挑选出要运行的进程以后，由函数 switch_to( )进行进程切换，使选择的进程投入运行。

2. Linux 2.6 内核中的处理器调度

在 Linux 2.6 中，进程的调度时机与引起进程调度的原因及进程调度的方式有关。除核心应用主动调用调度器以外，内核还在以下 3 种情况下启动调度器工作。

1）从中断或系统调用返回到用户态。

2）某个进程允许被抢占 CPU。

3）进程主动进入休眠状态。

在 Linux 2.6 中，仍有 3 种调度策略：SCHED_OTHER、SCHED_FIFO 和 SCHED_RR。SCHED_OTHER 用于普通进程，基于优先级进行调度；SCHED_FIFO 用于实时进程，实现一种简单的先进先出的调度；SCHED_RR 用于实时进程，实现实时轮转调度。前者是普通进程调度策略，后两者都是实时进程调度策略。

SCHED_FIFO 与 SCHED_RR 的区别是：当进程的调度策略为前者时，当前实时进程将一直占用 CPU 直至自动退出，除非有更紧迫的、优先级更高的实时进程需要运行时，它才会被抢占 CPU；当进程的调度策略为后者时，当前实时进程与其他实时进程一起以实时轮转方式使用 CPU，时间片用完后则放到运行队列尾部。

在 Linux 2.6 中，O(1)是调度器，它以进程的动态优先级 prio 为调度依据，总是选择目前就绪队列中优先级最高的进程作为候选进程。由于实时进程的优先级总是比普通进程的优先级高，故实时进程总是比普通进程先被调度。

Linux 2.6 中，优先级 prio 的计算不再集中在调度器选择候选进程时，而是分散在进程状态改变的任何时候，包括：

1）进程被创建时。

2）休眠进程被唤醒时。

3）进程从 TASK_INTERRUPTIBLE 状态中被唤醒，并被调度时。

4）因时间片耗尽或因时间片过长而被分段剥夺 CPU 时。

在上述情况下，内核会调用函数 effective_prio( )重新计算进程的动态优先级 prio，并根据计算结果调整它在就绪队列中的位置。

O(1)调度器使用了以下几种数据结构。

（1） 就绪队列 struct runqueue

runqueue 是 O(1)调度器使用的关键数据结构，它用于存放所有 CPU 上的就绪进程队列信息。该结构在/kernel/sched. c 中定义如下。

```
struct runqueue
{ …
    prio_array_t  * active, * expired, array[2];    / * active 是指向活动进程队列的指针，
                expired 是指向过期进程队列的指针,array[2]是实际的优先级进程队列，
                其中一个是活跃的,一个是过期的,expired 数组存放时间片耗完的进程 * /
… };
```

在 Linux 2.6 中，每个 CPU 单独维护一个就绪队列，每个就绪队列都有一个自旋锁，从而解决了 Linux 2.4 中因只有一个就绪队列而造成的瓶颈。

（2） task_struct 结构

Linux 2.6 内核也使用 task_struct 结构来表示进程，但对 task_struct 做了较大的改动，该结构在/include/linux/sched. h 中定义如下。

```
struct task_struct
{ …
    int prio,static_prio; // prio 是动态优先级,static_prio 是静态优先级
    prio_array_t  * array; // 记录当前 CPU 的活动就绪队列
unsigned long sleep_avg; / * 进程的平均等待时间,取值范围[0,MAX_SLEEP_AVG],初值 0;
sleep_avg 反映了该进程需要运行的紧迫性,进程休眠则该值增加,进程正在运行则该值减少;
它是影响进程优先级最重要的指标,值越大,说明该进程越需要被调度 * /
    … };
```

（3） 优先级数组

每个处理器的就绪队列都有两个优先级数组（acitve 数组和 expired 数组），它们是 prio_array 类型的结构体。Linux 2.6 内核正是因为使用了优先级数组，才实现了 O(1)调度

算法。prio_array 结构在 kernel/sched. c 中定义如下。

```
struct prio_array
{ …
    unsigned int nr_active; // 相应 runqueue 中的进程数
    unsigned long bitmap[BITMAP_SIZE]; /* 优先级位图,BITMAP_SIZE 默认值为 5,每位代表一个优先级,可以代表 160 个优先级,但实际中只使用了 140 个,与 queue[]对应。0～99 对应实时进程,100～140 对应普通的进程 */
    struct list_head queue[MAX_PRIO]; /* 每个优先级的进程队列。MAX_PRIO 是系统允许的最大优先级数,默认值为 140,数值越小优先级越高。bitmap 每一位与 queue[i]相对应,当 queue[i]的进程队列不为空时,bitmap 的相应位为 1,否则为 0 */
};
```

O(1)调度器的功能主要由函数 schedule()实现。函数 schedule()挑选出具有最高优先级的进程，然后完成进程切换的工作，使之投入运行。该函数首先调用 pre_empt_disable()关闭内核抢占，这是因为此时要对内核的一些重要数据结构进行操作；然后调用 sched_find_first_bit()从优先级位图中找到第一个置 1 的位，该位指向就绪队列中具有最高优先级的进程链表；从最高优先级进程链表中挑选出优先级最高的进程后，再调用 context_switch()执行进程切换，使选择的进程投入运行。

Linux 2. 6 为每个 CPU 设置了 active 和 expired 两个优先级数组，active 数组中包含了还有剩余时间片的任务，expired 数组中包含了所有已用完时间片的任务。当一个任务的时间片用完后，就会重新为它计算时间片，并插入到 expired 队列；当 active 队列中所有进程用完时间片时，只需交换指向 active 和 expired 队列的指针，即可开始新一轮调度。

3.2 死锁

在多道程序环境中，多个进程并发执行，共享资源，显著提高了系统资源的利用率和系统的处理能力，但多个进程并发执行，也存在着一种危险——死锁。所谓死锁是指多个进程在并发执行过程中，因争夺资源而产生的一种僵局，当这种僵局状态出现时，所有进程都处于永远等待状态，若无外力作用，任何进程都无法继续向前推进，这种僵局就是死锁。系统出现死锁，有可能导致整个计算机系统瘫痪，因此，怎样事先预防死锁发生，以及当死锁发生后怎样及时解除死锁是操作系统设计中要解决的重要问题之一。

3.2.1 产生死锁的原因和必要条件

进程并发执行过程中，共享着系统资源。不同资源具有不同的属性，进程共享的方式也不一样。可以将系统资源分为两类：可剥夺资源和不可剥夺资源。

可剥夺资源指某进程获得这类资源后，该资源可以再被系统或其他进程剥夺。处理器就是这类资源的代表。正在执行的进程可以被具有更高优先权的新就绪进程剥夺处理器。内存也常作为可剥夺资源使用，例如，存储管理程序可以将一个进程从一个内存区域移到另一个内存区域，即剥夺了该进程原来占有的内存区。

不可剥夺资源指某进程获得这类资源后，该资源不能再被其他进程剥夺，只能在进程使用完毕后由进程自己释放。打印机、磁带机就是这类资源的典型代表。

1. 竞争资源导致死锁

系统配置的不可剥夺资源，由于数量有限，进程在使用这些资源的过程中，有可能因争夺这些资源而导致系统出现死锁。例如，系统有两个并发执行的进程 P1 和 P2，它们共享系统中仅有的一台打印机和磁带机。若进程 P1 使用资源的顺序为打印机、磁带机，进程 P2 使用资源的顺序为磁带机、打印机，则两个进程可以分别描述如下。

P1	P2
…	…
申请打印机	申请磁带机
…	…
申请磁带机	申请打印机
…	…
释放打印机	释放磁带机
释放磁带机	释放打印机
…	…

P1 和 P2 并发执行过程中，各语句执行的先后顺序并不确定，如果按照以下顺序执行：P1 申请打印机，P2 申请磁带机，P1 申请磁带机，P2 申请打印机……则 P1 申请磁带机的要求将得不到满足，于是 P1 阻塞，同样 P2 申请打印机的要求也得不到满足，于是 P2 阻塞，这样两个进程就形成了僵局，它们都在等待对方释放自己需要的资源，但总是无法得到自己所需的资源，所有进程都无法继续推进，系统进入死锁状态。

进程使用资源的情况可以利用资源分配图来描述。资源分配图是用来描述系统中资源分配和请求情况的图形。该图包括两类顶点：一类是进程顶点，可以用圆圈表示，每个顶点代表一个进程；另一类是资源顶点，可以用方框表示，每个顶点代表一类资源，若存在多个该类资源，则每个资源可用方框内部的一个小圆圈表示。资源分配图还存在若干条有向边（弧），有向边也分为两类：一类从进程顶点指向资源顶点，称为请求边，表示相应进程正在请求一个指定资源；另一类从资源顶点指向进程顶点，称为分配边，代表一个指定资源已分配给相应进程。若资源分配图中的有向边构成了环，则表明有可能出现死锁。上述例子的资源分配情况如图 3-6 所示。图 3-6 清楚地显示，P1 已获得了打印机，又在申请磁带机；P2 已获得了磁带机，又在申请打印机，两者的要求都得不到满足，系统可能出现死锁。

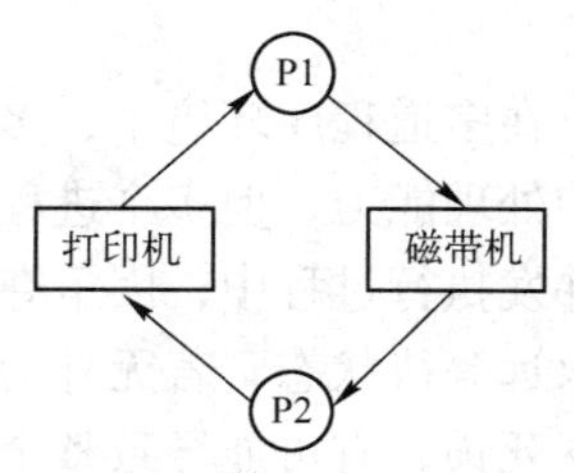

图 3-6　因共享 I/O 设备而出现死锁例子的资源分配图

系统中除了像打印机之类可以重复使用的永久性资源外，还存在一些临时性或消耗性资源，这些资源往往由一个进程产生，再被几个进程共享使用一个短暂的时间后便暂时无用了，一些共享的数据结构（如共享的变量和共享的表）就是这类资源的例子。并发诸进程对临时性资源的不正当竞争也有可能导致系统死锁。

例如，假设有 3 个进程 P1、P2、P3 并发执行，有 3 张临时生成的表格 L1、L2、L3，每个进程在执行过程中要同时对其中的两张表进行修改，P1 修改的表格为 L1 和 L2，P2 修改的表格为 L2 和 L3，P3 修改的表格为 L3 和 L1。这 3 张表格属于临界资源，于是为它们分别设置一个互斥信号量 S1、S2、S3，并将它们的初值置 1。3 个进程可以描述如下。

P1	P2	P3
…	…	…
P(S1)；	P(S2)；	P(S3)；
P(S2)；	P(S3)；	P(S1)；
修改 L1 和 L2；	修改 L2 和 L3；	修改 L3 和 L1；
V(S2)；	V(S3)；	V(S1)；
V(S1)；	V(S2)；	V(S3)；
…	…	…

假设进程 P1、P2、P3 按照以下次序交替执行。

P1：执行 P(S1)操作，于是 S1 等于 0，表示进程 P1 保持了 L1。

P2：执行 P(S2)操作，于是 S2 等于 0，表示进程 P2 保持了 L2。

P3：执行 P(S3)操作，于是 S3 等于 0，表示进程 P3 保持了 L3。

最后，P1、P2、P3 这 3 个进程都无法继续向前推进，3 个进程都进入死锁状态，若无外力作用，3 个进程都无法从死锁状态中解脱出来。系统死锁时，几个进程的资源分配和请求情况如图 3-7 所示。

图 3-7　因共享表格而出现死锁例子的资源分配图

2. 进程推进顺序不当导致死锁

由于进程具有异步性特征，这就使得进程可能有不同的推进顺序。图 3-8 示意了两个并发进程 P1 和 P2 为了使用共享资源 R1 和 R2 而出现的几种推进情况。

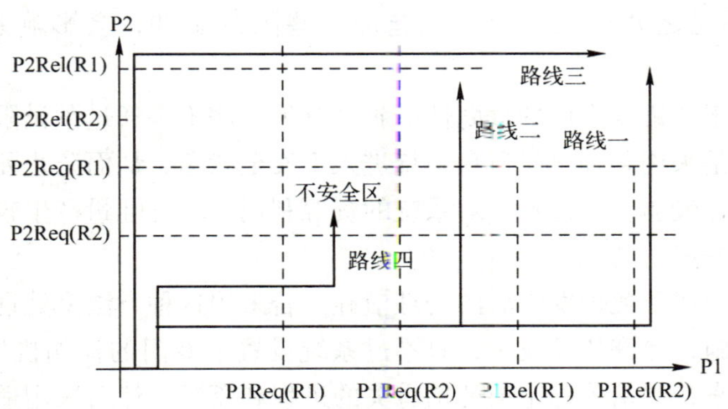

图 3-8　进程推进顺序对死锁的影响

当进程 P1 和 P2 并发执行时，如果按照以下顺序推进，即 P1：Request(R1)，P1：Request(R2)，P1：Release(R1)，P1：Release(R2)，P2：Request(R2)，P2：Request(R1)，P2：Release(R2)，P2：Release(R1)，则两个进程都可以顺利完成，不会发生死锁，图 3-8 中路线一示意了这条推进路线。同样，进程按照路线二和路线三向前推进，也不会出现死锁。进程向前推进过程中，若不发生死锁，则称为进程推进顺序合法。

若进程P1和P2按照图3-8中的路线四向前推进，即按P1：Request(R1)，P2：Request(R2)顺序推进，则系统进入不安全区。这是因为此时P1保持了资源R1，P2保持了资源R2，P1再请求R2的要求将得不到满足，同样P2再请求R1的要求也不会得到满足，系统再向前推进就有可能发生死锁。

3. 产生死锁的必要条件

尽管进程并发执行存在发生死锁的可能，但产生死锁一定要满足相应的条件，死锁产生必须具备的4个必要条件如下。

1）互斥条件：指进程要求对其获得的资源进行排他性使用，即在一段时间内某资源只能由一个进程占用。

2）请求和保持条件：指进程至少已获得了一个资源，现在又提出新的资源请求，而该资源已被其他进程占用，于是请求进程只能阻塞等待，但等待时它又不释放已获得的资源。

3）不剥夺条件：指进程所获得的资源在未使用完毕之前，不能被其他进程剥夺，只能由进程在使用完毕后由自己释放。

4）循环等待条件：指存在进程—资源循环等待环路，环路中的每个进程都在等待下一个进程占有的资源，从而导致每一个进程都处于永远等待状态。

4. 处理死锁的基本方法

解决死锁问题既可以在事前采取预防、避免措施，以防止死锁发生，也可以在死锁发生后及时采用检测、解除手段将系统从死锁状态解脱出来。处理死锁通常有以下几种方法：预防死锁、避免死锁、检测和解除死锁。

预防死锁属于死锁发生前的预防性措施。这种方法通过预先设置某些限制条件，破坏死锁发生的某个或几个必要条件，从而使死锁不可能再出现。这种方法的优点是简单、容易实现，不足之处是人为给系统施加一些限制条件，会影响系统的资源利用率和系统的吞吐量。

避免死锁也属于死锁发生前的预防性措施。这种方法不是通过预设限制条件破坏死锁产生的必要条件，而是采用某种手段避免系统进入不安全状态，从而防止死锁发生。由于这种方法施加的限制条件较弱，因此不会对系统的资源利用率和吞吐量产生较大影响，但该方法实现起来难度要大一些。

检测和解除死锁属于死锁发生后的处理措施。若采用这种方法来处理死锁，则不对死锁采取任何预防性措施，允许死锁发生，只不过系统设置了专门的检测机构，只要发生死锁，就能够及时检测出来，并精确确定与死锁有关的进程和资源，然后采用适当的解除手段，将系统从死锁状态解脱出来。

3.2.2 预防死锁

理论上，只要破坏死锁4个必要条件中的一个，就可以预防死锁。但破坏第一个必要条件显然不行，这是因为进行互斥访问是由某些设备的固有特性决定的。因此，要预防死锁发生，可以设置限制条件，使请求和保持、不剥夺、循环等待3个必要条件中的某个不成立。

1. 破坏“请求和保持”条件

要破坏“请求和保持”条件，可以采用资源预分配策略，即要求每个进程在执行之前必须一次性申请它运行所需要的全部资源；此时，只要系统具有足够的资源，就分配该进程所需的全部资源，这样做的好处是，进程执行过程中不会再申请资源，从而使请求条件不成立；但只要系统有一种资源不能满足进程要求，即使其他资源空闲，也一个资源都不分配给该进程，而让它等待；由于进程等待时没有占用任何资源，所以保持条件也不成立。

这种方法的优点是安全、简单、容易实现。缺点是：①系统资源严重浪费，这是因为尽管进程一次性获得了需要的全部资源，但可能这些资源的使用时间很少，在不使用的那段时间内，这些资源被浪费掉了；②由于进程只有获得了全部资源后才能运行，因而可能导致一些进程长时间得不到运行。

2. 破坏“不剥夺”条件

要破坏“不剥夺”条件，可以采用以下资源分配策略：进程执行过程中，根据需要逐个提出资源请求，当一个已经占有了某些资源的进程，又提出新的资源请求而暂时得不到满足时，它必须释放原来已获得的全部资源，进入等待状态，待以后需要时再重新申请。由于进程在等待时已释放了它占有的全部资源，于是可以认为该进程占有的资源被剥夺了，从而破坏了不剥夺条件。

这种预防死锁方法实现起来比较复杂，且代价太大。这是因为一个资源在使用一段时间后又强行剥夺，有可能造成前段时间的工作失效，即使采取一些补救措施，也有可能前后两次的执行结果不连续。例如，某进程在利用打印机输出了一些信息后，因申请其他资源未成功而放弃了打印机，该打印机随后被分配给其他进程输出，当该进程重新获得打印机输出时，前后两次的打印结果不会连续。此外，进程反复申请和释放资源，还会使进程推进缓慢，甚至可能导致进程执行被无限期推迟，这不但延长了系统的周转时间，而且增加了系统开销，降低了系统性能。

3. 破坏“循环等待”条件

要破坏“循环等待”条件，可以采用资源有序分配策略，即将系统中的资源按照大多数进程使用资源的顺序进行编号，例如，将输入机、磁带机、打印机、磁盘分别编号为 1、2、3、4，每个进程只能严格按照编号递增的顺序申请资源。若采用这种分配策略，进程在获得某个资源后，下一次只能申请较高编号的资源，不能再申请低编号资源，于是，任何时候，在申请资源的诸进程中，总有一个进程占据了具有较高编号的资源，它继续申请的资源必然是空闲的，以至于在对应的资源分配图上，不可能形成进程—资源循环等待环路，从而破坏了循环等待条件。

这种预防死锁策略与前两种策略相比，系统的资源利用率和吞吐量有明显改善。但也存在以下不足：①进程实际使用资源的顺序不一定与编号的顺序一致，本分配策略会造成资源浪费；②资源的编号必须相对稳定，当系统新增设备后，处理起来比较麻烦；③这种严格的资源分配顺序使用户编程的自主性受到限制。

资源有序分配策略可以推广为层次分配策略，即将系统中的资源划分为若干个层次，一个进程获得某层次的一个资源后，只能申请较高层次的资源；当进程要释放属于某个层次的资源时，必须先释放它占用的所有较高层次的资源；当进程获得某层的一个资源后，若希望申请同层的另一个资源，必须先释放它占用的同层资源。

3.2.3 避免死锁

前面介绍的预防死锁方法尽管实现相对较简单，但由于施加了比较严格的限制条件，使系统性能受到较大损害。避免死锁方法不是通过预设较强的限制条件去破坏产生死锁的必要条件，而是采用特定方法避免系统进入不安全状态。由于避免死锁设置的限制条件较弱，因此对系统性能的负面影响相对较小。

避免死锁发生的基本思路是：允许进程动态申请资源，但系统在进行资源分配之前，必须先计算此次分配的安全性，若此次分配不会导致系统进入不安全状态，则将资源分配给进程，否则，即使资源空闲，也不进行分配，而让进程等待。

1. 系统的安全状态和不安全状态

所谓安全状态，是指系统中存在一个包含所有进程的进程序列（P1，P2，…，Pn），按照该进程序列的顺序为所有进程分配资源，所有进程的资源需求都可以得到满足，所有进程都可以顺利完成。该进程序列称为安全序列。若系统中找不到一个安全序列，则称系统处于不安全状态。

例如，假设系统有 10 台打印机，有 3 个进程 P1、P2、P3 在并发执行，进程 P1 总共需要 8 台打印机，P2 总共需要 5 台打印机，P3 总共需要 9 台打印机。在 T 时刻，P1、P2、P3 已分别获得了 4 台、2 台、1 台打印机，尚有 3 台打印机空闲。打印机的分配情况如表 3-5 所示。

表 3-5　T 时刻打印机的分配情况

进　程	最大需求	已 分 配	空　闲
P1	8	4	3
P2	5	2	
P3	9	1	

T 时刻系统是安全的，因为存在一个安全序列（P2，P1，P3），按照该序列分配打印机，所有进程都可以完成；即 P2 获得空闲的 3 台打印机后，可以运行完成，然后释放它获得的 5 台打印机；P1 进程获得 4 台空闲的打印机后，可以运行完成，然后释放它获得的 8 台打印机；最后，P3 也可以获得它所需要的所有打印机而运行结束。

如果不按照安全序列分配资源，则系统有可能由安全状态转变为不安全状态。例如，T1 时刻 P3 又请求一台打印机，若系统这时将打印机分配给 P3，则系统进入不安全状态，这是因为分配后再也找不到一个安全序列。因此，当 P3 提出请求时，尽管系统中尚有空闲的打印机，但不能分配给 P3，必须让它等待，直到 P2 和 P1 完成，释放出足够的打印机后，再分配给 P3，这样 P3 才能顺利完成。

2. 利用银行家算法避免死锁

银行家算法是由 Dijkstra 提出的用于避免死锁的算法，之所以取名为银行家算法是因为该算法采用了银行家向客户贷款时怎样保证资金安全的方法。使用银行家算法来避免死锁需要设置以下数据结构（假设系统存在 m 类资源，有 n 个进程在并发执行）。

1）系统可用资源向量 Available：一个具有 m 个数组元素的一维数组，每个数组元素代表一类资源当前空闲的数量，初始值为系统中该类资源的总量。例如，若 Available[i] = k，则表示系统第 i 类资源现有 k 个空闲。

2）最大需求矩阵 Max：一个 n×m 矩阵，定义了系统中的所有进程对 m 类资源的最大需求数量。例如，若 Max[i][j] = k，则表示第 i 号进程在运行过程中总共需要 k 个第 j 类资源。

3）分配矩阵 Allocation：一个 n×m 矩阵，表示系统中的所有进程当前已获得各类资源的数量。例如，若 Allocation [i][j] = k，则表示第 i 号进程当前已获得 k 个第 j 类资源。

4）需求矩阵 Need：一个 n×m 矩阵，表示系统中的所有进程当前还需要各类资源的数量。例如，若 Need[i][j] = k，则表示第 i 号进程当前还需要 k 个第 j 类资源。

上述 3 个矩阵存在以下关系：

Need[i][j] = Max[i][j] − Allocation [i][j] (i = 1,2,…,n;j = 1,2,…,m)

5）请求向量 Request[i] (i = 1,2,…,n)：一个具有 m 个数组元素的一维数组，每个数组元素代表第 i 号进程当前请求某类资源的数量。例如，若 Request[i][j] = k，则表示第 i 号进程正请求 k 个第 j 类资源。

假设进程 i 提出资源请求 Request[i]，银行家算法按照以下思路决定是否满足进程 i 的分配请求。

1）如果 Request[i]≤Need[i]，则继续往下执行，否则认为出错，因为它请求的资源数量超过了它目前还需要的数量。

2）如果 Request[i][j]≤Available[j](j = 1,2,…,m)，则继续往下执行，否则表示目前尚无足够的资源，进程 i 必须等待。

3）尝试将资源分配给进程 i，并按照以下方式修改数据结构：

Available[j] = Available[j] − Request[i][j]　　　(j = 1,2,…,m)

Allocation[i][j] = Allocation[i][j] + Request[i][j]　　　(j = 1,2,…,m)

Need[i][j] = Need[i][j] − Request[i][j]　　　(j = 1,2,…,m)

4）检查本次资源分配的安全性，若分配后系统仍处于安全状态，则正式将资源分配给进程 i，否则本次分配作废，恢复原来的资源状态，让进程 i 等待。

检查资源分配安全性的方法如下。

1）设置两个一维数组：Work 和 Finish。Work 包含 m 个数组元素，代表在检测过程中的某个时刻仍空闲的资源数量；Work 的初始值等于 Available。Finish 包含 n 个数组元素；Finish[i](i = 1,2,…,n)代表进程 i 是否可以分得足够的资源而运行结束，若 Finish[i] = true，则表示进程 i 可以运行结束；刚开始进行检查时，Finish[i] = false，若有足够的资源分配给进程 i，再令 Finish[i] = true。

2）从进程集合中找到一个能够满足下述条件的进程 i：

Finish[i] = false 且 Need[i][j]≤Work[j]　　　(j = 1,2,…,m)

若找到，则执行第 3）步，否则执行第 4）步。

3）由于进程 i 获得资源后可以执行完成，而执行完毕后会释放它占有的资源，故应修改以下数据结构：

Work[j] = Work[j] + Allocation [i][j]　　　(j = 1,2,…,m)

Finish[i] = true

再转到第2）步。

4）若所有进程的Finish数组元素值都等于true，则表示系统处于安全状态，否则系统处于不安全状态。

一个使用银行家算法避免死锁的例子如下。

设系统具有3类资源R1、R2、R3，其数量分别是12、7、9；有5个进程P1、P2、P3、P4、P5在并发执行；在T0时刻系统具有如表3-6所示的资源分配情况。

表3-6　T0时刻系统的资源分配情况

进程	Max			Allocation			Need			Available		
	R1	R2	R3	R1	R2	R3	R1	R2	R3	R1	R2	R3
P1	10	7	5	0	1	0	10	6	5	3	3	0
P2	5	4	4	4	2	4	1	2	0			
P3	11	2	4	3	0	2	8	2	2			
P4	4	4	4	2	1	1	2	3	3			
P5	6	5	5	0	0	2	6	5	3			

T0时刻系统处于安全状态，这是因为由系统安全性的计算结果（见表3-7）可知，在T0时刻能够找到安全序列（P2，P4，P5，P3，P1）。按照该进程顺序分配资源，所有进程都可以完成。

表3-7　T0时刻系统的安全性分析

进程	Work			Need			Allocation			Work + Allocation			Finish
	R1	R2	R3	R1	R2	R3	R1	R2	R3	R1	R2	R3	
P2	3	3	0	1	2	0	4	2	4	7	5	4	true
P4	7	5	4	2	3	3	2	1	1	9	6	5	true
P5	9	6	5	6	5	3	0	0	2	9	6	7	true
P3	9	6	7	8	2	2	3	0	2	12	6	9	true
P1	12	6	9	10	6	5	0	1	0	12	7	9	true

在T1时刻，进程P2请求资源Request[2] = (1,1,0)，系统按照银行家算法进行检查：

Request[2] ≤ Need[2]，　　　　　即(1,1,0) ≤ (1,2,0)

Request[2] ≤ Available，　　　　即(1,1,0) ≤ (3,3,0)

于是，试探着将资源分配给进程P2，并修改Available、Allocation、Need等数据结构，进行分配后，系统资源的变化情况如表3-8所示。

表 3-8　T1 时刻为 P2 分配资源后系统资源的变化情况

进 程	Max			Allocation			Need			Available		
	R1	R2	R3	R1	R2	R3	R1	R2	R3	R1	R2	R3
P1	10	7	5	0	1	0	10	6	5	2	2	0
P2	5	4	4	5	3	4	0	1	0			
P3	11	2	4	3	0	2	8	2	2			
P4	4	4	4	2	1	1	2	3	3			
P5	6	5	5	0	0	2	6	5	3			

T1 时刻为进程 P2 分配资源后，系统的安全性计算结果如表 3-9 所示。由表 3-9 可知，存在安全序列（P2，P4，P5，P3，P1），按照该进程顺序分配资源，所有进程都可以完成，因此系统仍然处于安全状态，可以将资源正式分配给进程 P2。

表 3-9　T1 时刻为 P2 分配资源后系统的安全性分析

进 程	Work			Need			Allocation			Work + Allocation			Finish
	R1	R2	R3	R1	R2	R3	R1	R2	R3	R1	R2	R3	
P2	2	2	0	0	1	0	5	3	4	7	5	4	true
P4	7	5	4	2	3	3	2	1	1	9	6	5	true
P5	9	6	5	6	5	3	0	0	2	9	6	7	true
P3	9	6	7	8	2	2	3	0	2	12	6	9	true
P1	12	6	9	10	6	5	0	1	0	12	7	9	true

在 T2 时刻，进程 P5 请求资源 Request[5]=(4,3,2)，由于 Request[5]超过了目前的 Available 向量(2,2,0)，于是让进程 P5 等待。

在 T3 时刻，P1 请求资源 Request[1]=(2,0,0)，系统按照银行家算法进行检查：

Request[1]≤Need[2]，　　　　即(2,0,0)≤(10,6,5)

Request[1]≤Available，　　　即(2,0,0)≤(2,2,0)

于是，尝试将资源分配给进程 P1，并修改 Available、Allocation、Need 等数据结构，进行分配后系统资源的变化情况如表 3-10 所示。

表 3-10　T3 时刻为 P1 分配资源后系统资源的变化情况

进 程	Max			Allocation			Need			Available		
	R1	R2	R3	R1	R2	R3	R1	R2	R3	R1	R2	R3
P1	10	7	5	2	1	0	8	6	5	0	2	0
P2	5	4	4	5	3	4	0	1	0			
P3	11	2	4	3	0	2	8	2	2			
P4	4	4	4	2	1	1	2	3	3			
P5	6	5	5	0	0	2	6	5	3			

对系统进行安全性计算表明，若在 T3 时刻满足进程 P1 的资源分配请求，则再也找不到任何安全序列，系统进入不安全状态。因此，尽管在进程 P1 提出资源请求时，系统存在空闲资源，但不能分配给进程 P1，只能让它等待。

银行家算法虽然能够避免死锁，但在使用上还是受到一些限制，它没有考虑进程之间的同步，且需要事先知道进程总数和每个进程请求的最大资源数量，而这些往往难以确定。

3.2.4 检测和解除死锁

对资源分配加以适当限制能够预防和避免死锁，但施加任何限制条件都不利于进程充分共享系统资源。处理死锁的另一种方法是不对死锁采取任何预防性措施，允许死锁发生，只是系统定期运行死锁检测程序，判断系统是否已出现死锁，若出现死锁，则确定与死锁有关的进程和资源，然后再采用适当的解除手段，将系统从死锁状态中解脱出来。

可以借助资源分配图来检测系统是否已进入死锁状态，方法如下。

1）在资源分配图上，找出一个能满足其资源请求的进程顶点 P_i，删除 P_i 的请求边和分配边，使之成为孤立顶点。这样操作的理由是，在正常情况下，P_i 可以获得资源继续运行，直至运行结束，运行结束后，就会释放它占有的资源，相当于去掉 P_i 的请求边和分配边。

2）重复第1）步，直至不能再进行删除操作为止。

若最后所有的进程顶点都变成孤立顶点，则称该资源分配图是可以完全简化的，否则称为不能完全简化。系统为死锁状态的充分条件是：当且仅当描述系统资源分配情况的资源分配图是不能完全简化的。该充分条件称为死锁定理。

使用资源分配图检测死锁的例子如图 3-9 所示。

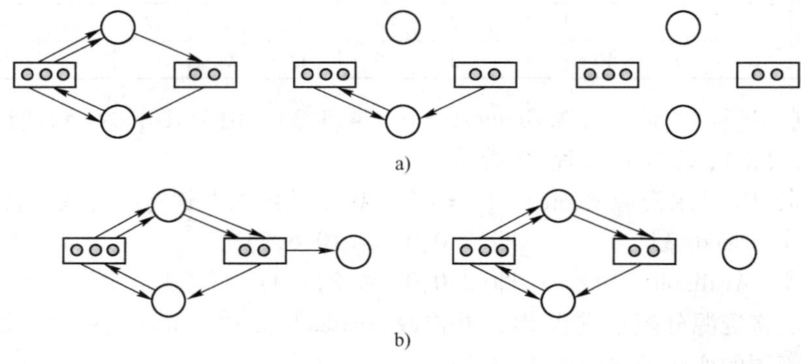

图 3-9 使用资源分配图检测死锁的例子

a）资源分配图能完全简化 b）资源分配图不能完全简化，出现死锁

下面介绍一种与死锁定理有关的具体检测死锁的方法。该方法使用了一些与银行家算法类似的数据结构（假设系统存在 m 类资源，有 n 个进程在并发执行），它们分别表示如下。

1）系统可用资源向量 Available：一个具有 m 个数组元素的一维数组，每个数组元素代表一类资源当前空闲的数量，初始值为系统中该类资源的总量。例如，若 Available[i] = k，则表示系统第 i 类资源现有 k 个空闲。

2）分配矩阵 Allocation：一个 n×m 矩阵，表示系统中的所有进程当前已获得各类资源的数量。例如，若 Allocation [i][j] = k，则表示第 i 号进程当前已获得 k 个第 j 类资源。

3）请求向量 Request[i]（i = 1,2,…,n）：一个具有 m 个数组元素的一维数组；每个数组元素代表若要第 i 号进程运行结束，则它还需请求某类资源的数量。例如，若 Request[i][j] = k，则表示若要第 i 号进程运行结束，则它还需请求 k 个第 j 类资源。

4）工作向量 Work：包含 m 个数组元素，代表在检测过程中的某个时刻仍空闲的资源数量，其初始值等于 Available。

5）工作向量 Finish：包含 n 个数组元素 Finish[i]（i=1,2,…,n），若 Finish[i]=false，则表示进程 i 尚未运行结束；若 Finish[i]=true，则表示进程 i 已运行结束。

算法思想如下。

1）用 Available 数组初始化 Work 数组。

2）将不占用系统资源的进程归到可执行结束的进程中。

3）从进程集合中找到一个满足条件 Request[i]≤Work 的进程 i，因为它可以执行结束，所以进行以下处理：将它归于执行结束的进程，且删除它的请求边和分配边，即执行 Work=Work+Allocation[i]。

4）重复执行第 3）步，直至不能再挑选出可以执行结束的进程为止。

5）若所有进程可以执行结束，则表明对应的资源分配图是可以完全简化的，系统不会出现死锁；若只有一部分进程可以执行结束，则表明对应的资源分配图是不能完全简化的，系统会出现死锁。

具体算法如下。

1）Work[i]=Available[i]（i=1,2,…,m）。

2）对所有进程 i，若 Allocation[i]=0 且 Request[i]=0，令 Finish[i]=true，否则 Finish[i]=false。

3）在所有进程中寻找满足以下条件的进程 k：

Finish[k]=false 且 Request[k]≤Work

若找不到任何满足上述条件的进程 k，则执行第 4）步，否则执行：

Finish[k]=true

Work=Work+Allocation[k]

重复执行第 3）步。

4）若存在进程 j（j=1,2,…,n），满足 Finish[j]=false，则系统会出现死锁。

当检测到死锁发生后，可以采用以下方法之一解除死锁。

1）撤销陷于死锁的所有进程。

2）逐个撤销陷于死锁的进程，回收其资源并重新分配，直至死锁解除。

3）剥夺陷于死锁的进程占用的资源并重新分配，但不撤销该进程，直至死锁解除。

4）根据系统保存的检查点，使所有进程回退，直至解除死锁。

5）重启计算机操作系统。

尽管检测和解除死锁系统要付出较大代价，但由于死锁并不经常发生，这样的付出是值得的。

3.3 习题

1. 什么是高级调度？什么是中级调度？什么是低级调度？它们各有什么特点？
2. 阐述几个引起进程调度的原因。
3. 在抢占调度方式中，抢占的原则是什么？

4. 简述各种调度算法的基本特点。

5. 什么是静态优先权？什么是动态优先权？确定优先权的依据是什么？

6. 简述抢占和非抢占两种调度方式的区别，并分析各自的优缺点。

7. 设单处理器系统中有 5 个进程 P1、P2、P3、P4、P5 并发执行，其运行时间分别为 10、1、2、1、5，优先权分别为 3、1、3、4、2，这些进程几乎同时到达，在就绪队列中的次序依次为 P1、P2、P3、P4、P5，试计算采用时间片轮转（时间片为 2）、短进程优先、非抢占式优先权算法进行调度时的平均周转时间和平均等待时间。

8. 有 4 个作业 J1、J2、J3、J4，它们到达的时间分别为 9:00、9:40、9:50、10:10，所需的 CPU 时间分别为 70 min、30 min、10 min、5 min，分别采用先来先服务和短作业优先算法进行调度，试问它们的调度顺序、作业的周转时间和平均周转时间各是多少？

9. 一个能容纳两道作业的批处理系统，作业调度采用短作业优先，进程调度采用抢占式优先权算法。表 3-11 列出了先后到达的几个作业的相关时间和优先级（值越小，优先级越高），试计算：①各作业进入内存的时间和完成时间；②平均周转时间。

表 3-11 一个调度的例子

作 业 名	到 达 时 间	运 行 时 间/min	优 先 级
Job1	8:00	40	4
Job2	8:20	30	2
Job3	8:30	50	3
Job4	8:50	20	5

10. 某系统有 3 个作业 J1、J2、J3，它们到达的时间分别为 9.0、9.2、9.7，所需的 CPU 时间分别为 1.5、0.4、1.0，系统确定它们全部到达后，采用最高响应比优先算法进行调度，并忽略系统调度时间，试问它们的调度顺序是什么？各自的周转时间是多少？

11. 什么是死锁？产生死锁的原因和必要条件是什么？

12. 简述预防死锁、避免死锁，以及检测和解除死锁的方法。

13. 有两个并发执行的进程 P1 和 P2，它们要求使用系统唯一的输入机和打印机，为了实现互斥使用这两个设备，为它们分别设置了互斥信号量 S1 和 S2，信号量的初值均为 1，若采用以下方法申请和归还资源：

P1	P2
P(S1)；	P(S2)；
使用输入机；	使用打印机；
P(S2)；	P(S1)；
使用打印机；	使用输入机；
V(S2)；	V(S1)；
V(S1)；	V(S2)；

分析是否会发生死锁，若不会，请给出理由；若发生死锁，请修改上面的算法，使 P1 和 P2 既能互斥使用资源，也能顺利完成。

14. 在银行家算法中，若出现表 3-12 所列的资源分配情况，试问该状态下系统是否安全？若进程 P3 提出了资源请求 Request(1,1,0,0)，系统能否将资源分配给它？

表 3-12　一个系统的资源分配

进　程	Allocation	Need	Available
P1	2,0,1,1	1,2,0,0	1,1,2,0
P2	1,1,0,0	0,1,0,2	
P3	1,1,0,0	0,1,2,0	
P4	1,0,1,0	2,2,0,0	
P5	0,1,0,1	2,0,0,0	

15. 试简化如图 3-10 所示的资源分配图，并判断是否发生死锁。

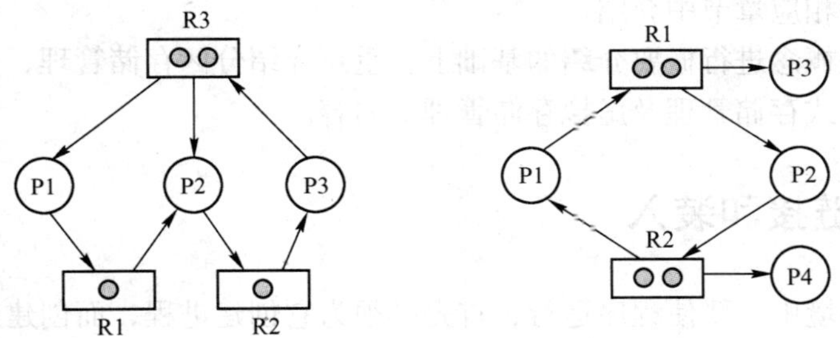

图 3-10　第 15 题的资源分配图

第4章 存储管理

存储器是计算机系统的重要组成部分，用于存储包括程序和数据在内的各种信息，属于非常重要的系统资源。能否对它进行有效管理，不仅直接影响到存储器的利用率，而且对整个计算机系统的性能有重要影响。计算机中的存储器分为内部存储器（内存）和外部存储器（外存），内部存储器又称为主存储器。存储器管理指的是管理内部存储器，而外部存储器的管理将在后面相应章节中介绍。

本章在对相关概念进行概要介绍的基础上，重点介绍分区存储管理、分页存储管理、分段存储管理、段页式存储管理及虚拟存储管理等内容。

4.1 程序的链接和装入

在多道程序环境中，要使程序运行，首先必须为它创建进程，而创建进程就必须先将程序和数据装入内存。能装入内存执行的程序属于可执行程序。由用户编写的源程序，要经过以下步骤，才能转变为可执行程序：首先由编译程序把源程序编译成若干个目标模块，然后由链接程序把所有目标模块和它们需要的库函数链接在一起，形成一个完整的可装入模块。可装入模块可以通过装入程序装入内存而运行。整个处理过程如图 4-1 所示。

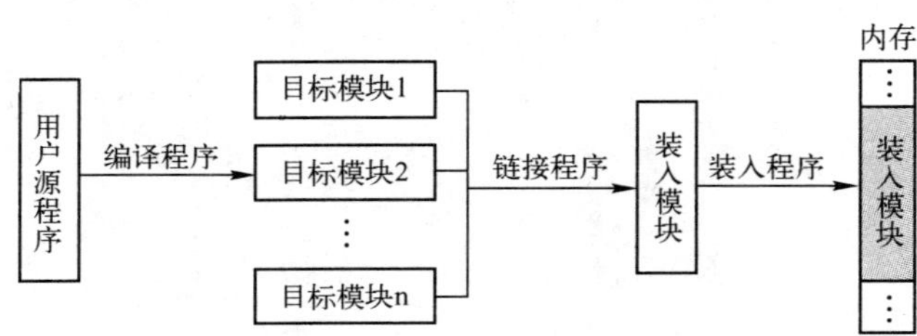

图 4-1 用户程序的处理过程

以上讨论表明，要使源程序能够运行，必须经过编译、链接、装入 3 个步骤。下面就这 3 个步骤中涉及的一些相关概念进行介绍。

4.1.1 逻辑地址和物理地址

1）逻辑地址。用户源程序经编译、链接后得到可装入程序。由于无法预知程序装入内存的具体位置，因此不可能在程序中直接使用内存地址，只能规定程序的起始地址为 0，而程序中指令和数据的地址都是相对 0 起始地址进行计算的。按照这种方法确定的地址称为逻辑地址或相对地址。一般情况下，目标模块（程序）和装入模块（程序）中的地址都是逻辑地址。

2）逻辑地址空间。一个目标模块（程序）或装入模块（程序）的所有逻辑地址的集合，称为逻辑地址空间或相对地址空间。

3）物理地址。内存中实际存储单元的地址称为物理地址。物理地址也称为绝对地址、内存地址等。当程序被装入内存后，要使程序能够运行，必须将代码和数据的逻辑地址转换为物理地址，这个转换操作称为“地址变换”。

4）物理地址空间。内存中全部存储单元的物理地址集合称为物理地址空间、绝对地址空间或内存地址空间。由于每个内存单元都有唯一的内存地址编号，因而物理地址空间是一个一维的线性空间。为了使程序在装入后能够正常运行，互不干扰，必须将不同程序装入到不同的内存空间位置。

5）虚拟地址空间。CPU 支持的地址范围一般远大于机器实际主存的大小，对多出来的那部分地址，程序仍然可以使用，程序能使用的整个地址范围称为虚拟地址空间。例如，Windows XP 采用 32 位地址结构，每个用户进程的虚拟地址空间为 4GB（2^{32}）。对这 4GB 地址空间，用户进程占用 2GB（地址 0～7FFFFFFF），操作系统占用 2GB（地址 80000000～FFFFFFFF）。虚拟地址空间中的某个地址称为虚拟地址。用户进程的虚拟地址就是逻辑地址。

4.1.2　程序链接

源程序经过编译后所得到的目标模块，必须由链接程序将其链接成一个完整的可装入模块后，方能装入内存运行。链接程序在将几个目标模块装配成一个装入模块时，需要解决以下问题。

1）修改模块的相对地址。编译程序产生的各个目标模块中的地址都是相对地址，其起始地址都是 0。在将它们链接成一个装入模块后，一些目标模块在装入模块中的起始地址不可能再是 0，因此要根据实际情况对模块中的相对地址进行修改，例如，应将图 4-2 中模块 B 的所有相对地址都加上 LA（LA 为模块 A 的长度）。

2）变换外部调用符号。在将目标模块装配成可装入模块时，应将原目标模块中的外部符号转变为相对地址。例如，应将模块 A（如图 4-2 所示）中的符号 B 变换为相对地址 LA。

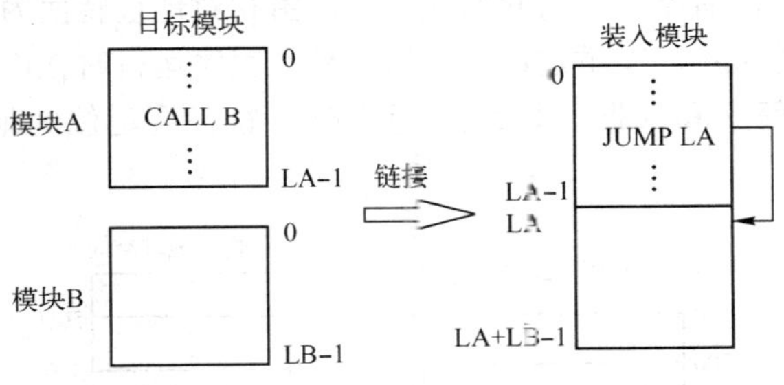

图 4-2　程序链接示意图

对于目标模块的链接，可以根据链接时间的不同分为以下几种不同的链接方式。

1）静态链接：在程序运行前，把源程序编译成的所有目标模块及所需要的库函数链接成一个统一的装入模块，以后不再分开。

2）装入时动态链接：对目标模块的链接是在模块装入内存时进行的，即在模块装入过程中同时完成所有目标模块的链接。

3）运行时动态链接：先将一个目标模块装入内存且启动运行，在进程运行过程中如果需要调用其他模块，则再将其装入内存，并把它链接到调用模块上，然后进程继续运行。

上述 3 种链接方式中，运行时动态链接比较流行，这是因为它把对某些模块的链接推迟到运行时才进行；在程序执行过程中，所有未用到的模块都不会装入内存和链接到运行模块上；显然，这种链接方式不仅可以节省内存空间，而且加快了程序目标模块的装入过程。

4.1.3 程序装入

源程序经过编译、链接后形成可装入模块，将它装入内存后便可以使之投入运行。由于程序的逻辑地址空间和内存的物理地址空间并不一致，因此装入程序在将程序装入内存后，在程序执行之前，还必须将代码和数据的逻辑地址转换为物理地址，即进行地址变换。

1. 程序装入

程序装入指装入程序根据内存的当前情况，将装入模块（程序）装入到内存合适的物理位置。装入操作针对的是程序的整个逻辑地址空间，而对应的物理地址空间既可以是连续的，也可以是离散的。模块装入后并不能立刻运行，因为模块中每个指令要访问的地址仍然是相对地址，并不是内存中的实际物理地址，无法直接进行访问。要使装入内存的程序能够运行，必须将程序中的逻辑地址转换为机器能够直接寻址的物理地址，这种地址转换操作称为“地址映射”、“地址变换”或“重定位”。

根据进行地址变换时间的不同，可以将程序装入分成静态装入和运行时动态装入两种。静态装入指在运行之前一次性地将装入模块装入内存，且在装入过程中同时完成相对地址到绝对地址的变换工作。运行时动态装入指把装入模块装入内存后，并不立刻完成地址转换，而是把地址转换工作推迟到程序真正执行时才进行。静态装入时进行的地址变换称为静态地址变换或静态重定位，运行时动态装入涉及的地址变换称为动态地址变换或运行时动态重定位。

2. 静态重定位

静态重定位（静态地址变换）是指装入程序将装入模块装入到内存适当位置后，在程序运行前，一次性地将所有指令要访问的地址全部由相对地址转换为绝对地址，并在程序执行过程中不再改变。若采用静态重定位，显然不允许程序运行时在内存中移动位置，因为移动位置则意味着要对程序和数据的地址进行修改。静态重定位的地址变换例子如图 4-3 所示。

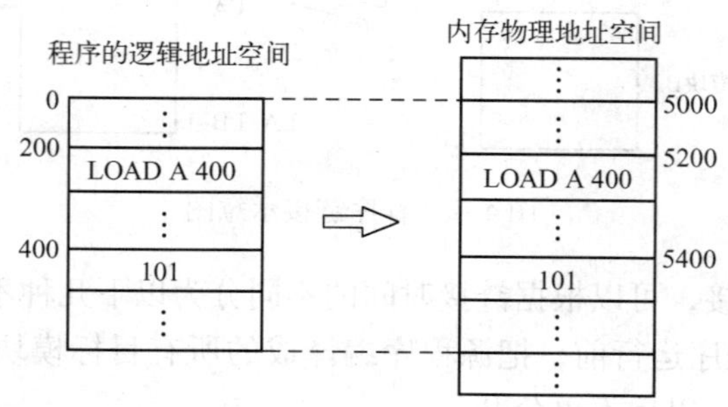

图 4-3　静态重定位示意

图 4-3 中显示，用户程序在 200 号单元处有一条取数指令“LOAD A 400”，该指令的功能是将 400 号单元中的整数 101 取至寄存器 A。由于程序被装入到起始位置为 5000 的内存区域，因此，若不把相对地址转换为绝对地址，取数指令就会出错。正确做法是将取数指令

中数据的相对地址 400 加上本程序在内存中的始址 5000，转变成绝对地址 5400。同样，指令的相对地址也应按照类似的方法进行修改，例如，应将 LOAD 指令的相对地址 200 修改为绝对地址 5200。

采用静态重定位的优点是简单、容易实现，不需要增加任何硬件设备，可以通过软件全部实现。但其缺点也很明显，主要有以下 3 个方面。

1）程序装入内存后，若在运行期间不允许它在内存中移动，则无法实现内存重新分配，因此内存的利用率不高。

2）若内存提供的物理存储空间无法满足当前程序的存储容量，则必须由程序员在程序设计时采用某种方式来解决存储空间不足的问题，这无疑增加了程序员的负担。

3）不利于用户共享存放在内存中的同一个程序。如果几个用户要使用同一个程序，就必须在各自的主存空间中存放该程序的副本，浪费了内存资源。

3. 动态重定位

动态重定位（动态地址变换）指将装入模块装入内存后，并不立即完成相对地址到绝对地址的转换，地址的变换工作直到程序运行时才进行。为了提高地址变换的速度，动态重定位要依靠硬件地址变换机构完成。

地址重定位机构需要一个（或多个）基地址寄存器 BR 和一个（或多个）程序逻辑地址寄存器 VR。指令或数据在内存中的绝对地址与逻辑地址的关系为：绝对地址 =（BR）+（VR），其中（BR）与（VR）分别表示相应寄存器中的内容。

动态重定位的过程如下：装入程序将程序段装入内存，然后将程序段装入到的内存区首址送入 BR 中；在程序运行过程中，将所要访问的逻辑地址送入 VR 中；地址变换机构把 BR 和 VR 中的内容相加，于是得到实际访问的物理地址，如图 4-4 所示。

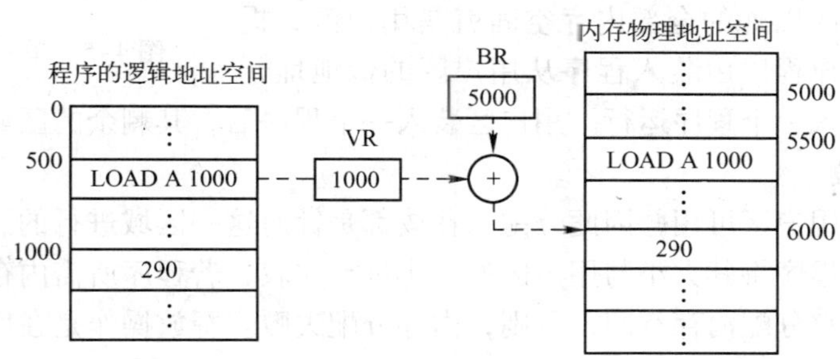

图 4-4　动态重定位示意

图 4-4 中显示，用户程序在 500 号单元处有一条取数指令“LOAD A 1000”，该指令的功能是将 1000 号单元中的整数 290 取至寄存器 A。程序运行时，它在内存中的首址 5000 被送入 BR 中，取数指令欲访问数据的相对地址 1000 被送入 VR 中，地址变换机构将两个寄存器的内容相加，则得到数据 290 的物理地址 6000。

动态重定位具有以下优点。

1）指令和数据的物理地址在程序运行时由硬件动态形成。只要将进程各程序段在内存区中的首址存放到基地址寄存器中，就能由地址变换机构得到正确的物理地址，因此，可以为同一进程的不同程序段以非连续方式分配内存，从而提高了内存利用率。

2）动态重定位的地址转换工作在程序真正执行时才完成，因此在程序运行时，没有必要将它的所有模块都装入内存，可以在程序运行期间通过请求调入方式装入需要的模块。按照这种方式使用内存，可以使有限的内存运行更大或更多的程序，因此，动态重定位构成了虚拟存储器的基础。

3）动态重定位有利于对程序段进行共享，多个进程可以共享位于内存区中的同一程序段。

动态重定位的缺点主要表现在以下两个方面：需要有硬件支持；实现存储管理的软件在算法上比较复杂。

4.2 分区式存储管理

分区式存储管理对内存采用连续分配方式，即根据用户程序的需求为之在内存中分配一段连续的存储空间，它属于最简单的内存管理方式，主要用于早期的操作系统中。分区式存储管理可以进一步划分为单一连续分区存储管理、固定分区存储管理、可变分区存储管理等内存管理方式。

4.2.1 单一连续分区存储管理

1. 实现原理

单一连续分区存储管理方式只适合单用户单任务操作系统，是一种最简单的存储管理方式。若按照这种方式进行管理，则内存空间被分为系统区和用户区两部分，如图4-5所示。系统区仅供操作系统使用，通常放在内存的低地址部分；系统区以外的全部内存空间就是用户区，提供给用户使用。用户程序由装入程序从用户区的低地址开始装入，且只能装入一个程序运行。用户区装入一个程序后，其剩余的区域则无法再利用。

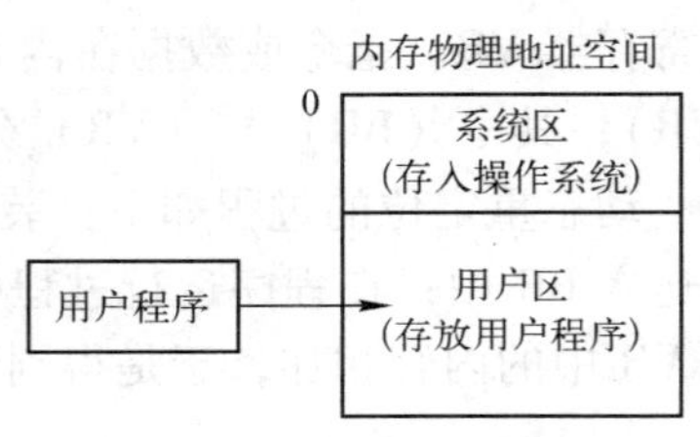

图4-5　单一连续分配示意

2. 分配与释放

由于只有一个用户区可用，因此分配与释放都是针对这一区域进行的。当一个程序申请内存空间时，分配程序将其大小与用户区的大小进行比较，若程序所需内存空间没有超过用户区的大小，则为它分配内存空间，否则，内存分配失败。释放操作是在用户区的程序运行结束后，将该区域标志置为未分配即可。

3. 地址映射

用户程序在装入内存时采用静态重定位一次性地对所有指令和数据的相对地址进行地址变换。程序执行时，不允许指令和数据再改变地址，也不允许程序在内存中移动位置。

4. 单一连续分区的优缺点

优点：①不需要硬件支持；②管理简单，开销小，装入内存的程序仅由分配程序参与管理；③安全性高，除了系统区以外，用户区中只有一个程序，不存在多个程序相互影响的问题。

缺点：①程序的地址空间受用户区空间限制，这是因为程序在运行前必须一次性连续装入内存，若程序的地址空间比用户区大，则无法装入；②由一个程序独占系统资源，会造成系统资源严重浪费；③不支持多用户。

4.2.2 固定分区存储管理

1. 实现原理

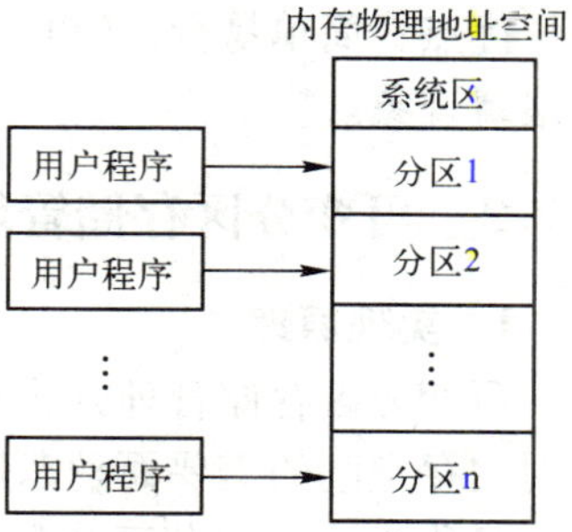

固定分区存储管理方式指将内存用户空间划分成若干个固定大小的区域，每个区域称为一个分区，可以装入一个用户程序运行，如图 4–6 所示。分区一旦划分完成，便在系统整个运行期间保持不变。由于每个分区允许装入一道程序运行，这就意味着系统允许同时装入多道程序进入内存使它们并发执行。

图 4–6　固定分区分配示意

2. 分区划分

在固定分区存储管理方式中，分区的数目和每个分区的大小一般由系统操作员或操作系统决定，分区划分一般采用以下两种方式。

1）分区大小相等，即所有内存分区的大小相等。这种分配方式的优点是管理简单，缺点是缺乏灵活性。例如，若程序过小，则会造成内存空间浪费；而若程序过大，程序无法装入分区，则导致程序不能运行。这种分区方式可应用在计算机控制多个相同对象的场合，因为这些对象需要相同大小的内存空间。

2）分区大小不相等。为了克服分区大小相等时缺乏灵活性的缺点，可以把内存空间划分成若干个大小不等的分区，使得内存空间含有较多的小分区、适量的中分区、较少的大分区。装入程序可以根据用户程序的大小将它装入至适当的分区。

3. 数据结构

为了有效管理和控制内存空间的分配与使用，系统建立了一个称为分区说明表的数据结构，该表记录了内存所有分区的大小、起始地址、分配情况及其他相关信息（见表 4–1），供为程序分配内存分区时查阅。为了提高查找效率，各内存分区在分区说明表中一般按照其大小顺序排列。

表 4–1　分区说明表

分区区号	分区长度/KB	分区始址/K	状态
1	20	20	已分配
2	55	40	已分配
3	120	95	已分配
4	320	215	未分配

4. 分配与释放

由于内存空间中存在大小不等的多个分区，因此当用户程序要装入内存时，由分配程序根据相应的分配算法检索分区说明表，从中找出一个能满足要求且未分配的分区，将它分配给用户程序，同时将分区状态修改为已分配；若未找到满足要求的分区，则拒绝为用户程序分配内存。当用户程序运行结束后，系统回收内存空间，并把分区说明表中相应分区的状态修改为未分配。

5. 地址映射

固定分区分配中的地址映射可采用静态重定位，因为程序一旦装入内存，其位置就不会再发生改变。

6. 固定分区分配的优缺点

优点：简单易行；CPU 的利用率较高。缺点：程序大小受分区大小限制；存储空间存在浪费现象。

4.2.3 可变分区存储管理

1. 实现原理

可变分区存储管理方式在程序装入运行前并不建立分区，内存分区在程序运行时根据程序对内存空间的需要而动态建立，分区的划分时间、大小及位置都是动态的，因此这种管理方式又称为“动态分区分配”。由于分区的大小完全按照装入进程的实际大小确定，且分区的数目可变，所以这种分配方式能够有效减少固定分区方式中出现的内存空间浪费现象，进一步提高内存资源的利用率。

2. 数据结构

为了实现可变分区分配，系统必须配置相应的数据结构来反映内存资源的使用情况，为可变分区的分配和回收提供依据。通常使用的数据结构包括：已使用分区表、空闲区表及空闲分区链。

已使用分区表用于登记内存空间中已被分配的区域，其记录内容包括分区的起始地址、长度及装入进程的名字等信息，如表 4-2 所示。空闲区表以表格形式记录了内存中尚未分配的所有空闲分区的信息，每个表目对应一个空闲分区，记录了该空闲区的起始地址、长度及标志等内容，如表 4-3 所示。空闲分区链以系统当前的空闲分区为结点，利用链接指针，将所有空闲分区结点链接成一个链表，如图 4-7 所示；为了检索方便，每个空闲分区结点的头部和尾部，除了链接指针外，还用专门的单元记录了本结点的大小、状态等控制分区分配的信息。

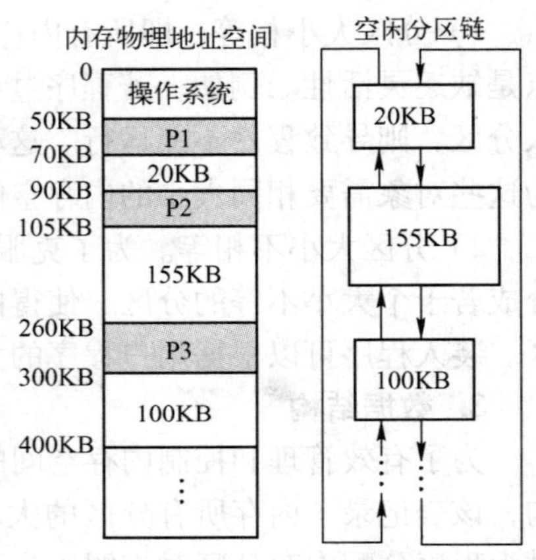

图 4-7 空闲分区链示意

表 4-2 已使用分区表

起始地址	长度	进程表
50K	20KB	P1
90K	15KB	P2
260K	40KB	P3
⋮		

表 4-3 空闲区表

起始地址	长度	标志
70K	20KB	未分配
105K	155KB	未分配
300K	100KB	未分配

3. 分配算法

在把一个新程序装入内存时，需要按照某种分配算法为它寻找某个合适的空闲内存分区，然后把它装入其中。常用的分配算法有最先适应算法、最佳适应算法、最差适应算法。

（1）最先适应算法

最先适应算法要求按内存中地址递增的次序排列空闲分区，每当一个程序申请装入内存时，管理程序从内存的低地址部分开始查找空闲分区，直到找到一个最先能满足程序要求的空闲分区，接着从该分区中将程序需要的那部分内存空间分配给它，而分区中剩下的部分仍保留在空闲区表中，不过要修改相应空闲分区的起始地址及长度。若未找到能满足程序要求的空闲分区，则此次分配操作失败。最先适应算法的特点是每次都从内存的低址部分开始查找满足要求的空闲分区，对低址部分的空闲分区不断地进行分配，而保留了高址部分的大空闲区，这就给未来大程序的分配预留了内存空间；但随着低址部分的分区不断被分配，在低地址区域，会留下很多零散的小空闲分区无法再利用。

针对最先适应算法的不足，有人提出了它的改进算法，即循环最先适应算法。在循环最先适应算法中，每当为程序分配内存时，不再从内存低址部分进行查找，而是从上次分配的空闲分区的下一个分区开始查找，直到查到满足程序要求的空闲分区，并完成分配。虽然该算法减少了查找空闲分区的开销，使内存中空闲分区的分布趋于平均，但直接导致了内存中缺乏大的空闲分区，对未来大程序的分配造成困难。

（2）最佳适应算法

最佳适应算法要求按空闲分区的长度从小到大组织空闲分区。当为用户程序分配内存空间时，从空闲分区表的第一个表项（第一个空闲分区）开始查找，找到的第一个其大小满足要求的空闲分区就是最佳空闲分区，该分区能满足程序的内存要求，并且在分配后分区中剩余的空闲空间最小。需注意，最佳仅仅是针对每一次分配而言，若从分配的整体看，由于该算法每次分配后所剩余的空闲部分总是最小，那么随着分配的不断进行，就会在内存中留下越来越多的小空闲分区无法再利用。

（3）最差适应算法

最差适应算法与最佳适应算法在分配时对空闲分区的选择恰好相反，该算法在分配时总是把内存中最大的空闲分区分配给请求装入的程序。要实现最差适应算法，空闲分区可以按照分区的长度从大到小组织。进行分配时，总是选择空闲分区表的第一个空闲分区进行分配，分配后把该空闲分区中剩余的部分重新插入到空闲区表中。由于最差适应算法在分配时总是选择内存中最大的空闲分区进行分配，所以分配后所剩余的部分也可能相对较大，有利于以后再装入其他程序；但随着分配进行，也有可能出现一个大程序因没有足够大的空闲分区而无法装入内存的情况。

上述几种内存分配算法特点各异，很难说那种算法更好、更高效。应根据实际情况合理进行选择。

4. 分配与回收

在可变分区分配方式中，系统在进行内存分配时，可以采用某种具体的分配算法，查找系统中是否存在满足要求的空闲分区，若找到，就为程序分配相应的内存空间，并修改相关的数据结构；否则，此次分配失败。

内存的回收指在程序运行结束后，系统要把该程序释放的内存空间及时收回，以便将它重新分配给需要的程序。内存回收过程中要考虑对相邻的空闲分区进行合并。回收的内存区与内存中已存在的空闲分区在位置上存在 4 种关系，应针对不同的情况，进行空闲区域的合并操作。

1）回收的内存空间与上、下两个空闲分区相邻，如图 4-8a 所示，则要把这 3 个区域合并成一个新的空闲分区。具体方法是：使用上空闲分区的首地址作为新空闲分区的首地址，取消下空闲分区表项，修改新空闲分区的长度。

2）回收的内存空间只与上空闲区相邻，如图4-8b所示，则将这两个区域合并成新的空闲分区。具体方法是：新空闲分区始址为上空闲区始址，大小为两区域之和，同时修改相应的数据结构。

3）回收的内存空间只与下空闲区相邻，如图4-8c所示，则将这两区域合并。具体方法是：新空闲分区的始址为回收的内存空间始址，长度为两区域之和，同时修改相应的数据结构。

4）回收的内存空间上、下都不与空闲分区相邻，如图4-8d所示，这时回收的内存空间单独成为一个空闲分区存在，放入空闲区表中。

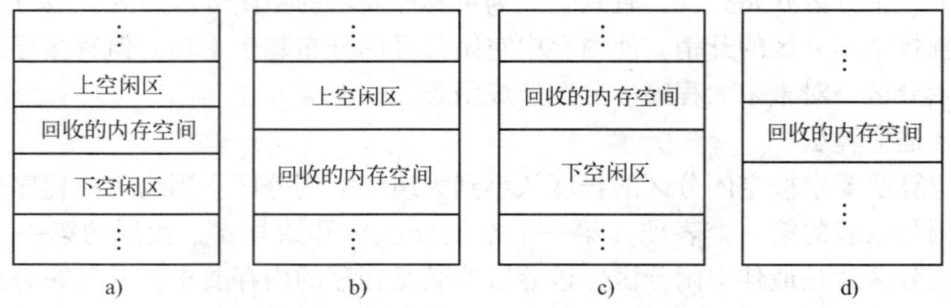

图4-8　内存空间回收示意图

a）释放区的两侧都是空闲区　b）释放区与上空闲区相邻

c）释放区与下空闲区相邻　d）释放区的两侧都不是空闲区

5. 地址映射

可变分区分配采用动态重定位方式来实现地址的转换，在程序装入内存后，将分配给它的内存区首地址装入基地址寄存器，程序运行过程中通过重定位硬件对指令和数据的相对地址进行转换。

6. 碎片问题

在采用动态分区分配方式下，随着分配与回收的不断进行，内存中会出现很多离散分布且容量非常小的空闲小分区，虽然这些空闲小分区的总容量能满足程序对内存的要求，但由于一个程序需要装入一个连续的内存分区，而这些空闲小分区单个又不足以满足程序运行对内存的需求，于是这些小的空闲区就成为内存中无法再利用的资源，称为内存碎片或零头。碎片的出现造成了内存空间资源的浪费，因此操作系统一定要有解决内存碎片的方法，以提高内存资源的利用率。

在动态分区分配中，系统解决内存碎片的思路是通过某种方法，将内存中无法利用的小空闲分区合并在一起组成一个较大的空闲分区，以满足程序的需要。这种方法被称为“紧凑”技术。可以想象，在对内存空闲分区进行合并时，会造成程序在内存中移动，从而需要对指令或数据进行重定位，可以通过动态重定位技术来实现。但需注意，当系统中的内存碎片数量很大时，采用紧凑方法会使系统的开销增大。

4.2.4　覆盖与交换技术

虽然存储器容量一直在不断扩大，但仍然不能满足软件发展的需要，于是如何有效地利用内存资源、提高内存资源的利用率就显得尤为重要。存储管理的一个重要功能便是实现内存容量的扩充。在多道程序环境下，当程序的大小超过内存的空闲空间时，操作系统应采用相应技术，仅将当前需要运行的程序段和数据装入内存，而将暂时不需要的信息放在外存，当需要这些信息时再由操作系统负责调入内存，采用这种方式可以解决大程序在较小的内存空间中运行的问题，实现在逻辑上对内存容量进行扩充。覆盖技术和交换技术就是两种典型的在多道程序环境下扩充内存的技术，其中覆盖技术主要用在早期的操作系统中，而交换技术在现代操作系统中仍然占据重要的地位。

1. 覆盖技术

在单 CPU 系统中，任一时刻只能执行一条指令，而一个应用程序通常由若干个在功能上相互独立的程序段组成，在应用程序运行的某一时刻，这些相互独立的程序段不可能同时投入运行，因此可以采用覆盖技术，按照程序自身的逻辑结构，使不可能同时运行的程序段共享同一内存空间，从而极大地节省了内存资源。采用覆盖技术实现内存扩充时，最初应用程序的所有程序段都保存在外存，当程序的先头部分执行结束后，再把后续要执行的部分陆续调入内存去覆盖前面已执行结束的程序段。显然，尽管这种方法并没有真正使内存容量增加，但从用户的感觉上，内存空间的容量似乎被扩大了，于是达到了逻辑上扩充内存的目的。

要通过覆盖技术来扩充内存，对程序员提出了较高的要求，要求程序员既要知道程序所对应的进程及各程序段的虚拟地址空间位置，又要掌握系统及内存的内部结构和地址的划分。这是因为若要采用这种方式扩充内存，应用程序必须有一个清晰的覆盖结构，否则就会导致程序段的覆盖次序与执行次序之间发生冲突；一个应用程序如何划分不同的程序段，哪些程序段能共享哪些内存空间只能由程序员解决。

图 4-9 就是一个覆盖的示例。在该例中，进程的程序正文段包括 6 个程序段，分别是 A、B、C、D、E、F，它们之间的调用关系如图 4-9a 所示；程序段 A 调用程序段 B 和 C，程序段 B 调用程序段 D 和 E，程序段 C 调用程序段 F。通过调用关系可知，程序段 B 和 C 之间相互没有调用关系，它们不需要同时驻留在内存，可以共享同一覆盖区。同理，程序段 D、E、F 也可以共享同一覆盖区，其覆盖结构如图 4-9b 所示。

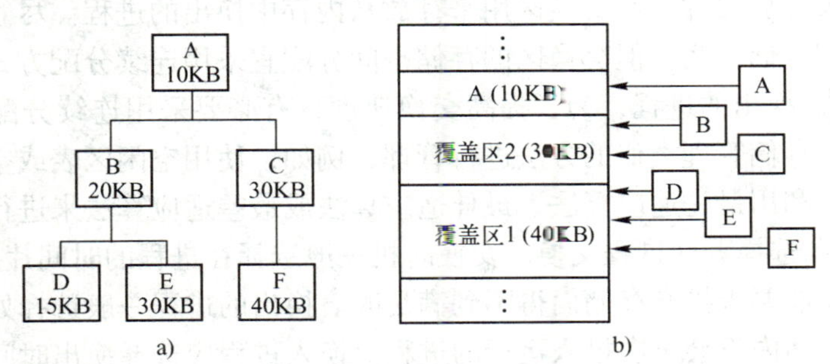

图 4-9　覆盖示例

a）进程各程序段的调用关系　b）覆盖结构

在采用覆盖技术时，程序的正文段被分为两个部分。一个是根程序，它与所有被调用的程序段有关，不允许被其他程序段覆盖。在图 4-9a 中，程序段 A 就是根程序，它要求常驻内存。除了根程序外，其余的所有程序段都属于可覆盖部分。在图 4-9 中存在两个覆盖区，一个由程序段 B 和 C 共享，另一个由程序段 D、E、F 共享。覆盖区的大小取决于共享程序段中最大程序段的大小，于是，图4-9 中覆盖区 1 和 2 的大小分别为 40KB 和 30KB。显然，在图4-9 中，虽然进程所需要的内存总空间大小为：A(10KB)＋B(20KB)＋C(30KB)＋D(15KB)＋E(30KB)＋F(40KB)＝145KB，但在运用覆盖技术后，实际所需的内存空间只有 80KB。

覆盖技术在某种意义上解决了用较小内存运行大进程的问题，但正如前面所述，这种技术存在局限性，因此主要应用在早期的操作系统中。

2. 交换技术

在多道程序环境下，内存中可以同时存在多个进程，这些进程中的一部分由于等待某些事件而处于阻塞状态，处于阻塞状态的进程仍然占据着内存空间；另一方面，在外存上可能有大量作业在等待，因内存不足而无法装入运行。显然，这是系统资源的一种严重浪费，且会使系统吞吐量下降。为了解决这个问题，可以在操作系统中增加交换（对换）功能，即由操作系统根据需要，将内存中暂时不具备执行条件的某部分程序或数据暂时移到外存，以便腾出足够的内存空间，再将外存中急需运行的程序或数据调入内存，使之投入运行。在操作系统中引入交换（对换）技术，可以显著提高内存资源的利用率，改善系统性能。

根据交换的单位不同，交换技术可以分为两种具体实现方式。

若交换以进程为单位，即每次换进/换出是整个进程，则把这种交换称为进程交换（进程对换）或整体交换（整体对换）。进程交换广泛应用在分时系统中，主要用于解决内存紧张问题，并提高内存资源的利用率。

若交换以“页”或“段”为单位，则把这种交换分别称为页面置换（页面交换或页面对换）或段置换（段交换或段对换）。页面置换和段置换是以进程的子部分为交换单位，因此又称为部分交换（部分对换）。部分交换广泛应用于现代操作系统中，是实现虚拟存储器的基础。

一般情况下，人们所说的交换是指进程交换。为了实现进程交换，操作系统需要解决以下问题。

1）对换空间的管理。在具有交换功能的操作系统中，一般将外存空间分为文件区和交换区，文件区用来存放文件，而交换区用来存放从内存中换出的进程。尽管文件区一般采用离散分配方式分配存储空间，但交换区的存储空间分配宜采用连续分配方式，这是因为交换区中存放的是换进/换出的进程，为了提高交换速度，有必要采用连续分配方式。交换区可以采用与可变分区存储管理类似的方法进行管理，例如，使用空闲区表或空闲分区链来记录外存的使用情况，利用最先适应算法、最佳适应算法或最差适应算法来进行外存空间分配。

2）交换时机和选择哪些进程交换。交换时机一般选择在进程的时间片用完或等待输入/输出时，或者在作业要求扩充存储而得不到满足时。换出的进程一般选择处于阻塞状态或优先级低，且在短时间内不会再次投入运行的进程。换入进程应选择换出时间最久且已处于就绪状态的进程。

4.3 分页式存储管理

分页式存储管理方式与前面介绍的存储管理方式有着很大的区别。前面介绍的存储管理方式都属于连续分配方式，即要求为程序分配连续的内存空间。在连续分配方式下，不可避免地会产生内存碎片，从而会导致内存的利用率降低，即使可以采用“紧凑”方法，通过动态重定位将一些无法利用的小空闲区拼接成一个大空闲区来满足程序的需求，但紧凑操作要付出额外的开销。为了彻底解决连续分配存在的问题，内存的分配方式发展出了离散分配方式。在离散分配方式下，程序允许以分散方式装入内存，这样就无须再进行紧凑。分页式存储管理就采用了离散分配内存方式，离散分配的基本单位是页面。

4.3.1 分页式存储管理的基本原理

1. 实现原理

在分页式存储管理方式中，一个进程的逻辑地址空间被划分成若干个长度相等的区域，每个区域称为“页”或“页面”，并对进程的所有页面从 0 开始依次进行编号；同时，内存物理地址空间也按照同样方式划分成与页面长度相同的区域，每个区域称为页框、页帧或物理块，与页面一样，内存空间的所有页框也从 0 依次进行编号。为进程分配内存时，允许以页为单位将进程的各个页面分别装入内存中不相邻接的物理块中，如图 4-10 所示。由于进程的最后一页往往不能装满对应的物理块，于是会有一定程度的内存空间浪费，这部分被浪费的内存空间称为页内碎片。

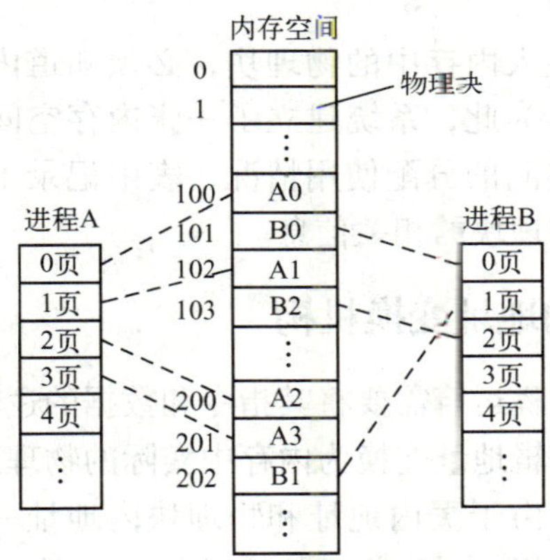

图 4-10 进程以页为单位离散装入内存示意

分页系统中的页面选择对系统性能有重要影响。若页面划分得太小，虽然可以有效减少页内碎片，提高内存利用率，但会导致每个进程需要更多的页面，使页表增大，占用更多的内存空间。若页面划分得太大，虽然可以减少页表长度，提高页面置换速度，但会导致页内碎片增大。因此，页面大小应当适中。分页系统的页面大小决于机器的地址结构，一般设置为 2 的整数次幂，通常为 512B ~ 8KB。

2. 逻辑地址结构

在分页式存储管理方式中，程序的逻辑地址被转换为页面和页内地址。这个转换工作在程序被装入内存后，由系统硬件自动进行，整个过程对用户是透明的。因此，用户编程时不需要知道逻辑地址与页号和页内地址的对应关系，只需使用一维的逻辑地址。

程序的一维逻辑地址空间经过系统硬件分页后，则形成“页号 + 页内地址”的地址结构，如图 4-11 所示。在图 4-11 所示的地址结构中，逻辑地址通过页号和页内地址进行描述；其中 0 ~ 11 位是页内地址，即每个页面的大小是 4KB；12 ~ 31 位是页号，即地址空间最多允许有1M个页面。一维逻辑地址与页号和页内地址的关系是：一维逻辑地址 = 页号 × 页长 + 页内地址。

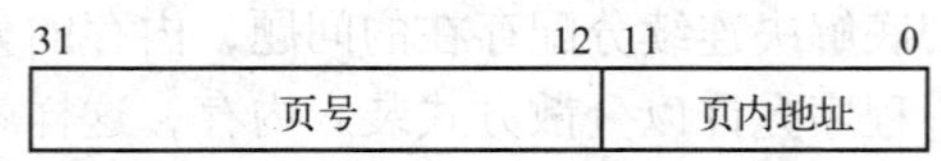

图 4-11　分页系统中的逻辑地址结构示意

3. 数据结构

为了实现分页式存储管理，系统必须设置相应的数据结构，主要是页表和内存空间使用表。

（1）页表

在分页式系统中，允许进程的页面以离散的方式存储在内存的任一物理块中，为了使进程能够正确运行，必须在内存空间中找到存放每个页面的物理块。为此，操作系统为每个进程建立了一张页表，用来映射页号与内存物理块号之间的对应关系。最简单的页表由页号和对应的物理块号组成，如图4-12所示。

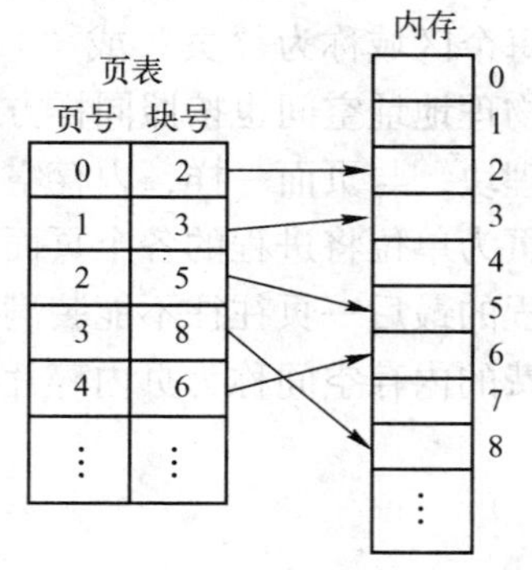

图 4-12　页表的作用示意

（2）内存空间使用表

为了正确地将一个页面装入内存中的物理块，必须知道内存中所有物理块的使用情况。为此，系统建立了一张内存空间使用表，用来描述物理内存空间的分配使用情况，表中记录了已分配物理块和未分配空闲物理块的相关信息。

4.3.2　分页式存储管理的地址变换机构

在分页式存储管理中，进程运行需要将其指令和数据的逻辑地址转换为物理地址。如何将由页号和页内地址组成的逻辑地址变换为内存中实际的物理地址呢？系统通过设置地址变换机构来完成地址转换工作。由于页内地址和物理块内地址一一对应（例如，对于页面大小为2KB的页内地址是0～2047，对应物理块内的地址也是0～2047），因此，地址变换机构的主要任务实际上是完成页号到物理块号的变换。由于页表记录了进程的页号到内存物理块号的映射关系，所以地址变换机构要借助页表来完成地址变换任务。

1. 基本地址变换

在分页式存储管理系统中，系统为每个进程建立了一张页表。当程序被装入内存但尚未运行时，页表的始址和长度等信息保存在被创建进程的PCB中；一旦调度程序调度进程执行，其PCB中保存的页表始址和页表长度信息便被装入页表寄存器中。基本的地址变换过程如图4-13所示。

当进程要访问某个逻辑地址中的数据时，便启动地址变换机构，地址变换机构按照下列步骤完成逻辑地址到物理地址的转换工作。

1）首先由地址变换机构自动将一维逻辑地址划分为页号和页内地址。

2）将得到的页号与页表寄存器中的页表长度进行比较，如果页号大于页表长度，系统就发出一个地址越界中断，表示要访问的地址超过了进程的地址空间。若访问的地址未出现越界访问错误，便根据页表寄存器中的页表始址找到页表在内存中的首地址。

3）在找到的页表中根据页号找到对应的物理块号，且将物理块号装入物理地址寄存器，同时将页内地址也装入物理地址寄存器，从而最终完成逻辑地址到物理地址的转换，即实际要访问的物理地址等于物理块号乘以页面长度后，再加上页内地址。

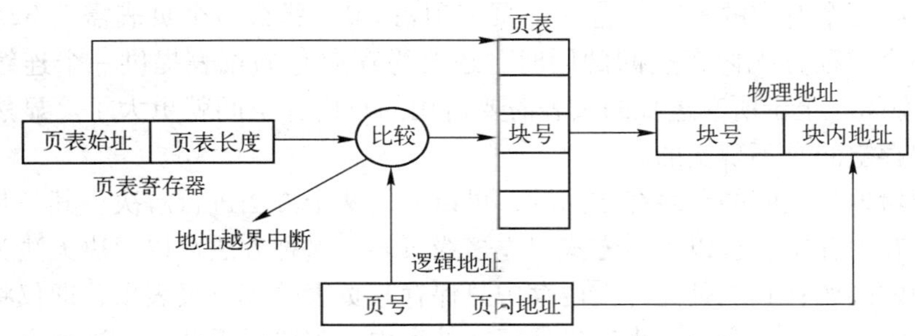

图 4-13　分页式存储管理的地址变换过程

2. 具有快表的地址变换

从基本地址变换过程可知，由于页表驻留在内存中，因此当 CPU 对指令或数据进行操作时至少要访问内存两次。第一次是访问内存中的页表，从页表的对应表项中找到欲访问页面对应的物理块号，再将物理块号和页内地址拼接形成真正的物理地址。第二次访问内存时，才从获得的物理地址取得所需要的数据。这种数据访问方式虽然提高了内存的利用率，但使计算机的处理速度慢了将近一半，显然不是人们愿意看到的结果。

为了提高地址变换的速度，可以将页表放在一组专门的寄存器中，一个页表项用一个寄存器存放。但由于寄存器价格太贵，这种做法的实际意义并不大。

另一种行之有效的方法是在地址变换机构中增加一个高速联想存储器，构成一张“快表”。在快表中，保存着当前执行进程最常用的页号和对应的物理块号。具有快表时的地址变换过程如下：当 CPU 给出欲访问的逻辑地址后，地址变换机构先根据得到的页号在快表中查找对应的物理块号；若要访问的页表项已在快表中，则可直接从快表中获得对应的物理块号，并完成物理地址变换；若在快表中没有找到与页号对应的页表项，则再到内存中查找页表，从对应的页表项中获得相应的物理块号，完成物理地址变换，同时，将获得的页表项存入快表。显然，在向快表中存入新页表项时，若快表已满，则操作系统还必须将快表中某个页表项淘汰，以便能把新的页表项信息加入快表。

在地址变换机构中增加快表，可以极大地提高地址变换速度。但出于成本考虑，快表不宜做得很大。一般快表中允许存放 32 ~ 1024 个页表项，完全有可能把一个中小型作业的全部页表项存入快表，但对于大型作业，只能将一部分页表项放入。不过，由于 CPU 对程序和数据的访问常常带有局部性，据统计，从快表中找到所需页表项的概率达到 90% 以上，因此，使用快表可以有效地解决计算机速度损失的问题。

4.3.3　两级页表和多级页表

系统中的每个进程，它的页表都存放在内存中，进程的页面数决定了页表中表目的数量。对于逻辑地址空间不是很大的进程，由于它的页表长度不会太长，所以在内存中容易找到一个连续的内存空间来存储页表。但如果进程的逻辑地址空间非常大，则要在内存中找到一个连续的空间来存储页表就不容易了。现代计算机系统使用至少 32 位的逻辑地址，且 64

位变得越来越普遍，意味着系统支持非常大的逻辑地址空间（$2^{32}\sim2^{64}$）；这么大的逻辑地址空间，对应的页表会非常庞大，将占用大量连续的内存。例如，对于一个具有 32 位逻辑地址空间的分页系统，假设页长为 1KB，则每个进程的逻辑地址空间中最多有 400 万个页面，其页表中有 400 万个对应的表项，若一个页表项占 8B，那么整个页表需要 32MB 空间，这意味着在为某个进程分配内存空间的同时，还要为存放它的页表提供一个连续的、大小为 32MB 的内存空间。至于所有进程的页表需要占用的总内存空间就更大了。显然，为页表分配大量连续内存空间是不现实的。

针对大逻辑地址空间的页表存放问题，可以采用两个方法进行解决。其一是允许页表以离散方式保存在内存中，且以索引方式建立多级页表，这种方法可以解决无法为大页表分配连续内存空间的问题；其二是允许在内存中只保存某页表的部分页表项，即仅将进程当前需要的页表项调入内存，其余的页表项仍保留在外存中，需要时再调入，这种方法可以解决大页表需要占用很多内存空间的问题。

1. 两级页表

为了将一个大页表存放在内存中，可以考虑先对页表进行分页，然后把由页表分页后形成的各个页面（称为页表页面或页表分页）分别存储在内存中不一定相邻接的物理块中。由于各个页表页面以离散方式存放，为了将它们组织起来，可以以页表页面为单位建立更高一级索引，该索引称为外层页表。每个页表页面在外层页表中有一个外层页表项，它记录了对应页表页面在内存中所存放物理块的块号。引入外层页表后，分页式存储管理就建立在两级页表的基础上，这时进程的逻辑地址可以通过外层页号、内层页号、页内地址来描述。假设计算机仍然使用 32 位的逻辑地址空间，在采用两级页表结构时，逻辑地址结构就变成如图 4-14 所示的情况。

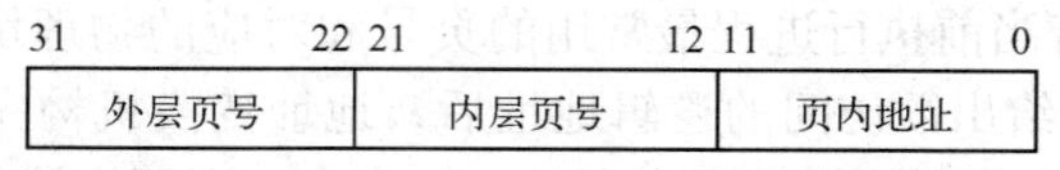

图 4-14　两级页表的逻辑地址结构

由图 4-14 可知，该两级页表机制实际上是将第一次分页后形成的具有 2^{20} 个页表项的页表再进行分页，使页表最多允许有 2^{10} 个页表页面，而每个页面中具有 2^{10}（即 1024）个页表项。

采用两级页表后，每个页表页面中的表项存放了进程的某页面与内存中相应物理块号的对应关系，而外层页表中的表项存放了某个页表分页与内存中相应物理块号的对应关系。例如，在图 4-15 给出的例子中，第 0 页页表存放在 120 号物理块中，第 1 页页表存放在 320 号物理块中；第 0 页页表中的 0 号页面存放在 100 号物理块中，第 1 页页表中的 0 号页面存放在 502 号物理块中。

在采用两级页表的情况下，为了地址变换方便，地址变换机构中需增设一个外层页表寄存器，用来存放外层页表在内存中的始址。具有两级页表的地址变换过程如图 4-16 所示。

地址变换机构首先从外层页表寄存器中取出外层页表在内存中的起始地址，以进程逻辑地址中的外层页号为索引号检索外层页表，找到指定页表分页在内存中的起始地址；然后以内层页号为索引号检索指定的页表分页（内层页表），找到指定的页表项，这个页表项中就包含了欲查找页面在内存中的物理块号；最后将找到的物理块号与逻辑地址中的页内地址进行拼接，便构成真正的内存物理地址。

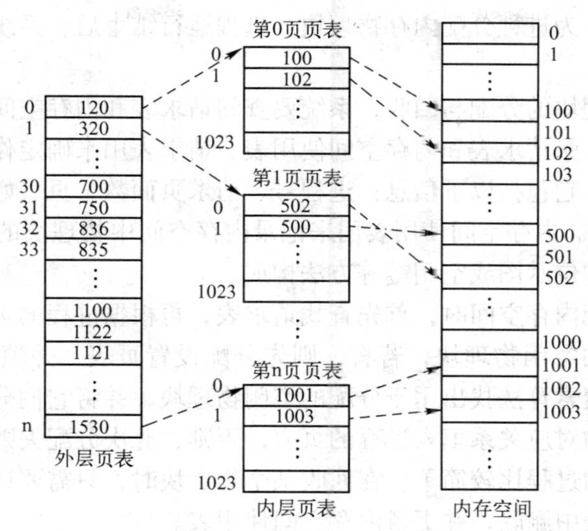

图 4-15　两级页表结构示意

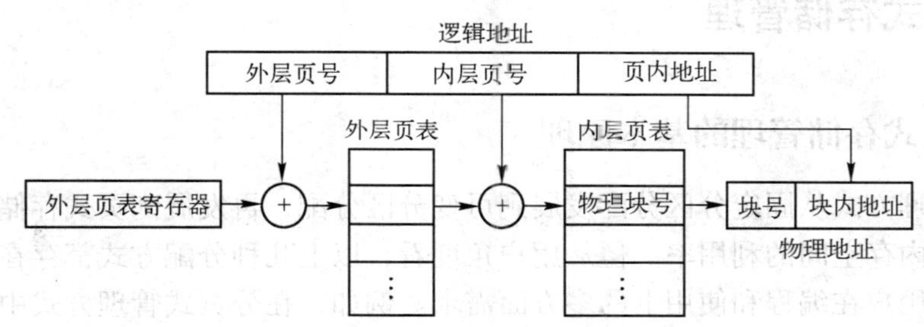

图 4-16　两级页表的地址变换过程示意

采用两级页表进行地址变换，CPU 对指令或数据进行操作时至少要访问内存 3 次。因而计算机的处理速度会受到较大影响。

需要注意的是，虽然两级页表机制解决了大页表需要连续内存空间存放的问题，但并未减少页表对内存空间的需求，页表在内存中占用的总空间并没有减少。为了解决用较少的内存空间存放大页表的问题，应允许只将一个页表的部分页表项调入内存。部分调入页表项涉及“请求调页”操作，在虚拟存储管理部分再详细介绍。

2. 多级页表

采用两级页表结构对使用 32 位逻辑地址的机器已经足够了，但对于使用 64 位逻辑地址的机器，两级页表仍然不能解决页表存放问题，需要使用多级页表。采用多级页表的原理与两级页表类似，即对外层页表再进行分页，将外层页表的不同分页以离散分配方式装入到内存不同位置的物理块中，再利用第 2 级的外层页表来映射它们之间的对应关系。但需要注意，页表级数越多，在地址变换过程中访问内存的次数就越多，计算机的处理速度下降得就越明显，因此需要使用快表来提高地址变换的速度。

4.3.4　内存块的分配与回收

在分页式存储管理系统中，程序运行前首先要申请内存资源。系统根据进程的页面数和系统内存的实际情况，为进程分配内存物理块。进程运行结束后，系统要回收分配给进程的内存物理块。

为了实现内存物理块的分配与回收，系统要查阅请求表和内存空间使用表这两个数据结构。整个系统设置有一张请求表和内存空间使用表。请求表用来确定作业或进程的各页在内存中的实际对应位置，它包括以下信息：进程号、请求页面数、页表始址、页表长度、状态（已分配、未分配）等。内存空间使用表用来记录内存空间中物理块的分配情况和剩余物理块的总数，它可以通过位示图或空闲链等方法构成。

当系统为进程分配内存空间时，首先查找请求表，再根据进程的页面数查找内存空间使用表，看是否有足够的空闲物理块，若有，则先分配设置页表，并填写请求表中的相关信息，然后根据具体的搜索算法找出用于分配的空闲物理块，并将它们分配给进程，同时将进程各个页面与物理块的对应关系填入进程的页表；否则，此次分配失败。

系统回收物理块的过程比较简单。在回收某个物理块时，只需要访问页表，将回收页面对应的物理块号从页表中删除，并更新内存空间使用表。

4.4 分段式存储管理

4.4.1 分段式存储管理的基本原理

存储器管理方式从固定分区分配发展到可变分区分配，再发展到页式存储管理方式，主要是为了提高内存空间的利用率。但从用户角度看，以上几种分配方式都存在着自身的局限性，难以满足用户在编程和使用上的多方面需求。例如，在分页式管理方式中，程序的逻辑地址空间是一维线性的，虽然可以将程序划分成若干个页面，但页面与程序之间并不存在逻辑关系，也就难以对程序以模块为单位进行分配、共享和保护。事实上，程序大多采用分段结构，一个程序可以由主程序段、子程序段、数据段等组成，每个段从 0 开始编址，有各自的名字和长度，实现不同的功能。若能以段为单位为程序离散分配内存空间，将满足用户在多方面的需求，于是导致了分段式存储管理方式的出现。

1. 实现原理

在分段式存储管理方式中，系统将程序的逻辑地址空间分成若干个子部分，这些子部分被称为段，如主程序段、子程序段、数据段和工作区段等。每个段都有自己的段名或段号，定义了一组逻辑信息，且在逻辑上是各自独立的。每个段都从 0 开始编址，采用一组连续的地址空间，其长度由段自身包含的逻辑信息组的长度决定，所以各段的长度可以不相同。在为进程分配内存时，允许以段为单位，将进程离散地装入不相邻接的内存空间位置，而一个段本身在内存中占用一段连续区域。进程运行时，通过地址变换机构将段式逻辑地址变换为实际的内存物理地址，从而使进程能够顺利执行。

2. 逻辑地址结构

在分段式存储管理中，由于进程的地址空间被分成若干个段，因此是二维的，即进程的逻辑地址由段号（段名）和段内地址两部分组成，如图 4-17 所示。段号和段内地址都是从 0 开始编址。段号范围决定了进程中最多允许有多少个段，段内地址范围决定了每个段的最大长度。在图 4-17 所示的地址结构中，一个作业最多允许 256 个段，每个段的长度为 16MB。

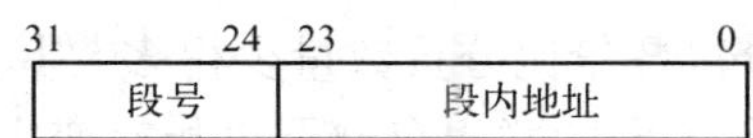

图 4-17　分段存储管理系统中的逻辑地址结构

在现代操作系统中，绝大多数编译程序都支持分段方式，所以用户程序如何分段这个问题对用户来说就是透明的，可由编译程序自动根据源程序的情况产生若干个段。

3. 段表

在分段式存储管理系统中，为每个段在内存中分配了一个连续的分区，而进程的各段又以离散分配方式装入内存中各个不相邻接的空闲分区中。为了使程序正常执行，必须要找到每个逻辑段在内存中的具体物理存储位置，这个工作通过段映射表（段表）来完成。系统为每个进程建立了一张段表，进程的每个段在表中占有一个表项，记录了该段的段号（段名）、在内存中的起始地址及段长等信息，如图 4-18 所示。

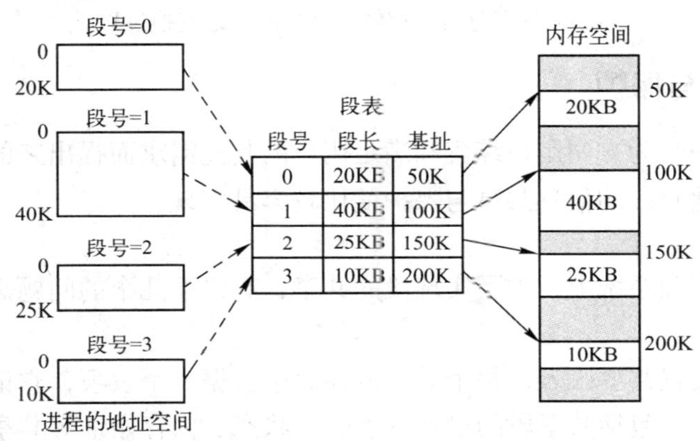

图 4-18　利用段表实现地址映射

4.4.2　分段式存储管理的地址变换机构

与分页式存储管理一样，分段式存储管理也涉及到地址变换问题。地址变换机构需要通过段表来完成逻辑段与物理内存区的映射。由于段表一般存放在内存中，因此系统使用了段表寄存器来存放运行进程的段表在内存中的起始位置和段表长度。进行地址变换时，先通过在段表寄存器中存放的段表始址找到段表，然后再从段表中找到对应的表项完成逻辑段与物理内存区的映射。图 4-19 示意了分段式存储管理中的地址变换过程。

在地址变换过程中，系统首先将逻辑地址中的段号与段表寄存器中的段表长度进行比较，判断此次访问是否越界，若段号大于段表长度就产生一个越界中断信号；若此次访问未越界，就根据段表寄存器中的段表始址和该段的段号，找到该段在段表中的对应项，从而得到该段在内存中的起始地址；然后再根据段内地址是否大于段长判断是否越界，若未产生越界中断信号，就将该段在内存中的起始地址与段内地址相加得到实际要访问的内存物理地址。

由以上地址变换过程可知，若段表存放在内存中，则对一个数据进行操作需要两次访问内存：第一次是访问内存中的段表，找到与段对应的表项，从中得出此段在内存中的起始地址，并由此段的内存始址和段内地址组成物理地址；第二次访问内存才是对数据进行操作。这种访问方式降低了计算机速度，解决方法与分页式存储管理中的类似，也是设置高速联想存储器（快表）。由于进程的分段数量比分页数量少得多，其段表中的段表项数目比页表中的页表项数目也少得多，因而所需要的联想存储器也相对变小。具有快表的分段式存储管理的地址变换过程与具有快表的分页式存储管理的地址变换过程基本一致，不再详述。

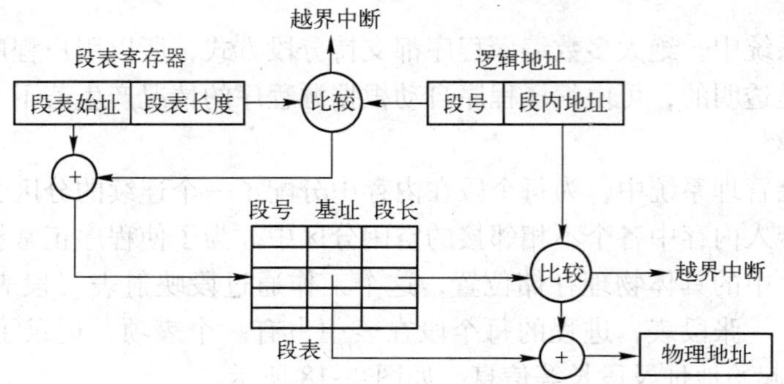

图 4-19　分段式存储管理中的地址变换过程

4.4.3　段的共享与保护

分段式存储管理是为方便用户编程和满足用户的其他需求而提出来的。由于段是一个独立的逻辑单位，因此对段的信息共享与保护就比较容易实现。

1. 分段共享

在分段式存储管理系统中，为了实现段的共享，有以下几个的问题需要解决。

(1) 数据结构

在系统中需要设置共享段表，每个共享段在表中占据一个表项，它记录了为实现该段共享所需要的全部信息，包括共享段的段名、段长、状态、内存始址等共享段自身的信息，以及进程名、段号等共享此段的所有进程的相关信息。由于共享段提供给多个进程共享，当其中一个进程使用完毕后，系统并不立刻回收该共享段占用的内存空间，只有全部进程都使用完毕后，系统才进行内存空间回收，因此共享段表的表项中还要设置一个整型变量 count，用来记录共享此段的进程数量。此外，由于不同进程在对共享段进行访问时应具有不同的权限，所以共享段表的表项中还应为每个共享进程增加相应的存取控制字段。共享段除了各进程以相同的段号共享外，也允许各进程以不同的段号进行共享。

(2) 共享段的分配与回收

在系统中设置共享段表后，对共享段在内存中的分配过程如下：当一个进程请求使用某共享段时，若该共享段尚未调入内存，则为它分配相应的内存空间，且将内存始址填入请求进程的段表中，同时在共享段表的相关表项中填入该共享段的相关信息和调用进程的相关信息，且将 count 置 1。此后，若再有进程需要使用该共享段，由于此时该共享段已在内存，所以不需要再为它分配内存空间，只需要将此共享段在内存中的始址填入调用进程的段表，并在共享段表的相关表项中填入调用进程的相关信息，同时将 count 加 1。

在回收共享段时，仅当所有共享此段的进程都使用完毕后才进行共享段的内存空间回收，并撤销该共享段在共享段表中的相应表项。若某个进程对共享段使用完毕，且 count 执行减 1 操作后仍不为 0，则表示还有其他进程在使用此共享段，于是此时仅在该进程的段表中撤销有关共享段的表项，并在共享段表中撤销该进程的所有信息。

2. 分段保护

在分段式存储管理系统中，实现分段保护常用以下两种方法。

(1) 进行越界检查

由分段式存储管理的地址变换过程可知，在逻辑地址到物理地址的变换过程中要进行两次地址越界检查。第一次是通过段号和段表长度进行比较，第二次是通过段内地址与段长比较。只有这两次地址越界检查都通过后，地址变换操作才能正常完成，这就保证了每个进程只能在自己的内存地址空间中执行。

(2) 进行存取控制检查

可以通过在每个进程的段表中增设存取控制字段来限制该进程对各段进行的操作。一般情况下，进程对分段的操作方式有3种：只允许读、只允许执行和允许读/写。在共享段表中，便是通过设置这个字段，赋予各进程对共享段不同的操作权限。

4.4.4 分段式存储管理与分页式存储管理的区别

分段式存储管理与分页式存储管理都属于离散分配方式，从前面对这两种分配方式的介绍不难看出，分段式存储管理与分页式存储管理方式有很多相似之处。首先，它们对作业的内存空间都是采用离散分配方式。其次，为了实现各自的管理，都设置了相似的数据结构。最后，在地址变换时都要通过地址映射机构，分别利用页表或段表来实现地址的变换，在执行指令或对数据进行操作时都要多次访问内存，都可以通过设置高速联想存储器来提高计算机的执行速度。

然而，由于分段与分页是两个完全不同的概念，所以二者之间存在着明显的差异。分段是信息的逻辑单位，由源程序的逻辑结构所决定，用户可见，段长可以根据用户需要来规定，段起始地址可从任何主存地址开始，在分段方式中，源程序（段号，段内位移）经连接装配后地址仍保持二维结构。而分页是信息的物理单位，与源程序的逻辑结构无关，用户不可见，页长由系统确定，页面只能从页大小的整倍数地址开始，源程序经连接装配后地址变成了一维结构。

分页式存储管理是针对连续分配方式的局限性而产生的一种离散分配方式，其优点是在为程序分配内存空间时不要求一个连续的内存空间，它增大了分配的灵活性，极大提高了内存空间的利用率，有效缓解了连续分配方式下的碎片问题。分段存储管理主要是为了满足用户的多方面需求而引入的。采用分段式存储管理，可以方便用户编程，容易实现信息的共享和保护，能较好地应对段中数据的动态增长，支持运行时动态链接等。

4.5 段页式存储管理

分页式存储管理与分段式存储管理由于在离散分配中有各自的优势，所以它们在离散分配中占有重要的地位。如果能有一种存储管理方式把它们的优点结合起来，将能更好地满足各方对存储管理的要求，于是段页式存储管理方式便应运而生了。

4.5.1 段页式存储管理的基本原理

段页式存储管理结合了分段式存储管理和分页式存储管理的优点。在为程序分配内存空间时，首先运用分段式存储管理的思想，根据程序自身的逻辑结构，把程序的逻辑地址空间划分为若干个段，每个段有各自的段名或段号；然后，再运用分页式存储管理的思想，将每个段按照一定的大小划分为不同的页，每个段的所有页从0开始依次编号。内存空间也划分成与页面大小相等的物理块，并对所有物理块从0开始依次编号。在为程序分配内存空间时，允许以页为单位一次性将一个进程的所有的页面装入内存中若干不相邻接的物理块中。在这里需要强调的是，在分段式存储管理中，尽管进程的各个段以离散方式装入到内存中，但一个段在内存中仍连续存储，因此段的大小仍受内存空闲区的大小限制。但在段页式存储管理中，由于对段进行了分页，逻辑地址空间中的最小单位是页，内存空间也被划分为与页大小相等的若干物理块，分配以页为单位进行，因此每个段包含的所有页面在内存中也实现了不连续存储。

1. **逻辑地址结构**

在段页式存储管理中，一个程序的逻辑地址结构由段号、段内页号和页内地址3部分组成，如图4-20所示。

图4-20　段页式存储管理中的逻辑地址结构

程序的逻辑地址空间仍然是一个二维地址空间，程序员可见的仍然是段号和段内地址，段内页号和页内地址是由地址变换机构把段内地址的高位解释为页号，把剩下的低位解释为页内地址而得到的。假设逻辑地址长度为32位，若段号占8位，段内页号占12位，页内地址占12位，则一个程序最多允许有256（2^8）个段，每段最多允许4096（2^{12}）个页，每页的大小为4KB（2^{12}）。

2. **数据结构**

为了实现段页式存储管理，系统必须设置如下的数据结构。

1）段表。系统为每个进程建立了一张段表，该进程的每个段在段表中有一个段表项，记录了该段的页表的长度和内存始址。

2）页表。系统为一个进程的每个段各建立了一张页表，一个段中的所有页面在该段的页表中各有一个页表项，记录了页面与内存物理块之间的对应关系。

4.5.2　段页式存储管理的地址变换机构

在段页式存储管理系统中，要对内存中的指令或数据进行操作，必须完成进程的逻辑地址到内存物理地址的变换。地址变换由地址变换机构实现。变换过程中需要使用段表和页表，而进程的段表和页表一般都存放在内存中，因此，地址变换机构配置了一个段表寄存器，用来存放运行进程的段表长度和段表的内存始址。段页式存储管理方式的地址变换过程如图4-21所示。地址变换时，地址变换机构首先将段号与段表寄存器中的段长比较，若段号小于段长，表示未越界，则利用段表始址和段号求出该段对应段表项在段表中的位置，从中获得该段的页表始址，然后利用段内页号和页表始址获得对应页面的页表项位置，并从中获得该页面所在物理块的块号，最后利用物理块号和页内地址构成物理地址。

在段页式存储管理系统中，要完成对内存空间中某个存储单元的访问至少要3次访问内存。第一次访问内存是根据段号，通过段表寄存器中的段表始址在内存中找到段表，从段表的表项中找到对应页表的始址；第二次访问内存是根据页表始址和段内页号到内存中访问页表，从页表中找到与页号对应的物理块号，并将该物理块号与页内地址一起形成指令或数据的物理地址；第三次访问内存才是根据得到的物理地址访问相应的存储单元。显然，内存访问次数的增加，会使计算机的运行速度受到很大影响。

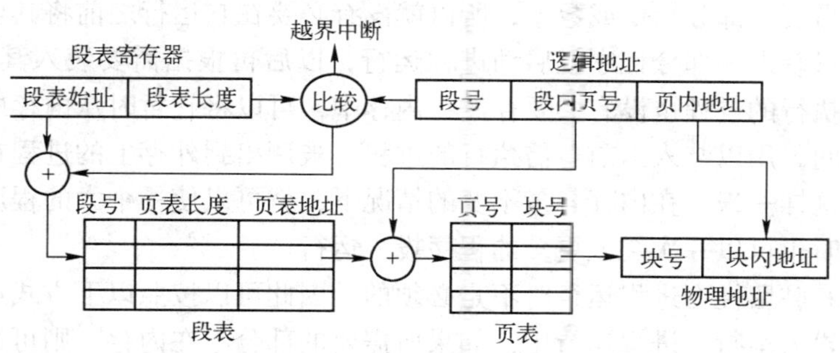

图 4-21　段页式存储管理方式的地址变换过程

为了提高地址变换的速度，在段页式存储管理系统中设置快速联想存储器（快表）显得尤为重要。快表中存放了当前执行进程最常用的段号、段内页号和对应的内存物理块号。当要访问内存空间中某一存储单元时，可以先根据段号、段内页号在快表中查找是否有与之对应的表项，若找到，便不必再到内存中去访问段表和页表，直接将快表中找到的物理块号与页内地址拼接成实际的物理地址；若快表中未找到相应的表项，仍需两次访问内存，获得到实际物理地址，并将此次访问的段号、段内页号与物理块号的对应关系填入快表。由于快表中的表项有限，若快表已满，则必须根据相应的算法淘汰快表中的某个表项，才能将最新的内容填入。

由于段页式存储管理方式是结合页式和段式存储管理思想产生的，所以有关段页式存储管理中的共享和存储保护问题可按照段式或页式管理中的方法进行解决。段页式存储管理结合了页式和段式管理的特点，因此其优点十分明显，它既提高了内存利用率，也方便了用户，是一种综合性能较好的存储管理方式。但由于段页式存储管理有较大的系统开销，因此，段页式存储管理方式一般都是在较大型的计算机系统中使用。

4.6　虚拟存储管理

前面介绍的各种存储管理方式有一个共同特点，就是若要程序运行，首先必须将它一次性地装入内存。若程序很大，其要求的内存空间超过了当前系统能够提供内存空间的总和，则会出现因内存无法将程序全部装入，而导致程序无法运行的情况。为了解决内存不足的问题，最直接的方法是从物理上增加内存容量，但由于受多方面因素限制，不可能在系统上无限制地扩大物理内存，只能考虑采用虚拟存储技术从逻辑上对内存容量进行扩充，于是导致了虚拟存储管理方式的产生。

4.6.1　虚拟存储器的概念

前面介绍的存储管理方式有两个明显的特征：一次性和驻留性。一次性指进程在执行前必须将它所有的程序和数据全部装入内存。驻留性指程序和数据一旦装入内存后便一直存放在内存中，直到进程执行结束。很显然，一次性和驻留性直接导致了内存空间利用率的下降。早在1968年，P. Denning就通过大量的实验提出了程序的局部性原理，该原理表明程序在执行过程中的某个较短时间段内呈现出局部性规律，即在访问存储器时，无论是取指令还是存取数据，所访问的存储单元都趋于聚集在一个较小的连续区域内。由于进程在运行的某个时间段内，只需要一部分指令或数据，所以就没有必要在它运行之前将其全部程序和数据装入内存，可以只装入一部分程序就启动进程运行，以后再根据需要装入其余部分；同样，内存中暂时没有执行的进程也没有必要存放在内存中，可以将它暂时从内存中调出，释放它所占用的内存空间，用以装入当前急需执行的进程；被调出到外存上的进程在以后需要时再重新调入内存。这样一来，在内存容量不变的情况下，就可以使一个大的程序在较小的内存空间中运行，同时也可以一次装入更多的程序投入运行。

由于一次性和驻留性在进程运行时不是必须的，因此可以按照以下方式运行进程：进程只装入一部分便投入运行；进程运行中，如果所需要的部分不在内存，则可通过调入功能将其装入；若当前内存空间已满，可将内存中暂不需要执行的进程暂时从内存中调出，以便腾出内存空间装入即将执行的进程。按照这种方式运行进程会明显提高内存空间利用率和系统吞吐量，且对用户而言，会觉得系统的内存容量比实际内存容量大得多。人们把用户感觉到的这个存储器称为虚拟存储器。虚拟存储器的大小由内存和外存容量之和决定。

可以想象，如果采用连续分配方式为进程分配内存空间，即使进程可以分多次装入内存，但由于连续分配方式要求进程在内存空间中的地址必须是连续的，因此在为进程分配内存时必须按其逻辑地址大小一次性地为其分配足够的内存空间。在这种情况下，若不将整个进程一次性装入内存，就会造成在某一时间段内为该进程分配的部分内存空间处于空闲状态，且受连续分配方式的制约，这部分空闲的内存空间又无法分配给其他进程，于是造成内存资源严重浪费，同时也不可能从逻辑上对内存容量进行扩充。基于上述理由，可以认为：要想实现虚拟存储器，就必须采用建立在离散分配基础上的存储管理方式。

要实现虚拟存储器，系统一般应具备如下条件。

1）能完成虚拟地址到物理地址的变换。程序中使用的是虚拟地址（即逻辑地址），为了实现虚拟存储器，就必须完成虚拟地址到内存物理地址的重定位。虚拟地址的大小可以远远超过内存的大小，它只受到地址寄存器的位数限制，如一个32位的地址寄存器，其支持的虚拟地址最大可达4GB。

2）实际内存空间。程序在装入内存后才能运行，所以内存空间是构成虚拟存储空间的基础，因为虚拟存储器的运行速度接近于内存速度，所以内存空间越大，所构成的虚拟存储空间的运行速度也就越快。

3）外存交换区。为了从逻辑上扩大内存空间，一般将外存空间分为文件区和交换区。交换区中存放在内、外存之间交换的程序和数据。交换区可大可小，但最小一般不得低于内存，最大可达到整个外存的空闲区。

4）换进、换出机制。它表现为中断请求机构、淘汰算法及换进、换出软件。

若系统具备了以上条件，便能够实现虚拟存储器，即操作系统就能够以离散分配方式将程序的一部分装入内存并启动运行，程序运行中再根据需要，把将要运行的程序部分调入内存，或把暂不运行的程序部分换出内存，从而保证程序能顺利执行结束。

现代操作系统一般都支持虚拟存储器，但不同系统实现虚拟存储器的具体方式存在差别。程序装入内存时，如果以“页”或“段”为单位装入，则分别形成请求分页虚拟存储管理方式和请求分段虚拟存储管理方式；若将分段和分页结合起来，则可以形成请求段页式虚拟存储管理方式。

综上所述，虚拟存储器管理方式与常规存储器管理方式的区别就在于前者具有虚拟特性，而虚拟特性的实现又建立在程序分配、调入及驻留时所表现出的离散性、多次性和交换性的基础上。

4.6.2 请求分页虚拟存储管理

在分页式存储管理系统中，如果允许只将进程的一部分页面装入内存就启动运行，进程执行过程中再根据需要陆续将所需页面调入，并将内存中暂时不需要的页面换出内存，便可以在逻辑上实现对内存容量进行扩充，即实现虚拟存储器。请求分页虚拟存储管理方式正是在分页式存储管理方式上增加了支持虚拟存储器而形成的一种存储管理方式。为了支持虚拟存储器，请求分页虚拟存储管理方式增加了请求调页功能和页面置换功能。要实现请求调页功能和页面置换功能，必须有相应的硬件和软件支持。

1. 请求分页虚拟存储管理中的页表机制

页表在分页式存储管理中的作用是记录进程中的逻辑地址和内存物理地址之间的映射关系。由于在请求分页虚拟存储管理中，首先调入内存的是一部分页面，以后根据需要再陆续调入其他页面，同时，还要根据需要将内存中的某些页面换出，所以应在进程的页表中增加一些相关的字段。这些新增的字段有：中断位（状态位）、外存地址、访问位、修改位等。请求分页虚拟存储管理中的页表项结构如图 4-22 所示。其中，页号和物理块号字段是基本分页式存储管理中已有字段，主要为地址变换提供相应信息。中断位也称为状态位，用来表示程序所访问的页面是否已调入内存，1 表示页面已调入内存，0 表示尚未调入内存，这时将产生一次缺页中断。修改位字段用来记录页面在调入内存后是否被修改过，页面置换时据此判断是否应将该页重新写回外存。由于调入内存的页面都在外存中保留有相应的副本，若页面换入内存后没有被修改过，当它再次被换出时，就没有必要再将它写回到磁盘上。外存地址字段用来记录某个页面在外存中存放的物理块的块号，该字段的信息供页面调入和保存时使用。访问位字段记录页面在一段时间内被访问的次数或最近已有多长时间未被访问，页面置换算法根据这个字段的信息来选择当前被淘汰的页面，即换出的页面。

页号	中断位	物理块号	外存地址	访问位	修改位

图 4-22　请求分页虚拟存储管理中的页表项的结构

2. 缺页中断机构

在请求分页虚拟存储管理中，当中断位反映出进程当前欲访问的页面不在内存时，便产生一次缺页中断。操作系统收到缺页中断信号后便执行相应的缺页中断处理程序，根据页表中对应表项给出的外存地址，将该页从外存调入内存。相对于一般中断而言，缺页中断属于一种特殊的中断，它除了具有一般中断拥有的 CPU 现场环境保护、分析中断原因、转中断处理程序及 CPU 现场环境恢复等几个处理环节外，还有特殊表现，主要表现在以下两个方面。

1）中断的产生和处理在指令执行期间进行。因为在进程执行过程中，当发现指令或数据所在的页面不在内存时才产生缺页中断，所以在缺页中断处理完成之前，这些的指令或数据不能执行或访问。而 CPU 对一般中断的响应是在一条指令执行结束后。

2）程序运行过程中，一条指令执行期间可能会产生多次缺页中断。这是因为指令本身就可能同时位于几个页面上，而指令操作的数据也可能横跨多个页面。例如，在图 4-23 给出的例子中，指令自身位于两个页面上，指令操作的对象也横跨 4 个页面，于是在该指令执行期间，有可能产生 6 次缺页中断。

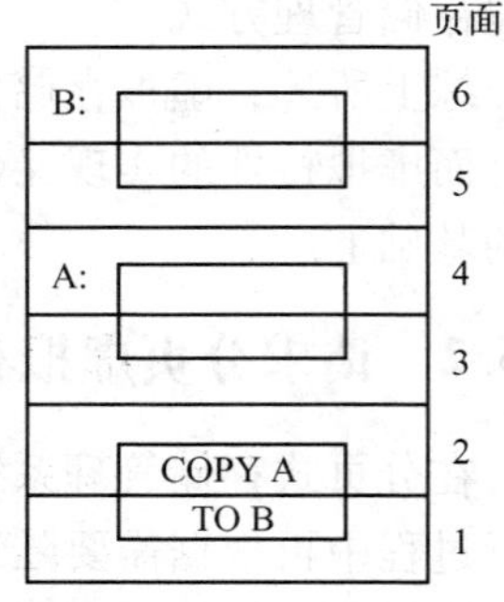

图 4-23　涉及 6 次缺页中断的指令

当进程发生缺页中断时，系统将进程所需的页面从外存调入内存需要一定的时间。为了提高 CPU 的利用率，系统应将产生缺页的进程放入阻塞队列，然后调度程序到就绪队列中调度另一进程执行。当缺页处理程序处理完成（即进程所需要的页面被装入内存）后，再唤醒被阻塞进程，使之进入就绪队列，等待进程调度程序的下一次调度。产生缺页中断时，可以通过加锁等方式对被中断进程在内存中占用的物理块实施保护，以免其他进程占用同一个物理块而导致系统发生混乱。

3. 地址变换机构

请求分页虚拟存储管理方式中的地址变换机构与分页存储管理方式中的地址变换机构基本相似，只是为了实现页式虚拟存储器，前者加入了缺页中断和置换功能。图 4-24 给出了在请求分页存储管理中的地址变换过程。

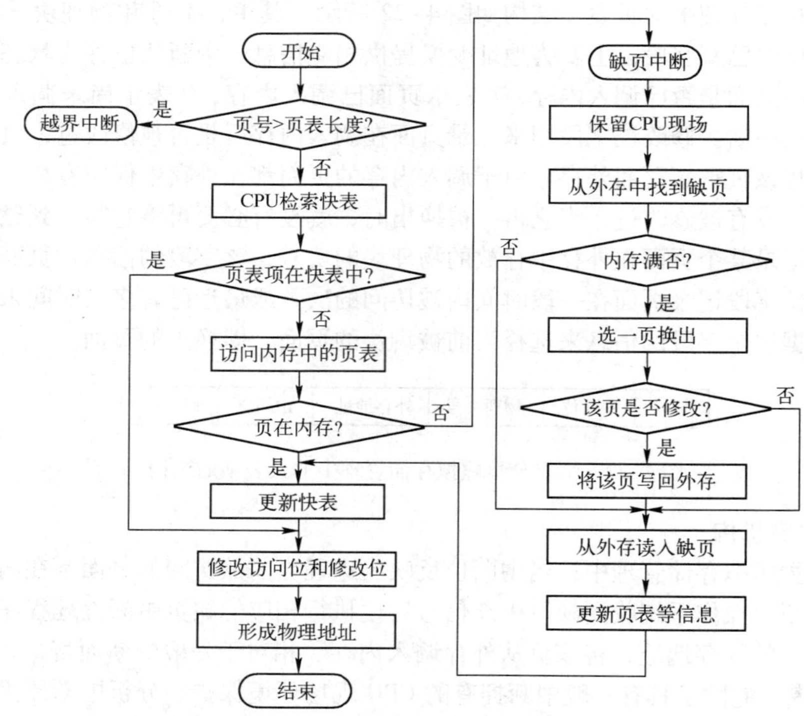

图 4-24　请求分页存储管理方式中的地址变换过程

在设置了快表的地址变换机构中，完成逻辑地址到物理地址的地址变换过程为：先根据页号在快表中查找相应的表项，若找到，就将表项中给出的物理块号和页内地址进行拼接得到实际物理地址，并修改访问位，对写指令，还要同时对修改位的值进行更改；若在快表中未找到所需的表项，则需要访问内存中的页表，并根据页表中对应表项的中断位（状态位）来判断此次访问的页面是否已在内存；若该页面已在内存，则将该页的相关信息填入快表，若快表已满，则按某种置换算法将快表中某一表项换出，同时将得到的物理块号和页内地址进行拼接形成实际物理地址，且根据需要修改访问位和修改位；若根据中断位知道本次访问的页面不在内存，则产生一次缺页中断，由系统根据页表中该页面的外存地址将页面从外存调入内存，若此时内存中已无空闲的物理块，则操作系统根据某种页面置换算法淘汰内存中的某个页面，以腾出内存空间装入所需的页面，同时修改页表，将相应信息写入快表，并最终形成物理地址。

4. 页面置换算法

进程执行过程中，若要访问的页面不在内存，缺页中断机构便产生缺页中断，以便将所需页面调入内存。如果此时内存已没有空闲空间来存放调入的页面，系统必须从内存中选择一个页面换出到外存，以便腾出内存空间来存放调入的页面。但应将哪个页面换出，必须通过页面置换算法来确定。页面置换算法的好坏，对系统性能有重要影响。一个好的页面置换算法，应具有较低的页面更换频率。从理论上讲，应把今后不会再访问的页面换出，或把在最长时间内不会再访问的页面换出。常用的几种页面置换算法如下。

（1）最佳置换（OPT）算法

该算法在选择页面淘汰时，把内存中以后不会再访问的页面或在最长时间内不会再访问的页面予以淘汰。采用最佳置换算法选择淘汰页面可以保证获得最低的缺页率，但由于进程运行期间页面的执行顺序难以精确预测，所以这个算法只是一种理论上的算法，真正实现起来非常困难。不过可以使用 OPT 算法来评价其他页面置换算法。表 4-4 给出了采用最佳置换算法进行页面置换的例子。该例子中，假设系统为某进程在内存中分配了 3 个物理块，进程的页面访问序列依次为：1、2、3、4、1、2、5、1、2、3、4、5，进程开始运行时所有页面均未装入内存。在进程运行过程中，一共产生了 7 次缺页，缺页率为 7/12 = 58.3%，进行了 4 次页面置换。

表 4-4　按最佳置换算法进行页面置换的例子

页面访问序列	1	2	3	4	1	2	5	1	2	3	4	5
物理块 1	1	1	1	1			1			3	3	
物理块 2		2	2	2			2			2	4	
物理块 3			3	4			5			5	5	
缺页次数	1	2	3	4			5			6	7	
置换次数				1			2			3	4	

（2）先进先出（FIFO）置换算法

该算法在选择页面淘汰时，首先选择当前内存中驻留时间最长的页面予以淘汰。若进程仍然采用上面的页面访问顺序，但使用先进先出置换算法选择淘汰页面，则一共产生了 9 次缺页，缺页率为 9/12 = 75%，进行了 6 次页面置换，如表 4-5 所示。

表 4-5　按先进先出置换算法进行页面置换的例子一

页面访问序列	1	2	3	4	1	2	5	1	2	3	4	5
物理块 1	1	1	1	4	4	4	5			5	5	
物理块 2		2	2	2	1	1	1			3	3	
物理块 3			3	3	3	2	2			2	4	
缺页次数	1	2	3	4	5	6	7			8	9	
置换次数				1	2	3	4			5	6	

先进先出置换算法实现起来比较简单，但由于该算法选择淘汰页面的顺序与进程实际运行的情况可能有所不同，于是会产生一些问题，如对一些经常访问的页面，先进先出置换算法不能保证这些页面不会被淘汰。可以预见，一些刚换出的页面可能很快又会被调入内存。此外，该算法有时还会产生一种陷阱现象，即增加分配给进程的物理块数可能不但不会使进程的缺页率降低，反而会使缺页率上升，如表 4-6 所示。表 4-6 显示，进程的页面访问序列保持不变，但系统分配 4 个物理块给进程时，进程运行过程中的缺页次数为 10 次，缺页率上升到 10/12 = 83.3%，页面置换次数为 6 次。

表 4-6　按先进先出置换算法进行页面置换的例子二

页面访问序列	1	2	3	4	1	2	5	1	2	3	4	5
物理块 1	1	1	1	1			5	5	5	5	4	4
物理块 2		2	2	2			2	1	1	1	1	5
物理块 3			3	3			3	3	2	2	2	2
物理块 4				4			4	4	4	3	3	3
缺页次数	1	2	3	4			5	6	7	8	9	10
置换次数							1	2	3	4	5	6

（3）最近最久未使用（LRU）算法

该算法在选择页面淘汰时，首先选择到目前为止最近一段时间内最久没有被访问的页面予以淘汰。该算法的思想是：如果某个页面最近被访问了，则不久之后还可能被访问，反之，如果某个页面最近很长时间都未被访问，则在最近的一段时间内这个页面也不会被访问。表 4-7 给出了采用最近最久未使用算法进行页面置换的例子。

表 4-7　按最近最久未使用算法进行页面置换的例子

页面访问序列	1	2	3	4	1	2	5	1	2	3	4	5
物理块 1	1	1	1	1			1			1	1	5
物理块 2		2	2	2			2			2	2	2
物理块 3			3	3			5			5	4	4
物理块 4				4			4			3	3	3
缺页次数	1	2	3	4			5			6	7	8
置换次数							1			2	3	4

最近最久未使用算法要完全实现比较困难，因为要从内存中找出最近最久未使用的页面，就必须对每个页面设置有关的访问记录项，并随时进行更新，这无疑会增大系统的开销，所以在具体实现中，一般都是采用该算法的近似算法。通常该算法的近似算法有如下几种。

1）最不经常使用（LFU）页面淘汰算法。该算法指在需要淘汰一个页面时，首先淘汰截至目前时间访问次数最少的那个页面。这个算法实现比较简单，在页表项中增设一个访问计数器便可以解决问题。具体方法如下：每当某个页面被访问一次时，该计数器加1；在发生缺页中断需要从内存中淘汰一个页面时，就根据访问计数器的值淘汰值最小的那个页面，同时将所有的计数器置0。

2）最近没有使用（NRU）页面淘汰算法。该算法指在需要淘汰一个页面时，从那些最近一个时间段内未被访问的页中随机选择一个页面淘汰。该算法只需要在页表项中增设一个访问位便可以实现。当某个页面被访问时，访问位置1，而系统则定时地把所有的访问位重新置0。当系统需要淘汰某个页面时，就从当前访问位为0的页面中随机选择一个页面淘汰。

3）Clock 置换算法。算法的基本思想是：在各页面对应的页表项中增加一个指针，通过它将内存中的所有页面链接成一个循环队列；当把一个页面调入内存或访问一个页面时，将该页面对应页表项中的访问位置1；在选择淘汰页面时，从当前位置开始扫描循环队列，若页面的访问位为1，则将它重新置为0，再检查下一个页面；若页面的访问位为0，则它便是淘汰页面。如果选择淘汰页面时，将最近既没有被访问过，同时也没有被修改过的页面作为首选淘汰的页面，则得到改进的 Clock 置换算法。Clock 置换算法与 NRU 算法在本质上没有差别，仅仅是具体实现方法有所改进。

5. 页面分配和置换策略

在请求分页虚拟存储管理方式中，系统允许在内存中同时装入多个进程。对不同的进程，系统应为之分配不同数量的物理块，以便装入各自的页面。在为进程分配物理块时，可以采用以下两种页面分配策略。

1）固定分配。固定分配指系统在创建进程时，根据进程的类型或用户的需求，为进程分配固定数目的物理块，分配的物理块数量要保证进程能够正常运行，且在进程的整个运行期间不再发生改变。采用固定分配策略时，既可以根据进程的数量或进程的大小按平均或按比例分配内存中的所有物理块，也可以把进程的大小和优先级结合起来决定物理块的分配。

2）可变分配。可变分配指先为进程分配一定数目的物理块，在进程运行过程中，若出现缺页，再为该进程分配附加的物理块。要实现这种分配策略，系统必须自身保留一个空闲物理块队列。进程在运行过程中，系统会根据进程的缺页情况，从空闲物理块队列中取出相应数量的物理块再分配给进程，直到空闲物理块队列变空。

在产生缺页中断时，系统会把进程运行所需要的页面调入内存，但若此时内存的物理块已分配完，就必须从内存中选择一个页面淘汰，以便释放内存空间。进行页面置换时，也可采用两种策略：全局置换或局部置换。

1）全局置换：在这种策略下，当一个进程产生缺页中断时，系统从内存中的所有页面中选择一个页面淘汰，同时把所缺的页面调入内存。

2）局部置换：在这种策略下，当一个进程产生缺页中断时，系统只从该进程在内存的页面中选择一个页面淘汰，同时把所缺的页面调入内存。

不同的页面分配策略与不同的页面置换策略相结合，便形成如下 3 种实用可行的策略。

1）固定分配局部置换。在这种策略下，系统为进程分配的物理块数固定，需要进行页面置换时，只能从内存中分配给该进程的物理块内选择一个页面淘汰，以确保分配给该进程的物理块数在进程运行期间保持不变。实现这种策略的困难是难以确定应为每个进程分配多少个物理块，于是可能会出现两种情况。一种情况是分配给进程的物理块过少，导致缺页中断频繁产生，使系统运行缓慢。另一种情况是给进程分配的物理块过多，导致内存中运行的进程数量减少，有可能使 CPU 和系统资源的利用率降低。

2）可变分配全局置换。在这种策略下，每个进程首先从系统获得一定数量的物理块，同时系统保留一个空闲物理块队列；当某个进程产生缺页中断时，系统便从空闲物理块队列中取出一个物理块分配给该进程，并将所缺页面调入；只要系统的空闲物理块队列尚未用完，产生缺页中断的进程都可以从这个空闲队列中分配到物理块；在系统的空闲物理块队列分配完后，若产生缺页中断，系统便从内存的所有页面中选择一个页面淘汰。由于这种策略易于实现，并可以明显降低缺页中断率，所以在大多的操作系统中都采用此策略。

3）可变分配局部置换。在这种策略下，每个进程首先从系统获得一定数量的物理块，同时系统保留一个空闲物理块队列；当进程产生缺页中断时，系统先不从空闲物理块队列中取出物理块分配给进程，而是从分配给该进程的物理块中选择一个页面淘汰，再调入需要的页面；仅当某个进程的缺页率高到一定程度后，系统才从空闲物理块队列中取出若干物理块分配给该进程，使其缺页率降到某个适当程度。同时，对缺页率很低的进程，系统可适当减少分配给它的物理块，但减少物理块后不能使进程的缺页率显著增加。

4.6.3 请求分段虚拟存储管理

请求分段虚拟存储管理系统是在分段存储管理系统的基础上，增加了请求分段功能和分段置换功能后而形成的一种虚拟存储器系统。在请求分段虚拟存储管理方式中，进程在运行前，不需要将它的所有分段都装入内存，仅把当前所需的若干个分段装入内存便可启动运行。进程运行过程中，如果要访问的段不在内存中，便产生缺段中断信号，由系统从外存将该段调入内存。请求分段虚拟存储管理也需要通过软件和硬件相结合来实现。

1. 请求分段的段表机制

为了实现虚拟存储器，请求分段虚拟存储管理系统对分段存储管理系统的段表进行了扩充，增加了一些相关的字段。新增的字段包括：访问位、修改位、中断位（状态位）、增补位、存取方式和外存始址。请求分段虚拟存储管理方式中的段表项结构如图 4-25 所示。

段号	段长	基址	访问位	修改位	中断位	增补位	存取方式	外存始址

图 4-25 请求分段虚拟存储管理方式中的段表项结构

其中，段号、基址和段长字段的意义与分段存储管理中相同；访问位字段用来记录该段在一段时间内被访问的次数或最近有多久未被访问，此字段为置换算法选择淘汰段提供依据；修改位字段用来记录分段调入内存后是否进行过修改，若某段没有被修改，则将其换出时不需要再把它写入外存；以减少磁盘操作次数，反之，则必须将换出的分段重新写入外存；中断位（状态位）字段用于表示分段是否在内存；增补位字段用来表示该段在运行过程中是否动态增长，若某进程在运行过程中允许某个段动态增长，则应对段长进行修改，否则会出现错误；存取方式规定了该段的访问权限，为段的越权保护提供服务；外存始址字段给出该段在外存中的起始盘块号，进程产生缺段中断时，系统将根据此字段从外存将该段装入内存。

2. 缺段中断机构

缺段中断信号的产生是因为进程运行过程中所要访问的段尚未调入内存而引起的。一旦某进程产生缺段中断，便由缺段中断处理程序进行处理。其处理过程与请求分页系统中的缺页处理过程类似。系统首先判断内存中是否有足够的空闲空间装入所缺的分段，若有便直接将该段装入内存，同时修改相关的数据结构；若内存中没有能够满足要求的空闲空间，则判断内存中空闲空间的总和是否能满足分段的要求，若能满足则可以采用紧凑技术，将内存空闲空间进行合并后再把所需的分段装入内存；如果不能满足，就必须根据一定的置换算法，将内存中的一个或若干个段淘汰，以便腾出内存空间装入所需的分段，被淘汰的分段若在内存中被修改过，还必须将其重新写入外存。

3. 地址变换机构

在请求分段虚拟存储管理系统中，进程的逻辑地址到实际内存物理地址的转换也由地址变换机构完成，其基本变换过程与分段式存储管理中的地址变换过程相同。但由于在请求分段虚拟存储管理系统中，被访问的段有可能当前并不在内存，这时必须先将它调入内存，然后才能进行地址变换。因此，在分段存储管理的地址变换机构中，增加了用来实现虚拟存储器的缺段中断请求及缺段中断处理等功能。请求分段虚拟存储管理的地址变换过程如图 4-26 所示。

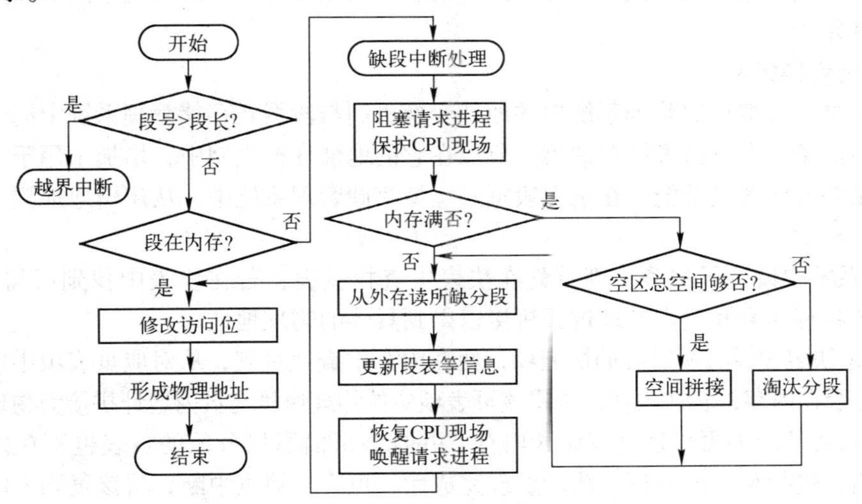

图 4-26　请求分段虚拟存储管理的地址变换过程

4.6.4　请求段页式虚拟存储管理

请求段页式虚拟存储管理系统是建立在段页式存储管理系统基础上的一种虚拟存储器系统。根据段页式存储管理思想，在请求段页式虚拟存储管理方式中，首先按照程序自身的逻辑结构把程序划分为若干个不同的分段，再将每个分段划分成固定大小的页面；内存空间根据页面大小划分为若干物理块，内存以物理块为单位进行离散分配；进程不必将所有页面装入内存便可以启动运行，进程运行过程中若要访问的页面不在内存，便会产生缺页中断，若该页所在的段也不在内存，则首先产生缺段中断，再产生缺页中断，由相应的中断处理程序到外存找到该段，并将该段中所需要的页面调入内存。若进程要访问的页面已在内存，则对页面的管理与段页式存储管理相同。

1. 段表及页表机制

请求段页式虚拟存储管理系统中的页表和段表是两个重要的数据结构，页表的结构与请求分页虚拟存储管理中的页表相似。段表在段页式存储管理系统的段表基础上，增加了一些新的字段，这些新增的字段包括中断位（状态位）、修改位、外存始址等，用来支持实现虚拟存储器。

2. 中断处理机制

由于在请求段页式虚拟存储管理系统中，内存空间的分配以页为单位，所以当某个进程在运行过程中发现所要访问的页面不在内存时，首先要判断当前页面所在分段的页表是否在内存，若页表已在内存，则进程只产生缺页中断，由缺页中断处理程序进行相应的处理；若缺页所在分段的页表也不在内存，这时先产生缺段中断，由缺段中断处理程序为该分段在内存中建立一张页表，且将页表的始址存入相应的段表项中，然后再产生缺页中断，由缺页中断程序进行相关的处理，把所缺的页面调入内存。值得注意的是，由于请求段页式虚拟存储管理方式对内存的分配以页为单位进行，产生中断一定是因为进程所访问的页面不在内存，所以完全没有必要将该页所属的整个分段全部调入内存，也就是在处理缺段中断时，没有必要为整个段申请内存空间，于是在请求段页式虚拟存储管理系统中，缺段处理仅为所缺的分段在内存中建立一张页表。这种处理方式与请求分段虚拟存储管理系统中的缺段中断处理方式显然存在差异。

3. 地址变换机制

请求段页式虚拟存储管理系统中的地址变换机制与段页式存储管理系统中的地址变换机制类似，但由于前者支持虚拟存储器，所以在它的地址变换机制中，增加了用于实现虚拟存储器的中断功能和置换功能。在请求段页式虚拟存储管理系统中，从逻辑地址到内存物理地址的变换过程如下。

1）若系统中设置了快表，则首先在快表中查找页表，若在快表中找到所需的页表项，就将对应的物理块号和页内地址进行拼接以得到具体的物理地址。

2）如果快表中没有所需要的快表项，便在内存中查找页表，从对应页表项中的中断位判断该页面是否在内存，若在内存，便将该页表项中的物理块号与页内地址拼接为物理地址。

3）如果要访问的页面还没有调入内存，并且该页面所属分段的页表也不在内存，便产生缺段中断，进行相应的处理；缺段处理完成后，再产生缺页中断，将该页调入内存；若页面所在分段的页表已在内存，则只产生缺页中断。最后将得到的物理块号与页内地址拼接形成物理地址。

4.7 Windows XP 中的存储管理

Windows XP 运行在 Intel Pentium CPU 硬件平台上，Intel Pentium CPU 提供了实地址模式、虚地址模式及虚拟模式 3 种工作模式。实地址模式采用段式存储器管理或单一连续存储器管理，不启用分页机制，只能寻址 1MB 地址空间。虚地址模式采用 3 种内存管理方式：段式虚拟存储器管理、页式虚拟存储器管理、段页式虚拟存储器管理。

Windows XP 采用请求页式虚拟存储器管理，提供 32 位虚地址，为每个进程提供一个受保护的 4GB 的虚拟地址空间。系统把进程拥有的 4GB 虚拟地址空间分成高地址和低地址两个部分，高地址的 2GB 提供给操作系统使用，低地址的 2GB 提供给用户使用，作为用户存储区。系统存储区又分成 3 个区域：固定页面区、页交换区、操作系统驻留区。固定页面区中存放系统中的关键代码，其中存放的页面不能与外存进行交换。页交换区中存放非常驻的系统代码和数据，其中存放的页面可以与外存进行交换。操作系统驻留区中存放内核、执行体、引导驱动程序和硬件抽象层代码，这部分内容非常重要，永不失效；为了加快运行的速度，在对这一区域进行寻址时采用硬件直接映射。有时为了改善大型应用程序运行的性能，也可以选择另外一种地址分配方式，允许用户拥有 3GB 虚地址空间，而仅留给系统 1GB。

为了在 Windows XP 中实现虚拟存储器管理，系统需要页表机制和地址变换机制的支持。在 Windows XP 系统中采用二级页表机制来实现进程的逻辑地址到物理地址的映射。系统把进程的逻辑地址划分为 3 个部分：页表目录索引、页表页索引、页内地址。每个进程都拥有一个单独的页目录，这是内核管理器创建的特殊的页，用来映射进程所有页表页的位置。页表目录索引占 10 位，可以映射 1024 张页表。页目录通常是进程私有的，但需要时也可以在进程之间共享。页表页索引占 10 位，每张页表可以包含 1024 个页表项，其中用户进程最多可以拥有 512 个页表项，剩下的页表项由系统进程占用并提供给所有用户进程共享。页内地址占 12 位，每页的大小为 4KB。

在进行地址变换时，操作系统首先将进程（PCB 中）的页目录的起始地址放入页目录寄存器中，通过页目录寄存器找到内存中的第一级页表，即页表目录，页表目录的表项中存放了进程所有页表在内存中的位置和状态；然后通过页表目录找到具体的页表，再通过访问内存页表找到所需页在内存中对应的物理块，最后将物理块号和页内地址进行拼接形成实际的物理地址。

Windows XP 系统中的虚拟存储管理涉及以下几个问题。

(1) 请求调页

Windows XP 系统中采用请求页调入和预调入两种方式实现调页功能。当一个运行中的线程产生缺页时，内存管理器就将引发中断的页面及相邻的少量页面一起装入内存。预先调入一些相邻的页面，可以减少缺页中断发生的概率。Windows XP 按照以下方式为调入的页面分配内存物理块：系统首先查看所需的页是否在后备链表或修改链表中。若在，则将此页从链表中移出，将页放入进程的工作集中，不需要为此页分配新的内存物理块；若不在，如果需要一个零初始化页，则内存管理程序总是先到零页链表中去取出第一页，若零页链表为空，则内存管理程序就到空闲链表中取出一页并对它进行初始化工作；若此次需要的页不是零初始化页，就从空闲表中取出第一页，如果空闲链表为空，就从零初始化页链表中取一页；如果针对以上任一种情况，零页链表和空闲表都为空，则使用后备链表。

(2) 页面淘汰算法

在单处理器系统中，Windows XP 使用最近最久未使用页面置换算法（LRU）的近似算法选择淘汰页面。在多处理器系统，Windows XP 采用局部先进先出页面置换算法选择淘汰页面。采用局部淘汰算法可防止用户进程损失太多内存。采用先进先出算法可以让被淘汰的页面在物理内存中会多停留一段时间，以防止不久之后又要使用该页，若该页仍停留在内存中，则可以避免再次从磁盘读出。

(3) 工作集管理

在 Windows XP 中，对一个进程工作集的定义是：该进程当前在内存中的页面的集合。当创建一个进程时，系统为进程指定最小工作集和最大工作集，开始时所有进程的最大和最小工作集都相同。系统在初始化时，会计算一个进程最小和最大工作集值，当物理内存大于 32MB 时，进程默认最小工作集为 50 页，最大工作集为 345 页。在进程执行过程中，内存管理器会自动对进程工作集的大小进行调整。如果当一个进程的工作集降到最小时该进程发生缺页中断，且当前内存空间并不满，则系统就会增加该进程的工作集尺寸。当一个进程的工作集升到最大后，如果没有足够的内存空间可用，则每发生一次缺页中断，系统就要从该进程工作集中淘汰一页，再调入此次页中断所请求的页面。当然，如果有足够内存可用的话，系统也允许一个进程的工作集超过它的最大工作集尺寸。当物理内存剩余不多时，系统将检查内存中的每个进程，查看当前工作集是否大于其最大工作集，如果大于，则淘汰该进程工作集中的一些页，直到空闲内存数量足够或每个进程都达到其最小工作集。系统会定时从进程中淘汰一个有效页，观察其是否对该页发生缺页中断，以便测试和调整进程当前工作集的大小。如果淘汰一个有效页后，进程继续执行，并未对被淘汰的这个页面发生缺页中断，则该进程工作集减 1，对应物理块被加到空闲链表中。

Windows XP 的虚存管理系统总是为每个进程提供尽可能好的性能，而无须用户或系统管理员的干预。尽管这样，系统还是提供相关 Win32 函数，可让用户或系统管理员改变进程工作集的大小，不过工作集的最大规模不能超过系统初始化时计算出并保存的最大值。

4.8 Linux 中的存储管理

Linux 沿用了传统 UNIX 系统中的存储管理机制，采用虚拟存储技术实现内存的管理。进程运行时，不必将整个进程映像全部装入内存中，只需在内存中保留当前用到的页面，当访问的页面不在内存时，再从外存交换区把所需要的页面调入内存。

1. 多级页表结构

在 Linux 系统中，每个进程的虚拟地址空间可达 4GB。内核将 4GB 的空间划分为两部分：最高地址的 3 ~ 4GB 是“系统空间”，提供给内核自身使用，存放仅供核心态进程访问的代码和数据，由所有核心态进程共享；处于用户态的进程不能直接访问系统空间中的代码和数据，只能在中断或陷入发生时，通过模式切换间接访问。低地址的 0 ~ 3GB 供各个进程使用，称为“用户空间”。

在 Linux 系统中，页面的大小为 4KB，于是进程的虚拟存储空间包含 2^{20} (1MB) 个页面，也就是说，每个进程的页表最多可以有 1MB 个页表项。显然，要把这么大的页表存放在一个连续内存区的做法是不可取的，所以 Linux 系统采用了三级页表机制，即页表分为三层：页目录（PGD）、中间页目录（PMD）和页表（PT）。页目录的大小为一个页面，页目录中的每一项指向中间页目录的一页。中间页目录可能跨越多个页面，它的每一项指向页表中的一页。页表也可能跨越多个页面，每个页表项指向该进程的一个虚页。

在拥有 Pentium 处理器的计算机上，PGD 和 PMD 合二为一，三层页表被简化成两层，即只有页目录和页表两级结构。采用两级页表时的虚拟地址结构如图 4-27 所示。

图 4-27 Linux 中的虚拟地址结构

2. 地址变换

当调用 fork( )创建一个进程时，系统为之建立一个 task_struct 结构。该结构包含了一个用于描述该进程存储管理信息的 mm_struct 数据结构，进程的页目录的起始地址便存放在 mm_struct 结构中。将虚拟地址转换为物理地址的方法如下：先通过 mm_struct 结构找到进程的页目录，根据页表索引号在页目录中找到页表的内存始址，再根据页号在页表中找到要访问页面的物理块号，最后将获得的物理块号和页内地址拼接成内存物理地址。

3. 页面分配与回收

在 Linux 操作系统控制下，物理内存被划分成若干个页框，其长度与页面相等。系统运行过程中，不可避免地要进行物理页框的分配与回收。在 Linux 系统中，所有的物理页框都通过数据结构 men-map 进行描述，该结构在系统初始化时通过函数 free-area-init( ) 创建。men-map 本身是由 men-map-t 组成的一个数组，每个 men-map-t 对一个物理页框进行描述。

页面分配采用空闲块链表和位示图结合的方法。在 Linux 内核中定义了一个 free-area 数组。free-area 数组中的每个元素包含两个指针：list 是指向某个空闲块链表的头指针；map 是指向一个位示图的指针，该位示图记录了页框组合的分配情况。各空闲块链表中的空闲块大小不等，它们按 2 的幂递增，即第一个空闲块链表（其头指针位于第一个 free-area 数组元素中）中的空闲块只有一个空闲物理块，第二个空闲块链表（其头指针位于第二个 free-area 数组元素中）中的空闲块包含两个连续空闲物理块，第三个空闲块链表（其头指针位于第三个 free-area 数组元素中）中的空闲块包含四个连续空闲物理块，依此类推。

Linux 采用“伙伴算法”进行页块的分配和回收。为进程分配页块时，系统首先在 free-area 数组各数组元素指向的空闲块链表中查找满足分配要求的最小空闲块，找到后则进行下述操作：若找到的空闲块恰好等于此次分配的长度，则直接将该空闲块分配出去，并将它从对应的空闲块链表中删除；若空闲块大于所需，则将空闲块一分为二，取前一部分分配，后半部分插入前一个 free-area 数组元素对应的空闲块链表中。若空闲块还大，则继续把空闲块对半分，留一半取一半，直到相等为止。在这个分配过程中，map 指针所指的位示图也要做相应的改变。

空闲块的不断分配会导致内存中出现较多碎片，为了减少碎片，Linux 在回收空闲块过程中要将小空闲块重新组合成大空闲块。Linux 中内存块的释放通过调用函数 free-pages( )完成。回收空闲块时，系统根据 map 指针指向的位示图，判断回收块的前后块是否是空闲块，若是则进行合并，并修改位示图中的对应位，且从 free-area 数组对应的空闲块链表中取下该相邻块，这个过程会一直进行下去，直至找不到相邻的空闲块为止。最后将合并产生的最大空闲块插入 free-area 数组的相应空闲块链表中。

4. 交换空间

Linux 采用两种方式保存换出的页面。一是使用块设备，如硬盘的一个分区，称为交换设备；另一种是使用文件系统的一个固定长度的文件，称为交换文件。交换设备和交换文件统称为交换空间。

5. 页交换线程与页面换出

当内存中的物理页面不够用时，Linux 存储管理系统必须将内存中的部分候选替换物理页面释放，并将它们写到交换空间中，完成页面的置换。Linux 中采用内核态交换线程 kswapd 专门负责完成这项工作，内核态交换线程是一种没有虚拟存储空间的线程，运行在内核态，并且直接使用物理地址空间。kswapd 的任务是把内存中的淘汰页面换出到交换空间，同时保证系统中有足够的空闲页面，以保持存储管理系统高效运行。kswapd 在系统初启时由 init 创建，然后调用函数 init_swap_timer( )设定时间间隔，并马上转入睡眠。以后每隔 10 ms 响应函数 swap_tick( )被周期性激活。激活后，它首先察看系统中空闲页面是否变得太少，利用两个变量 free_pages_high 和 free_pages_low 作为评判标准；若空闲页面数大于 free_pages_high，说明系统中的页面足够，则 kswapd 继续睡眠；若空闲页面数小于 free_pages_high 或低于 ree_pages_low，则 kswapd 进行页面换出处理。Kswapd 可以通过 3 种方法减少系统中正在使用的页面数，这 3 种方法分别是缩减缓冲区和页面缓冲区的大小，换出共享内存页，换出或丢弃进程占用的页面。

6. 存储映射与缺页中断

当执行一个文件映像时，可执行映像的内容必须装入到进程的虚拟地址空间，但在 Linux 中没有必要将所有的映像全都装入物理内存。Linux 仅将可执行文件链接到进程的虚拟内存，当程序运行时，可执行映像才逐渐装入内存。这种将文件的映像与进程的虚拟内存地址空间链接起来的方法称为“存储映射”。

当一个可执行文件映像被映射到进程的虚拟地址空间后，它就开始执行，但由于内存中只装入了进程的一部分内容，所以当进程访问到无效的页表项时，CPU 将产生缺页中断，并把出现缺页的虚拟地址和存取操作内存的模式传递给 Linux 的缺页中断处理程序。系统会检查此次缺页中断的合法性，若合法，便根据所缺页面所在的位置分别进行处理，最后通过高速缓存调入页面并更新进程的页表。

4.9 习题

1. 可采用哪几种方式将程序装入内存？它们分别适用于什么情况？
2. 在进行程序链接时，有什么工作应该完成？
3. 什么是物理地址和物理地址空间？它们和逻辑地址空间有什么关系？
4. 实现地址重定位的方法有几类？形式化描述动态重定位的过程。
5. 可变分区存储管理中有哪些常用的内存分配算法？各自的优缺点是什么？
6. 在可变分区存储管理下，按地址排列的内存空闲区为：10KB、4KB、20KB、18KB、7KB、9KB、12KB 和 15KB。对于下列的连续存储区的请求：①12KB、10KB、9KB；②12KB、10KB、15KB、18KB。试问：使用最先适应算法、循环最先适应算法、最佳适应算法和最差适应算法，哪个空闲区被使用？
7. 可变分区存储管理中，在进行内存空间回收时会出现几种情况？如何处理？
8. 什么是覆盖技术？覆盖技术实现的关键问题是什么？
9. 在操作系统中为什么要引入交换技术？在以进程为单位进行交换时，每次是否都必须将整个进程换出？为什么？

10. 为什么分页存储管理比分区式存储管理合理？

11. 为了实现分页存储管理，需要有哪些硬件支持？

12. 一个页式存储管理系统的内存容量是 64KB，分成 16 个物理块，块号依次为 0、1、2、3、...、15。假设某个进程有 0、1、2、3 四个页面，分别装入内存的 2、4、8、6 号物理块中。

1）试写出该进程每一页在内存中的起始地址。

2）计算逻辑地址［0，100］、［1，60］、［2，0］、［3，60］在内存中的物理地址。方括号中的第一个元素为页号，第二个元素为页内地址。

13. 某个进程在一个段式存储管理系统中的段表如表 4-8 所示。试确定逻辑地址［0，75］、［1，55］、［2，90］、［3，25］对应的内容是否在内存？为什么？其中方括号中的第一元素为段号，第二元素为段内地址。

表 4-8　某个进程的段表

段号	段长	基址	状态
0	100	500	1
1	50	750	1
2	110	100	0
3	80	–	0

14. 在段式存储管理中，地址变换时会进行几次地址越界检查？分别在什么时候进行？

15. 实现虚拟存储器的原理是什么？

16. 虚拟存储器有些什么特征？其中最根本的特征是什么？

17. 在分页、分段和段页式存储管理中，当访问一条指令时，各需要访问内存几次？每次访问内存进行何种操作？

18. 在段页式存储管理中引入快表的目的是什么？在具有快表的存储管理中如何实现地址变换？

19. 采用分页式存储管理的存储器是否是虚拟存储器？为什么？

20. 段式存储管理可以实现虚拟存储器吗？如果可以，简述实现的方法。

21. 为什么说分页式存储管理中逻辑地址结构是一维的，而分段式存储管理中逻辑地址结构是二维的？

22. 为什么提出段页式存储管理？它与页式、段式存储管理有何区别？

23. 段页式存储管理的主要缺点是什么？有什么改进办法？

24. 缺页中断与一般中断相同吗？为什么？

25. 请求分页虚拟存储管理中有哪几种常用的页面置换算法？试比较它们的优缺点。

26. 若给某进程在内存中分配了 4 个物理块，其页面访问顺序为 1、3、4、5、2、3、4、8、6、7、5、6、5、4、2，分别计算采用 OPT、FIFO、LRU 算法时的缺页次数和缺页率。

27. 如何实现分段共享？

28. Windows 操作系统中怎样进行存储管理？

29. Linux 操作系统中怎样进行存储管理？

第5章 设备管理

设备又称为I/O（输入/输出）设备，泛指计算机系统中除主机以外的所有外部设备。现代计算机系统配备了大量的外部设备用于信息的输入和输出。管理好I/O设备，完成用户的输入/输出请求，提高输入/输出的速度，以及改善I/O设备的利用率是操作系统的基本任务之一。为此，操作系统中包含有专门用于实现上述功能的代码，这部分代码称为设备管理模块。由于I/O设备种类繁多，且它们的特性和操作方式往往差异甚大，因而设备管理模块是操作系统中最繁杂且与硬件最紧密相关的功能模块。

本章将介绍设备管理的基本原理，包括输入/输出系统、输入/输出控制方式、缓冲管理、设备分配、输入/输出软件、虚拟设备及磁盘存储器管理等内容。

5.1 输入/输出系统

输入/输出（I/O）系统指用于实现信息输入或输出的系统。输入/输出系统除了含有直接用于信息输入/输出的各种物理设备外，还包含控制这些物理设备进行输入/输出的控制部件和支持部件，如设备控制器、高速总线等。在有的大、中型计算机系统中，还含有I/O通道（或I/O处理器）。

5.1.1 计算机设备分类

计算机的设备种类繁多，其特性差异也很大，可以从不同角度进行分类。

1. 按信息传输速率分类

按照设备的信息传输速率，可将设备分成以下几种。

1）低速设备：每秒传输信息仅几个字节至数百个字节，如键盘、鼠标和语音输入设备等。

2）中速设备：每秒传输信息数千个字节至数万个字节，如各种打印机。

3）高速设备：信息传输速率在每秒数十万个字节以上，如闪存、磁盘机、光盘机和磁带机等。

2. 按信息交换单位分类

按照设备的信息交换单位，可将设备分成以下几种。

1）字符设备：以字符为单位输入/输出信息，如键盘、显示终端、打印机等。

2）块设备：以数据块为单位输入/输出信息，如磁盘、磁带等。

3. 按设备属性分类

按照资源属性，可将设备分成以下几种。

1）独占设备：指在一段时间内只允许一个用户（进程）访问的设备。独占设备属于临界资源，并发诸进程必须以互斥方式使用独占设备。进程一旦获得这类设备，就由该进程独占，直至用完释放。大多数低速字符设备，如交互终端、打印机、扫描仪等就属于独占设备。

2）共享设备：指在一段时间内允许多个用户（进程）同时访问的设备。共享设备由于在宏观上允许多个进程同时访问，因此设备利用率高。但需要注意，这类设备在某个确定时刻仍只允许一个进程访问，即微观上各进程的访问只能交替进行。磁盘是共享设备的典型代表。

3）虚拟设备：指通过虚拟技术（如 Spooling 技术），将一台独占设备改造成若干台逻辑共享设备，提供给多个用户（进程）同时使用，以提高设备的利用率。局域网中提供给多个用户共享的打印机就是使用虚拟设备的例子。

4. 按使用特性分类

按照设备的使用特性，可将设备分成以下几种。

1）存储设备：用来存储程序和数据，如磁盘、磁带、光盘、闪存等。

2）输入/输出设备：用于输入或输出信息。键盘、鼠标、扫描仪等属于信息输入设备，显示器、打印机、绘图仪等属于信息输出设备。

另外，还可以根据其他原则对设备分类。例如，可以将设备分为系统设备和用户设备。系统设备指操作系统生成时已在系统中登记的各种标准设备，如键盘、打印机、显示器、磁盘、鼠标等。用户设备指操作系统生成时未登记入系统的非标准设备，如一些特殊的扫描仪、绘图仪和其他特殊设备，这类设备在用户自己安装配制后由操作系统统一管理。

5.1.2 设备控制器

设备控制器是位于 I/O 设备与 CPU 之间的电子部件，其主要职责是控制一个或多个 I/O 设备，实现设备与计算机存储器之间的数据交换。设备控制器在 I/O 设备与 CPU 之间起着接口作用，它接收来自 CPU 的命令，并根据收到的命令控制 I/O 设备完成具体的输入/输出操作，以便将 CPU 从烦琐的设备控制事务中解脱出来。有了设备控制器，在进行输入/输出时，当 CPU 向设备控制器发出一条命令后，它便可以转向其他工作，而具体输入/输出操作在设备控制器的控制下自行完成，命令执行完毕后，再由设备控制器发出一个中断信号，通知操作系统重新获得 CPU 的控制权以便进行进一步处理。在微型计算机中，设备控制器常被设计成可以插入主板扩展槽中的印刷电路卡形式，这时可将它们称为接口卡。设备控制器的复杂性因不同设备而异，其差异很大。可以将设备控制器分为两大类：一类是用于控制字符设备的设备控制器；另一类是用于控制块设备的控制器。

多数设备控制器由设备控制器与 CPU 的接口、设备控制器与设备的接口、I/O 逻辑 3 部分组成，如图 5-1 所示。

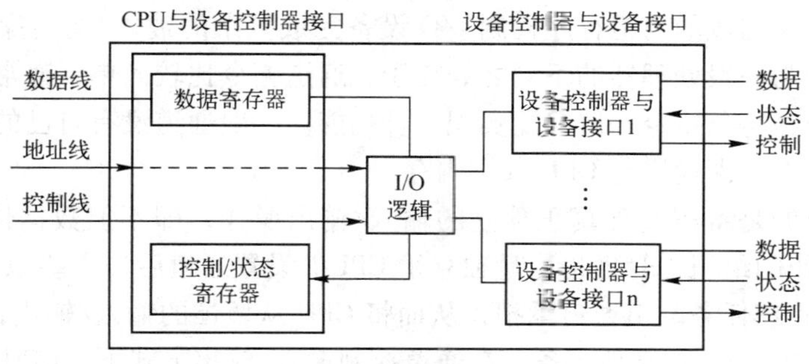

图 5-1 设备控制器的组成示意

设备控制器与 CPU 的接口用于实现设备控制器与 CPU 之间的通信。设备控制器与设备的接口用于实现设备控制器与设备之间的信息交换。由于一个设备控制器可以连接多台设备，因而一个设备控制器上可能存在多个设备接口，每个设备接口与一台设备相连。I/O 逻辑用于实现对设备的控制，它通过一组控制线与 CPU 交互。进行输入/输出时，CPU 向设备控制器发送 I/O 命令，I/O 逻辑对收到的命令进行译码且根据从地址线传来的设备地址进行设备选择，再根据译出的命令对选择出的设备进行控制。

设备控制器通常具有以下功能。

1）接收和识别命令。CPU 可以向设备控制器发送多种命令，设备控制器应能接收和识别 CPU 发来的命令。为此，设备控制器中应有相应的控制寄存器和命令译码器，用于存放接收到的命令和参数及对收到的命令进行译码。

2）数据交换。指实现 CPU 与设备控制器之间、设备控制器与设备之间的数据交换。对于前者，CPU 并行地将数据写入设备控制器的数据寄存器，或从设备控制器的数据寄存器中并行地读取数据。对于后者，输入设备将数据输入到设备控制器的数据寄存器，或将设备控制器的数据寄存器中暂存的数据传送给输出设备。

3）地址识别。系统中的每台设备有一个设备地址，设备控制器应能识别它所控制的每台设备的地址。为此，设备控制器中应包含地址译码器。

4）标识和报告设备的状态。CPU 需要随时了解设备的当前状态，例如，仅当设备处于发送就绪状态时，CPU 才能启动设备控制器从设备中读取数据，因此，设备控制器应具有状态寄存器保存设备的当前状态，以便将它提供给 CPU。

5）数据缓冲。由于 I/O 设备与 CPU 和内存的速度差异很大，故可以在设备控制器中设置缓冲，缓和 I/O 设备与 CPU、内存之间的速度矛盾。

6）差错控制。对从设备传送来的数据进行差错检测，若发现传送出现错误，便将差错检测码置位，并向 CPU 报告。CPU 收到报告后，使本次传送来的数据作废，然后重新进行一次数据传送，以确保数据输入的正确性。

5.1.3 通道

在计算机系统中引入设备控制器后，已大大减少了 CPU 对输入/输出的干预，但 CPU 的负担仍然很重，特别是主机的外部设备很多时更是如此。为了进一步减少 CPU 对输入/输出的干预，在大、中型计算机的 CPU 与设备控制器之间增添了新的控制部件——通道。通道又称为 I/O 处理器，其职责是专门负责控制输入/输出工作。通道具有自己的指令系统，通过运行由通道指令构成的通道程序控制 I/O 设备完成复杂的输入/输出操作。通道是一种特殊的处理器，它与一般处理器的不同之处在于：通道指令比较简单，通常只有数据传输指令和设备控制指令，每条指令一般只能实现一种功能。一般通道没有自己的内存，通道程序存放在主机的内存中，即通道与 CPU 共享内存。

设置通道的目的是希望实现真正独立的输入/输出操作，即不但数据传输独立于 CPU，而且输入/输出操作的组织、管理也尽量独立于 CPU。设置通道后，一些原来由 CPU 承担的输入/输出组织和管理任务改由通道承担，从而将 CPU 从繁忙的输入/输出任务中解脱出来，使 CPU 有更多的时间去处理其他事务。在通道控制输入/输出方式下，CPU 只需要向通道发出一条 I/O 指令，便可以转向其他运算，输入/输出则在通道的控制下进行，即通道根据收到的 I/O 指令，从内存中取出本次要执行的通道程序，再运行该通道程序，控制 I/O 设备完成输入/输出任务，仅当通道完成了规定的输入/输出任务后，才向 CPU 发出中断信号，通知 CPU 进行后续处理。

引入通道后，计算机 I/O 系统的结构如图 5-2 所示。这时，系统对输入/输出操作实施三级控制。第一级是 CPU 执行 I/O 指令，启动或停止通道运行，查询通道状态；第二级是通道接收 I/O 指令后，执行通道程序，向设备控制器发出命令；第三级是设备控制器根据通道发来的命令控制设备完成输入/输出操作。

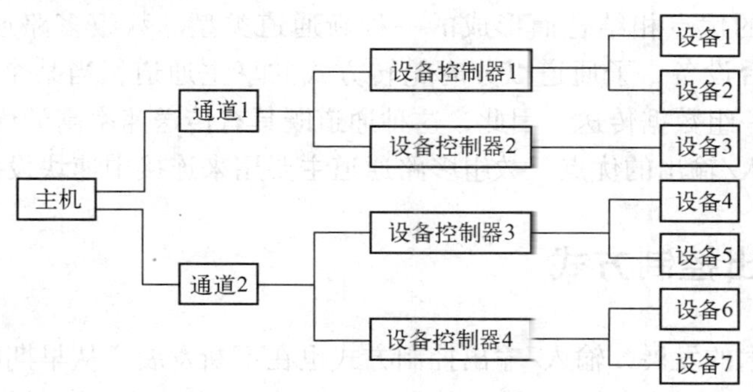

图 5-2 I/O 系统的三级控制结构

通道和设备控制器都是独立的功能部件，它们可以并行运行。一台计算机中可以配置多个通道，一个通道可以连接多个设备控制器，一个设备控制器可以连接多台同类型的设备。由于通道价格较高，计算机中一般配置较少，因而它有可能成为输入/输出的瓶颈。解决办法是增加设备到主机之间的连接通路，即将一台设备连接到几个设备控制器上，将一个设备控制器连接到几个通道上，如图 5-3 所示。多通路方式不仅可以缓解输入/输出的瓶颈问题，而且提高了系统的可靠性，因为个别通道或控制器出现故障，不会导致设备与存储器之间的所有通路中断。

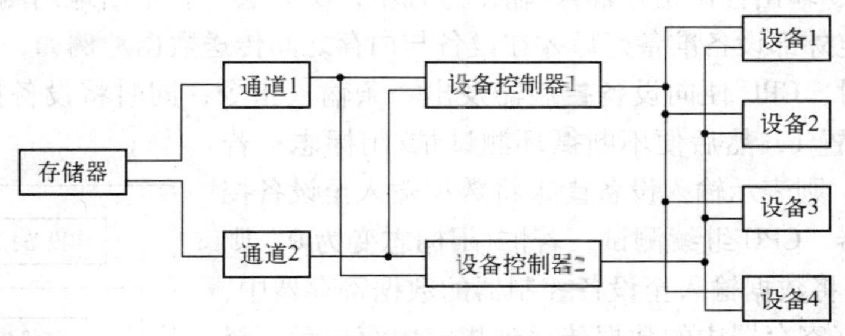

图 5-3 多通路 I/O 系统的结构

根据信息的交换方式，可以将通道分为以下几种类型。

1）字节多路通道。存在多个子通道，每个子通道连接一台 I/O 设备的控制器，并控制该设备完成输入/输出操作。子通道以字节交叉方式轮转共享主通道；即当第一个子通道控制其设备完成一个字节的输入/输出后，立即让出主通道供第二个子通道使用；当第二个子通道控制其设备完成一个字节的输入/输出后，立即让出主通道供第三个子通道使用；依此类推，当所有子通道轮转一周后，又重新从第一个子通道开始新一轮循环。字节多路通道以字节为信息传输单位，主要用于连接大量低速外部设备，如终端、软盘驱动器、打印机、卡片机等。

2）数组选择通道。以数据块为信息传送单位，因此信息传输速率很高，主要用于连接高速外部设备，如磁盘机、磁带机等。尽管数组选择通道可以连接多台设备，但它在一段时间内只能运行一个通道程序，只能控制一台设备进行数据传输，因此一段时间内它只能选择为一台设备服务。当通道被某台设备占用后，即使无数据传输，通道空闲，也不允许其他设备使用该通道，直至占有通道的设备释放通道为止。由此可见，数组选择通道的利用率很低。

3）数组多路通道。它是将数组选择通道传输速率高与字节多路通道能使各子通道（设备）分时并行操作的优点相结合而形成的一种新通道类型。数组多路通道有多个子通道，每个子通道连接一台设备，子通道以分时轮转方式共享主通道，当某个子通道连通主通道时，一次可以完成一组数据传送。因此，这种通道既具有传送速率高的优点，也具有可以同时管理多台设备输入/输出的优点。数组多路通道主要用来连接中速块设备，如磁带机等。

5.2 输入/输出控制方式

随着计算机技术的发展，输入/输出控制方式也在不断发展，从早期的程序直接输入/输出控制方式逐渐发展出了中断输入/输出控制方式、DMA 输入/输出控制方式和通道输入/输出控制方式。输入/输出控制方式的整个发展过程始终贯穿着一条宗旨：尽量减少 CPU 对输入/输出操作的干预，将 CPU 从繁忙的输入/输出任务中解脱出来，以便它有更多时间去完成数据处理任务。

5.2.1 程序直接输入/输出控制方式

程序直接输入/输出控制方式又称为查询方式或忙—等待方式，主要应用在早期的计算机系统中。早期的计算机中不存在中断机构，CPU 对 I/O 设备的控制只能由程序直接控制。所谓程序直接输入/输出控制指在输入/输出过程中，CPU 会一直不断地用测试指令检查 I/O 设备的状态，确定外部设备准备好后才在设备与内存之间传送数据。例如，当进程需要从输入设备读入数据时，CPU 便向设备控制器发出一条输入指令，同时将设备控制器状态寄存器中的忙/闲标志置 1，然后便不断循环测试忙/闲标志；若忙/闲标志仍为 1，则表示输入设备尚未将数据输入至设备控制器的数据寄存器，CPU 继续测试；若忙/闲标志变为 0，则表示输入设备已将将数据输入至设备控制器的数据寄存器中，于是 CPU 便将数据寄存器中的数据传送到指定内存单元，至此，完成一个字（字节）输入；若还要输入其他字（字节），则按照同样方法重复进行。当进程要输出数据时，也需要按照类似的方式，在确定设备就绪后才能将数据传送至输出设备。程序直接控制输入/输出方式的控制流程如图 5-4 所示。

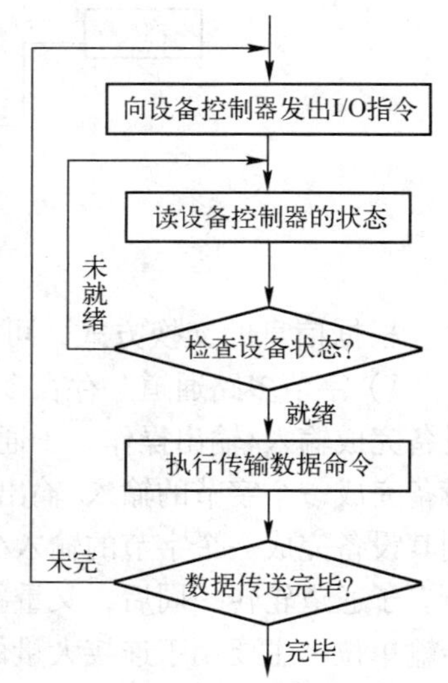

图 5-4 程序直接输入/输出控制方式的控制流程

使用程序直接输入/输出控制方式，一旦启动设备，CPU 便要不断循环查询设备的状态，于是只能暂时停止其他进程执行。反复查询设备状态浪费了大量的 CPU 时间，严重降低了 CPU 的利用率。同时，由于在程序直接输入/输出控制方式下 CPU 和设备是串行工作的，因而外部设备的利用率也很低。

5.2.2 中断输入/输出控制方式

在程序直接输入/输出控制方式下，之所以 CPU 要不断循环测试 I/O 设备状态，是因为在计算机中无中断机构时，设备无法向 CPU 报告其准备情况。因此，当计算机系统中引入中断机构后，对 I/O 设备的控制，广泛采用了中断输入/输出控制方式。

中断控制方式的基本思想是：当某个进程要输入/输出时，便由 CPU 向相应的设备控制器发出一条 I/O 命令，CPU 发出命令后，不用查询设备是否就绪，而是继续执行当前进程或调度其他进程运行；设备控制器根据收到的命令对指定的 I/O 设备进行控制，此时 CPU 与 I/O 设备并行工作，当 I/O 设备完成本次输入/输出（即已将一个字或字节输入至控制器，或已从控制器取走一个字或字节输出）后，控制器便向 CPU 发出一个中断信号；CPU 响应 I/O 中断，对本次输入/输出操作进行后续处理，然后再判断是否所有数据已全部输入/输出完毕，若否，则按照同样方法启动剩余数据的输入/输出。例如，在进程输入时，CPU 发出输入命令后便转向其他工作；设备控制器根据收到的读命令，控制输入设备将一个字（字节）读入设备控制器的数据寄存器中，然后向 CPU 发出中断信号；CPU 响应中断信号，检查设备输入过程中是否出错，若无错，便从设备控制器的数据寄存器中取出数据，并将它写入内存的指定单元中；若还有数据需要输入，则按照相同的方法输入剩余的数据。中断输入/输出控制方式下输入操作的控制流程如图 5-5 所示。

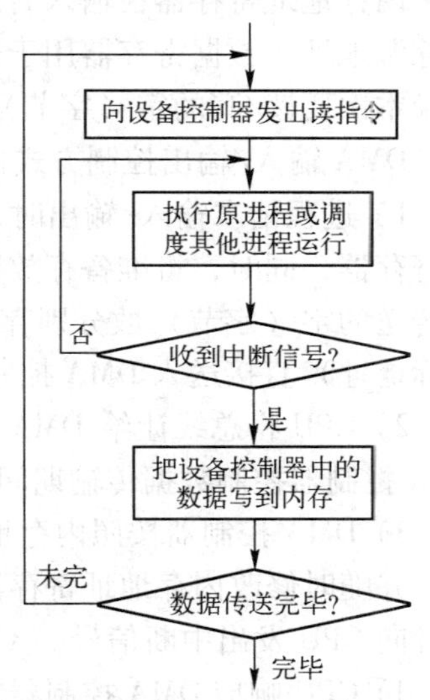

图 5-5　中断输入/输出控制方式下输入操作的控制流程

在中断输入/输出控制方式下，设备输入/输出数据过程无须 CPU 干预，于是 CPU 与设备可以并行工作。仅当设备完成一个数据输入/输出时，才需要 CPU 花费很短的时间去做些中断处理。因此，与程序直接输入/输出控制方式相比，中断输入/输出控制方式极大地提高了 CPU 和设备的利用率。例如，从键盘输入一个字符的时间约需 100 ms，将字符从设备控制器送入内存键盘缓冲区的时间小于 0.1 ms；若采用程序直接输入/输出控制方式，则 CPU 有 99.9 ms 处于忙—等待中；而若采用中断输入/输出控制方式，CPU 可以利用这 99.9 ms 时间去处理其他事务，仅需要 0.1 ms 的时间处理中断请求。

尽管与程序直接输入/输出控制方式相比，中断输入/输出控制方式极大地提高了 CPU 的利用率，但这种控制方式每传输一个字（字节）就要发生一次中断，因此当需要输入/输出大量数据时，CPU 的时间消耗仍然很大。中断输入/输出控制方式主要用于慢速字符设备的输入/输出控制。

5.2.3 DMA 输入/输出控制方式

虽然中断输入/输出控制方式消除了程序直接输入/输出控制方式的重复测试，但数据输入/输出仍以字（字节）为单位，即设备每完成一个字（字节）输入/输出后，设备控制器便要向 CPU 请求一次中断。另外，存储器与设备控制器之间传送数据仍需要 CPU 干预。尽管这种控制方式可以满足低速字符设备的输入/输出要求，但用于块设备的输入/输出却十分低效。例如，若要从磁盘中读出 1KB 的数据块，则要中断 1K（1024）次。对块设备的输入/输出，应采用 DMA（直接存储器访问）输入/输出控制方式。

DMA 输入/输出控制方式进一步减少了 CPU 对输入/输出过程的干预，从每传输一个字（字节）干预一次减少到每传输一个数据块干预一次。DMA 输入/输出控制方式具有以下优点：① 内部存储器与设备之间以数据块为单位进行数据传输，即每次至少传输一个数据块；② DMA 控制器获得总线控制权，直接与内部存储器进行数据交换，CPU 不介入数据传输事宜；③ 仅在数据块传送的开始和结束时 CPU 才进行干预，即 CPU 只做启动和善后处理工作，数据传输和 I/O 管理均由 DMA 控制器负责。

DMA 控制器中包含 4 类寄存器：命令/状态寄存器、内存地址寄存器、数据寄存器和数据计数器。命令/状态寄存器用于接收从 CPU 发来的 I/O 命令或控制信息，或者存放设备状态。内存地址寄存器在输入时用于存放数据传送目标的内存始址，在输出时用于存放数据的内存源地址。数据寄存器用于暂存从设备到内存，或从内存到设备的数据。数据计数器用于记录本次要读/写的字（字节）数。

DMA 输入/输出控制方式传输数据的步骤如下。

1）进程请求输入/输出时，CPU 便向 DMA 控制器发出一条 I/O 命令，该命令被送至命令寄存器，同时，将准备存放数据的内存起始地址（或准备输出数据的内存源地址），以及要传送的字（字节）数分别存入内存地址寄存器和数据计数器，且将磁盘中的源地址（或目标地址）直接送入 DMA 控制器的 I/O 控制逻辑。启动 DMA 控制器进行数据转送。

2）CPU 将总线让给 DMA 控制器，由 DMA 控制器获得总线控制权控制数据传输，在 DMA 控制器控制数据传输期间，CPU 不使用总线。

3）DMA 控制器按照内存地址寄存器的指示，不断在设备与内部存储器之间进行数据传输，并随时修改内存地址寄存器和数据计数器的值。当数据计数器的值减少至 0 时，传输停止且向 CPU 发出中断信号。

4）CPU 响应 DMA 控制器的中断请求，转向相应的中断处理程序进行后续处理。如果还有数据需要输入/输出，则按照相同方法重新启动剩余数据的传送。

DMA 输入/输出控制方式的处理过程如图 5-6 所示。

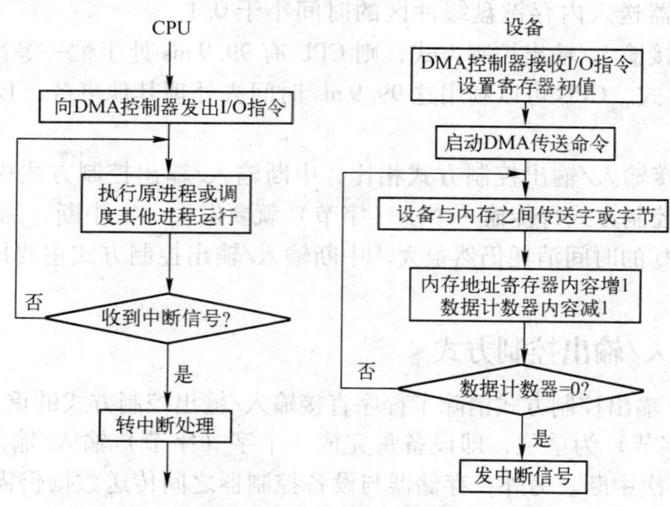

图 5-6　DMA 输入/输出控制方式的处理过程

5.2.4 通道输入/输出控制方式

虽然 DMA 输入/输出控制方式能够满足高速数据传输的需要，但 CPU 发出的每条 I/O 指令只能读/写一个连续的数据块，不能满足复杂输入/输出操作的需求。例如，当人们希望一次读取位于磁盘不同位置的多个数据块，并将它们分别传送到不同的内存区域时，需要 CPU 多次发出 I/O 指令和进行多次中断处理才能传送完成。

使用通道技术，可以进一步减少 CPU 对输入/输出过程的干预，将 CPU 从输入/输出事务中彻底解脱出来，实现 CPU、通道、设备并行操作。在通道输入/输出控制方式下，当进程发出输入/输出请求后，CPU 便将该请求全部交由通道控制完成；仅在整个输入/输出任务完成后，通道才发出中断信号，请求 CPU 进行后续处理。

通道通过执行通道程序，与设备控制器共同实现对 I/O 设备进行控制。通道程序通常存放在内部存储器中，由一系列通道指令（通道命令）组成，它规定了设备应该执行的各种操作和顺序。通道指令与一般的计算机指令不同，通常包含命令码、内存地址、传输字节数、记录结束标志及通道程序结束标志等信息。其中，命令码规定了本条指令要执行的操作，如读、写、控制等；内存地址指明数据送入内存（读操作）或从内存取数据（写操作）的内存首地址；传输字节数指明本条指令要读/写的字节数；记录结束标志标识某个记录是否结束，若为 1，则表示本条指令是处理某个记录的最后一条指令；通道程序结束标志标识通道程序是否结束，若为 1，则表示本条指令是通道程序的最后一条指令。CPU 启动通道后，便由通道执行通道程序完成 CPU 交给的输入/输出任务。例如，执行表 5-1 中操作要求的通道程序可以将位于内存不同位置的数据，分别写成长度为 1000 个字节和 800 个字节的两个记录。

表 5-1 一个通道程序的操作要求

操 作 码	程序结束标志	记录结束标志	传输字节数	内 存 地 址
Write	0	0	100	1000
Write	0	0	500	2370
Write	0	1	400	4250
Write	0	0	300	350
Write	1	1	500	5130

通道输入/输出控制方式传输数据的步骤如下。

1）当进程提出输入/输出请求时，CPU 对通道发出启动命令且传送相应参数，然后转向处理其他事务。

2）通道根据收到的启动命令，调出通道程序执行。于是设备、通道、CPU 并行工作。

3）通道逐条执行通道程序中的通道命令，指示设备完成规定的操作，控制完成设备与内存之间的数据传输。

4）数据传输完毕后，通道向 CPU 发出中断请求。

5）CPU 响应通道提出的中断请求，对这次输入/输出进行结束处理。

5.3 缓冲技术

中断和通道技术的引入，使 CPU 和设备并行工作成为可能。然而，由于 CPU 与设备之间的速度差异很大，以及输入/输出操作的随机性，设备与 CPU 并行运行的程度受到限制。为了缓和 CPU 与设备速度不匹配的矛盾，提高它们的并行性，现代操作系统中，几乎所有 I/O 设备与 CPU 交换数据时，都使用了缓冲区。事实上，凡是在数据到达和离去速度不匹配的地方都可以使用缓冲技术，以提高设备的利用率和改善系统性能。

实现缓冲通常有两种方法。一种方法是采用专门的硬件缓冲器，如设备控制器中的数据缓冲寄存器；另一种方法是在内存中开辟一段存储区作为缓冲区。由于硬件缓冲器成本较高，因此一般采用内存缓冲区来临时存放输入/输出数据。

操作系统提供了以下几种缓冲区类型：单缓冲、双缓冲、循环缓冲（多缓冲）和缓冲池。

5.3.1 单缓冲和双缓冲

单缓冲指在 CPU 与设备之间设置一个缓冲区。设置单缓冲区后，当 CPU 与设备之间交换数据时，需先将被交换的数据写入缓冲区，然后再由需要数据的设备或 CPU 从缓冲区中取走数据。由于缓冲区属于临界资源，不允许多个进程同时对缓冲区进行访问，因此，单缓冲只能缓和 CPU 与设备在处理速度上不匹配的矛盾，不能通过它来实现输入/输出的并行操作。

双缓冲又称为缓冲对换，指在 CPU 与设备之间设置两个缓冲区。在输入设备与处理器之间设置双缓冲区的例子如图 5-7 所示。

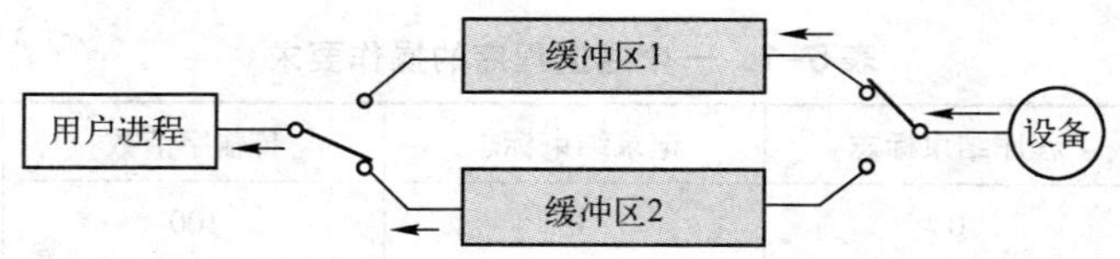

图 5-7 双缓冲工作示意图

设置双缓冲后，设备输入时，先将数据送入第一个缓冲区，第一个缓冲区满后，再转向第二个缓冲区输入，此时操作系统可以从第一个缓冲区中取出数据传给用户进程；当第一个缓冲区的数据被操作系统全部取走后，设备又可以重新转向第一个缓冲区输入，而此时，操作系统又可以从第二个缓冲区中取走数据；依此重复进行，直至输入结束。

与单缓冲相比，使用双缓冲可以明显提高设备的输入/输出速度，提高 CPU 和设备之间的并行性和设备的利用率。

5.3.2 循环缓冲

当缓冲区的输入/输出速度基本匹配时，采用双缓冲技术可以获得较好的缓冲效果，但如果两者的速度相差甚远，则双缓冲效果不理想。随着缓冲区数量的增加，缓冲效果不理想的状况会得到改善，因此，现代计算机系统中广泛采用了多缓冲技术。可以将多缓冲中的多个缓冲区组织成循环队列，此时的多缓冲称为循环缓冲。循环缓冲中的每个缓冲区大小相同，且根据缓冲区的当前状态，可以将它们划分成3种类型：空缓冲区（记为E），用于装入数据；满缓冲区（记为G），已装满数据；当前工作缓冲区（记为C），当前正在使用的缓冲区；如图5-8所示。

管理循环缓冲需要设置3个指针：NextE，指向生产者进程（即向缓冲区输入数据的进程）下次可用的空缓冲区；NextG，指向消费者进程（即从缓冲区中提取数据的进程）下次可用的满缓冲区；Current，指向消费者进程当前正在使用的工作缓冲区。

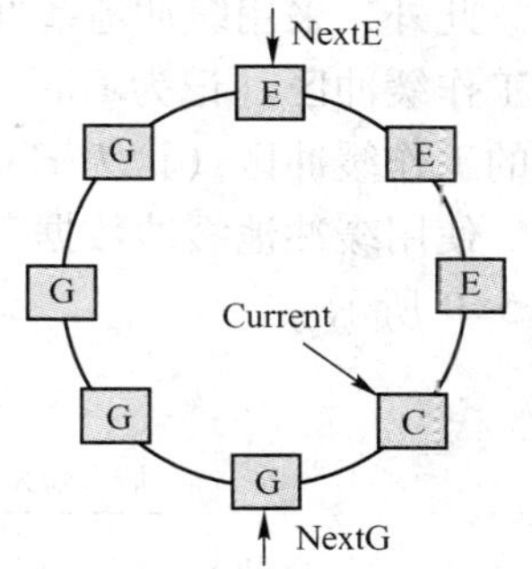

图5-8　循环缓冲示意图

采用循环缓冲可使设备与CPU并行运行。循环缓冲使用过程中，NextE指针和NextG指针会不断循环，若缓冲区的输入/输出速度不一样，则这两个指针可能发生重合，于是必须对生产者进程和消费者进程进行同步。有两种情况：一是NextE指针追上NextG指针，表明生产者进程输入数据的速度大于消费者进程提取数据的速度，所有缓冲区已全部装满数据，已无空缓冲区可用，此时生产者进程应阻塞，待消费者进程将某个缓冲区中的数据提取完毕后，再将它唤醒；二是NextG指针追上NextE指针，表明消费者进程提取数据的速度大于生产者进程输入数据的速度，所有缓冲区已全部提取空，已无满缓冲区可用，此时消费者进程应阻塞，待生产者进程将某个缓冲区装满后，再将它唤醒。

循环缓冲的使用方法如下：消费者进程将NextG指针指向的缓冲区作为工作缓冲区C，且使Current指针指向该缓冲区的第一个单元，使NextG指针指向下一个满缓冲区G，待工作缓冲区的数据被提取完毕后，再将该缓冲区释放，并改为E型缓冲区；生产者进程将NextE指针指向的缓冲区作为输入数据的缓冲区，且使NextE指针指向下一个空缓冲区E，待接收数据的缓冲区存满数据后，再将它释放，并改为G型缓冲区。

5.3.3　缓冲池

前面介绍的缓冲都属于专用缓冲，只能用在特定的生产者和消费者之间。当系统存在大量外部设备时，在诸设备与CPU之间使用专用缓冲要占用大量内存空间，且各缓冲的利用率不高。为了提高缓冲区的利用率，目前操作系统中广泛使用公用缓冲池技术。所谓公用缓冲池技术是指缓冲池中的缓冲区可以供各种生产者和消费者共享。

公用缓冲池中存在多个缓冲区。对于能同时用于输入和输出的缓冲池，池中的缓冲区根据其状态可以分为3种类型：第一种是空缓冲区；第二种是装满输入数据的缓冲区；第三种是装满输出数据的缓冲区。为了管理方便，可以将同类型的缓冲区链接成一个队列，于是在公用缓冲池中就存在以下3种缓冲区队列：空缓冲区队列（记为EmQ），由所有空缓冲区链接而成；输入缓冲区队列（记为InQ），由所有装满输入数据的缓冲区链接而成；输出缓冲区队列（记为OutQ），由所有装满输出数据的缓冲区链接而成。

要在CPU与诸设备之间使用公用缓冲池缓冲数据，需要两个操作过程。这两个操作过程分别是从缓冲池中获得一个缓冲区（用GetBuf()过程表示）和将一个缓冲区放回到缓冲池中（用PutBuf()过程表示）。由于缓冲池中的缓冲区队列是临界资源，因此这两个操作过程必须保证诸进程以互斥方式访问缓冲区队列。另外，在使用缓冲池过程中，生产者进程和消费者进程之间必须同步，即若缓冲区队列空，则对应的消费者进程必须阻塞等待，而若缓冲区队列满，则对应的生产者进程必须阻塞等待。

此外，采用缓冲池缓冲数据还需要使用4个工作缓冲区。它们分别是用于收容输入数据的工作缓冲区（记为Hin），用于提取输入数据的工作缓冲区（记为Sin），用于收容输出数据的工作缓冲区（记为Hout），用于提取输出数据的工作缓冲区（记为Sout）。

使用缓冲池缓冲数据存在收容输入、提取输入、收容输出、提取输出4种工作方式，如图5-9所示。

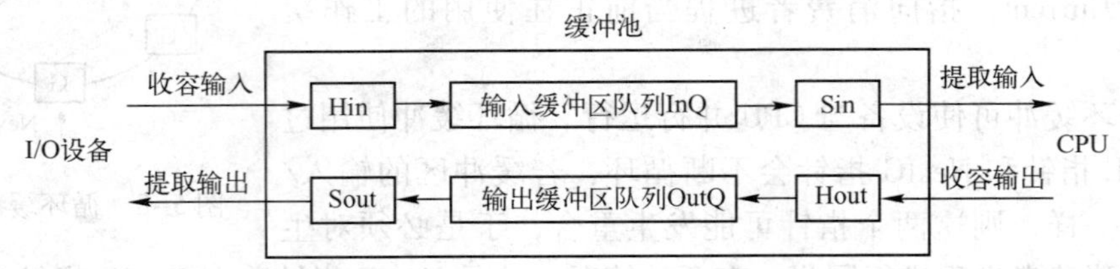

图5-9 缓冲池中缓冲区的工作方式

“收容输入”指由输入进程调用过程GetBuf(EmQ)，从空缓冲区队列EmQ的队首摘下一个缓冲区，作为收容输入数据的工作缓冲区Hin，当其装满输入数据后，再调用PutBuf(InQ,Hin)过程，将它挂接在输入缓冲区队列InQ的队尾。

“提取输入”指计算进程需要输入数据时，便调用过程GetBuf(InQ)，从输入缓冲区队列InQ的队首摘下一个缓冲区，作为提取输入数据的工作缓冲区Sin，然后计算进程从中提取数据，提取完后再调用PutBuf(EmQ,Sin)过程，将它挂接在空缓冲区队列EmQ的队尾。

“收容输出”指计算进程需要输出数据时，便调用过程GetBuf(EmQ)，从空缓冲区队列EmQ的队首摘下一个缓冲区，作为收容输出数据的工作缓冲区Hout，当其装满输出数据后，再调用PutBuf(OutQ,Hout)过程，将它挂接在输出缓冲区队列OutQ的队尾。

“提取输出”指由输出进程调用过程GetBuf(OutQ)，从输出缓冲区队列OutQ的队首摘下一个缓冲区，作为提取输出数据的工作缓冲区Sout，然后输出进程从中提取数据，提取完后再调用PutBuf(EmQ,Sout)过程，将它挂接在空缓冲区队列EmQ的队尾。

5.4 设备分配

计算机系统中的所有设备供系统中的所有进程共同使用。为了防止诸进程对系统资源的无序竞争，系统不允许用户自行使用设备，规定希望使用设备的用户（进程）只能提出申请，由操作系统根据资源当前的使用情况、资源分配策略及系统的安全性统一进行分配。操作系统在为用户分配I/O设备的同时，还必须分配相应的设备控制器，在有通道的系统中，还需分配相应的通道。只有I/O设备、设备控制器及通道都分配成功，整个设备分配操作才算成功。

5.4.1 用于设备分配的数据结构

操作系统进行设备分配时需要查阅一些数据结构，从中了解设备的状态和其他信息。用于设备分配的数据结构主要有设备控制表（DCT）、控制器控制表（COCT）、通道控制表（CHCT）及系统设备表（SDT）。

1. 设备控制表

为了方便进行设备分配，系统为每个设备配备了一张设备控制表（DCT），用于记录该设备的类型、状态、与控制器连接的情况等信息，如图 5–10 所示。

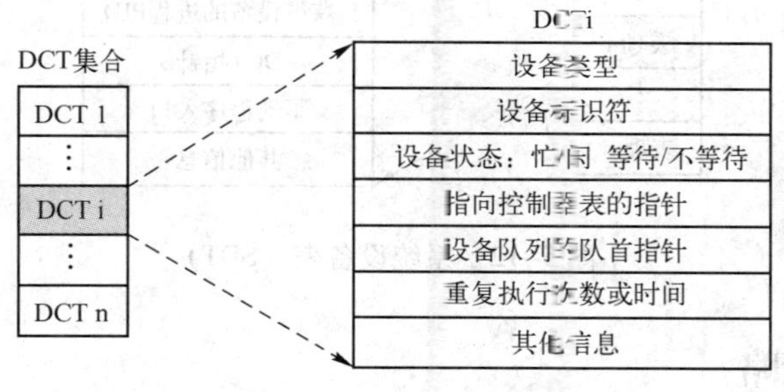

图 5–10　设备控制表

其中，“设备类型”用来指明设备的种类，如是字符设备还是块设备；“设备标识符”用来标识设备；“设备状态”用来指明设备是否空闲，若设备正被使用，则“忙/闲标志”置 1，若设备控制器或通道忙，则“等待/不等待标志”置 1；“控制器表的指针”指向当前设备连接控制器的控制表 COCT，在多通路情况下，DCT 中需要设置多个控制器表指针；“设备队列的队首指针”指向等待该设备的进程队列；“重复执行次数或时间”规定设备出错时应重复执行的次数或时间。

2. 控制器控制表和通道控制表

系统为每个设备控制器设置了一张控制器控制表（COCT），为每个通道设置了一张通道控制表（CHCT），用来记录对应控制器和通道的状态、连接情况及其他控制信息，如图 5–11 所示。其中，若控制器或通道正被使用，则对应的“忙/闲标志”置 1；“控制器队列的队首指针”和“控制器队列的队尾指针”分别指向等待该控制器的进程队列的队首和队尾；“通道队列的队首指针”和“通道队列的队尾指针”分别指向等待该通道的进程队列的队首和队尾。

控制器标识符
控制器状态：忙/闲
与控制器连接的通道表指针
控制器队列的队首指针
控制器队列的队尾指针
其他信息

a)

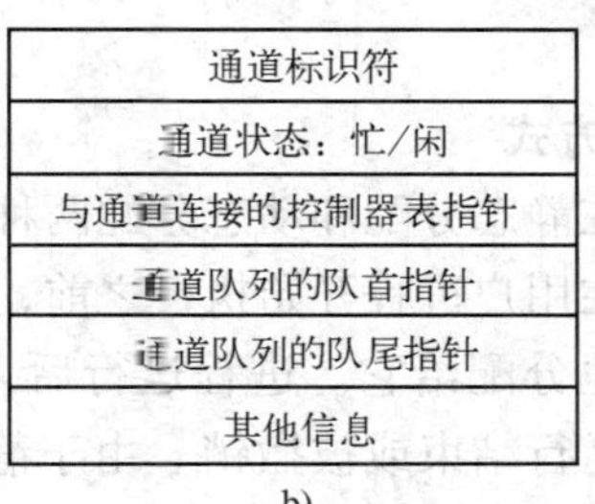

b)

图 5–11　控制器控制表和通道控制表

a）控制器控制表（COCT）　b）通道控制表（CHCT）

3. 系统设备表

整个系统设置有一张系统设备表，它记录了已连接到系统的所有物理设备的相关信息。每个物理设备占一个表项，主要包含下述内容：设备类型、设备标识符、获得设备的进程 PID（即已获得该设备的进程的标识符）、DCT 指针（指向该设备对应的设备控制表）、驱动程序入口（该设备的驱动程序的入口地址）等，如图 5-12 所示。

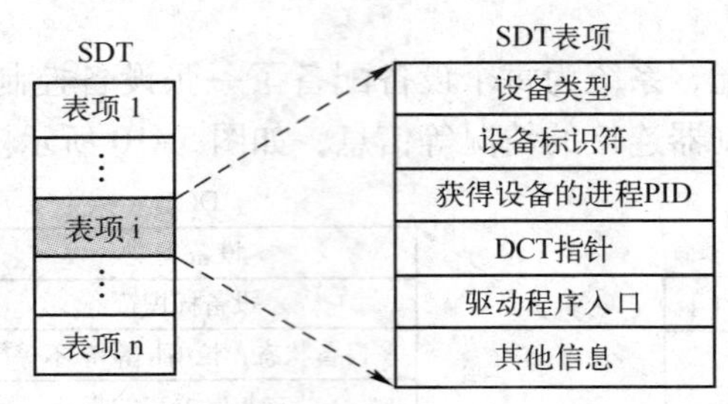

图 5-12　系统设备表（SDT）

5.4.2　设备分配策略

为了使系统有条不紊地工作，充分发挥设备的使用效率，避免因不合理分配而导致系统死锁，分配设备必须充分考虑设备的固有属性和分配的安全性，采用正确的分配策略和分配方法。

1. 根据设备属性选择分配策略

按照设备的固有属性，可以将设备分成独占设备、共享设备和虚拟设备。不同的设备类型应采用不同的分配策略。

对独占设备应采用独占分配策略，即将设备分配给某个进程后，便由该进程独占使用，直至该进程使用完毕且将它释放后，系统才能将这个设备分配给其他进程。独占分配的缺点是设备不能得到充分利用，且容易导致死锁。

对共享设备应采用共享分配策略，即可以将设备同时分配给多个进程使用。但应注意对各个进程访问共享设备的先后顺序进行合理调度。

对虚拟设备应采用虚拟分配策略。虚拟设备是使用虚拟设备技术，将一台物理设备虚拟成若干个逻辑上存在的设备，因此可以将对应的物理设备看成是可共享设备，将它按照共享设备分配策略，同时分配给多个进程使用，再对各个进程访问该物理设备的先后顺序进行合理控制。

2. 设备分配方式

设备分配存在静态分配和动态分配两种分配方式。

静态分配指在用户进程开始执行之前，操作系统便将该进程需要的全部设备、设备控制器和通道一次性地分配给它。进程运行后，这些设备、设备控制器和通道一直被该进程占用，直至该进程运行结束或被撤销。由于静态分配方式破坏了死锁的“请求和保持条件”，因此不会导致系统出现死锁。静态分配方式的主要缺点是设备利用率低，且可能使一些进程长时间得不到运行。

动态分配指进程在运行过程中需要输入/输出时，再由操作系统为它分配设备。即进程运行过程中，若需要使用设备，便向系统提出申请；操作系统根据收到的设备申请，按照事先制定的分配策略为申请者分配设备、设备控制器和通道；进程使用完设备后，立即将它们释放。动态分配有利于提高设备的利用率，但若分配不当，则可能导致系统死锁。因此，在实际进行分配之前，应对系统进行安全性检查，只有分配后系统仍然安全时才将设备分配给进程。

3. **设备分配算法**

通常使用的设备分配算法有先来先服务算法和优先级高者优先算法两种。

先来先服务算法指当多个进程对同一个设备提出输入/输出请求时，系统按照提出输入/输出请求的先后顺序，将所有请求进程排成一个队列（称为设备请求队列或设备队列），设备分配程序总是将空闲设备分配给位于队首的进程。

优先级高者优先算法指根据任务的紧迫程度，赋予进程一个优先级，当多个进程对同一个设备提出输入/输出请求时，系统根据进程的优先级大小将所有请求进程排成设备请求队列，设备分配程序总是将空闲设备分配给位于队首的当前优先级最高的进程。若进程的优先级相同，则按照先来先服务原则排队。

4. **设备独立性**

设备独立性又称为设备无关性，指应用程序独立于具体使用的物理设备。即应用程序通过逻辑设备名向操作系统申请设备，而该逻辑设备名到底对应哪台物理设备由操作系统根据实际情况决定。

设备申请应独立于物理设备的原因是：计算机系统中通常配置有多台同类型的设备，如果进程以具体的物理设备名申请使用设备，若该设备已分配给其他进程或正在检修，尽管还有其他几台同类型设备空闲，该进程仍只能阻塞等待；然而，若进程以逻辑设备名申请使用设备，则系统可以将同类型的任意一台空闲设备分配给申请者，仅当同类型的全部设备都已被其他进程占用时，申请者才会阻塞等待。例如，若某计算机系统中配置了 LP1 和 LP2 两台打印机，进程 P 直接使用 LP1 提出申请，如果此时 LP1 已被其他进程占用，虽然此时 LP2 仍空闲，但进程 P 仍只能阻塞等待；然而，若进程 P 以逻辑设备名提出申请，则操作系统会将空闲的 LP2 分配给该进程。

实现设备独立性会带来以下好处：应用程序与具体物理设备无关，系统增减或变更物理设备时程序不必修改；易于对系统中的设备故障进行处理，例如，若某设备出了故障，则可以另换一台，甚至更换一台不同类型的设备进行替代；增加了设备分配的灵活性，能更有效地利用设备资源。因此，现代操作系统中基本都实现了设备独立性。

要实现设备的独立性，系统必须设置称为逻辑设备表（LUT）的数据结构，通过它将应用程序使用的逻辑设备名映射到具体的物理设备名。每个逻辑设备名在逻辑设备表中有一个表项，该表项记录了逻辑设备名、对应的物理设备名及设备驱动程序的入口地址，如表 5-2 所示。由于在一般情况下，系统都配置了系统设备表（SDT），因而逻辑设备表的每个表项也可以只包含逻辑设备名和指向系统设备表中某表项的指针，如表 5-3 所示。

表 5-2　逻辑设备表一

逻辑设备名	物理设备名	驱动程序入口地址
/dev/tty1	3	20420
/dev/tty2	4	20A00
/dev/printer	7	21300
⋮		

表 5-3　逻辑设备表二

逻辑设备名	SDT 表项指针
/dev/tty1	4
/dev/tty2	5
/dev/printer	8
⋮	

当进程使用逻辑设备名请求分配 I/O 设备时，操作系统在为它分配对应物理设备的同时，又在逻辑设备表中建立一个表项，填入该逻辑设备名、对应的物理设备名及设备驱动程

序入口地址；或填入逻辑设备名和对应物理设备在系统设备表中的索引号。当以后该进程再利用这个逻辑设备名请求输入/输出操作时，系统通过检索逻辑设备表，便可以找到对应的物理设备及设备驱动程序。

逻辑设备表可以采用两种方式进行设置。一种是整个系统设置一张逻辑设备表，该系统所有进程的设备分配情况都登记在该表中；由于同一张逻辑设备表中登记的逻辑设备不能重名，这就要求所有用户必须使用不同的逻辑设备名，因此这种设置方式对多用户环境不太适用。另一种设置方式是为每个用户设置一张逻辑设备表，用于记录该用户相关进程的设备分配情况；显然，这种设置方式更适用于多用户环境。

此外，实现设备独立性还必须要有设备无关软件支持。设备无关软件位于设备驱动程序之上，主要用于实现两个功能。一个功能是执行所有设备的公有操作，例如，独占设备的分配与回收；将逻辑设备名映射为物理设备名，找到设备的驱动程序；缓冲区管理；对设备进行保护；处理设备驱动程序无法处理的错误等。另一个功能是向用户层输入/输出软件提供统一的接口。

5. 独占设备的分配过程

独占设备的分配过程具有一定的典型性。下面以给进程分配独占设备为例，介绍设备的分配过程。

当某个进程提出输入/输出请求时，操作系统的设备分配程序按照以下步骤进行设备分配。

（1）分配 I/O 设备

设备分配程序根据请求进程给出的逻辑设备名，从系统设备表中找出第一个同类设备的设备控制表，根据其设备状态字段中的“忙/闲标志”判断该设备是否空闲；若设备忙，则又查找第二个同类设备的设备控制表，如果同类的所有设备都忙，则将请求进程的进程控制块排在此类设备的阻塞队列上，让请求进程等待，只要有一个同类设备空闲，系统便计算这次设备分配的安全性；若安全，便将找到物理设备分配给请求进程，且在逻辑设备表中增加一个表项，记录逻辑设备名与该物理设备的映射关系；若不安全，则仍将该进程的进程控制块排在该类设备的阻塞队列上，让请求进程等待。

（2）分配设备控制器

系统将设备分配给请求输入/输出的进程后，再从设备的设备控制表中查找到与本设备相连的控制器的控制表 COCT，然后根据控制器状态字段中的“忙/闲标志”判断该控制器是否空闲；若空闲，则将此控制器分配给请求进程，否则，将请求进程的进程控制块挂在此控制器的阻塞队列上，让请求进程等待。

（3）分配通道

若计算机系统存在通道，则通过控制器控制表中的通道控制表指针，找到与本设备控制器相连的通道的控制表 CHCT，然后根据通道状态字段中的“忙/闲标志”判断该通道是否空闲；若空闲，则将此通道分配给请求进程，否则，将请求进程的进程控制块挂在此通道的阻塞队列上，让请求进程等待。

只有 I/O 设备、设备控制器及通道都分配成功时，设备分配才算成功，才能启动 I/O 设备进行数据传送。

需指出的是，为了防止 I/O 系统出现瓶颈，计算机系统一般都采用了多通路的 I/O 系统结构。在这种情况下，分配设备控制器和通道可能需要经过几次反复；即若设备（控制器）所连的第一个控制器（通道）忙，则再检查设备（控制器）连接的第二个控制器（通道），仅当所有控制器（通道）都忙时，请求进程才阻塞等待；只要有一个控制器（通道）可用，系统便将它分配给请求进程。

5.5 输入/输出软件

输入/输出软件是用户使用外部设备过程中，与输入/输出操作有关的软件集合。根据在输入/输出过程中起的作用和与硬件的关系，可以将输入/输出软件分为 4 个层次：用户层输入/输出软件、设备无关软件、设备驱动程序和输入/输出中断处理程序。这些软件层之间的关系如图 5-13 所示。

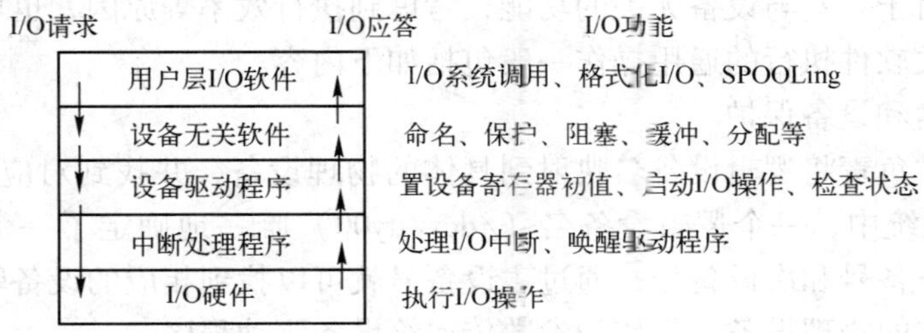

图 5-13 输入/输出软件的层次及主要功能

用户进程的输入/输出请求需要通过输入/输出软件完成。例如，当用户进程试图从某文件中读取一个数据块时，操作系统按照以下步骤完成数据输入操作：设备无关软件首先在输入缓冲区中查找此数据块，若找到则直接从缓冲区传入。若没有找到，则调用设备驱动程序向磁盘设备发出相应的请求，然后用户进程阻塞等待，直到数据块被读入；当磁盘操作结束时，磁盘控制器便向 CPU 发出一个中断，激活中断处理程序，中断处理程序进行后续处理，唤醒阻塞进程并结束此次输入操作。

5.5.1 用户层输入/输出软件

大部分输入/输出软件都包含在操作系统中，但也有少部分与用户程序链接在一起，作为应用程序的一部分而运行。这部分与用户程序链接在一起的输入/输出软件一般以库函数形式出现，库函数中封装有用于输入/输出的系统调用。这些库函数在将系统调用使用的参数放到合适位置后，将调用系统调用，执行访管指令进入操作系统内核，然后由操作系统内核函数实现具体的输入/输出操作。例如，C 语言程序的语句 printf("%d", x)会把库函数 printf 与应用程序链接在一起，形成可执行代码装入内部存储器。该应用程序运行过程中，执行 printf 函数将调用 write 系统调用进入操作系统内核，然后由操作系统的输入/输出软件去完成输入/输出操作。

用户层输入/输出软件面向用户或应用程序员，它完全屏蔽了计算机设备的具体差异，使用同一个输入/输出软件就可以在不同设备上进行输入/输出。例如，使用库函数 printf 既可以将数据写到软盘上，也可以将数据写到硬盘上，尽管这两类设备的具体参数完全不同，读/写速度也差异甚大。

用户层输入/输出软件除了用于输入/输出操作的库函数外，另一个重要类别就是SPOOLing 系统。SPOOLing 技术是多道程序系统处理独占设备的一种方法，通过它可以将一台独占设备虚拟为若干台逻辑上存在的设备，同时提供给多个用户使用。

当用户层输入/输出软件接收到用户进程的输入/输出请求后，便把它传送给设备无关软件，由设备无关软件进行进一步处理。

5.5.2 设备无关软件

用户进程的输入/输出请求被传送给设备无关软件继续处理。设备无关软件指独立于设备的软件，主要用于实现两方面功能：一方面是向用户层输入/输出软件提供统一的接口；另一方面是执行适用于所有设备的公有操作。设备无关软件与设备驱动程序的界限在各种系统中不尽相同。对于一些与设备无关的功能，考虑到执行效率等原因，也可以由设备驱动程序完成。设备无关软件执行的通用操作一般包括如下内容。

(1) 设备命名和设备保护

设备无关软件负责将逻辑设备名映射到具体的物理设备，并找到对应的设备驱动程序。例如，在 UNIX 系统中，一个逻辑设备名（/dev/tty00）唯一地确定了一个索引结点，该索引结点中含有主设备号和次设备号，通过主设备号就可以找到相应的设备驱动程序，而次设备号则指定了具体的物理设备，且作为参数传递给设备驱动程序。

为了对设备进行保护，在多数大、中型计算机系统中，不允许用户进程直接访问 I/O 设备，I/O 指令属于特权指令，只能通过系统调用方式间接提供给用户进程使用。用户进程通过系统调用进入内核后，操作系统会检查用户是否有权访问所申请的设备，防止设备被非授权访问。例如，UNIX/Linux 系统中，对 I/O 设备的特别文件采用了 rwx 保护机制，可以通过权限检查来判断文件的所有者和组成员是否有向指定设备发送数据或读取数据的权限。

(2) 设备的分配与回收

一些独占设备，如刻录机，在某段时间内只能由一个进程使用。当用户发出使用设备的请求时，操作系统会检查该设备的使用状态，并根据设备的忙闲状况决定是否进行设备分配。当进程获得独占设备且使用完毕后，应及时释放该设备。独占设备的分配与回收可以在设备无关层进行。

(3) 提供独立于设备的块大小

不同磁盘的扇区大小可能不同，设备无关软件能屏蔽这一事实，向用户层软件提供统一的数据块大小，如将若干个物理扇区作为一个逻辑块。于是，用户层软件就只需要与逻辑块大小都相同的抽象设备交互，而不必关心物理扇区的大小。与之类似，一些字符设备以字节为单位进行输入/输出，而另一些字符设备每次输入/输出更大的数据单位，这些差别也需要在设备无关层进行屏蔽。

(4) 缓冲管理

块设备和字符设备都需要使用缓冲技术，无论是将数据从设备传送到内存还是将数据从内存传送到设备都要借助缓冲区。对于块设备，硬件每次读/写均以数据块为单位，而进程可以一次只输入/输出任意字节的数据，这就需要使用缓冲区在它们之间缓冲数据。输入时，硬件每次读入一个数据块到输入缓冲区中，进程从输入缓冲区中提取需要的数据。输出时，进程将输出数据传输到输出缓冲区中，待缓冲区满后，再将整个输出缓冲区内容写到磁盘上。对于字符设备，由于用户进程向设备写数据的速度高于设备输出数据的速度，或字符设备提供数据的速度快或慢于用户进程消耗数据的速度，因此也需要使用缓冲区。对缓冲区进行管理可以在设备无关层进行。

（5）为文件分配存储块

在创建一个文件或向文件中写入数据时，往往需要在硬盘中为该文件分配新的磁盘块。为了完成这一工作，操作系统需要在空闲区表或位示图中查找空闲盘块。在空闲区表或位示图中查找空闲盘块的算法与设备无关，因此为文件分配存储块可以放在设备无关层中进行。

（6）出错处理

输入/输出过程中出现的错误一般由设备驱动程序进行处理，这是因为大多数错误与设备密切相关，只有驱动程序知道应该如何处理（如重试、忽略或放弃）。但也有一些错误不是I/O设备的错误造成的，例如，若磁盘块损坏而不能再读，设备驱动程序尝试若干次读而不成功后将放弃，并向设备无关软件报告，此后的处理就与设备无关了。

5.5.3 设备驱动程序

设备驱动程序是具体驱动设备进行工作的软件集合，它包括了所有与设备相关的代码。设备驱动程序用于实现输入/输出进程与设备控制器之间的通信，它接收从设备无关软件传来的抽象设备操作要求（如 read、write 等命令），在将它们转变为具体操作要求后，再发送给设备控制器，启动设备去执行；反之，它也将由设备控制器发来的信息传送给上层软件。设备驱动程序主要具有以下功能。

1）接收由输入/输出进程发来的命令和参数，并将命令中的抽象要求转化为具体要求。由于上层软件不知道设备控制器的具体情况，因此只能向它发出抽象的命令。抽象的命令不能直接传送给设备控制器，需要先由设备驱动程序转换成具体操作要求（例如，将抽象命令中的盘块号转换成磁盘的盘面、磁道和扇区），这是因为只有设备驱动程序才同时了解抽象命令和控制器中寄存器的情况。传送到设备控制器的命令、参数和数据暂存在相应的寄存器中。

2）检查用户输入/输出请求的合法性，了解I/O设备的状态，传递有关参数，设置设备的工作方式。

每种设备有确定的工作方式，若设备不支持相应的输入/输出请求，则认为输入/输出请求非法。例如，若用户试图从打印机输入数据，则显然非法，应该拒绝。

启动设备进行输入/输出操作的前提条件是该设备空闲，因此在启动设备之前，需要从设备控制器的状态寄存器中读出信息，了解I/O设备的当前状态。例如，输出时，必须确定设备处于接收就绪状态后，I/O进程才向设备控制器传送数据。

许多设备，特别是块设备，CPU 在向设备控制器发送启动命令之前，还必须向设备控制器传送必要的参数。例如，在启动磁盘进行读操作之前，必须先将本次输入的字节数、数据到达的内存始址，送入 DMA 控制器的相应寄存器中。

一些设备具有多种工作方式，需设置设备的当前工作方式。例如，在利用 RS—232 接口进行异步通信之前，需先按照通信规程设置下述参数：波特率、数据字节长度、奇偶校验方式和停止位数目等。

3）发出I/O出命令，启动I/O设备。完成上述准备工作后，设备驱动程序便向设备控制器发送I/O出命令，启动I/O设备。驱动程序发出I/O命令后，以后的输入/输出操作便在设备控制器的控制下进行。此时，驱动程序可将自己阻塞起来等待，直到中断到来时才将它唤醒。

4）对具有通道的计算机系统，设备驱动程序还要根据用户的输入/输出请求，自动构成通道程序。

5.5.4 输入/输出中断处理程序

输入/输出中断处理程序位于操作系统的底层，是与硬件设备密切相关的软件，它通常构成设备驱动的一个组成部分。当设备完成输入/输出操作后，设备控制器（或通道）便向CPU发送一个中断请求，CPU响应中断后便转向中断处理程序执行。中断处理程序的处理过程一般有以下步骤（如图5-14所示）。

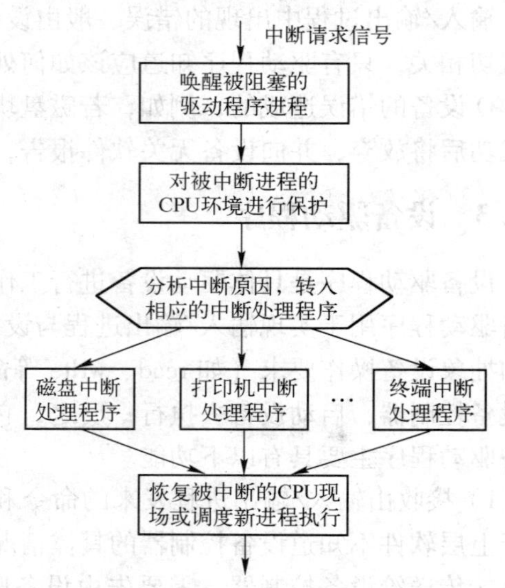

图5-14 输入/输出中断处理流程

1）唤醒被阻塞的驱动程序。输入/输出过程中，当设备驱动程序向控制器发出启动命令后，便将自己阻塞起来等待。中断处理程序开始执行时，首先要将处于阻塞状态的驱动程序唤醒。

2）保存被中断进程的CPU环境。为了使被中断进程在中断处理结束后能从中断点恢复运行，系统必须在核心栈中保存被中断进程的现场。需要保存的现场信息包括处理器状态字（PSW）、程序计数器（PC）及其他CPU寄存器内容，因为在中断处理过程中，可能要用到这些寄存器。

3）分析中断原因，转入相应的具体设备中断处理程序。CPU对各个中断源进行测试，确定引起本次中断的I/O设备，然后将具体设备中断处理程序的入口地址装到程序计数器中，使CPU转向具体的设备中断处理程序。

4）执行具体的设备中断处理程序进行中断处理。不同的设备有不同的中断处理程序，如打印机有相应的打印机中断处理程序、磁盘有相应的磁盘中断处理程序。这些程序首先从设备控制器中读出设备的状态，判断本次中断是正常结束中断还是异常结束中断。若是前者，中断处理程序便做结束处理；如果还有数据需要输入/输出，可再向控制器发送新的命令，启动新一轮数据传送。若是后者，则根据异常发生的原因进行相应的处理。

5）退出中断处理，恢复被中断进程现场或调度新进程执行。在中断处理结束之前，需要进行一次调度，以便选择出更适合在当前情况下运行的新进程。其原因是，在本次中断处理过程中，原被中断的用户进程有可能由于某些事件没有发生已不再具备运行条件，或者已被降低了运行优先权；也有可能在本次中断处理过程中其他某个进程已获得了更高的优先权。因此，有必要进行一次调度，但无论怎样选择，必须为当前选择的进程恢复现场。

在以上步骤中，除了第4步以外，其他各步骤对所有I/O设备都相同，因而有的操作系统（如UNIX）将这些共同的部分集中起来，形成中断总控程序，再在中断总控程序中，针对不同的设备调用不同的设备中断处理程序进行处理。

5.6 虚拟设备

激光打印机等中低速设备属于独占设备。独占设备在一段时间内只允许一个用户使用。当某个进程申请使用独占设备时，若设备已被其他进程占用，当前进程只能等待，直至其他进程释放该设备为止。按照这种方式使用设备，其效率很低。

可以利用磁盘和软件技术来模拟独占设备工作，从而使每个用户进程都觉得获得了供自己独占使用的I/O设备，且使用该“设备”输入/输出的速度与磁盘输入/输出一样快。当然，这仅仅是一种“幻觉”，实际上系统中并不存在多台独占设备。这种用一个物理设备模拟出的多个逻辑上存在的设备称为虚拟设备。于是，在提供虚拟设备的系统中，用户进行输入/输出时，不是直接面对物理的独占设备，而是面对虚拟的独占设备。

虚拟设备常采用SPOOLing技术实现。SPOOLing技术又称为假脱机操作技术，它在联机情况下实现脱机输入/输出功能。即用一道程序模拟外围输入控制机，将用户进程需要的数据从慢速设备预先输到磁盘上，用户进程需要数据时直接从磁盘读入；用另一道程序模拟外围输出控制机，用户进程将输出数据传输到磁盘上，暂存在磁盘上的数据再在程序模拟的外围输出控制机的控制下，由慢速设备逐字符地输出。

不是任何计算机系统都可以实现SPOOLing系统，实现SPOOLing系统必须获得相应的硬件和软件支持。硬件上，系统必须配备大容量磁盘及CPU才能与设备并行工作；软件上，操作系统必须采用多道程序设计技术。

为了实现虚拟设备，要在磁盘上划出两块存储区域。一个称为输入井，用来预先存放多个进程需要的数据，即慢速设备将进程需要的数据预先传输到输入井中；另一个称为输出井，用来暂存每个进程的输出数据，慢速设备输出的数据取自输出井中，如图5-15所示。设置输入井和输出井后，用户进程需要数据时可以直接从输入井读入，不需要直接启动低速设备读数据；而用户进程需要输出数据时，可以将数据输出到输出井中，而不必直接启动慢速设备输出。

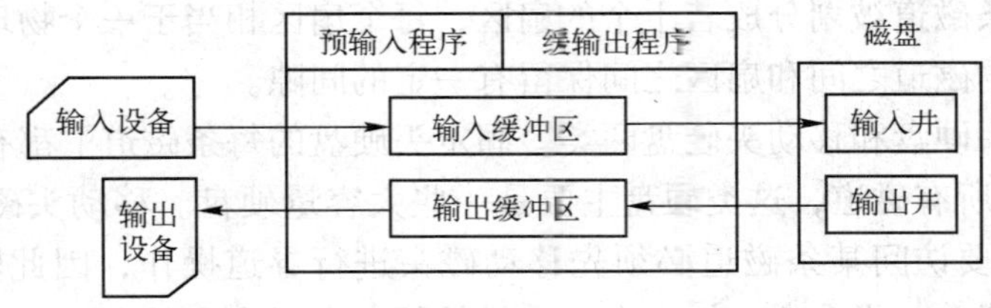

图5-15　SPOOLing系统组成示意

要实现虚拟设备，还要有相应的软件支持。操作系统中用于实现SPOOLing系统的软件模块包括如下几个。

1）预输入程序。预输入程序用于预先把数据从慢速设备输入到磁盘输入井中，以便用户进程需要数据时直接从输入井读入，从而避免了用户进程等待慢速设备输入。

2）缓输出程序。缓输出程序定期查看输出井，确定是否存在等待输出的数据；若存在，则启动慢速输出设备输出。由于用户进程是将输出数据传送到输出井中，再由缓输出程序控制在慢速设备上输出，从而避免了用户进程等待慢速设备输出。

3）井管理程序。当用户进程请求输入/输出时，操作系统便调用该程序，在输入时把从设备输入转换成从输入井输入，在输出时把让设备输出转换成向输出井写入。

SPOOLing 技术的典型应用例子是实现虚拟打印机。打印机属于独占设备，使用 SPOOLing 技术可以将它改造成可以同时供多个用户使用的共享设备，具体方法如下：由 SPOOLing 系统创建一个输出值班进程和一个 SPOOLing 目录。当用户进程请求打印输出时，操作系统并不直接把打印机分配给用户进程使用，而是由输出值班进程在输出井中为它申请一块空闲区，再将要打印的数据写入其中，同时，输出值班进程建立一张请求打印表，填入用户的打印要求，再将该表排入 SPOOLing 目录的请求打印队列。至此，用户进程的打印输出在逻辑上已完成，于是，用户进程便可以转向执行进程的其他部分，而不必等待真正打印完成。

输出值班进程会按照 SPOOLing 目录中的请求打印队列顺序，逐个打印输出。即当打印机空闲时，输出值班进程便取下请求打印队列队首的请求打印表，根据表中的要求将数据从输出井传送到打印缓冲区，由打印机进行打印。

5.7 磁盘存储器管理

5.7.1 存储设备概述

目前常用的存储设备有磁盘、磁带、光盘、闪存等，其中磁盘又分为硬盘和软盘。各种存储设备的存储介质具有不同的物理特性，导致不同存储设备上存放的信息具有不同的组织和存取方法。

1. 硬盘

硬盘具有容量大、存取速度快等优点，是现代计算机系统最主要的存储设备。硬盘属于直接存取设备（即随机存取设备），它的每个物理盘块具有唯一的地址，允许系统直接存取盘中的任意一个物理盘块。

一个硬盘包含一个或多个盘片，每个盘片分上、下两个盘面，每个盘面上有若干条称为磁道的同心圆，每条磁道被划分成若干个的扇区，每个扇区相当于一个物理盘块，信息就存储在扇区中。磁盘的磁道之间和扇区之间保留有一定的间隙。

硬盘分为固定头硬盘和移动头硬盘两类。固定头硬盘的每条磁道上都有一个读/写磁头，因此支持并行读/写所有磁道，这类硬盘主要是一些大容量硬盘。移动头磁盘的每个盘面只有一个读/写磁头，要访问某条磁道必须先移动磁头进行寻道操作，因此输入/输出速度较慢，但由于其结构简单，成本低，故在中小容量的硬盘中得到广泛应用。目前微机上配备的硬盘都属于移动头硬盘。

对移动头硬盘访问的时间由寻道时间、旋转延迟时间（即将欲访问的扇区旋转到磁头下所需的时间）、数据传输时间 3 部分构成。这 3 部分时间中，通常情况下寻道操作花费的时间最多，因此，硬盘访问时间一般主要由寻道时间的长短决定。

2. 磁带

磁带是一种典型的顺序存取设备，只能存放顺序文件。信息以物理块为单位存放在磁带上，物理块之间存在间隙，一个物理块是进行一次读/写操作的基本单位。顺序存取设备的存取特点是只有前面的物理块被访问后，才能访问后续物理块的内容，因此，访问磁带上某物理块所需的时间与该物理块到磁头的当前距离有很大关系，这是因为若相距甚远，则要花费较长的时间将待访问物理块移动到磁头下。磁带的存取速度与物理块的信息密度、带速及物理块之间间隙的大小有关，若信息密度大、带速高、块间间隙小，则存取速度高。由于磁带具有存储容量大、文件卷可拆卸、便于保存等优点，因此被广泛用做保存档案文件的存储介质。

3. 光盘

光盘是另一种随机存取设备，信息在光盘上的存储方式和对信息的访问方式与硬盘类似。由于光盘不是用磁性材料存储信息，而是用激光将信息刻录在光盘介质表面上，因此它除了具有硬盘的优点外，还具有防潮、防磁、防震、便于长期保存、价格便宜等优点。光盘有只读光盘和可读写光盘之分。只读光盘只能刻录一次，刻写好的光盘可供多次读取，因此是长期保存信息的首选存储介质。可读写光盘可以进行多次读/写操作，是一种动态保存信息的理想存储介质。

4. 闪存

闪存是目前使用最方便的可移动存储介质，已完全替代了软盘。闪存是不易丢失存储器中的一种，之所以将它称为闪存，是因为信息在一瞬间被记录下来后，即使除去电源，其中保存的信息也不会丢失，这与易失性存储器（如 DRAM、SRAM）有明显不同。闪存具有以下优点：可反复读/写、支持随机存取、寿命长、可靠性高、使用方便、没有任何机械运动部件、读/写速度比较快、使用时不需要额外电源及存储密度高等。

5.7.2 磁盘调度

磁盘是在一段时间内可以同时提供给多个进程使用的共享设备。当多个进程都要求访问磁盘时，应采用适当的调度算法，对各个进程访问磁盘的先后顺序进行合理安排，使所有进程对磁盘的平均访问时间最少。由于磁盘的访问时间主要由寻道时间决定，因此，也可以认为磁盘调度的目标是使所有进程的平均寻道时间最少。存在多种磁盘调度算法，常用的有：先来先服务、最短寻道时间优先及各种扫描算法。

1. 先来先服务调度算法

先来先服务（FCFS）调度算法根据进程请求访问磁盘的先后次序进行调度。这种算法的优点是简单、公平，每个进程的访问请求都能依次得到处理，不会出现某个进程的访问请求长时间得不到满足的情况。但此算法没有对寻道过程进行优化，致使平均等待时间可能较长。例如，假设磁头当前位于100 号磁道上，先后有 8 个进程依次提出访问 95、180、38、120、15、125、66、70 号磁道，若按照先来先服务调度算法进行调度，则进程访问磁道的顺序、每次磁头移动距离及平均寻道长度如表 5-4 所示。由表 5-4 可知，先来先服务调度算法的平均寻道距离为 74，比后面几种磁盘调度算法的平均寻道距离都大，故先来先服务调度算法仅适用于请求磁盘输入/输出的进程数目较少的场合。

表 5-4　先来先服务调度算法的例子

被访问的下一个磁道号	95	180	38	120	15	125	66	70	平均寻道长度：
磁头移动距离（磁道数）	5	85	142	82	105	110	59	4	74

2. 最短寻道时间优先调度算法

最短寻道时间优先（SSTE）调度算法，根据请求进程要访问的磁道离当前磁头位置的远近来决定调度顺序，近者先调度。这种调度算法保证了每次寻道距离最短，但并没有保证平均寻道距离最短。表 5-5 给出了上述例子按照 SSTF 调度算法调度时，各个进程被调度的顺序、磁头每次移动距离及平均寻道长度。由表 5-5 可知，SSTF 调度算法的平均磁头移动距离，明显低于 FCFS 调度算法的距离，故 SSTF 调度算法较 FCFS 调度算法有更好的寻道性能。

表 5-5　最短寻道时间优先调度算法的例子

被访问的下一个磁道号	95	70	66	38	15	120	125	180	平均寻道长度：
磁头移动距离（磁道数）	5	25	4	28	23	105	5	55	31.25

虽然 SSTF 调度算法有较好的寻道性能，但容易导致进程出现“饥饿”现象，即只要不断有新访问请求到达，且新请求欲访问的磁道离磁头的距离总比进程 P 要访问的磁道离磁头的距离近，则新访问请求会优先得到处理，而进程 P 的访问请求则长时间得不到满足。

3. 扫描调度算法

扫描调度算法又称为电梯调度算法，其基本思想是：没有访问请求时磁头不动，有访问请求时磁头来回扫描，每次选择磁头移动方向上离当前磁头位置最近的访问请求进行处理；扫描过程中，若磁头移动方向上仍有访问请求，则继续向同一个方向扫描；当磁头移动方向上不存在访问请求时则向相反方向扫描。表 5-6 给出了上述例子按照扫描调度算法调度时（假设磁头当前位于 100 号磁道上，且最初向磁道号增加方向扫描），各个进程被调度的顺序、磁头每次移动距离及平均寻道长度。由表 5-6 可知，扫描调度算法具有很短的平均寻道长度。

表 5-6　扫描调度算法的例子

被访问的下一个磁道号	120	125	180	95	70	66	38	15	平均寻道长度：
磁头移动距离（磁道数）	20	5	55	85	25	4	28	23	30.625

扫描调度算法同时考虑了距离远近和磁头移动方向，既能获得较好的寻道性能，又能有效防止进程饥饿，故广泛应用于各种计算机系统中的磁盘调度。该算法的不足之处是：如果一个访问请求在磁头刚刚移动过后到达，则它只能等待，直到磁头移动方向上的所有请求被处理完，再扫描回来后，才能被处理，导致这个访问请求等待的时间较长。

4. 循环扫描调度算法

循环扫描调度算法与扫描调度算法的不同之处是将来回扫描改为单向扫描，即没有访问请求时磁头不动，有访问请求时磁头向一个方向扫描，若扫描方向是自里向外，则每次选择位于磁头位置或外侧且离磁头位置最近的访问请求进行处理；扫描过程中，若磁头外侧仍有访问请求，则继续向外扫描；当磁头外侧不存在访问请求时，则磁头回到最内侧欲访问的磁道处，向外开始新的一趟扫描。表 5-7 给出了上述例子按照循环扫描调度算法调度时（假设磁头当前位于 100 号磁道上，扫描方向自里向外），各个进程被调度的顺序、磁头每次移动距离及平均寻道长度。

表 5-7 循环扫描调度算法的列子

被访问的下一个磁道号	120	125	180	15	38	66	70	95	平均寻道长度：40.625
磁头移动距离（磁道数）	20	5	55	165	23	28	4	25	

5. 分步扫描调度算法

前面几种磁盘调度算法容易出现"磁臂粘着"现象。所谓磁臂粘着指：若进程对某个磁道有较高的访问频率，则磁臂将停留在该处保持不动。采用分步扫描调度算法可以避免出现这类问题。分步扫描调度算法的基本思想是：设置多个长度为 N 的磁盘访问请求队列，磁盘调度程序按照先来先服务的原则处理这些请求队列，而对每个请求队列按照扫描调度算法进行调度；在处理某个请求队列时，若有新的磁盘访问请求到达，则将它放入其他队列。当 N 值很大时，分布扫描调度算法的性能接近于扫描调度算法，而当 N 等于 1 时，该算法就退化成先来先服务调度算法。

6. FSCAN 调度算法

FSCAN 调度算法是分步扫描调度算法的简化，它设置两个磁盘请求队列，其中一个存放了当前所有请求访问磁盘的进程，由磁盘调度程序按照扫描调度算法进行调度；在调度过程中，若有进程提出了新的访问磁盘请求，则将该进程放入另一个等待处理的磁盘请求队列中；在当前队列中的所有磁盘访问请求处理完后，调度程序再转向处理另一个队列，这时两个队列扮演的角色发生交换。

5.7.3 独立磁盘冗余阵列

尽管磁盘的性能在不断改善，但始终赶不上 CPU 和内存的高速发展，致使它成为提高计算机系统性能的主要瓶颈。为了缓和磁盘与 CPU 和内存速度不匹配的矛盾，提高磁盘的访问速度和系统的可靠性，可以将一组硬盘，在磁盘阵列控制器的统一管理和控制下，采用并行交叉存取技术和数据冗余技术，组成一个高度可靠的大容量磁盘系统。该磁盘系统称为独立磁盘冗余阵列（Redundant Array of Independent Disk，RAID）。

并行交叉存取技术指将原来保存在一个磁盘块中的数据，以数据块（一个磁盘块中的数据被分成若干数据块）为单位或以位为单位分别存储到几个磁盘的相同位置上，当需要将这些数据传送到内存时，借助多个磁盘可以并行访问的特点，采用并行传输方式，将各个磁盘中保存的数据部分同时向内存传输。显然，这种技术会成倍地提高数据输入/输出的速度。数据冗余技术指使用一组或多组附加存储介质存储数据的副本，其目的是提高数据的可靠性。

独立磁盘冗余阵列刚推出时分成 6 个级别，即 RAID0 ~ RAID5，后来又增加了 RAID6 和 RAID7。一些主要级别的特点如下。

1）RAID0：数据被划分成若干数据条带（数据块），这些数据条带以轮转方式存储在所有磁盘中；提供了并行交叉存取，能有效提高磁盘的输入/输出速度；数据无冗余校验功能，因此磁盘系统的可靠性差，只要阵列中有一个磁盘损坏，便会造成不可弥补的数据损失。

2）RAID1：具有磁盘镜像功能，但与传统镜像盘不同的是它可以并行读/写，因此数据传输速度更快；RAID1 磁盘容量的利用率只有 50%，它以牺牲磁盘容量为代价来提高磁盘系统的可靠性。

3）RAID2：采用字或字节方式交叉存放数据，即以位为单位将一个字或字节分散在各个磁盘上；使用海明码纠错技术，对每个磁盘中的相应位计算一个错误纠正码；若某个磁盘出错，可以从其他磁盘中读取字节的其他位和相关的差错纠正位，重构被损坏的数据。

4）RAID3：RAID2 的简化版本，组织方式类似 RAID2。不同之处是它采用了奇偶校验技术，对所有数据盘中相同位置的位的集合只计算一个简单的奇偶校验位，而不是计算错误校正码，因此只需要一个冗余盘，具有很高的数据传输速率。

5）RAID4：采用与 RAID0 一样的数据块级分散；为每个数据条带计算一个逐位奇偶校验位，奇偶校验位存放在奇偶校验盘的相应条带中；数据传输速率高，使用一个冗余盘存放奇偶校验码。

6）RAID5：组织方式与 RAID4 类似，不同之处是它把奇偶校验条带分散在所有磁盘中，而不是设置一个独立的奇偶校验盘，因而容错性更好。

7）RAID6：采用双重冗余技术，即使有两个数据盘发生错误，也可以恢复数据。

5.7.4 提高磁盘输入/输出速度的方法

可以采用多种技术来提高磁盘输入/输出的速度。其中最主要的技术是使用磁盘高速缓存。此外，提前读、延迟写、虚拟盘等技术也能有效提高磁盘访问的速度。

1. 磁盘高速缓存

磁盘高速缓存指利用内存的部分存储空间，暂存从磁盘读出的一系列盘块中的信息。可以将磁盘高速缓存看成是一组逻辑上属于磁盘，但物理上驻留在内存中的盘块。磁盘高速缓存有两种组织形式，一种是在内存中开辟一个单独的区域作为高速缓存，其大小固定，不受进程多少影响；另一种是将所有未使用的内存空间变为一个缓冲池，供请求分页系统和磁盘高速缓存共享。

设置磁盘高速缓存后，当某个进程请求访问磁盘某个盘块中的数据时，操作系统先查看磁盘高速缓存中是否已存在该进程欲访问数据的备份；若已有其备份，便直接从磁盘高速缓存中提取数据交付给请求进程，这样就避免了对磁盘进行访问操作，从而使本次访问的速度提高了几个数量级；否则，从磁盘中读取欲访问的数据，并将它同时传送给请求进程和磁盘高速缓存，当以后又需要访问这些数据时，便可以直接从磁盘高速缓存中提取。

2. 提前读

若采用顺序方式访问文件数据，则在读取当前盘块时便已知道了下次要读盘块的地址，因此，可以采用提前读方法，在读当前盘块的同时，便将下一个盘块的数据提前读到缓冲区。这样一来，在访问下一个盘块的数据时，就不必再启动磁盘输入，可以直接从缓冲区中获取，这样就减少了读数据的时间，相当于提高了磁盘输入的速度。“提前读”功能已被许多操作系统（如 UNIX、OS/2、Windows）采用。

3. 延迟写

执行写操作时，磁盘缓冲区中的数据本应立即写回磁盘，但考虑到该缓冲区中的数据也许不久之后还会被某个或某些进程使用，因此本应立即写到磁盘上的缓冲区数据暂时不写，而是将该缓冲区挂在空闲缓冲区队列的末尾，待前面的所有缓冲区已全部分配出去，且再有进程申请空闲缓冲区时，才将该缓冲区写入磁盘，然后把它作为空闲缓冲区分配出去。只要该缓冲区仍在空闲缓冲区队列中，任何要访问其数据的进程，可以直接从缓冲区中读取而不必访问磁盘，相当于减少了磁盘访问时间。“延迟写”功能也被许多操作系统（如 UNIX、OS/2、Windows）采用。

4. 虚拟盘

虚拟盘又称 RAM 盘，指使用内存去仿真磁盘。虚拟盘接受所有标准的磁盘操作，只是这些操作实际上发生在内存。虚拟盘的主要问题是一旦系统出现故障或系统重启，保存在虚拟盘中的数据就会丢失，因此它通常用来存放临时文件。虚拟盘与磁盘高速缓存的区别是虚拟盘中存放的内容完全由用户自己决定，而磁盘高速缓存中保存的内容由操作系统控制。

5.8 Linux 中的设备管理

1. Linux 设备管理概述

在 Linux 中，所有设备被当做文件处理，称它们为设备文件或特别文件。用户进程访问设备文件将导致文件系统调用设备驱动程序启动设备完成相应的输入/输出操作。可以使用标准文件系统调用，以访问设备文件方式，来对设备进行控制。Linux 的虚拟文件系统负责为用户进程隐蔽设备文件与普通文件和目录文件之间的差别，它把对设备文件的系统调用转换成对设备驱动程序的函数调用。

Linux 系统将设备分成 3 类：字符设备，以字符为存取单位；块设备，以数据块为存取单位；网络设备，通过网络接口与主机交换信息。字符设备和块设备被纳入文件系统统一管理，每个设备文件有自己的索引节点，且通过主设备号和次设备号来标识。主设备号代表设备类型，用来确定需要使用哪一个驱动程序。次设备号代表某个设备在同类设备中的序号。在请求进行输入/输出时，必须指定主设备号和次设备号，主设备号用来判断执行哪个驱动程序，驱动程序再根据次设备号，控制具体设备完成需要的输入/输出操作。网络设备也被当做设备文件处理，但它没有相应的索引节点，这类设备由系统创建，并由网络控制器初始化。

2. 设备驱动程序

设备驱动程序是操作系统内核与硬件设备之间的接口，它通过将设备映射为设备文件的方式，对用户屏蔽了硬件的细节，使用户可以像操作普通文件一样对硬件设备进行操作。

Linux 的设备驱动程序与外界的接口包括 3 部分：驱动程序与操作系统内核的接口；驱动程序与系统引导的接口；驱动程序与设备的接口。

通常情况下，一个 Linux 设备驱动程序由以下功能模块组成。

1）驱动程序注册与注销。系统引导时，在调用 sys_setup( )进行系统初始化过程中，sys_setup( )又调用 device_setup( )对设备进行初始化。字符设备的初始化由 chr_dev_init( )完成，块设备的初始化由 blk_dev_init( )完成。每个字符设备和块设备分别要使用 register_chrdev( )和 register_blkdev( )向内核注册。关闭字符设备或块设备时，要使用 unregister_chrdev( )或 unregister_blkdev( )从内核注销设备。

2）打开与释放设备。打开设备由 open( )完成，如用 lp_open( )打开打印机，用 hd_open( )打开硬盘。打开设备通常要进行下述操作：检查设备是否就绪，初始化设备（若首次打开），确定次设备号，增加设备的引用计数等。释放设备由 release( )完成，如用 lp_release( )释放打印机，用 tty_release( )释放终端。在释放设备时一般要进行下述操作：递减设备的引用计数；释放设备文件中私有数据占用的内存空间；当引用计数为 0 时，关闭设备。

3）读/写设备操作。字符设备使用各自的 read( )或 write( )对 I/O 设备进行数据读/写。块设备使用通用的 block_read( )或 block_write( )进行数据读/写。

4）设备控制操作。系统通过设备驱动程序中的 ioctr( )来控制设备，如控制光驱可使用 cdrom_ioctr( )，控制软驱可使用 floppy_ioctr( )。ioctr( )与具体设备密切相关。

5）设备的中断和轮询处理。

3. 字符设备管理

在 Linux 中，对打印机、终端等字符设备按照文件进行管理，对它们进行操作使用标准的系统调用，如 open( )、read( )、write( )等。要对字符设备进行读/写，首先要用 open( )将其打开，然后才能通过 read( )或 write( )进行具体读或写操作。文件读/写操作完成后可使用 release( )释放设备。为了对字符设备进行管理，Linux 设置了 chrdevs 结构数组。chrdevs 结构数组中的每个数组元素是一个 device_struct 结构。

对于每个已被初始化了的字符设备，Linux 为其建立了一个 device_struct 结构。该结构包括 name 和 fops 两项。name 用于记录该设备的设备驱动程序名，fops 用于指向该设备文件的文件操作表结构 file_operations。在 file_operations 结构中，记录了对该字符设备容许进行操作的各程序入口。

系统初始化过程中，Linux 会对各种字符设备初始化。具体做法是为设备申请一个空的 chrdevs 数组元素，将该设备的驱动程序名和 file_operations 结构的地址分别填入这个数组元素的 name 和 fops 字段中，再将这个数组元素的下角标作为该设备的主设备号，填入该设备文件的索引节点（inode）中。于是，从设备文件的索引节点就可以获得设备的主设备号；以主设备号为索引号检索 chrdevs 数组，就可以得到设备的 device_struct 结构；由设备的 device_struct 结构，就可以知道应该执行什么驱动程序，以及可以对设备进行哪些操作。字符设备文件的索引节点、device_struct 结构、file_operations 结构之间的关系如图 5-16 所示。

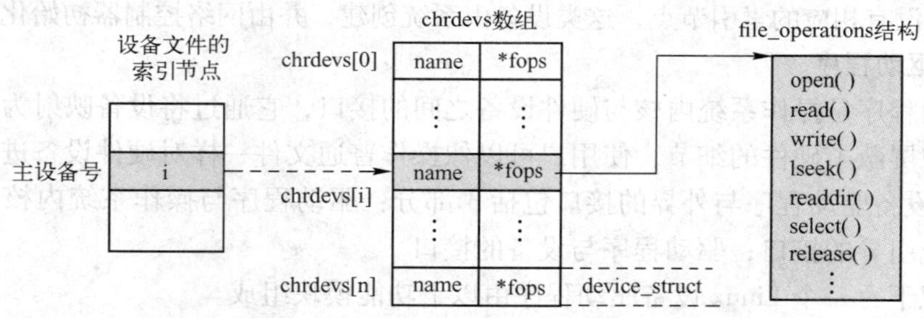

图 5-16　字符设备各数据结构之间的关系

4. 块设备管理

块设备在一次输入/输出操作中至少可以传输一个数据块，Linux 中一个数据块的大小必须是磁盘扇区的整数倍。与字符设备类似，在 Linux 中也采用标准的文件系统调用对块设备进行输入/输出操作。为了对块设备进行管理，Linux 设置了以下几种数据结构。

（1）blkdevs 结构数组

blkdevs 结构数组中的每个数组元素是一个 device_struct 结构。每个已被初始化了的块设备有一个 device_struct 结构，记录的信息与字符设备类似。系统初始化过程中，Linux 会对各种块设备初始化。具体做法是为块设备申请一个空的 blkdevs 数组元素，将该设备的驱动程序名和 block_device_operations 结构（这个结构存放对该块设备容许进行操作的各程序入口）的地址分别填入这个数组元素的 name 和 fops 字段中。再将这个数组元素的下角标作为该设备的主设备号，填入该设备文件的索引节点（inode）中。于是，从设备文件的索引节点就可以获得设备的主设备号；以主设备号为索引号检索 blkdevs 数组，就可以得到设备的 device_struct 结构；由设备的 device_struct 结构，就可以知道应该执行什么驱动程序，以及可以对设备进行哪些操作。

（2）buffer_head 结构

为了缓和块设备与内存在数据传输上速度不匹配的矛盾，减少数据传输次数，Linux 在内存中设置了缓冲池。缓冲池由若干缓冲区组成。每个缓冲区包含以下两个部分：缓冲区数据空间，用于存放缓冲数据；缓冲区头部，用于存放管理信息。每个缓冲区的头部是一个 buffer_head 结构，该结构保存了对应的缓冲区地址、队列指针及具体输入/输出信息。

（3）request 结构

request 结构用于管理对某个块设备的一个访问请求，它包含下述信息：next，请求队列指针；rq_dev，设备号；cmd，请求的操作；sector，请求访问的第一个扇区号；nr_sector，请求访问的扇区数；bh，指向第一个缓冲区的 buffer_head 结构；bhtail，指向最后一个缓冲区的 buffer_head 结构。使用 request 结构中的 next 指针，可以把对某个块设备的所有请求链成一个队列，如图 5-17 所示。

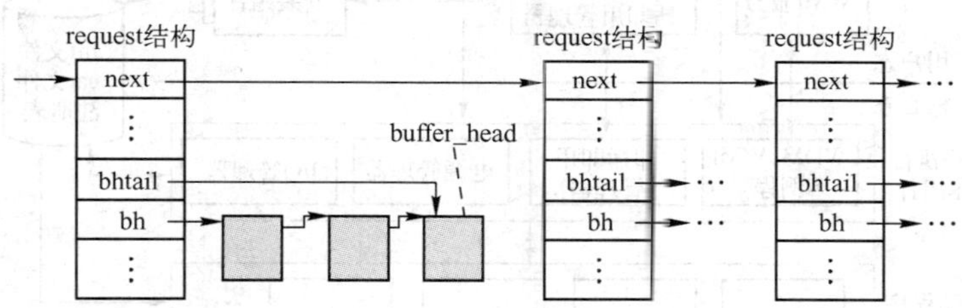

图 5-17　对某个块设备操作的请求队列

Linux 用一个 blk_dev_struct 结构来描述一个块设备请求队列，该结构中有一个指针变量 request_queue，指向它描述的块设备请求队列。系统的所有 blk_dev_struct 结构保存在一个名为 blk_dev 的数组中，如图 5-18 所示。

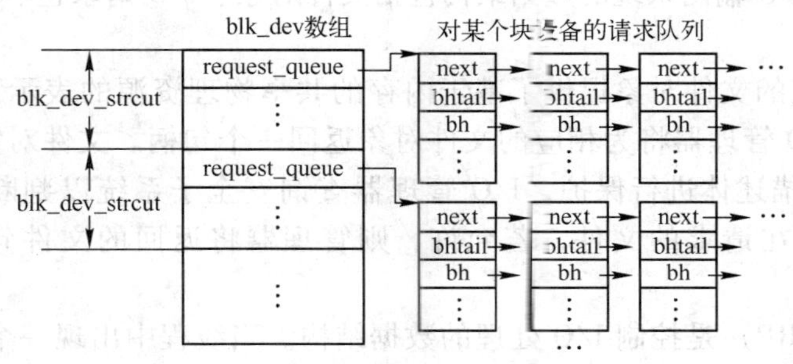

图 5-18　块设备 I/O 诸数据结构之间的关系

5.9 Windows XP 中的设备管理

1. 输入/输出系统的结构

Windows XP 的输入/输出系统负责接收 I/O 请求，并以不同的形式将请求传送到 I/O 设备。在 Windows XP 中，所有的 I/O 操作都通过虚拟文件执行，虚拟文件系统隐藏了 I/O 操作对象的细节，面向应用程序提供了统一的设备接口界面。

Windows XP 的输入/输出系统由一些执行体组件和设备驱动程序组成，如图 5-19 所示。其中，I/O 管理器把应用程序和系统组件连接到各种虚拟的、逻辑的和物理的设备上，并且定义了一个支持设备驱动程序的基本构架。设备驱动程序为某种类型的设备提供一个 I/O 接口，它从 I/O 管理器接受处理命令，处理完毕后再通知 I/O 管理器，或者设备驱动程序之间的协同工作也需要通过 I/O 管理器进行。即插即用（PnP）管理器通过与 I/O 管理器和总线驱动程序的协同工作来检测系统硬件资源的分配及变动。电源管理器通过与 I/O 管理器的协同工作来检测整个系统和单个硬件设备，完成不同电源状态的转换。WMI 支持例程允许驱动程序使用这些支持例程作为媒介，与在用户态运行的 WMI 服务通信。

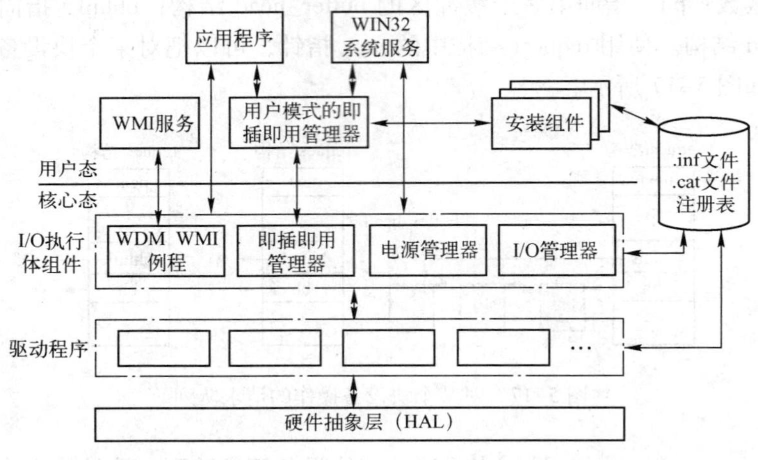

图 5-19 Windows XP 的输入/输出系统组件

2. 输入/输出数据结构

Windows XP 输入/输出系统的数据结构包括文件对象、I/O 请求包、驱动程序对象和设备对象等。

输入/输出系统的文件对象提供了基于内存的共享物理资源的表示法。当调用者打开文件或设备时，I/O 管理器将为相应的文件对象返回一个句柄。文件对象由包含访问控制表（ACL）的安全描述体进行保护，I/O 管理器查询安全子系统以判断文件的 ACL 是否允许进程访问其正在请求的文件，若允许，则管理器将返回的文件句柄和访问权限相关联。

I/O 请求包（IRP）是控制 I/O 处理的数据结构。当线程中出现一个有关输入/输出的系统调用时，I/O 管理器就为这个请求构造一个 I/O 请求包，以表示在整个输入/输出过程中系统要做的操作。I/O 请求包由两部分组成：固定部分（称为标题）和一个输入/输出堆栈。固定部分用于存放I/O请求的类型（如读或写）、读/写数据的数量、属于同步请求还是异步请求、指向输入/输出缓冲区的指针，以及状态等信息。输入/输出堆栈包含数量不等的堆栈单元，每个堆栈单元包括一个功能码、功能特定的参数及一个指向调用者文件对象的指针。Windows的I/O系统主要由I/O请求包驱动。构造好I/O请求包后，I/O管理器便将它排到与提出I/O请求的线程相关联的队列中，形成I/O请求包队列。在整个输入/输出处理中，I/O请求包从一个组件移动到另一个组件，激活该组件工作，最终完成所希望的输入/输出操作。因此，I/O请求包是控制如何处理输入/输出操作的关键数据结构。

驱动程序对象在系统中代表一个独立的驱动程序，向I/O管理器提供每个驱动程序的调度例程的入口点。设备对象在系统中代表一个物理的、逻辑的或虚拟的设备及其特征。当驱动程序被加载时，I/O管理器将创建一个驱动程序对象，然后调用驱动程序的初始化例程，将驱动程序入口点填入驱动程序对象，并创建相应的设备对象。

3. 设备驱动程序

Windows XP核心模式的驱动程序主要包括文件系统驱动程序、与即插即用（PnP）管理器和电源管理器相关的设备驱动程序、Windows NT的设备驱动程序、Win32子系统显示驱动程序和打印驱动程序、WDM驱动程序、总线驱动程序、功能驱动程序、过滤器驱动程序等。Windows XP同时还支持一些用户模式的驱动程序，主要包括虚拟设备驱动程序（VDD）、并口驱动程序、USB打印机驱动程序等。Windows XP的设备驱动程序包含一组用在I/O请求不同处理阶段的例程，当驱动程序被加载到系统中时，I/O管理器便创建一个驱动程序对象，然后通过该对象去调用相应的处理例程。这组例程主要包括：

1）初始化例程。在系统初启完成、驱动程序被加载到内存时，I/O管理器会执行驱动程序的初始化例程，完成各种初始化操作。

2）添加设备例程。用于支持PnP管理器的操作，提供识别和适应计算机系统硬件配置变化的能力。

3）调度例程。用于提供打开、关闭、读取、写入及设备、文件系统或网络支持的其他功能。当I/O操作被执行时，I/O管理器产生一个I/O请求包，并由特定驱动程序的调度例程调用驱动程序完成I/O处理。

4）启动I/O例程。驱动程序通过自己的启动I/O例程，实现系统与设备之间的数据传输。

5）中断服务例程（ISR）。运行在高级别的设备中断请求级上。当设备中断时，内核中断调度程序将控制转交此例程。在Windows XP中，为了提高系统的并行工作能力，防止因中断服务程序占用较长的CPU时间而引起不必要的阻塞，特将中断服务程序的功能一分为二：一部分执行尽可能少的关键性操作，且让它运行在高中断请求级别上，这部分仍被称为中断服务程序（ISR）；余下的中断处理部分运行在低中断请求级上，称为延迟过程调用例程（DPC）。

6）延迟过程调用例程（DPC）。ISR功能的延续，在ISR执行后完成中断处理的后续工作，如完成对输入/输出的初始化，启动排在设备I/O请求队列中的下一个输入/输出操作等。DPC运行在低中断请求级上。

在Windows XP中，不同的设备采用不同的驱动程序分层结构。对字符设备，如键盘、鼠标、显示器和打印机，一般采用单层设备驱动程序结构，即I/O管理程序直接将I/O请求发送给有关设备驱动程序处理。然而，对于大容量设备，如磁盘和磁带，总是使用多层驱动程序结构。在多层驱动程序结构下，I/O 请求先由 I/O 管理器发送给文件系统驱动程序，经过处理后，再由 I/O 管理器发送给设备驱动程序，由它驱动完成输入/输出。

在有些环境下，还可以在文件驱动程序与设备驱动程序之间，再增加一层驱动程序。Windows XP 采用这种一层叠一层的分层结构，便于实现驱动程序设计的模块化，也有利于对系统功能进行扩充。

4. 输入/输出处理

应用程序发出的 I/O 操作多数是同步的。“同步 I/O 操作”是指用户线程发出一个 I/O 请求后，便将请求交给 I/O 系统去处理，而自己则处于等待完成状态。I/O 管理器接受请求后，通过调用相应的设备驱动程序，完成数据处理且将结果传输给等待线程。于是，线程又可以继续运行了。在同步 I/O 操作方式下，I/O 操作完成在先，控制返回线程在后。由于 CPU 的运行速度远高于 I/O 设备的速度，如果总让发出 I/O 请求的线程在等待设备处理完数据后才继续执行，则会造成 CPU 的严重浪费。因此，Windows XP 的 I/O 系统也提供了异步处理输入/输出的能力。“异步 I/O 操作”指用户线程发出 I/O 请求，且将它交由 I/O 系统处理后，该线程并不处于等待处理完成状态，而是可以继续处理自己的其他工作。I/O 系统将数据处理完毕后，再把结果传递给相应线程。

与 I/O 请求的类型无关，由 I/O 请求包代表的内部 I/O 操作都会被异步执行。也就是说，一旦启动了一个 I/O 请求，设备驱动程序便返回 I/O 系统。至于 I/O 系统是否返回调用程序取决于文件是否被异步 I/O 打开。

Windows XP 的 I/O 系统除了由 I/O 请求包驱动外，还存在一种“快速输入/输出”机制，该机制允许 I/O 系统不产生 I/O 请求包而直接通过文件系统驱动程序或高速缓存管理器执行 I/O 请求。

此外，Windows XP 还支持一种特殊类型的高性能输入/输出，它被称做“分散/集中”输入/输出，可通过 Win32 的 ReadFileScatter 和 WriteFileScatter 函数来实现。应用程序可以使用这些函数，从虚拟内存的多个缓冲区中读取数据，并将它们写到磁盘文件的一个连续区域内。

对于具有单层驱动程序结构的输入/输出，Windows XP 的处理流程大致包括以下步骤：① I/O 请求传送给环境子系统；② 环境子系统调用 I/O 管理器的 NtWriteFile 服务；③ I/O 管理器为 I/O 请求创建 I/O 请求包，并将它发送给设备驱动程序；④ 驱动程序启动 I/O 操作；⑤ 在设备完成操作并中断 CPU 时，设备驱动程序服务于中断；⑥ I/O 管理器结束这次 I/O 请求，把执行结果和完成状态返回给用户，且撤销 I/O 请求包。

在 I/O 设备完成数据传输之后，它将产生中断并请求服务。这时，Windows XP 的内核、I/O 管理器和设备驱动程序都将被调用。当设备中断发生时，处理器将控制转交给内核中断处理程序，内核中断处理程序在它的中断向量表中搜索定位用于设备的中断服务例程（ISR）。Windows XP 的中断服务例程一般分两步来处理设备中断。当 ISR 被调用时，它通常只获取设备状态，然后将一个 DPC（延迟过程调用例程）排入队列，并退出服务例程，清除中断。过一段时间，在 DPC 被调用时，设备驱动程序完成中断处理，然后调用 I/O 管理器结束这次输入/输出，并释放 I/O 请求包，以及启动下一个正在设备队列中等待的 I/O 请求。

5.10 习题

1. 什么是设备控制器？它的作用是什么？

2. 什么是通道？引入通道的目的是什么？

3. 简述程序直接输入/输出控制方式的特点。

4. 简述中断输入/输出控制方式的特点。

5. 简述 DMA 输入/输出控制方式的特点。

6. 简述通道输入/输出控制方式的特点。

7. 常用缓冲技术有哪些？试比较各自的特点。

8. 简述循环缓冲的工作原理。

9. 简述公用缓冲池的工作原理。

10. 用于设备分配的数据结构有哪些？它们包含哪些信息？

11. 简述设备分配策略。

12. 什么是设备独立性？怎样实现设备独立性？

13. 简述独占设备的分配过程。

14. 简述设备无关软件的主要功能。

15. 简述设备驱动程序的主要作用及主要功能。

16. 简述设备中断程序的处理过程。

17. 什么是虚拟设备？怎样实现虚拟设备？

18. 简述 SPOOLing 技术。

19. 简述共享打印机的实现方法。

20. 简述磁盘调度中的先来先服务调度算法、最短寻道时间优先调度算法、扫描调度算法及循环扫描调度算法的特点。

21. 什么是独立磁盘冗余阵列？简述其实现原理。

22. 简述提高磁盘输入/输出速度的方法。

23. 简述 Linux 的设备管理方法。

24. 简述 Windows XP 中输入/输出系统的基本结构。

25. 假设磁头当前位于 100 号磁道上，先后有 8 个进程依次提出访问 90、170、40、110、20、128、60、80 号磁道，磁头移动一个磁道需要 3 ms 时间，请按照下列调度算法分别计算完成上述各种访问的平均寻道时间。

1）先来先服务调度算法。

2）最短寻道时间优先调度算法。

3）扫描调度算法。

4）循环扫描调度算法。

第6章　文件管理

在现代计算机系统中，要用到大量的程序和数据，由于内存容量有限，以及它们在内存中不能长期保存，程序和数据平时总是以文件形式保存在外部存储器（外存）上，需要时再调入内存。保存在外部存储器上的文件，不可能由用户直接进行管理，这是因为管理文件必须熟悉外存的物理特性及文件的属性，熟悉文件在外存上的具体存放方式，且保证文件的安全及确保文件各副本中数据的一致性，上述要求显然超过了一般用户的技术能力。外存上的文件只能由操作系统进行管理。为了管理文件，操作系统中设计了文件管理功能，即通过文件系统管理外存上的文件，并为用户提供存取、共享、保护文件的手段。由操作系统管理文件，不仅方便了用户，而且可以显著提高系统资源的利用率。

本章将介绍文件管理方面的内容，包括文件系统概述、文件组织与数据存储、文件目录、文件存储空间管理、文件共享及保持文件系统中的数据一致性等。

6.1　概述

现代计算机系统使用多种物理设备（磁盘、磁带、光盘、闪存等）存储信息，不同的物理设备具有不同的物理特性和结构，管理保存在这些设备上的信息十分烦琐且超过了一般用户的技术能力，因此只能由操作系统进行管理。操作系统为管理和存取信息配备了专门的程序模块，这些负责管理和存取信息的程序模块称为文件系统。文件系统将信息组织成文件的形式进行存储、检索、更新、共享和保护，并为用户提供了一套标准的信息使用和操作方法。

6.1.1　文件和文件系统

文件是一组相关信息的集合，它是文件系统管理的基本对象。每个文件有一个文件名，用户通过文件名来访问和区分文件。文件具有自己的属性，常见的文件属性包括如下内容。

1）文件名：文件最基本的属性。

2）文件类型：如源文件、目标文件、执行文件、普通文件、目录文件、设备文件等。

3）文件长度：指文件当前的数据长度，也可能是最大允许长度。长度单位通常是字节，也可以是块。

4）文件属主：指文件的所有者，文件的所有者通常是文件的创建者。

5）文件权限：文件权限用于对文件进行访问控制。通常赋予文件的权限有只读、读写、执行等。一般文件所有者对自己的文件有一切权限，而其他用户对文件只有部分权限。

6）文件的物理位置：指文件在存储介质上存放的物理位置。

7）文件时间：包括文件创建时间、文件最后一次修改时间、文件最后一次执行时间、文件最后一次读取时间等。

文件系统是操作系统中负责管理和存取文件的程序模块，由管理文件所需的数据结构（如文件控制块、存储分配表等）、相应的管理软件和被管理的文件组成。文件系统具有以下功能。

1）文件存储空间管理。其基本任务是为文件分配和回收外存空间，并通过对外存空间进行有效管理，提高外存的利用率和文件系统的运行速度。

2）文件名到外存物理地址的映射。文件系统对用户透明地实现了文件名到文件物理地址的映射。有了这种映射关系，用户就无须记住信息在外存上具体的存放位置，也无须考虑如何将信息存放到外存介质上和具体查找技术，只要给出了文件名和操作要求，就可以访问文件，从而实现“按名存取”。

3）文件和目录的操作管理。文件和目录的建立、删除、打开、读、写、修改、关闭、检索等操作是文件系统的基本功能。文件系统有相应的程序模块来完成这些功能的具体操作。

4）实现文件的共享、保护和保密。文件系统提供的文件共享功能，使多个用户可以同名或异名使用同一个文件。文件系统提供的安全、保密和保护措施，可以防止对文件信息的无意或有意破坏。

5）文件和目录的用户接口。文件系统为用户提供了操作文件和目录的接口，使用户能够方便地对文件和目录进行诸如建立、检索、删除之类的各种操作。

6.1.2 文件分类

为了便于管理和控制文件，通常将文件划分成若干种类型。文件的分类方法很多，不同的文件系统对文件有不同的管理方式，因而在文件分类上存在差异。几种常见的文件分类方案如下。

1. 按文件的性质和用途分类

按照文件的性质和用途可以将文件分为以下3类。

1）系统文件：指由操作系统内核、各种系统程序和数据构成的文件。大多数系统文件只允许用户调用，不允许用户读/写和修改。有的系统文件不直接对用户开放。

2）库文件：指由各种标准子程序和函数构成的文件（如各种高级语言的函数库）。库文件只允许用户调用，不允许修改。

3）用户文件：由用户的程序和数据组成的文件。

2. 按文件的存取控制属性分类

按文件的存取控制属性可以将文件分为以下3类。

1）只读文件：只允许文件所有者和核准用户对该文件进行读操作，不允许进行写操作。

2）读写文件：允许文件所有者和核准用户对该文件进行读或写操作。

3）只执行文件：只允许核准用户调用该文件执行，不允许读和写该文件。

3. 按文件是否经过编译和链接分类

按照文件是否经过编译和链接可以将文件分为以下3类。

1）源文件：由源程序和数据组成的文件。源文件属于字符文件，文件中的信息由ASCⅡ码或其他字符编码组成。

2）目标文件：由源程序经过编译程序编译，但尚未经过链接程序链接的目标代码构成的文件。目标文件属于二进制文件。

3）可执行文件：目标代码经链接程序链接后形成的二进制文件。可执行文件允许授权用户调用执行。

4. 按文件的内容分类

按文件的内容可以将文件分成以下 3 类。

1）普通文件：指人们平常所说的文件。上述几类文件都属于普通文件。

2）目录文件：指由若干文件的目录信息构成的特殊文件。一个文件目录，实际上就是一个目录文件。目录文件用于检索文件。

3）设备文件：设备文件也称为特殊文件。有一些操作系统通过文件方式管理 I/O 设备，在这种情况下，每个设备对应一个设备文件，系统对设备文件进行读/写操作，就是对相应设备进行输入/输出操作。

除了上述文件分类方案以外，根据应用需要，还存在许多其他分类方法，例如，按照信息流向可以将文件分为输入文件和输出文件，按照文件中的信息是否存在结构可以将文件分成无结构文件（流式文件）和有结构文件（记录式文件）等。

6.1.3 文件操作

文件系统提供了操作文件的命令接口和程序接口（系统调用），用户可以使用命令接口直接操作文件或者在程序中通过系统调用操作文件。最基本的文件操作包括创建文件、删除文件、读文件、写文件及设置文件读/写指针位置等，而在对文件进行读/写操作之前必须先打开文件，文件读/写操作结束后一般要关闭文件。

1. 打开文件

所谓打开文件是指系统将指定文件的属性（包括该文件在外存上的物理位置）从外存复制到内存中“打开文件表”的一个表目中，并将该表目的索引号（编号）返回给用户。之后，当用户对该文件提出访问请求时，便可以利用这个返回的索引号向系统提出操作请求，系统收到操作请求后，直接使用该索引号在“打开文件表”中找到要访问文件的属性，从而避免了对该文件进行再次检索。这种方法既节省了检索开销，又提高了对文件操作的速度。

2. 关闭文件

若已不需要再对文件实施任何操作，可以使用“关闭文件”系统调用将文件关闭。关闭文件操作指操作系统将被关闭文件的所有属性信息从内存“打开文件表”的相应表目中删除。

3. 创建文件

系统创建一个新文件将进行下述操作：为新文件分配外存空间；在文件系统的目录中为新文件建立一个目录项；在该目录项中记录新文件的文件名、外存地址及其他属性。

4. 删除文件

当某文件不再需要时，可以将它从文件系统中删除。删除文件时系统将进行下述操作：在文件目录中找到要删除文件的目录项，使之成为空白项；回收被删除文件占用的存储空间。

5. 读文件

用户读取文件需要提供文件名、读入的内存地址、读取的字节数等信息。在读取文件时，系统调用首先根据用户提供的文件名在文件目录中找到指定的目录项，再根据目录项中记录的信息找到文件存放的外存位置，然后从文件“读/写指针”指示处开始读取指定数量的数据到指定内存位置。

6. 写文件

用户写文件需要提供文件名、被写数据的内存地址、写的字节数等信息。相关系统调用执行时同样要查找目录，获得文件在外存上的位置，然后根据文件的读/写指针，将内存指定单元的数据写到指定的文件内。写数据过程中，若有必要的话，系统会为该文件分配新的外存物理块，以便记录写入文件中的信息。

7. 设置文件读/写指针位置

文件的“读/写指针”用于指示文件中当前读/写的位置。文件打开后，可以通过相关系统调用将读/写指针定位到文件的任意位置上。该系统调用首先通过打开文件时获得的文件索引号在内存的打开文件表中找到相应文件的表目，然后将该文件的读/写指针位置修改为新的读/写指针位置。

除了上述基本文件操作外，实际应用中还涉及许多其他文件操作，如读取或设置文件属性的操作、对文件目录进行操作、实现文件共享的操作、对文件系统进行操作等。

6.2 文件数据的组织和存储

文件是信息的集合，保存在文件中的信息总是按照一定方式组织起来的。文件中信息的组织方式称为文件的组织结构，简称文件的结构。对任意一个文件，存在以下两种形式的组织结构。

1）逻辑结构。文件的逻辑结构指文件在用户面前呈现出的组织形式。文件的逻辑结构独立于存放文件的物理介质，其组织目的是为用户提供一种结构清晰、操作方便的信息组织形式，以方便用户使用文件。

2）物理结构。文件的物理结构指文件在外存上具体的存储方式，其存储方式与存放文件的物理介质有关。为文件设计物理结构的出发点是为了提高外存的利用率，以及提高文件的存取速度。

事实上，无论是文件的逻辑结构还是物理结构，其构造方式都对文件的存储空间和存取速度有影响。

6.2.1 文件的逻辑结构

文件的逻辑结构分为两大类：无结构文件和有结构文件。无结构文件中的信息不存在结构，可以将该类文件看成是由字符流组成的，因此无结构文件又称为流式文件。有结构文件由若干个记录构成，所以又称为记录式文件。

1. 记录式文件

记录式文件是若干逻辑记录构成的序列。记录存在结构，它往往由若干个数据项（数据域）按照一定方式组织起来。数据项是记录式文件中最低级别的数据组织形式，常描述一个实际对象在某方面的属性，而一个记录则描述了一个实际对象中人们关心的所有属性。

记录的结构也存在逻辑结构和物理结构之分。记录的逻辑结构指记录在用户面前呈现出的组织形式，而记录的物理结构指记录在物理存储器中的具体存储方式。对记录逻辑结构的组织目标是方便用户访问文件中存放的信息，而对记录物理结构的组织目标是提高存储空间的利用率和减少记录的存取时间。逻辑记录和物理记录之间不一定一一对应，有可能存在3种对应关系：一个物理记录存放一个逻辑记录，一个物理记录包含多个逻辑记录，多个物理记录存放一个逻辑记录。用户要访问一个记录指的是访问一个逻辑记录，查找该逻辑记录对应的物理记录是操作系统的职责。

根据记录式文件中记录的长度是否相等，可以将文件分为定长记录文件和变长记录文件两种。

定长记录文件中所有记录的长度相同，所有逻辑记录的各数据项位于相同的位置且具有相同的顺序和长度，文件的长度用记录个数表示，检索时可以根据记录号和记录长度确定记录的逻辑位置。定长记录格式处理方便、开销小，是目前常用的一种文件组织方式，被广泛用于数据库文件中。

变长记录文件中逻辑记录的长度可以不相等。产生记录长度不相等的原因可能是不同记录的数据项数目不同，也可能是数据项本身的长度不等。由于变长记录文件中各记录的长度不等，一般情况下只能从第一个记录开始进行顺序访问，因此处理起来相对复杂，处理开销比较大。

2. 流式文件

无结构文件又称为字符流文件或流式文件。流式文件中的数据不按照记录方式进行组织，整个文件可以看成是字符流的序列，字符是构成文件的基本单位。流式文件一般按照字符组的长度来读/写信息。

为了输入/输出操作需要，流式文件中也可以通过插入一些特殊字符将文件划分成若干个字符分组，且将这些字符分组称为记录。但需要注意，这些记录仅仅是字符序列分组，中间不存在结构，只是为了使信息输入/输出方便而引入的概念。

实际应用中，许多情况下都不需要在文件中引入记录，按记录方式组织文件反而会给操作带来不便，例如，用户写的源程序本身就是一个字符序列，强制将该字符序列按照记录序列组成文件只会带来操作复杂、开销增大等缺点。

相对记录式文件而言，流式文件具有管理简单、操作方便等优点。但在流式文件中检索信息则比较麻烦，效率较低。因此，对不需要进行大量检索操作的文件，如源程序文件、目标文件、可执行文件等，采用流式文件形式比较合适。

为了简化系统，大多数现代操作系统，如 Windows、UNIX、Linux 等，只提供了流式文件形式。

6.2.2 文件的物理结构

呈现在用户面前的文件是逻辑文件，其组织方式是文件的逻辑结构。逻辑文件总要按照一定的方法保存在存储介质上，它在存储介质上具体的存储和组织方法称为文件的物理结构，而这时的文件称为物理文件。物理文件是相关物理块的集合，这些物理块按照一定的方式组织起来，其组织结构涉及物理块的划分、记录和索引的组织、信息搜索方式等多方面问题。文件物理结构组织的好坏，直接影响着文件存取的速度和外存空间的利用率，因此，设计文件的物理结构必须综合考虑存储介质特性、存储空间大小、应用目标等多方面因素。

文件最基本的物理结构有以下几种。

1. 连续结构

连续结构又称为顺序结构，其特点是逻辑上连续的文件信息依次存放在物理上相邻接的若干物理块中。具有连续结构的文件称为连续文件（或顺序文件）。

磁带上的文件只能采用顺序结构。每个磁带文件包括文件头标、文件信息、文件尾标三部分。文件头标包含文件名、文件的物理块数、物理块长度等文件属性并标志文件开始，文件尾标标志文件结束，文件信息夹在文件头标和文件尾标之间。要访问磁带上的某个文件，必须从第一个文件开始查找，即首先读出第一个文件的头标，比较文件名，若不是用户欲访问的文件，则磁头前进到下一个文件的头标处，继续进行文件名比较，直至找到用户指定的文件为止。找到指定文件后，就可以进行读/写操作。

磁盘上的连续文件存储在一组相邻接的盘块中，这组盘块的地址构成了磁盘上的一段线性地址，例如，若文件第一个盘块的地址为 a，则第二个盘块的地址为 a + 1，第三个盘块的地址为 a + 2……连续文件的所有盘块总是位于同一个或相邻的磁道上，因此存取同一个文件中的信息不需要移动磁头或仅需要移动很短距离。为了确定连续文件在磁盘上的存放位置，需要在文件目录中该文件对应的目录项内，记录这个文件第一个盘块的盘块号及文件长度等信息。磁盘连续文件的物理结构如图 6-1 所示。

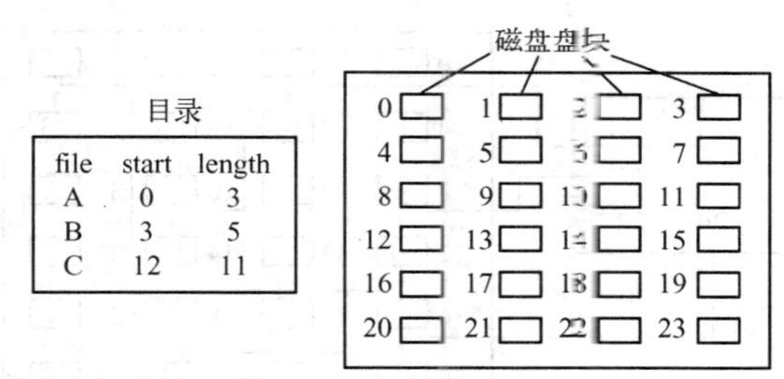

图 6-1　磁盘连续文件的物理结构示意

图 6-1 中显示，若文件记录的长度与盘块大小相同，则文件 A 的信息依次存储在 0 ~ 2 号 3 个盘块中，文件 B 的信息依次存储在 3 ~ 7 号 5 个盘块中，文件 C 的信息依次存储在 12 ~ 22 号 11 个盘块中。

连续文件的优点是顺序访问容易和顺序访问速度快。要顺序访问连续文件，只需从目录中找到该文件的第一个盘块，就可以逐个盘块地依次往下读/写，读/写过程中不需要移动磁头或只移动很短距离。连续分配也支持直接存取，若要存取某个文件（设起始盘块号为 b）的第 i 号盘块内容，可直接存取 b + i 号盘块。

连续文件的缺点如下。

1）为文件分配连续的存储空间容易出现外存碎片（即随着文件存储空间的不断分配和回收，在磁盘上会出现一些再也无法分配出去的小存储块）。大量外存碎片的出现会严重降低外存空间的利用率。若定期利用紧凑方法来消除外存碎片，则要花费大量的机器时间。

2）要为文件分配连续存储空间，必须事先知道文件的长度，而在许多情况下，事先知道文件的长度很困难，如创建一个新文件时。在这种情况下，只能估算文件大小，于是可能出现下述结果：① 估算结果小于实际文件需要的大小，致使对文件的进一步操作无法继续下去；② 估算结果远大于实际文件的长度，导致严重外存空间浪费。

2. 链接结构

为了克服连续文件容易产生外存碎片的缺点，可以采用离散方式为文件分配外存空间。链接结构就是为文件离散分配存储盘块而产生的一种文件物理结构。采用链接结构时，文件的信息可以保存在磁盘的若干不相邻接的盘块中，这些盘块之间的逻辑顺序通过指针指示，即将属于同一个文件的所有盘块按照其逻辑顺序利用指针链接成一个链表。具有链接结构的物理文件称为链接文件或串联文件。

由于链接文件采用离散分配方式，消除了外存碎片，所以可以显著提高外存空间的利用率。此外，链接文件不需要事先知道文件的大小，可以根据文件的当前需要分配必要的盘块，随着文件的动态增长，当文件需要新的盘块存放信息时，再动态为它分配新盘块。链接文件可以动态分配盘块的特征决定了在这类文件上能比较方便地进行插入、删除、修改等操作。

根据链接方式不同，链接结构可分为隐式链接结构和显式链接结构两种。

（1）隐式链接结构

采用隐式链接结构时，文件的每一个盘块有一个指向相同文件下一个盘块的指针，通过这个指针将属于同一个文件的所有盘块链接成一个链表，再将指向链接文件第一个盘块的指针和指向最后一个盘块的指针保存到该文件的目录项中。隐式链接文件（即具有隐式链接结构的文件）的结构如图 6-2 所示。

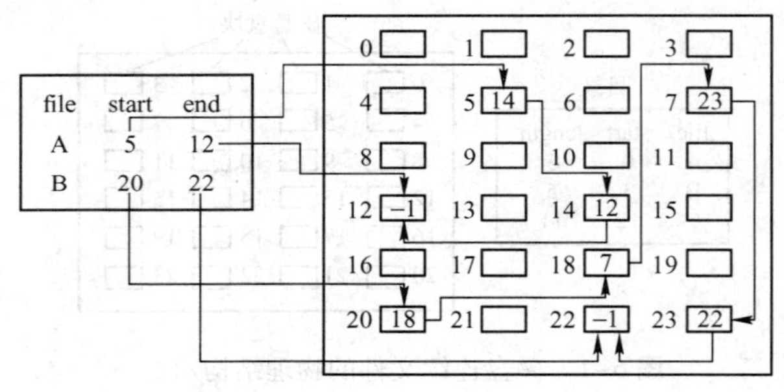

图 6-2　磁盘隐式链接文件的结构示意

图 6-2 中显示，隐式链接文件 A 的起始盘块号是 5，结束盘块号是 12，文件总共有 3 个盘块，依次分别是 5、14、12 号，每个盘块含有一个指向其后继盘块的指针。隐式链接文件 B 的起始盘块号是 20，结束盘块号是 22，文件总共有 5 个盘块，依次分别是 20、18、7、23、22 号，同样通过指针将这几个盘块链接成一个链表。

隐式链接文件的主要问题是只适合顺序访问，直接访问的效率很低。例如，若要访问文件的某个盘块，则必须先从它的第一个盘块起，沿着指针一个盘块接着一个盘块地进行查找，直至找到欲访问的盘块，一般情况下，这种查找操作需要花费较多的时间。另外，只通过链接指针将大量离散的盘块链接起来，其可靠性较差，一个指针出现问题，就会导致整个指针链断开。

为了提高文件检索速度和减少指针占用的存储空间，可以将相邻的几个盘块组成一个单位——簇，然后以簇为单位分配磁盘空间。这样做的好处是可以成倍地减少查找指定盘块的时间，同时也可以减少指针占用的存储空间。不足之处是以簇为单位分配磁盘空间会使外存碎片增多。

（2）显式链接结构

显式链接结构是指将用于链接文件各盘块的指针，显式地存放在内存中的一张链接表中，该链接表又称为文件分配表（FAT）。文件分配表的设置方式如下：整个磁盘配置一张FAT，该磁盘的每一个盘块各对应一个FAT表项，因此FAT的项数与磁盘的盘块数相同；FAT的表项依次从0开始编号，直至N-1（N为磁盘的盘块数）；每个FAT表项存放了一个链接指针，用于指向相同文件的下一个物理块（即存放相同文件中下一个盘块的盘块号）；利用链接指针将属于同一个文件的所有FAT表项链接起来，构成一个链表，且将该链表的头指针（即文件起始盘块的盘块号）保存到该文件的目录项中。文件的显式链接结构如图6-3所示。

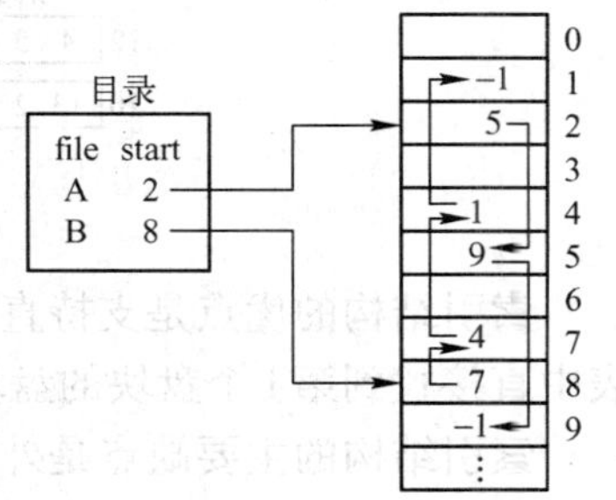

图6-3　文件的显式链接结构示意

图6-3中示意了两个文件的显式链接结构；其中文件A占用了3个盘块，盘块编号依次是2、5、9；文件B占用了4个盘块，盘块编号依次是8、7、4、1；每个文件第一个盘块的盘块号存放在对应文件的目录项中。

显式链接结构由于使用了FAT保存磁盘中所有文件物理块之间的结构信息，因此可以按照以下方式存取文件的某个盘块：将FAT读入内存，在FAT中进行查找，待找到欲访问盘块的盘块号后，再将该盘块的内容读入内存进行存取操作。由于整个查找操作在内存中进行，与隐式链接结构相比，不仅提高了查找速度，而且大大减少了访问磁盘的次数。DOS和Windows操作系统的文件就采用了显式链接结构。

由于FAT表项必须能够存放磁盘的所有盘块号，因此每个FAT表项所需要的字节数由磁盘的最大盘块号决定。为了地址转换方便，FAT表项的长度通常取半个字节的整数倍。例如，若有一个2 GB的硬盘，盘块大小取1 KB，采用显式链接分配方式，则该硬盘共有2 M个盘块，FAT有2 M个表项；要保存最大盘块号至少需要21 bit，于是可将每个FAT表项取为24 bit，即3 B，而整个FAT占用的存储空间为：3 B × 2 M = 6 MB。

采用显式链接结构存在以下问题：① 直接存取的效率不高，这是因为当要对一个大文件进行直接存取时，首先需要在FAT中，从文件的起始盘块号开始，通过顺序查找方式找到欲存取盘块的盘块号；② 为了查找文件的盘块号，必须先将FAT读入内存，因此当磁盘容量较大时，其FAT会占用太多的内存空间。

3. 索引结构

索引结构的组成方式是：文件的所有盘块可以离散地分散在磁盘空间中，系统为每个文件建立一张索引表，用于依次存放该文件占用的所有盘块的盘块号；索引表或者保存在文件的目录项（即文件控制块（FCB））中；或者保存在一个专门分配的盘块（索引块）内，这时，文件目录项中只包含指向索引块的指针（即索引块的盘块号）。具有索引结构的文件称为索引文件。文件的索引结构如图6-4所示。图6-4中显示，12号盘块是文件file1的索引块，保存了文件的索引表，该文件占用了4、5、7号3个盘块，用于依次存储数据；文件file2的索引表保存在20号盘块中，该文件存储数据依次占用了13、2、14、15、19号5个盘块。

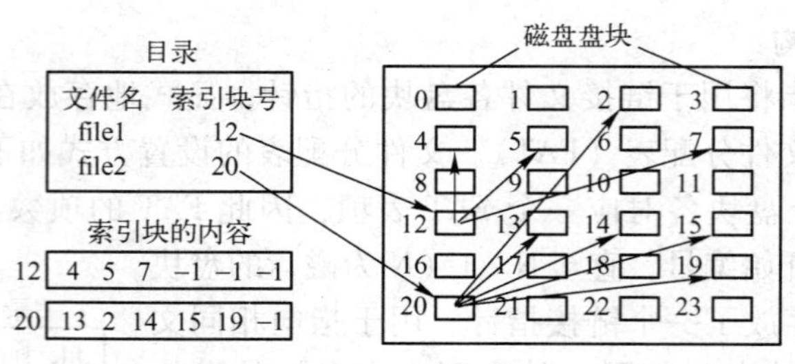

图 6-4 文件的索引结构示意

索引结构的优点是支持直接访问。当要访问文件的第 i 个盘块时，可以从该文件的索引表中直接找到第 i 个盘块的盘块号。此外，文件采用索引结构不会产生外存碎片。

索引结构的主要缺点是外存空间浪费比较大，这是因为索引表的空间浪费可能较大。例如，若每一个文件使用一个专门的索引块来存放索引表，则索引表通常可以存放几百个、甚至上千个盘块号，但一般情况下，文件以中、小型居多，甚至不少文件只需要 1 ~ 2 个盘块来存放数据，于是，索引表中的大量空间被浪费了。

与链接结构相比，当文件比较大时，索引结构要优于链接结构；但对于小文件，索引结构比链接结构浪费存储空间。

一般情况下，文件只需要一个索引块，但也有一些大文件需要使用多个索引块来存放索引表，这种情况下，可以通过建立更高一级索引的方式将属于同一个文件的所有索引块按照树形结构组织起来。具体方法如下：系统再分配一个主索引块存放文件的主索引表，主索引表中依次保存了该文件的所有索引块的块号，索引块用于存放二级索引表，二级索引表的表项存放了该文件的数据盘块的盘块号。按照上述方式组织的索引结构称为两级索引结构，而将只有一个索引块的索引结构称为一级（或单级）索引结构。如果文件非常大，则还可以建立三级、四级索引结构。图 6-5 示意了两级索引结构中各索引块之间的链接情况。

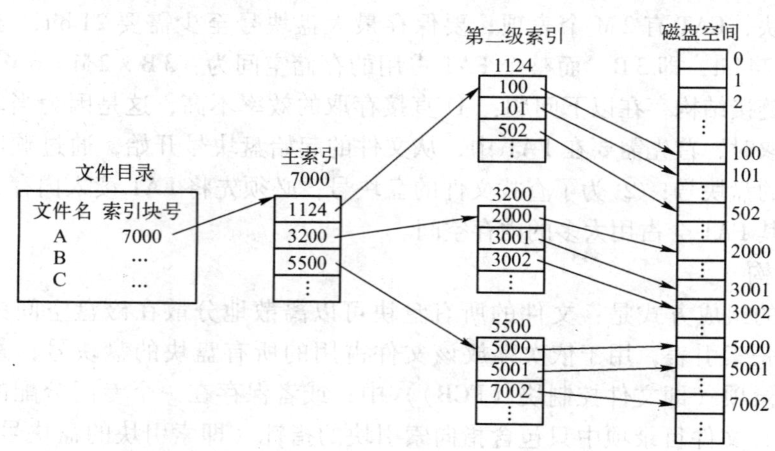

图 6-5 文件的两级索引结构示意

如果磁盘的盘块大小为 4 KB，每个盘块号占 4 B，则一个索引块可以存放 1024 个盘块号，于是采用两级索引结构时，文件全部索引块最多可以存放的盘块号总量为 $1024 \times 1024 = 1\text{M}$；采用三级索引结构时，文件全部索引块最多可以存放的盘块号总量为 $1024 \times 1024 \times 1024 = 1\text{G}$。由此可以得出结论，采用单级索引时，所允许的文件最大长度是 4 MB；采用两级索引时，所允许的文件最大长度是 4 GB；采用三级索引时，所允许的文件最大长度是 4 TB。

在实际应用中，可以将多种索引结构组织在一起，形成混合索引结构。UNIX 和 Linux 中的文件物理结构就采用了混合索引结构。UNIX 中的混合索引结构如图 6-6 所示。

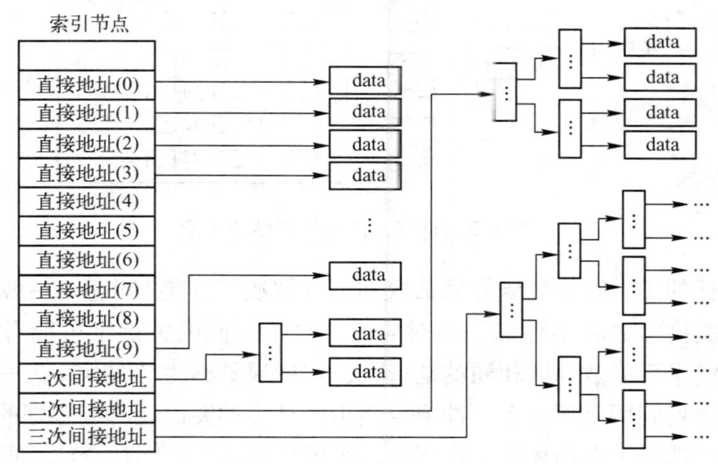

图 6-6　UNIX 中的混合索引结构

UNIX 的索引节点一共设置了 13 个地址项，其中前 10 个是直接地址项，后 3 个是间接地址项。

直接地址项用于存放文件数据盘块的盘块号。若文件比较小，其数据盘块不超过 10 个，则可以将所有数据盘块的盘块号直接存放在文件索引节点的前 10 个直接地址项中。在这种情况下，可以从文件的索引节点中直接获得所有数据盘块的盘块号，即可以通过直接寻址方式寻址。

对于大、中型文件，只使用直接寻址是不现实的。除了前 10 个数据盘块以外，文件的其他数据盘块需要使用间接寻址。这些数据盘块首先使用一次间接寻址，若一次间接寻址还不能满足要求，则剩余部分再采用二次间接寻址，甚至三次间接寻址。索引节点的最后 3 个地址项就用于依次支持一次间接寻址、二次间接寻址和三次间寻址。所谓间接寻址方式就是索引分配方式。一次间接地址就是一级索引方式，二次间接地址就是二级索引方式，三次间接地址就是三级索引方式。

若磁盘的盘块大小为 4 KB，每个盘块号占用 4 B，则当文件长度不超过 40 KB 时，能采用直接寻址；当文件长度不超过 4 MB + 40 KB 时，能采用一次间接寻址；而若采用二次或三次间接寻址，则允许文件长度分别达 4 GB 或 4 TB 以上。

4. 散列结构

散列结构是针对记录式文件存储在直接存取设备上的一种物理结构。采用该结构时，记录的关键字与记录存储的物理位置之间通过散列函数（或哈希函数）建立起某种对应关系，换句话说，记录的关键字决定了记录存放的物理位置。具有散列结构的文件称为直接文件、散列文件或哈希文件。

为了实现文件存储空间的动态分配，直接文件通常并不使用散列函数将记录直接散列到相应的盘块上，而是设置一个目录表，目录表的表项中保存了记录存储磁盘块的块号，而记录关键字的散列函数值则是该目录表中相应表项的索引号，如图 6-7 所示。

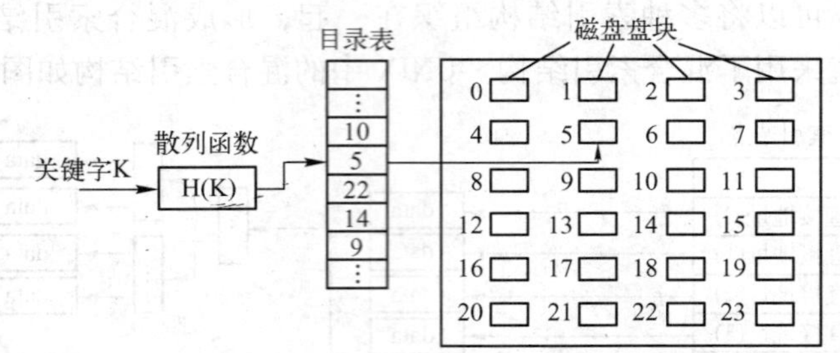

图 6-7　直接文件的物理结构示意

直接文件设计的关键是散列函数的选取和怎样解决“冲突”问题。一般来说，记录的存储地址与记录的关键字之间不存在一一对应的关系，不同的关键字可能有相同的散列函数值，即不同的关键字可能散列到相同的地址上，这种现象称为“冲突”。一个好的散列函数应将记录均匀地散列到所有地址上，冲突应当少，且当冲突出现时应有好的冲突解决方法为出现冲突的记录另选一个存储地址。常用的冲突解决方法有顺序探查法、两次散列法、拉链法、独立溢出区法等。

直接文件的文件目录项中应包含指向散列函数的指针，这是因为存取该文件的某个记录时，需要使用这个散列函数计算该记录存储的物理地址。

直接文件的优点是存取速度快，节省存储空间。缺点是不能进行顺序存取，只能按关键字随机存取。

6.3　文件目录

在现代计算机系统中，存储有大量的文件，为了对这些文件进行有效管理，需要将它们按照一定的方式组织起来。操作系统通过使用文件目录来达到组织文件的目的。文件目录是一种数据结构，它将若干文件的文件名、物理地址及其他属性按照一定的方式组织在一起，用于实现文件检索等目的。通过文件目录，只要给出文件名，就能快速、准确地找到该文件在外存上的存储位置，从而对它实现“按名存取”。

6.3.1　文件控制块

为了描述、管理和控制文件，操作系统为每个文件设置了专门的数据结构，称为文件控制块（FCB）。每个文件有一个文件控制块，它是该文件的唯一标识，文件管理程序正是借助文件控制块中的信息来管理和操作文件。

若干个文件控制块的有序集合就构成了文件目录，而每个文件控制块就是一个目录项，因此，文件目录实际上是由若干文件控制块组成的文件，通常称为目录文件。

一个典型的文件控制块通常包含以下信息。

1）基本信息，包括文件名、文件类型、文件的物理位置（存放文件的设备号、文件在外存上的起始盘块号、文件占用的盘块数或以字节数表示的文件长度等信息）、文件的逻辑结构和物理结构等。

2）存取控制信息，包括文件所有者的存取权限、授权用户的存取权限、一般用户的存取权限。

3）文件使用信息，包括文件建立的日期和时间、文件最后一次修改的日期和时间、文件最后一次被访问的日期和时间、当前使用信息（如当前打开该文件的进程数、文件的使用状态、文件是否已被修改但尚未保存到磁盘上）等。

当然，对于不同的操作系统，文件控制块包含的内容存在着一些差别。例如，MS-DOS操作系统中的文件控制块占用了32 B，包含文件名、扩展名、属性、文件最后一次修改的日期和时间、起始簇号和文件长度等信息。

6.3.2 索引节点

文件目录通常保存在磁盘上，需要检索文件时才调入内存。当文件数量很多时，文件目录也很大，需要占用多个磁盘块。通过文件目录检索文件的方式是：先读入文件目录的第一个磁盘块，然后将用户希望访问文件的文件名与各目录项中的文件名逐一比较，若未找到指定文件名，则再依次读入文件目录的后继盘块按照同样方法进行检索，直至找到指定文件或搜索整个目录。若文件目录占用的盘块数为N，则检索一个文件平均需要调入盘块（N+1)/2次，当文件目录占用的盘块数量很多时，这个过程时间开销就会很大。例如，若一个目录项（即一个FCB）占用64 B，盘块大小为1 KB，则一个盘块中只能存放16个目录项；如果文件目录具有1000个目录项，则查找一个文件平均需要启动磁盘32次。

稍加分析可知，在检索目录文件过程中，只用到了文件名，仅当找到指定文件后，才需要从该文件的目录项中读取这个文件的物理地址。至于其他文件描述信息，整个检索过程一概不使用。因此，在从文件目录中检索指定文件时，除了它的名字以外，实际上不需要将该文件的其他描述信息调入内存。

为了加快检索文件的速度，有的操作系统（如UNIX和Linux）采用了将文件名和文件的其他描述信息分开存储的方法，即将文件除了文件名以外的其他描述信息保存在一个单独的数据结构中，该数据结构称为索引节点（Index Node），简称i节点。引入索引节点后，每个文件的目录项可以只保留文件名和指向该文件对应索引节点的指针。仅在目录项中保留文件名和i节点指针将显著减少检索文件的时间开销。例如，UNIX系统的一个文件目录项仅占16 B（文件名占14 B，i节点指针占2 B)，1 KB大小的盘块可以存放64个目录项，于是，对于具有1000个目录项的文件目录，查找一个指定文件平均只需要启动磁盘8次左右。

索引节点分为磁盘索引节点和内存索引节点。磁盘索引节点指存放在磁盘上的索引节点，它包含以下内容：文件所有者标识、文件类型、文件存取权限、文件物理地址、文件长度、文件连接计数及文件存取时间等。内存索引节点指存放在内存中的索引节点。当文件被打开时，它的磁盘索引节点内容将被复制到内存索引节点中，以便以后使用。内存索引节点除了包含磁盘索引节点的内容外，还增加了下述内容：索引节点的编号、状态、访问计数、文件所属文件系统的逻辑设备号及连接指针等。

6.3.3 目录结构

目录结构是指文件目录的组织形式。目录结构的组织好坏，直接关系到文件系统的存取速度，同时也关系到文件的共享和安全性，因此，组织好文件的目录结构，是设计好文件系统的重要环节。目录结构有单级目录结构、二级目录结构及多级目录结构等。

单级目录是最简单的目录结构，它指将所有文件的文件控制块依次保存在一张目录表中。单级目录结构实现了目录管理的最基本功能——按名存取，但它存在以下缺点：只能顺序查找，文件检索速度慢，不允许文件重名，不便于实现文件共享，只适用于单用户环境。

二级目录指目录分成两级。一级是用户自己的用户文件目录（UFD），它由该用户的所有文件的文件控制块组成，其结构与单级目录相似。另一级是主文件目录（MFD），整个系统设置一张主文件目录，每个用户文件目录在主文件目录中占有一个目录项，它记录了该用户目录的用户名及其物理位置等信息，如图 6-8 所示。图 6-8 中的主目录内有 3 个用户文件目录，分别是 Zhang、Wang 和 Cheng。

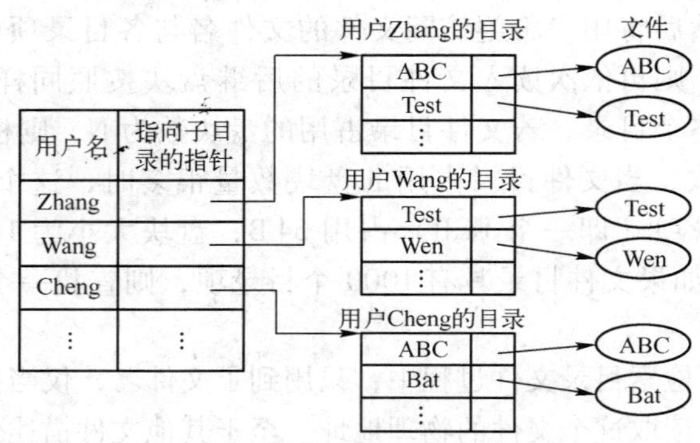

图 6-8　二级目录结构

与单级目录相比，二级目录结构具有以下优点：检索目录的速度较快；在不同的用户目录中，可以使用相同的文件名；不同用户可以使用相同或不同的文件名访问系统中的同一个共享文件，方法是将对应目录项中的文件物理地址指向共享文件的物理地址。

在二级目录的基础上，可以按照树形结构形式将目录结构进一步扩充为多级目录结构。多级目录因一般按照树形结构进行组织，故又称为树形目录。多级目录结构如图 6-9 所示。

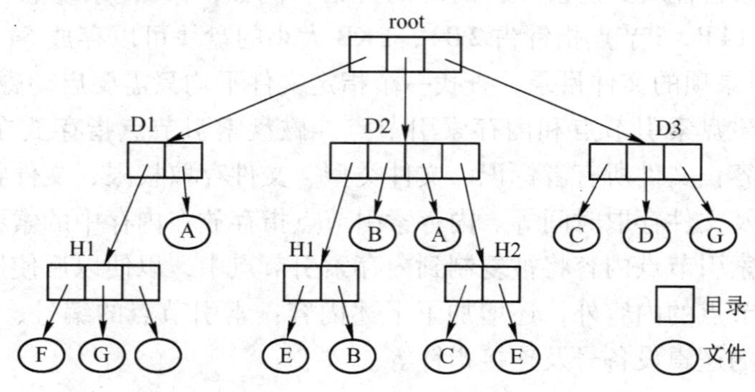

图 6-9　多级目录结构

在多级目录中，有一个且只有一个称为根目录的主目录，根目录可以包含若干个文件或子目录，子目录又可以包含若干个文件和子目录……于是，所有目录和文件形成一种树形结构关系，其中，目录构成了树的非终端节点，而数据文件构成了树的叶子节点。

多级目录具有许多优点。它可用于大型文件系统，文件检索方便和快捷，位于不同子目录下的文件可以重名，容易实现文件或目录的存取权限控制，便于文件保护、保密和共享。现代操作系统中的文件系统都采用了多级目录结构。

在多级目录中，访问文件需要通过文件的路径名（简称路径）进行。文件的路径名由访问文件过程中所涉及的目录（子目录）名和文件名依次顺序组成，它们之间用正斜线（/）或反斜线（\）分隔开。通常存在两种形式的路径名：绝对路径名和相对路径名。绝对路径名指从根目录开始直到欲访问的文件所涉及的目录和文件构成的路径名。相对路径名指从当前目录开始直到欲访问的文件所涉及的目录和文件构成的路径名。

6.3.4 目录检索技术

目录管理的最基本功能是对文件实现“按名存取”。要实现文件的按名存取，系统必须先依次进行下述操作：根据用户提供的文件名在文件目录上找到该文件的文件控制块或索引节点，从文件控制块或索引节点中找到该文件存放盘块的盘块号，由盘块号换算出该文件在磁盘上的物理位置（柱面、磁道、扇区），通过磁盘驱动程序将该文件读入内存。完成这些操作的关键是怎样根据文件名从目录中检索出文件的物理位置。存在两种常用的目录检索方法：线性检索法和散列（哈希）检索法。

1. 线性检索法

线性检索法又称为顺序检索法，其检索思想是：从根目录（绝对路径时）或当前目录（相对路径时）开始，依次从路径名上分离出的目录名（或文件名），在对应的目录文件中进行匹配操作，直至找到欲访问文件的物理位置或确定待查文件不存在。例如，若要检索绝对路径名为/etc/sysconfig/network 的文件，线性检索法按照以下步骤完成检索操作。

1）从路径名中分离出目录文件名 etc，用它在根目录文件中顺序检索，找到匹配者的索引节点，再从该索引节点中找到存储/etc 目录文件的磁盘块，并将该盘块读入内存。

2）从路径名中分离出目录文件名 sysconfig，用它在/etc 目录文件中顺序检索，找到匹配者的索引节点，再从该索引节点中找到存储/etc/sysconfig 目录文件的磁盘块，并将该盘块读入内存。

3）从路径名中分离出文件名 network，用它在/etc/sysconfig 目录文件中顺序检索，找到匹配者的索引节点，再从该索引节点中找到存储 network 文件的磁盘块。目录检索工作到此结束。

在顺序检索过程中，如果有一个目录名（或文件名）分量没有找到，则说明待查文件在指定位置不存在，这时，应停止检索并返回“文件未找到”信息。

2. 散列检索法

如果文件系统采用散列方法进行管理，即文件目录是一张散列（哈希）表，每个文件名的散列函数值是文件目录中对应目录项的索引值，则可以使用散列检索法查找指定文件。具体方法如下：以文件名为自变量，代入创建文件目录时使用的散列函数，计算出散列函数值，则得到该文件的目录项在文件目录中的索引号，利用这个索引号从文件目录中直接找到欲访问文件的目录项，从而获得该文件的物理地址。采用散列检索法可以显著提高文件的检索速度。

6.4 文件存储空间管理

文件管理的一项基本任务是对文件的存储空间进行管理，解决为新建文件分配存储空间及回收已删除文件的存储空间等问题。为新建文件分配外存空间可以采用连续分配和离散分配两种方式。不同的分配方式具有不同的特点。连续分配方式具有较高的文件访问速度，但容易产生外存碎片。离散分配方式正好相反，不会产生外存碎片，但访问速度比较慢。无论采用什么方式分配外存空间，进行分配的单位始终是磁盘块而非字节。

要实现外存空间的分配和回收，系统必须设置相应的数据结构，记录外存空间当前的使用情况；同时还必须提供相应的手段，实现外存空间的具体分配和回收操作。常用的文件存储空间管理方法有以下几种：空闲区表法、空闲块链表法、位示图法和成组链接法。

6.4.1 空闲区表法

空闲区表法是一种为文件分配连续外存空间的方法。采用这种方法时，系统设置了一张空闲区表，当前的每个外存空闲区在表中对应一个表项，用来记录该空闲区的相关信息，如该空闲区的序号、第一个盘块的盘块号及盘块数量等。

利用空闲区表进行文件的存储空间分配与内存动态分区分配类似，可以采用最先适应及循环最先适应等算法。系统在为文件分配外存空间时，需要先顺序检索空闲区表，按照某种策略找到一个合适的空闲区，再将该空闲区分配给用户，同时修改空闲区表。系统在回收已删除文件的存储区时，也要与内存回收一样考虑相邻空闲盘区的合并问题。

空闲区表法用于建立连续文件。需要说明的是，尽管内存分配已很少采用连续分配方式，但为文件分配连续的外存空间仍在文件的存储空间分配中占有一席之地。这是因为采用连续分配方式可以显著提高文件的读/写速度，因此，只要文件较小（如 1～4 个盘块），就可以采用连续分配方式为文件分配外存空间。

6.4.2 空闲块链表法

空闲块链表法指将磁盘上当前的所有空闲块通过指针链接成一个链表，当系统给文件分配存储空间时，分配程序就从该链表中摘取合适的空闲块分配给用户。根据构成链表的基本元素不同，存在两种形式的空闲块链表：空闲盘块链和空闲盘区链。

空闲盘块链是指将磁盘上当前的所有空闲空间，以盘块为单位链接成一个链表。当用户请求为文件分配存储空间时，系统就从空闲盘块链的表头开始，依次摘取适当数目的空闲盘块分配给用户。当用户删除文件时，系统就将回收的盘块依次链入空闲盘块链。空闲盘块链的优点是分配和回收盘块过程非常简单，缺点是在为一个文件分配存储空间时，可能要重复进行多次分配操作。

空闲盘区链是指将磁盘上当前的所有空闲空间，以空闲盘区为单位链接成一个链表。由于各个空闲盘区的大小可能不一样，因此，每个空闲盘区除了含有指向下一个和前一个空闲盘区的指针以外，还用一定的字节记录了空闲盘区大小（即盘块数量）。使用空闲盘区链分配盘区的方法与内存的动态分区分配类似，可以采用最先适应等算法。在回收盘区时，也要考虑相邻空闲盘区的合并问题。为了提高对空闲盘区的检索速度，可以采用显式连接，即在内存中为空闲盘区建立一张链表。

6.4.3 位示图法

位示图法是指利用一个由若干二进制位构成的图形来描述磁盘当前盘块的使用情况。二进制位的数量与磁盘的盘块数量相同，每个二进制位对应一个盘块，其中，若某二进制位为0，则表示对应的盘块为空闲盘块；若某二进制位为1，则表示对应的盘块已被分配。位示图法的例子如图6-10所示。

	1	2	3	4	5	6	7	8	9	10	11	12	13	14	15	16
1	1	1	1	1	0	0	0	0	1	1	0	0	0	1	1	1
2	0	0	1	1	0	0	0	1	1	1	0	0	0	0	1	0
3	1	1	1	0	0	0	0	0	1	1	0	0	0	1	1	1
4	1	1	1	1	1	0	0	0	1	1	1	0	0	1	1	0
5	0	0	0	0	0	0	0	0	0	0	0	0	0	0	0	0
6	0	0	0	0	0	0	0	0	0	0	0	0	0	0	0	0
7	0	0	0	0	0	0	0	0	0	0	0	0	0	0	0	0
									⋮							

图6-10 位示图

通常可以用m×n个二进制位的集合来构成位示图，其中m为位示图的行数，n为位示图的列数，且m×n等于磁盘的盘块总数。因此，位示图可以用一个二进制的二维数组Map [m][n] 描述。

利用位示图分配磁盘块的方法如下。

1）顺序扫描位示图，根据需要，从中找出一个或一组其值为0的二进制位。

2）将找到的值为0的二进制位换算成与之对应的盘块号。若某二进制位位于位示图的i行和j列，则其对应的盘块号b应按照下式计算：

$$b = n \times (i - 1) + j$$

其中，n代表位示图的列数。

3）修改位示图，令Map [i][j] =1。

回收一个盘块时，只需要在位示图上找到该盘块对应的二进制位，将其值从1改为0。具体方法如下。

1）将回收盘块的盘块号b按照下述公式换算成位示图中对应二进制位的行号i和列号j：

$$i = (b - 1)\ \text{DIV}\ n + 1$$

$$j = (b - 1)\ \text{MOD}\ n + 1$$

其中，符号DIV表示整除，MOD表示取余。

2）修改位示图，令Map [i][j] =0。

位示图法的主要优点是通过位示图容易找到磁盘上的一个或一组相邻接的空闲盘块。此外，由于位示图很小，占用空间少，可以将它保存在内存中，于是，每次在进行磁盘的盘区分配时，不再需要先将盘区分配表读入内存，从而可以减少许多磁盘启动操作。

6.4.4 成组链接法

空闲区表法和空闲块链表法都不适用于大型文件系统，因为大型文件系统的空闲区表或空闲块链表太长。在 UNIX 等操作系统中将这两种方法结合起来，得到一种称为“成组链接法”的文件存储空间管理方法。成组链接法将磁盘的空闲盘块按照指定长度划分成若干组（例如，每组有 100 个盘块），最后一组的盘块数量可能小于指定长度（例如，小于 100），再将每组盘块的盘块数和盘块号以堆栈形式依次保存在后一组空闲盘块的第一个盘块中，而将最后一组空闲盘块的盘块数和盘块号以堆栈形式依次保存在文件系统的超级块中，如图 6-11所示。

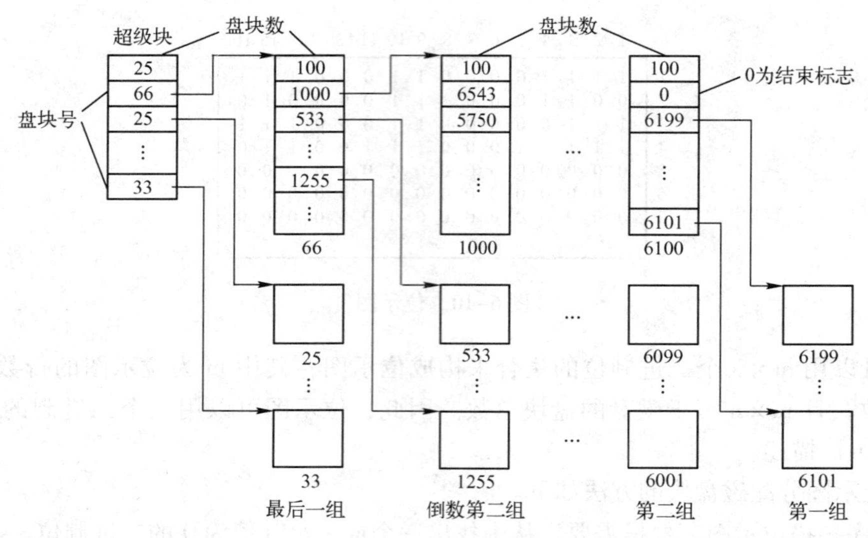

图 6-11　成组链接法

使用成组链接法为文件分配空闲盘块的方法如下：系统首先检查超级块是否上锁，若已上锁则当前进程等待，否则，将超级块中保存的盘块号依次从“盘块号堆栈”的栈顶取出，分配对应的盘块给用户；如果要分配盘块的盘块号已位于盘块号堆栈的栈底（例如，图 6-11 中的 66 号盘块），由于该盘块保存有前一组盘块的所有盘块号，因此，必须先将其内容复制到超级块的盘块号堆栈中后，再将该盘块分配出去。

使用成组链接法回收空闲盘块的方法如下：如果超级块中的盘块号堆栈尚未存满盘块号，则可直接将回收的盘块号压入堆栈；若盘块号堆栈已满，则必须先将该堆栈的内容复制到新回收的空闲盘块且清空堆栈，然后再将新回收空闲盘块的盘块号压入堆栈，这时，新回收的空闲盘块就成为新组的第一个盘块。

6.5　文件共享

文件共享指多个用户（进程）可以通过相同名或不同名使用同一个文件，这样系统中只需保存该文件的一份副本。利用文件共享不仅可以节省大量磁盘空间，而且可以减少复制文件的时间开销和减少文件中数据的不一致性的问题发生。因此，现代计算机系统都提供了相应的文件共享手段。存在两种形式的文件共享：静态共享，即诸文件名到同一个物理文件的链接关系长期存在；动态共享，即诸文件名到同一个物理文件的链接关系只在进程存在时才存在。实现文件共享有多种方法，目前最常用的有基于索引节点的文件共享和利用符号链接实现文件共享两种。

1. 基于索引节点的文件共享

当多个用户需要共享某文件（或子目录）时，必须将被共享的文件（或子目录）链接到这些用户的相应目录中，以便能够方便地找到被共享文件（子目录）。然而，用户与被共享文件之间的链接关系必须使用正确的方法建立，否则，不能顺利实现文件共享。例如，如果有两个用户分别希望以文件名 A 和 B 共享文件 F，则必须实现文件名与文件 F 之间的链接，若链接方法是将文件 F 的物理地址（即盘块号）分别复制到 A、B 的目录项中，则这种链接方式可能会导致无法共享文件 F 中新增加的数据。这是因为如果某用户（如 A 的用户）向文件 F 中增加数据，可能会导致系统为文件分配新的磁盘块，这些新增加磁盘块的盘块号只会出现在该用户的相应目录项（如 A 的目录项）中，文件 F 新增加的内容对其他用户（如 B 的用户）是不可见的，即 F 中新增加的那部分内容不能被共享。

正确实现文件共享的一种方法是使用索引节点，即除了文件名以外的其他全部属性，不再保存在文件的目录项中，而是保存在索引节点中，文件的目录项只保留文件名和指向该文件索引节点的指针，如图 6-12 所示。此时，任何用户修改被共享文件所引起的索引节点内容改变对其他用户都是可见的，即被共享文件新增加的内容也能够被共享。

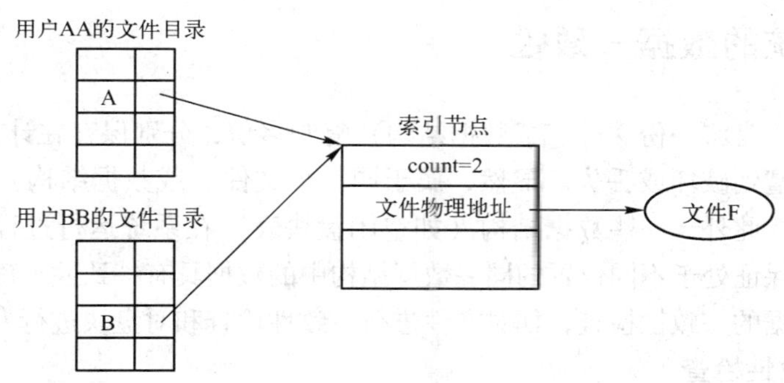

图 6-12　基于索引节点的文件共享方式

为了共享文件，索引节点中应设置一个链接计数器 count，用来记录链接到本索引节点上的目录项数目。例如，若 count = 2，则表示有两个用户目录项链接到本索引节点上，即有两个用户在共享本文件。

某用户创建文件 F 后，此用户便是文件 F 的所有者，此时，在文件 F 的索引节点中，count = 1。当另一个用户共享文件 F 时，便在自己的文件目录中增加一个目录项，同时设置一个指针指向文件 F 的索引节点，且置索引节点中的 count = 2。增加共享用户不会导致文件的属主发生改变，只是其索引节点中的 count 值相应增加。用户删除共享文件时，只要其索引节点中的 count 大于 1，就不能真正删除共享文件，只能删除该用户目录到共享文件索引节点的链接，且将共享文件索引节点的 count 值减 1；只有文件没有被其他用户共享时（count = 1），才能真正将文件删除。

2. 利用符号链接实现文件共享

利用符号链接实现文件共享是指：为了使某用户共享某个文件，可以通过系统为该用户创建一个 LINK 类型的新文件，并将新文件的文件名及指向其索引节点的指针保存在该用户的文件目录中；新文件的内容只是被共享文件的路径名，而新文件的路径名被看成是符号链；当用户访问符号链时，操作系统会根据符号链文件（即新文件）的内容，将访问操作转到被共享文件，从而实现对被共享文件进行访问。

利用符号链接实现文件共享时，只有被共享文件的所有者才拥有指向该文件索引节点的指针，其他共享该文件的用户并不拥有指向这个文件索引节点的指针，只拥有被共享文件的路径名。因此，文件所有者删除文件的操作不会受到其他共享用户影响，可以直接将被共享文件删除，只是共享文件被删除后，其他用户欲通过符号链访问该共享文件时，会因操作系统找不到这个共享文件而访问失败。

利用符号链接实现文件共享的最大优点是：只要知道文件所在机器的网络地址及其文件在该机器上的路径，就能够通过网络链接到世界上任何地方的机器中存放的文件。

利用符号链接实现文件共享的主要缺点是：当用户通过符号链接访问共享文件时，系统需要根据给定的文件路径名，逐个路径分量地多次查找目录，直至找到欲访问文件的索引节点，整个过程可能要多次读取磁盘，从而使访问操作的开销很大。此外，利用符号链接实现文件共享时，要为每个共享用户建立一条符号链接，每个符号链接是一个文件，尽管其内容简单，但也要为它分配索引节点，耗费一定的磁盘空间。

6.6 文件系统的数据一致性

为了数据安全，常将一份文件（或数据结构）复制多份，分别保存在计算机的不同位置，以防止相应的数据遭到破坏或丢失。显然，属于同一个文件（或数据结构）的不同副本中的数据应该保持一致。此外，一些数据结构（如空闲盘块表）在系统运行过程中总是要不断进行修改，同样应该保证处于不同位置的同一数据结构中的数据具有一致性。确保数据一致性的方法是定期进行数据的一致性检查，如对文件进行一致性检查和对盘块进行一致性检查等。

1. 盘块的一致性检查

盘块是用于存储文件的物理空间，在系统运行过程中不断被分配和回收，于是描述盘块使用情况的数据结构会经常被访问。如果在访问这些数据结构过程中系统突然出现故障，就可能导致这些数据结构中的数据不一致。因此，每次启动系统时，应该检查这些数据结构，以确保其中保存的数据具有一致性。

可以通过检测程序进行检查。检测程序构造了一个计数表，磁盘的每个盘块在计数表中对应了一个表项，计数表的项数与磁盘的盘块数相同，每个表项包含了两个计数器：空闲盘块计数器和数据盘块计数器，于是，整个计数表可以看成是由两组计数器组成。检查时先将计数表的所有表项初始化为0；然后使用由所有空闲盘块计数器构成的第一组计数器，对从空闲区表（或其他记录空闲盘块的数据结构）中读出的盘块号计数；再用由所有数据盘块计数器构成的第二组计数器，对从文件分配表（或其他记录已分配盘块的数据结构）中读出的盘块号计数。如果情况正常，则计数表每个表项中的两个数据应该互补（见表6-1），否则说明发生了某种错误。

表 6-1　盘块正常情况

盘块号	0	1	2	3	4	5	6	7	8	9	10	11	12	13	14	…
空闲盘块计数器	0	0	1	1	0	1	1	0	0	0	1	1	1	0	1	
数据盘块计数器	1	1	0	0	1	0	0	1	1	1	0	0	0	1	0	

如果某盘块在两组计数器中的值都为0，则表明该盘块丢失，如表6-2中的3号盘块。盘块丢失是指该盘块未被利用，仅浪费了存储空间，因此问题不大，只要将它加入到空闲区表（或其他记录空闲盘块的数据结构）中即可。

表 6-2　3 号盘块丢失

盘块号	0	1	2	3	4	5	6	7	8	9	10	11	12	13	14	…
空闲盘块计数器	0	0	1	0	0	1	1	0	0	0	1	1	1	0	1	
数据盘块计数器	1	1	0	0	1	0	0	1	1	1	0	0	0	1	0	

如果某盘块在空闲盘块计数器中的值大于1，则表明该盘块号在空闲区表（或其他记录空闲盘块的数据结构）中多次出现，如表6-3中的5号盘块。解决办法是在空闲区表（或其他记录空闲盘块的数据结构）中删除重复的盘块号。

表 6-3　5 号空闲盘块号重复出现

盘块号	0	1	2	3	4	5	6	7	8	9	10	11	12	13	14	…
空闲盘块计数器	0	0	1	1	0	2	1	0	0	0	1	1	1	0	1	
数据盘块计数器	1	1	0	0	1	0	0	1	1	1	0	0	0	1	0	

如果某盘块在数据盘块计数器中的值大于1（如表5-4中的10号盘块），则表明该盘块被重复分配，这种情况比较严重，应立即报告，以便及时处理。

表 6-4　10 号数据盘块号重复出现

盘块号	0	1	2	3	4	5	6	7	8	9	10	11	12	13	14	…
空闲盘块计数器	0	0	1	1	0	1	1	0	0	0	0	1	1	0	1	
数据盘块计数器	1	1	0	0	1	0	0	1	1	1	2	0	0	1	0	

2. 重复文件的一致性

对有多个副本的文件，若一个文件副本被修改了，则必须同时修改该文件的其他副本，以确保文件各副本中数据的一致性。通常可以采用以下两种方法：①找到所有副本，进行同样的修改；②用新文件备份替代原来的所有副本。

3. 共享文件链接数的一致性检查

在UNIX等系统的文件目录中，每个文件的目录项包含一个索引节点号，用于指向该文件的索引节点。对于一个共享文件，其索引节点号会在文件目录中多次出现。另一方面，每个索引节点中有一个链接计数器count，它记录了共享本文件的用户（进程）数。正常情况下，这两个数据应该相等，如果不相等，则可能文件在共享上出现了问题。

要对共享文件的链接数进行一致性检查，也需要使用一张计数表，每个文件在该表中对应一个表项。进行检查时先将计数表的每个表项置0，然后从根目录起依次进行查找，每当遇到一个索引节点号，就将计数表中对应的表项加 1。在将整个文件目录检索完毕后，再将计数表中每个表项的值与对应索引节点中的链接计数值 count 进行比较，若一致，则文件共享没有问题，若不一致，则表示发生了链接数据不一致的错误，文件共享可能出现问题。

如果索引节点中的 count 值大于计数表中相应索引节点号的计数值，则表明即使所有用户都不再使用该共享文件，对应索引节点中 count 值仍不为 0，因而该文件永远不会被删除，其后果是浪费了存储空间。解决办法是用计数表中的值替代 count 中的值。

如果索引节点中的 count 值小于计数表中相应索引节点号的计数值，则问题比较严重。这是因为当 count = 0 时，实际上还有其他用户在共享该文件，文件被某用户删除后将导致其他共享该文件的用户所对应的目录项中的指针悬空，其结果是其他用户无法再访问该共享文件，且若该索引节点被重新分配给其他文件，又会产生潜在的危险。解决方法是用计数表中的值替代 count 中的值。

6.7 Linux 的文件系统

Linux 支持多种文件系统，如 EXT2、EXT3、MINIX、NCP、UMSDOS、MS-DOS、HPFS、NTFS、XIA、PROC、NFS、VFAT、SMB、SYSV、UFS 和 AFFS 等。Linux 能支持多种文件系统及支持在多种文件系统之间进行互访问操作归功于它的虚拟文件系统（VFS）。

1. 虚拟文件系统

虚拟文件系统是 Linux 内核中的一个子系统，是各种物理文件系统与服务之间的一个接口层。虚拟文件系统对每个文件系统的所有细节进行抽象，屏蔽各个具体文件系统在实现上的差异，使 Linux 内核及系统中运行的其他进程对所有不同文件系统看起来都是相同的。

虚拟文件系统主要具有以下功能：记录可用文件系统的类型；将设备与对应的文件系统联系起来；处理一些面向文件的通用操作；将针对文件的操作映射到与控制文件、目录和索引节点相关的实际的物理文件系统。

有了虚拟文件系统，Linux 的其他子系统不再直接与实际文件系统发生联系，而是通过虚拟文件系统间接访问它们。虚拟文件系统拥有各种文件系统的公共接口，各种文件系统的特殊细节问题统一由这些公共接口翻译，整个过程对系统内核和用户进程都是透明的。虚拟文件系统与实际文件系统之间的关系如图 6-13 所示。

在 Linux 中，当某个进程发出一个面向文件的系统调用时，内核将调用虚拟文件系统中的对应函数，由这个函数处理与物理结构无关的操作，且将操作重定向到实际文件系统中的相应函数调用，最后由实际文件系统中的相关函数来处理与物理结构相关的操作。

虚拟文件系统只存在于内存中，它在系统启动时建立，在系统关闭时消亡。因此，每次系统启动时，所有被初始化的文件系统类型都要向虚拟文件系统登记。虚拟文件系统使用超级块结构体、索引节点结构体、目录项结构体和文件结构体等数据结构来描述文件和文件系统。超级块结构体记录已安装文件系统的信息。每个文件系统对应一个超级块结构体对象，它相当于文件系统控制块。索引节点结构体用于存放某个文件的管理信息，它代表一个文件，每个文件有一个索引节点。文件结构体用于存放一个打开的文件和相关进程的关联信息，代表已由该进程打开的一个文件。系统中的每个打开的文件在内核空间都有一个关联的文件结构体，它由内核在打开文件时创建，并传递给在该文件上进行操作的任何函数，在文

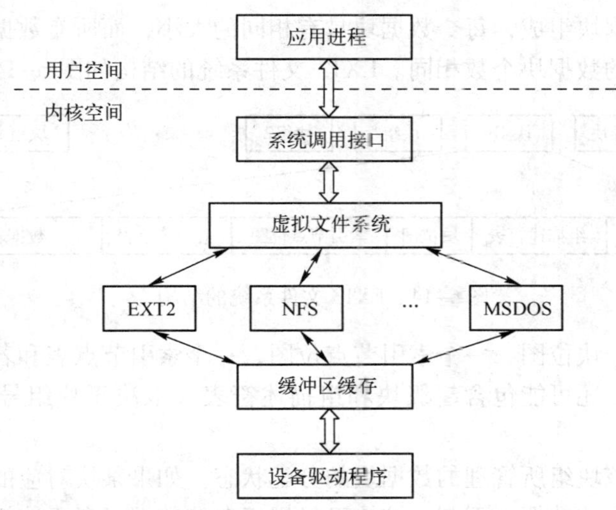

图 6-13　虚拟文件系统与具体文件系统的关系

件的所有实例关闭后，内核释放这个数据结构。目录项结构体用来描述某目录项与对应文件进行链接的所有信息。

2. EXT3 文件系统

EXT 文件系统是专门为 Linux 设计的可扩展文件系统，它包括 EXT、EXT2、EXT3 和 EXT4 等。其中 EXT 和 EXT2 文件系统用在较早的 Linux 系统中，EXT3 和 EXT4 使用在高版本的 Linux 系统中。下面仅就 EXT3 文件系统进行介绍。

（1）EXT3 文件系统的特点

EXT3 文件系统属于日志文件系统。所谓日志文件系统是在传统文件系统的基础上，增加了记录文件系统更改的日志。它的设计思想是：跟踪记录文件系统的变化，并将变化内容记录进日志。在日志文件系统中，所有文件系统的变化都被记录到日志，故当文件系统内容由于系统掉电等原因被中断后，在系统重启时，系统可以根据这些记录直接回溯并重整被中断的文件系统，而不必花费时间去进行其他检查。EXT3 文件系统具有以下特点。

1）全面兼容 EXT2，容许用户在增加日志功能时保留现存的文件系统。

2）继承了 EXT2 的许多优点，且 EXT2 新增加的特性能够很容易地转移到 EXT3 文件系统中。

3）使用了日志块设备层（JBD），该层可以在其他环境中使用。

4）具有多种日志模式，既可以记录所有的文件数据和元数据，也可以只记录元数据。系统管理人员可以根据实际需要，在系统的工作速度与文件数据的一致性之间做出选择。

5）有很强的平台兼容性，支持 32 位和 64 位体系结构，任何能够访问 EXT2 的操作系统都能访问 EXT3 文件系统。

6）若文件系统发生崩溃，利用 EXT3 的日志功能可以大大缩短进行文件一致性检查所需要的时间。

（2）EXT3 文件系统的磁盘数据结构

同其他操作系统一样，Linux 操作系统支持多个物理硬盘，每个物理硬盘可以分成一个或多个逻辑分区，每个逻辑分区上可以安装一个 EXT3 文件系统。EXT3 文件系统由一系列逻辑上线性排列的数据块组成，每个数据块具有相同的大小，而所有数据块又组合成若干个块组，每个块组包含的数据块个数相同。EXT3 文件系统的结构如图 6-14 所示。

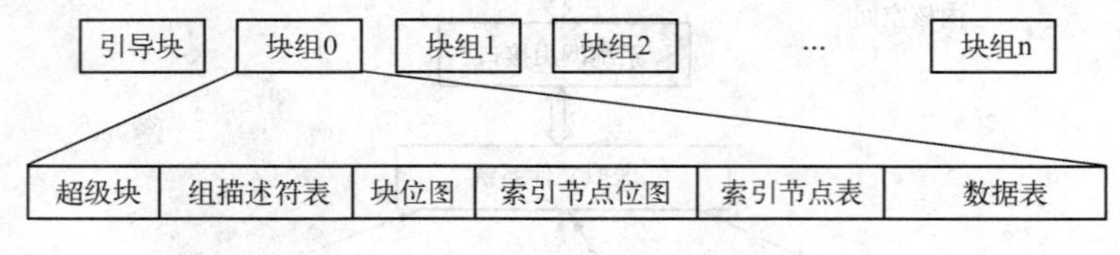

图 6-14　EXT3 文件系统的结构

每个块组包含一个块位图，一个索引节点位图，一个索引节点表和若干个用于存储文件数据的数据块。此外，还可能包含超级块和组描述符表（取决于块组号和文件系统创建时使用的参数）。

块位图用于描述该块组所管理的数据块的分配状态。如果某块对应的位未置位，则该块尚未分配，可以用于存储数据；否则，该块已经用于存储数据或者不能够使用。由于块位图仅占用一个块，因而限定了块组的大小。

索引节点位图用于描述该块组所管理的索引节点的分配情况。如果索引节点位图中相应的位已置位，则代表该索引节点已经分配出去；否则可以分配使用。由于索引节点位图仅占用一个块，从而限制了一个块组中所能够使用的最大索引节点数量。

索引节点表用于存储索引节点的信息，它占用一个或多个块（为了有效地利用空间，多个索引节点存储在一个块中），其大小取决于文件系统创建时的参数。索引节点表能占用的最大空间受索引节点位图的限制。

超级块用于存储文件系统的全局配置参数（如块大小、总的块数和索引节点数）和动态信息（如当前空闲的块数和索引节点数），它位于文件系统开始位置的 1024 个字节处，占用 1 KB 空间。为了系统的健壮性，可以在每个块组中保存超级块的一个副本，但当文件系统很大时，在每个块组中保存一个副本将浪费很多空间，于是也可以采用稀疏方式保存超级块副本，如只有块组号是 3、5、7 的幂时才存放超级块副本。通常情况下，只有主备份（第 0 号块组）的超级块信息被文件系统使用，其他备份只有在主备份被破坏的情况下才会使用。

组描述符表（Group Descriptor Table，GDT）用于存储所有块组的描述符，它占用一个或者多个数据块，具体取决于文件系统大小。块组描述符主要包括块位图、索引节点位图和索引节点表的位置，以及当前空闲块数、索引节点数及使用的目录数。每个块组有一个块组描述符，目前该结构占用 32 B。由于组描述符表对于定位文件系统的元数据非常重要，因此和超级块一样，也在块组中对其进行了备份，备份方式与超级块的备份类似。

由上面的介绍可知，块组中元数据（如块位图、索引节点位图、索引节点表）的位置不是固定的。默认情况下，当文件系统在创建时，块组中元数据的位置在每个块组中都相同。

（3）EXT3 文件系统的日志

EXT3 文件系统提供多种日志模式，既可以只对元数据做日志，也可以同时对元数据和文件数据块做日志。具体来说，EXT3 提供以下 3 种日志模式。

1）Journal 日志模式。日志对文件系统中所有改变的数据和元数据进行记录。该模式是最慢的一种日志模式，但它能将发生错误的可能性降至最低。使用该模式时要求 EXT3 将每个变化写入文件系统2次和写入日志1次，显然这将降低文件系统的总性能。由于该模式同时记录了文件系统中元数据和数据的更新情况，因此，当系统重新启动时，这些日志会使被中断过程得到最好的恢复。

2）Ordered 日志模式。该模式下日志仅记录文件系统中改变的元数据，但在记录元数据之前要将文件系统的数据更新，即要求日志记录与文件系统中的数据保持同步。Ordered 模式是默认的 EXT3 日志模式，这种模式降低了写入文件系统和写入日志之间的冗余，因此速度较快。使用该模式时，虽然文件数据的变化情况没有被记录在日志内，但它在日志记录元数据之前被存储到磁盘中，从而确保了文件系统的文件数据与文件系统的元数据保持同步。

3）Writeback 日志模式。这种模式下日志仅记录文件系统中改变的元数据。该模式与 Ordered 模式的区别是：尽管文件操作会把文件数据写到磁盘上，但日志记录与文件系统中的数据更新并不同步。Writeback 模式是速度最快的 EXT3 日志模式，这是因为日志只记录元数据的变化，而不需要等待与文件数据相关的更新（如文件大小、目录信息等），记录元数据的变化与文件数据的更新可以不同步。

EXT3 文件系统本身不处理日志，而是利用称为“日志块设备”（JBD）的通用内核层。EXT3 文件系统调用 JDB 例程，以确保在系统万一出现故障时后续操作不会损坏磁盘数据结构。EXT3 与 JDB 之间的交互基于3个基本单元：日志记录、原子操作和事务。

6.8 Windows XP 的文件系统

1. 文件系统模型

在 Windows XP 中，所有设备的输入/输出操作均由 I/O 管理器负责处理。文件系统的结构模型如图 6-15 所示。

图 6-15 中显示，I/O 管理器通过设备驱动程序、中间驱动程序、过滤驱动程序和文件系统驱动程序（FSD）等完成 I/O 操作，其中：

1）设备驱动程序位于 I/O 管理器的最底层，直接对设备进行 I/O 操作。

2）中间驱动程序与低层设备驱动程序一起提供增强功能。例如，当发现 I/O 失败时，设备驱动程序可能只简单地返回出错信息，而中间驱动程序却可以在收到出错信息后，向设备驱动程序发出再试请求。

3）文件系统驱动程序扩展低层驱动程序的功能，以实现特定的文件系统，如 NTFS。

4）过滤驱动程序提供接口之间的数据过滤。它可以位于设备驱动程序与中间驱动程序之间，也可以位于中间驱动程序与文件系统驱动程序之间，还可以位于文件系统驱动程序与输入/输出 API 之间。

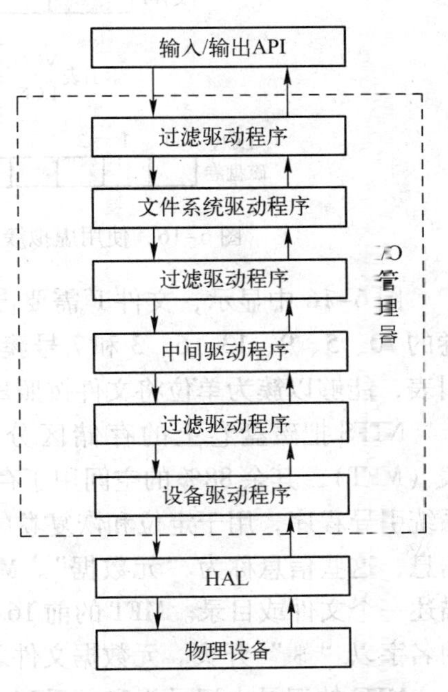

图 6-15 Windows 文件系统的结构模型

在 I/O 管理器的各组成构件中，与文件系统管理最为密切相关的当属文件系统驱动程序（FSD）。FSD

工作在内核模式，但与其他标准内核驱动程序有所不同。FSD 必须先向 I/O 管理器注册，还要与内存管理器和高速缓存管理器产生大量交互。Windows 文件系统的有关操作均通过 FSD 完成，包括显式文件 I/O、高速缓存延迟写、高速缓存提前读、内存“脏”页写及内存缺页处理等。

Windows XP 的 FSD 分为本地 FSD 和远程 FSD，前者允许用户访问本地计算机上的数据，后者允许用户通过网络访问远程计算机上的数据。当用户访问本地卷时，I/O 管理器调用本地 FSD 进行卷识别，然后通过设备驱动程序，将用户的 I/O 请求转交给物理设备，并具体完成文件操作。远程 FSD 包括客户端 FSD 和服务器端 FSD。客户端 FSD 接收来自应用程序的 I/O 请求并转换为网络文件系统协议命令，然后通过网络发送给服务器端 FSD。服务器端 FSD 监听网络命令，接收网络文件系统协议命令并交由本地 FSD 执行，从而实现用户对远程计算机上数据的访问。

Windows XP 支持多种文件系统，包括 FAT/FAT32（FAT 属遗留文件系统，FAT32 是增强的 FAT 文件系统）、CDFS/UDF（光盘存储介质的文件系统格式）、HPFS（高性能文件系统）、NTFS（新技术文件系统）等。Windows XP 中使用的文件系统主要是 NTFS。

2. NTFS

NTFS 是一种具有较好容错性和安全性的文件系统，它与 FAT 文件系统一样，也是以簇（即由若干连续物理扇区组成的一个单位）作为磁盘空间分配和回收的基本单位。NTFS 使用虚拟簇号（VCN）和逻辑簇号（LCN）来定位簇。虚拟簇号指某个文件中各簇从 0 开始的顺序号。逻辑簇号指整个文件卷中各簇从 0 开始的顺序号。使用虚拟簇号和逻辑簇号定位簇的例子如图 6-16 所示。

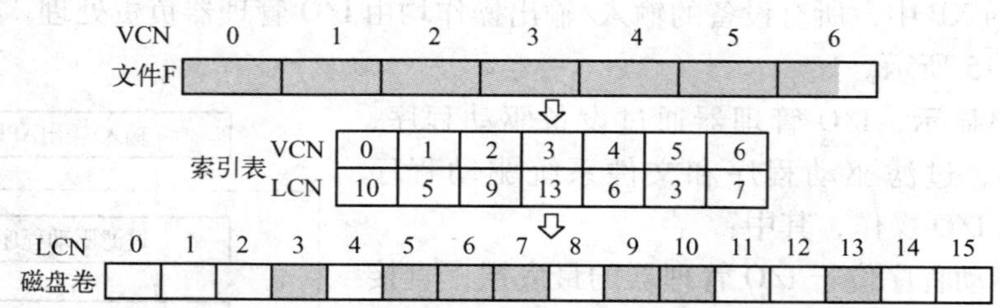

图 6-16　使用虚拟簇号（VCN）和逻辑簇号（LCN）定位簇的示例

图 6-16 中显示，文件 F 需要占用 7 个簇的磁盘空间，该文件的所有簇依次存储在磁盘卷的 10、5、9、13、6、3 和 7 号簇中。VCN 与 LCN 之间的映射通过索引表来实现。借助索引表，能够以簇为单位将文件按照离散方式存储在磁盘上。

NTFS 把磁盘卷上的存储区分成两个部分，其中约 12% 的空间用来存放主控文件表（MFT），其余 88% 的空间用于存储各种文件。MFT 是 NTFS 卷的管理控制中心，它包含系统引导程序，用于定位和恢复卷中所有文件的数据结构，记录整个卷分配状态的位示图等信息，这些信息称为“元数据”。MFT 由若干条记录构成。每条记录占用 1KB 空间，用于描述一个文件或目录。MFT 的前 16 条记录保留用于描述“元数据”文件，“元数据”文件的名字以“$”开头。元数据文件之后是一般文件和目录记录。

MFT 的记录由记录头和一系列（属性，属性值）对组成。记录头包含用于有效性检查的魔数（Magic Number）、文件生成时的顺序号、文件的引用计数、记录中实际使用的字节数等信息。（属性，属性值）对给出文件的属性名和描述该属性的具体内容。

并不是文件的所有属性都会出现在 MFT 的记录中，有的属性在 MFT 记录中必须被包含（如“标准信息”和“文件名”等），而有些属性是可选的。直接存储在 MFT 记录中的属性称为“常驻属性”。若文件或目录很大，则其所有属性在一个 MFT 记录中存放不下，这时 NTFS 会在 MFT 之外为属性分配附加的存储区域，这些附加的存储区域称为“扩展”。在“扩展”中存储的文件属性称为“非常驻属性”。

在 NTFS 中，文件的物理结构采用索引方式。具体方法如下：若文件很小，则将文件的内容直接存放到该文件的 MFT 记录中；若文件较大，在 1KB 的 MFT 记录中存放不下，则通过索引表来实现文件 VCN 到磁盘卷 LCN 的映射关系，即在该 MFT 记录中形成一张索引表，记录分配给该文件的簇。一个使用索引表实现 VCN 到 LCN 映射的例子如图 6-17 所示。

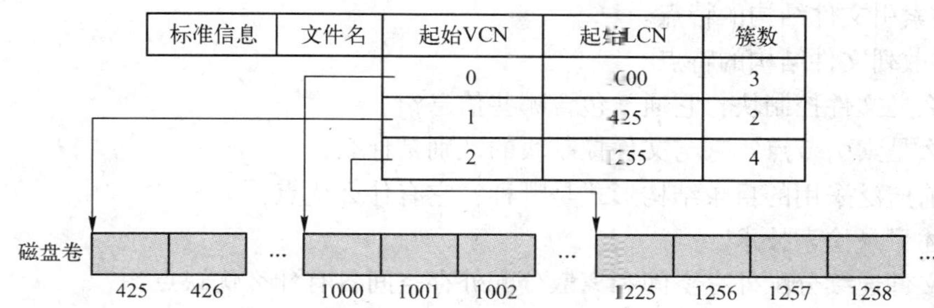

图 6-17　大文件 MFT 记录中的索引表示例

在 NTFS 中，若目录较小，则将其包含的所有文件和子目录的名字依序存放在对应 MFT 记录的“索引根”属性下。若目录较大，其 MFT 记录没有足够的空间来存放该目录所包含的全部文件（子目录）的文件名（子目录名），则除了仍将一部分文件名（子目录名）存放在 MFT 记录的“索引根”属性中外，其余的文件名（子目录名）只能保存在称为“索引缓冲区”的“扩展”中。NTFS 将索引根和索引缓冲区组合起来，构成一棵 B + 树。索引根属性中除了包含 B + 树当前的第一级文件名（子目录名）外，还包含指向下一级索引缓冲区的指针。

NTFS 通过日志记录来实现文件系统的可恢复性。文件系统的变更操作在磁盘上进行之前，首先被记录在日志文件中。在系统崩溃后的恢复阶段，NTFS 根据日志文件所提供的操作信息，对部分完成的事务进行重做或撤销，以保持磁盘上文件系统的一致性。

日志文件服务（LFS）是一组 NTFS 驱动程序内的核心态程序，NTFS 通过 LFS 来管理和访问日志文件。每当系统启动时，NTFS 打开一个日志文件，并将此文件对象的指针传递给 LFS，以便 LFS 对日志文件初始化和记录将要发生的事务。NTFS 为实现卷的可恢复性而执行操作的步骤如下：NTFS 调用 LFS 将所有改变卷结构的事务记录到高速缓存的日志文件中；NTFS 在高速缓存中对卷结构进行修改；高速缓存管理器调用 LFS 将高速缓存中的日志文件刷新到磁盘上；高速缓存管理器将高速缓存中对卷结构做的更改写入磁盘。

NTFS 在内存中维护两张表：事务表（用于跟踪已启动但尚未提交的事务）和“脏”页表（记录在高速缓存中还未写入磁盘的包含改变 NTFS 卷结构操作的页面）。NTFS 每隔 5 s 向日志文件写入一个检查点记录，存储事务表和“脏”页表的一个当前副本。在进行恢复时，NTFS 从日志文件中最近的一个检查点开始分析扫描，并根据其中的事务表和“脏”页表信息进行更新和回退处理。

6.9 习题

1. 什么是文件系统？文件系统有哪些功能？

2. 什么是打开文件操作和关闭文件操作？引入这两个操作的目的是什么？

3. 什么是文件的逻辑结构？什么是文件的物理结构？

4. 简述记录式文件的特点。

5. 简述流式文件的特点。

6. 简述连续文件结构的特点。

7. 简述链接文件结构的特点。

8. 简述索引文件结构的特点。

9. 简述散列文件结构的特点。

10. 什么是文件控制块？它通常包含哪些信息？

11. 什么是索引节点？它与文件控制块的区别是什么？

12. 目前广泛采用的目录结构形式是哪种？它有什么优点？

13. 简述目录检索技术。

14. 为文件连续分配外存空间和离散分配外存空间各有什么优缺点？

15. 简述文件存储空间管理的空闲区表法和空闲块链表法。

16. 简述文件存储空间管理的位示图法。

17. 简述文件存储空间管理的成组链接法。

18. 简述基于索引节点的文件共享方法。

19. 简述基于符号链接的文件共享方法。

20. 怎样进行盘块的一致性检查？怎样对共享文件的链接数进行一致性检查？

21. 简述虚拟文件系统的特点。

22. Linux 的 EXT3 文件系统有什么特点？

23. Windows 的 NTFS 有什么特点？

24. 假定某计算机系统的硬盘大小为 60 GB，磁盘的盘块大小为 4 KB，采用显式链接分配，请问：① 每个 FAT 表项至少需要多少个二进制位？② 整个 FAT 至少需要占用多少存储空间？

25. 假定一个磁盘有 2000 个盘块可用来存储信息，如果采用长度为 16 位的字来构造位示图，请问：① 位示图至少需要多少个字？② 若某文件占用的磁盘块号依次为 20、40、33、67，则在文件被删除后，位示图应如何修改？

26. 某系统中磁盘的盘块大小为 1KB，外存分配方式采用混合索引分配方式，文件索引节点中的直接地址有 6 项，一级索引地址有 2 项，二级索引地址有 1 项，每个盘块号占用 4B，请问该系统中允许文件的最大长度是多少？

27. 假设一个文件包含 200 个物理块，对顺序文件、链接文件、索引文件，分别计算执行下述操作时启动磁盘输入/输出的次数（假定头指针和索引表都在内存中）：① 从文件的开头删除一个物理块；② 删除文件的第 100 个物理块；③ 删除文件的最后一个物理块。

第7章　多处理器、网络和分布式操作系统

随着计算机技术和网络的发展，计算机已不再局限于单处理器环境，逐渐出现了多处理器、网络计算机和分布式计算机系统，随之相应的操作系统也被推出。本章将对多处理器操作系统、网络操作系统及分布式操作系统的基本实现原理进行概要性介绍。

7.1　多处理器操作系统

7.1.1　多处理器系统概述

除了提高计算机元器件的速度外，改善计算机性能的一条重要途径是改进计算机系统的体系结构，最主要的办法是通过增加系统处理器的数量，实现任务的并行处理，于是导致了多处理器系统（MPS）出现。所谓多处理器系统是指由多个能独立执行程序的处理器组成的计算机系统。

1. 多处理器系统的分类

可以从不同角度对多处理器系统进行分类。根据处理器之间耦合的紧密程度可以将多处理器系统划分如下。

1）紧密耦合多处理器系统。多个处理器通过高速总线或高速开关互连，它们共享系统的内存和I/O设备。

2）松散耦合多处理器系统。多台计算机通过通道或通信线路实现互连，每台计算机有自己的内存和I/O设备，并配置了操作系统来管理本地资源和本地运行的进程（线程）；也就是每台计算机可以独立工作，必要时可以通过通信线路与其他计算机交互。

根据多处理器系统中处理器的结构类型是否相同及操作功能是否对称，可以将多处理器系统划分如下。

1）同构对称型多处理器系统。指在一台计算机中包含多个具有相同结构类型的处理器，它们共享计算机的内存和其他资源，每个处理器的地位平等，无主次之分，任何一个处理器都能替代其他处理器工作，工作负载能够均匀地分配到所有可用的处理器上，所有处理器能够平等地访问计算机的内存和I/O设备。

2）异构非对称型多处理器系统。指系统中存在多种类型的处理器单元，它们在功能上各不相同，有主处理器和从处理器之分，主处理器运行操作系统，是系统的核心和灵魂，它能控制从处理器完成指定的功能。异构非对称多处理器系统由于各处理器起的作用不一样，因此不能实现负载均衡。

根据多处理器系统的组成结构，可以将多处理器系统划分如下。

（1）共享存储型多处理器系统

在共享存储型多处理器系统中，多个处理器、高速缓存（Cache）一般利用公共总线或高速开关实现互连，通过共享主存实现处理器之间的相互通信，所有处理器共享I/O设备或

通过通道与外设相连，整个系统由统一的操作系统管理，因此属于紧密耦合型多处理器系统。这类系统的处理器数目通常有限，主要受到两方面约束：一是因为采用共享主存通信，所以当处理器数目增大时，将导致访问主存冲突的概率增加，使系统性能下降；二是处理器与主存间的互连网络带宽有限，当处理器数目增多后，互连网络将成为系统性能的瓶颈。

共享存储型多处理器有 3 种模型：均匀存储器存取（UMA）模型、非均匀存储器存取（NUMA）模型和只用高速缓存的存储结构（COMA）模型。这些模型的区别在于存储器和外围资源如何共享或分布。

1）均匀存储器存取模型。该模型中，物理存储器被所有处理器均匀共享。所有处理器对所有存储字具有相同的存取时间，每台处理器允许有私有的高速缓存 Cache，系统的 I/O 设备也能够以一定形式共享，各处理器之间的同步和通信可以通过公用存储器的共享变量来实现。这种结构比较适合多用户的一般应用和分时应用。

2）非均匀存储器存取模型。该模型中，共享的存储器分布在所有处理器的本地上，所有本地存储器的集合组成了全局地址空间，可被所有的处理器访问。处理器的访问时间随存储字的位置不同而变化，通常访问本地存储器比较快，但访问属于另一台处理器的远程存储器则比较慢，因为通过互连网络会产生附加时延。

3）只用高速缓存的存储结构模型。COMA 机是 NUMA 机的一种特例，只是 COMA 机中将分布的主存储器换成了高速缓存 Cache，在每个处理器结点上没有存储器层次结构，全部高速缓冲存储器组成了全局地址空间，远程高速缓存访问借助分布高速缓存目录进行。

早期的多处理器系统几乎全是基于总线的共享存储系统。随着共享存储技术的不断发展，出现了可扩展共享存储多处理器技术 S2MP。S2MP 不存在系统中可以连接处理器数目的总线带宽限制，可以将大量高性能微处理器连接起来，共享一个统一的地址空间，较好地解决了其他并行处理系统无法解决的问题。S2MP 系统采用分布式存储器技术，引入 Cache，降低了访存时延。同时，系统内的处理器通过高速无阻塞的互连网络连接，增加了系统的通信带宽。另一方面，S2MP 系统采用了共享存储的存储器模型，每个处理器结点都可以直接访问所有的存储单元，程序员不用在程序中显式地控制在处理器之间分布数据和进行通信，因而容易编程。直接访存也使得在处理器之间可以动态分配任务，实现负载平衡简单。

（2）分布存储型多处理器系统

分布存储型多处理器系统由于机间物理连接松散，故属于松散耦合型多计算机系统。系统由多个计算机结点通过消息传递网络相互连接而成。每个结点包括处理器、局部存储器及输入/输出设备等，它们通过总线连在一起。局部存储器只有本地处理器才能访问。计算机结点内部也可以包含一个用不同技术互连的小型处理器集。消息传递网络的拓扑结构有环形、树形、网格、环网、超立方体、带环立方体等。通信模式有一对一、广播、置换、选播等。分布存储型多处理器系统具有层次和非层次两种结构。

2. 多处理器操作系统设计应注意的问题

从资源管理角度看，多处理器操作系统也担负着与单处理器操作系统一样的管理职责，如进行进程管理、线程管理、存储管理、设备管理和文件管理等，但要达到的管理目标和具体管理方法与单处理器操作系统存在一定差异。设计多处理器操作系统时应注意以下几个方面。

1）在多处理器环境下，有多个进程（线程）在多个处理器上并行执行，并行执行的进程（线程）可能需要同时访问某个共享资源，它们同时提出的资源访问请求比单处理器环境下并发进程交替访问共享资源的请求更难处理。因此，多处理器操作系统应具有新的进程（线程）同步与互斥机制。

2）在多处理器环境下，处理器调度要考虑怎样才能发挥多处理器系统的最大效能，怎样才能做到负载平衡，因此在分配任务时，调度程序既要了解每台处理器的能力以便将适合的任务分配给它，又要了解诸任务之间的关系，哪些任务必须顺序执行，哪些任务可以并行执行，同时，还应采用适当的多处理器调度算法。

3）在多处理器环境下，既有局部存储器，又有全局存储器，其地址变换机构比单处理器环境复杂。当多个进程竞争访问某存储块时，需要访问冲突仲裁机构裁决哪一个处理器上的进程（线程）可以立即访问，哪个或哪些处理器上的过程（线程）应该等待。当共享主存中的数据在多个局部存储器内出现副本时，操作系统必须保证相应数据的一致性。

4）为了提高多处理器系统的可靠性，多处理器操作系统应具有重构能力。当系统中的某个处理器或存储块等资源发生故障时，系统应能自动切除故障资源并换上备份资源，使之能够继续工作；如果没有备份资源，则重构系统使系统降级运行；如果在发生故障的处理器上有进程急需执行，操作系统应能安全地将它迁移到其他处理器上运行，且位于故障处的其他可用资源同样也应能够安全转移。

3. 多处理器操作系统的类型

为多处理器系统配备的操作系统称为多处理器操作系统。多处理器操作系统目前主要有以下 3 种类型。

（1）主从式操作系统

对于这种类型的操作系统，有一台特定的处理器被称为主处理器，其他的处理器被称为从处理器。操作系统始终运行在主处理器上，用来记录、控制其他从处理器的状态，并负责为从处理器分配任务。从处理器不具有调度功能，只能运行主处理器分配给它的任务。

当从处理器空闲时，便向主处理器发出一个请求进程（线程）信号，然后等待主处理器为它分配进程（线程）。主处理器中保持有一个就绪队列，只要就绪队列不空，操作系统就将合适的就绪进程（线程）分配给从处理器，从处理器获得分配给它的进程（线程）后便执行该进程（线程），执行结束后会再次向主处理器发出请求。

一个采用主从式操作系统的例子是 DEC System 10，它有两台处理器，一台为主，另一台为从，操作系统在主处理器上运行，从处理器的请求通过陷入传送给主处理器，然后主处理器回答并执行相应的服务操作。

主从式操作系统具有以下优缺点。

1）系统处理比较简单，所有进程（线程）分配由一台主处理器完成，使进程（线程）同步得到简化，进程（线程）的调度程序比较容易从单处理器的调度程序演变而来。

2）操作系统容易实现，可由单处理器操作系统进行适当扩充而得到。由于操作系统只被一台主处理器使用，因此，不必将整个管理程序都编写成可重入的程序代码，但有些公用例程必须可重入才行。

3）资源利用率较低，当从处理器的请求任务队列较长时，容易出现瓶颈。因此，从处理器的数量不宜过多，主处理器在分配任务时，也不宜将任务划分得过小，以避免从处理器频繁发出请求。

4）由一台主处理器来对整个系统进行控制和管理，存在着不可靠性等问题，一旦主处理器出现故障，会导致整个系统瘫痪。

尽管主从式操作系统的资源利用率较低，可靠性也较差，但因其容易实现，因此早期的多处理器操作系统多采用这种方式。到目前为止，仍有不少多处理器操作系统采用这种类型。主从式多处理器操作系统一般用于工作负载不是很重、从处理器的数量不是很多、从处理器的性能远低于主处理器性能的非对称多处理器系统中。

（2）独立监督式操作系统

独立监督式也称为独立管理程序控制方式。在这种类型的操作系统中，每一个处理器均有自己的管理程序（操作系统内核），并拥有各自的专用资源，如输入/输出设备和文件系统。在每个处理器上运行的操作系统具有与单处理器操作系统类似的功能，服务自身的需要，管理自己的资源，为自己的处理器分配进程（线程）。IBM 370/158 等多处理器系统便采用了独立监督式操作系统类型。

独立监督式操作系统具有以下优缺点。

1）每个处理器具有相对独立且完善的软、硬件资源，每个处理器可以按照自身的需要和分配给它的任务的需要来执行各种管理功能，具有较强的独立性和自主性。

2）每个处理器由专用的管理程序来为自身服务，故访问公用表格的冲突相对较少，阻塞自然也不容易发生，系统具有较高的效率。

3）每个处理器相对独立，一台处理器出现故障不会引起整个系统瘫痪，系统可靠性相对较高。

4）由于每个处理器独立执行管理程序，因此管理程序的代码必须是可重入的，或者为每个处理器装入专用的管理程序副本。

5）因每台处理器中都驻留了操作系统内核，占用了较多的存储空间，存储冗余较大，所以存储空间的开销较大，存储空间的利用率不高。

6）缺少统一负责整个系统的管理和调度机制，要实现处理器负载平衡比较困难。

独立监督式操作系统比较适合松散耦合型多处理器系统。

（3）浮动监督式操作系统

浮动监督式也称为浮动管理程序控制方式。它是最复杂，也是最有效、最灵活的多处理器操作系统类型。浮动监督式操作系统类型适用于紧耦合多处理器系统，常用在对称多处理器系统中。

若采用浮动监督式，则系统中的所有处理器组成一个处理器池，每台处理器都可以运行操作系统对整个系统的资源进行管理和控制。每段时间有一台（或一组）处理器作为执行全面管理功能的“主处理器”，但根据需要，“主处理器”可以浮动，即可以从一台（或一组）处理器切换到另一台（或另一组）处理器。IBM 3081 上运行的 MVS、VM 及 C.mmp 上运行的 Hydra 就采用了这种多处理器操作系统类型。

浮动监督式操作系统具有以下优缺点。

1）系统内的处理器采用处理器集合概念进行管理，每台处理器都可用于控制任一台 I/O 设备和访问任一存储块，大多数任务可以在任意一台处理器上执行，管理过程对用户是透明的，且有很高的可靠性和相当大的灵活性。

2）根据需要，“主处理器”可以浮动，即从一台计算机切换到另一台处理器。这样，即使执行管理功能的主处理器或者其他处理器出现故障，系统也照样能够运行下去，因此系统具有很高的可靠性。

3）由于系统设置了一台（或一组）“主处理器”对整个系统的资源进行统一调度和管理，且大多数任务可以在任何一台处理器上执行，因此，可以根据各处理器的忙闲情况，将任务均匀地分配到各处理器上执行，从而使系统各处理器上的负载达到较好的均衡。

4）实现比较复杂。由于一段时间内除有一台“主处理器”执行全面管理任务外，容许数台处理器同时执行同一个管理服务子程序，因此，多数管理程序的代码必须是可重入的，且必须设置功能较强的冲突仲裁机构。

7.1.2 多处理器调度

在多处理器系统中，存在多种调度策略，比较有代表性的为负载共享调度、成组调度、独占处理器调度等。这些调度策略主要以线程为调度单位。

1. 负载共享调度

又称为自调度，它是比较简单的调度策略，直接由单处理器上的调度策略演变而来。按照这种调度策略，线程没有专用的处理器，它可以在任何空闲的处理器上运行，整个系统设置一个公共的线程就绪队列，当某处理器空闲时，该处理器上就可以运行操作系统的调度程序自己从公共就绪队列中挑选一个就绪线程执行。调度算法可以直接采用单处理器上的调度算法，如先来先服务调度算法、最高优先权优先调度算法等。

负载共享调度具有以下优点。

1）系统负载可以均匀地分布到各个处理器上，只要公共就绪队列不空，就不会出现处理器空闲的情况，也不会发生处理器忙闲不均现象。

2）对公共就绪队列可按照单处理器系统中所采用的方式进行组织和管理，调度算法也可沿用单处理器所用的调度算法，即调度机制可以采用单处理器系统中的调度机制。

负载共享调度存在以下缺点。

1）整个系统只设置了一个就绪队列供所有处理器共享，处理器必须以互斥方式访问该队列，容易形成系统瓶颈。

2）当线程阻塞后再重新获得处理器时，很难保证获得的处理器是阻塞前的处理器。处理器的更换将导致高速缓存 Cache 的内容失效。一个线程在其生命期中可能要经过多次阻塞，反复的处理器更换会导致 Cache 的使用效率很低，从而影响整个系统的效率。

3）很难保证相互合作的线程同时获得处理器，正在执行的线程往往因其合作线程未能获得处理器只能将自己阻塞起来等待，从而导致线程切换频繁。

2. 成组调度

所谓成组调度，是指将一个进程中的一组线程一次性地分配到一组处理器上执行。进行成组调度时，如何为应用程序分配处理器时间，可以考虑采用以下两种方式。

1）面向所有应用程序平均分配处理器时间，即以系统中的应用程序为分配时间单位，每个应用程序分得相同的处理器时间。假设系统中有 N 个处理器，内存中有 M 个应用程序，每个应用程序的线程数量不超过 N，则每个应用程序分得总时间的 1/M。若每个应用程序含有 N 个线程，每个线程可以在一个 CPU 上运行，则这 N 个线程一共占用总时间的 1/M，且应用程序每少含 i 个线程，该应用程序就因 i 个处理器空闲而浪费总时间的 i/(M×N)。

2）面向所有线程平均分配处理器时间，即以系统内存中的所有线程为基础平均分配处理器时间，每个线程分得相同的处理器时间。假设系统中有 N 个处理器，内存中有 MM 个线程，每个应用程序的线程数量不超过 N，则每个线程可分得总时间的 1/MM。若应用程序包含 N 个线程，则该应用程序获得总时间的 N/MM，且应用程序每少含 i 个线程，该应用程序占用的时间就减少为总时间的（N－i)/MM，而该应用程序浪费的处理器时间为总时间的(N－i)×i/(MM×N)。

例如，假设系统有 4 个处理器，两个应用程序 A 和 B，A 含有 4 个线程，B 含有 1 个线程；若按照面向所有应用程序平均分配处理器时间，则处理器浪费的时间为 37.5%（见表 7-1）；若按照面向所有线程平均分配处理器时间，则处理器浪费的时间为 15%（见表 7-2）。由此可见，按照线程平均分配处理器时间的方法更加有效。

表 7-1　按程序平均分配处理器时间的例子

	应用程序 A	应用程序 B
处理器 1	线程 1	线程 1
处理器 2	线程 2	空闲
处理器 3	线程 3	空闲
处理器 4	线程 4	空闲
分配的时间	1/2	1/2
处理器时间浪费 37.5%		

表 7-2　按线程平均分配处理器时间的例子

	应用程序 A	应用程序 B
处理器 1	线程 1	线程 1
处理器 2	线程 2	空闲
处理器 3	线程 3	空闲
处理器 4	线程 4	空闲
分配的时间	4/5	1/5
处理器时间浪费 15%		

成组调度的优点如下。

1）一次调度完成了一组相互合作线程的处理器分配，则执行过程中将显著减少线程因等待合作线程而阻塞的情况发生，从而可以有效减少线程的切换次数，改善系统性能。

2）每次调度完成一组线程的处理器分配，可以显著减少调度频率，从而减少调度开销。

3. 独占处理器调度

指在一个应用程序执行期间，系统专门为这个应用程序分配一组处理器，这组处理器仅供这个应用程序使用，该应用程序的每个线程占用一个处理器，直至应用程序完成。独占处理器调度的好处是，在一个应用程序执行期间，每个线程专用一个处理器，从而可以完全避免线程切换，这样大大提高了程序的运行速度。

这种调度策略明显会造成处理器的严重浪费（例如，当一个线程为了与另一个线程同步而阻塞时，为该线程分配的处理器就会空闲浪费），但将它用于并行程度非常高的多处理器环境中则比较有效。这是因为在具有数十个乃至数百个处理器的高度并行计算机系统中，每个处理器的投资费用在整个系统中仅占很小一部分，相对于系统的性能和效率而言，单个处理器的利用率已远不如单机系统中重要，让每个线程独占一个处理器，完全避免了线程切换，会使系统的性能和效率得到很大改善。

4. Windows XP 中的多处理器调度

Windows XP 用亲和关系 Affinity 来描述线程可在哪些处理器上运行，默认是可以在所有处理器上运行。线程的亲和掩码从进程的亲和掩码继承得到。使用 SetProcessAffinity Mask 或 SetThreadAffinityMask 函数可以指定亲和掩码。

在 Windows XP 中，设定了首选处理器和第二处理器。首选处理器指线程运行时的偏好处理器，使用 SetThreadIdealProcessor 函数可以设置线程的首选处理器。第二处理器指第二个优先供线程选择的处理器。

在 Windows XP 中，当线程进入运行状态时，首先试图调度该线程到一个空闲处理器上运行。如果有多个空闲处理器，则调度顺序是线程的首选处理器、线程的第二处理器、当前执行处理器（即正在执行调度器代码的处理器）。如果它们都不空闲，则依据处理器标识从高到低扫描系统中的处理器状态，选择找到的第一个空闲处理器。

如果某线程进入就绪状态时，所有处理器都处于繁忙状态，则将检查处于运行状态或备用状态的线程，判断本线程是否可以抢先。检查的顺序为线程的首选处理器、线程的第二处理器。如果它们都不在线程的亲和掩码中，则依据活动处理器掩码，选择该线程可运行的编号最大的处理器。如果在被选中的处理器上没有线程可被抢先，则新线程进入相应优先级的就绪队列，等待调度执行。

在多处理器系统中，Windows XP 在为某处理器挑选线程时必须考虑线程的亲和掩码，挑选的就绪线程必须满足以下条件之一：线程的上一次运行是在该处理器上；线程的首选处理器是该处理器；处于就绪状态的时间超过 2 个时间配额；优先级大于或等于 24。

如果找不到满足上述要求之一的线程，便从就绪队列中取出第一个线程投入运行。按照上述方式进行调度，有可能出现一个比当前运行线程优先级更高的线程处于就绪状态，但不能立即抢先当前线程的情况。

如果在一个处理器上没有可运行的线程，Windows XP 会调度空闲线程运行。空闲线程的优先级为 0，只在没有其他线程运行时才运行。

7.1.3 多处理器同步

在单处理器系统中，系统执行系统调用进入操作系统内核后，除了更高级别的中断外，处理器不会被抢占。这就是说，在系统调用期间，只会出现内核程序运行结束或它因为阻塞而主动放弃处理器两种情况，这段时间内不用担心内核程序对共享资源的互斥访问问题。但在多处理器系统中，可能有多个处理器同时进入内核状态，因此必须提供相应的同步机制来保证各处理器上运行的内核程序以互斥方式访问共享资源。同样，尽管在单处理器系统中，原语执行都带有原子性，但在多处理器系统中，部分原语将失去原子性，如读—修改—写原语；这是因为读—修改—写原语包含了若干条指令，需要多次进行总线操作，而总线往往由多个处理器共享，某处理器在执行原语过程中，若总线已被其他处理器占用，就可能导致当前处理器与其他处理器对同一存储单元进行交叉读写，造成混乱；因此，必须提供同步机制来保证各处理器互斥使用总线。

多处理器系统中的同步机制分为集中式同步机制和非集中式同步机制两种。集中式同步机制是指基于中心同步实体的所有同步机制。中心同步实体是指在任何时刻能够被所有需要同步的进程（线程）访问的同步实体。同步实体包括锁、信号量及用于同步的进程等。所有不属于集中式同步机制的同步机制都划归非集中式同步机制范围。

使用同步机制对进程（线程）进行同步，必须有相应的同步算法支持。

对于集中式同步算法，当多个进程（线程）需要访问共享资源或进行通信时，由中心控制点进行判断，选择一个进程（线程）执行，且进行判断所需要的全部信息都集中在中心控制点。集中式同步算法的不足之处有以下两点：①可靠性较差，当中心控制点出现故障时，会对系统造成灾难性影响；②大量的资源共享和进程（线程）通信都由中心控制点管理，容易使中心控制点成为整个系统的瓶颈。

对于分布式同步算法，所有结点担负了相同的职责，要求每个结点保存相同的信息，这是因为所有结点仅根据本地信息进行判断。若采用分布式同步算法，当一个结点出现故障时，不会导致整个系统瘫痪。由于分布式同步算法较难满足非集中式同步的要求，因此，纯粹的分布式同步算法应用较少。

在多处理器系统中，由于不仅需要对同一个处理器上的并发进程（线程）同步，而且还需要对不同处理器上的并行进程（线程）同步，因此，多处理器系统除了具有单处理器系统的一些同步机制外，还引入了一些新的进程（线程）同步机制，如中心进程、自旋锁、大读者锁、RCU 锁、时间戳等。

1. 中心进程

在多处理器系统中，可以利用中心进程实现同步。中心进程又称为协调进程，它是多处理器系统管理程序的一部分，其作用是安排访问共享资源的顺序。中心进程保存了所有用户的存取权限和冲突图等信息。每一个要求访问共享资源的进程（线程）需先向中心进程发送请求消息，中心进程收到请求后便去查看冲突图。如果实现请求不会引起死锁，便将该请求插入请求队列，否则将请求退回。当轮到请求进程使用共享资源时，中心进程便向请求进程（线程）发送一个回答信息并让请求者进入临界区访问共享资源。请求进程（线程）在退出临界区时，还得向中心进程发送一个释放资源的消息，中心进程收到消息后又可以向下一个请求进程发送回答消息，允许它进入临界区。这种同步方式在访问共享资源时要传递申请、回答、释放 3 个消息，因此同步效率不高。

2. 自旋锁

自旋锁与互斥锁有点类似，只是自旋锁不会引起调用者睡眠。如果自旋锁已经被别的执行单元获得，则调用者就一直循环在那里，查看是否该自旋锁的获得者已经释放了锁。由于自旋锁的使用者一般保持锁的时间非常短，因此选择自旋而不是睡眠非常必要，自旋锁的效率高于互斥锁。

跟互斥锁一样，一个执行单元要想访问被自旋锁保护的共享资源，必须先得到锁，在访问完共享资源后，必须释放锁。某执行单元在获取自旋锁时，如果没有任何其他执行单元保持该锁，则获取锁操作成功；如果该锁已经有保持者，则获取锁操作将自旋在那里，直到该自旋锁的保持者释放了锁。

3. 读写锁

读写锁实际是一种特殊的自旋锁，它把对共享资源的访问者划分成读者和写者。这种锁相对于自旋锁而言，能提高并发性，因为在多处理器系统中，读写锁允许同时有多个读者访问共享资源。读写锁对应的写操作是排他性的，一个读写锁只能有一个写者或者可以有多个读者，但不能同时既有读者又有写者。

如果读写锁当前没有被读者和写者获得，则写者可以立刻获得该锁，否则它必须自旋在那里，直到没有任何写者和读者。如果读写锁没有被写者获得，则读者可以立即获得该锁，否则读者必须自旋在那里，直到写者释放该读写锁。

4. 大读者锁

大读者锁是读写锁的高性能版，读者可以非常快地获得锁，但写者获得锁的开销比较大。大读者锁的使用与读写锁的使用类似，只是所有的大读者锁都是事先已经定义好的。这种锁适用于读多写少的情况，在这种情况下它远优于读写锁。

大读者锁的实现机制是：每一个大读者锁在所有 CPU 上都有一个本地读者写者锁，一个读者仅需要获得本地 CPU 的读者锁，而写者必须获得所有 CPU 上的锁。

5. RCU 锁

RCU 锁就是读—复制修改（Read - Copy Update）锁。对于被 RCU 锁保护的共享数据结构，读者不需要获得任何锁就可以访问它，但写者在访问它时需要先复制一个副本，然后对副本进行修改，最后在适当的时机再使用一个回调机制把指向原来数据的指针重新指向新的被修改的数据。

RCU 锁也是读写锁的高性能版本，但它比大读者锁具有更好的扩展性和其他一些性能。RCU 锁既允许多个读者同时访问被保护的数据，又允许多个读者和多个写者同时访问被保护的数据，读者没有任何同步开销，而写者的同步开销取决于写者间的同步机制。

6. 时间戳

一种定序机构，用于对系统中的事件进行排序，以保证各处理器上的进程（线程）能协调运行。基本功能是对所有特殊事件，如资源请求、通信等，加盖上唯一的时间戳（即指定唯一的逻辑时间），使所有事件可以按时间戳排成一个序列。利用时间戳定序机构，再配上相应的同步算法，可以实现不同处理器上进程（线程）之间的同步。实际上，许多集中式和分布式同步机制都以时间戳定序机构作为同步机制的基础。

7.2 网络操作系统

7.2.1 网络操作系统概述

网络操作系统（NOS）是使网络上的计算机能方便有效地共享网络资源，同时实现网络通信和为用户提供各种网络服务的计算机操作系统。网络操作系统除了具备通常操作系统具有的处理器管理、存储器管理、设备管理和文件管理等功能外，还增加了网络功能。网络操作系统是计算机网络中各种系统资源的管理者，同时还在网络用户和计算机网络之间起到接口作用。

在操作系统中配备网络功能应达到以下目标。

1）支持多种网络硬件环境。

2）支持多种网络通信协议。

3）支持网络互连，能够连接两个或多个不同类型的网络。

4）支持多个服务器，实现服务器之间可靠、安全的信息传输。

5）为网络用户提供多种网络服务。

6）提供对多个用户协同工作的支持，支持多个用户同时使用网络共享资源。

7）具有多种网络设置和管理工具，能够方便地完成网络管理。

8）具有很高的安全性，能够进行系统安全性保护和各类用户的存取权限控制。

9）为用户提供操作简单的与网络交互的接口。

随着计算机网络技术的不断发展和应用领域的不断扩大，网络功能已成为现代操作系统的基本功能之一，因此，除了在20世纪90年代初期，一些操作系统（如Novell公司的NetWare）被称为网络操作系统之外，现在一般不再将某个操作系统特称为网络操作系统。

根据网络中计算机的作用，可以将网络操作系统结构分为对等式网络结构和非对等式网络结构两种。

（1）对等式网络结构

对等式网络结构的网络软件被设计成每一个网络结点都能完成相同或相似的功能。整个网络不需要专门的服务器，网络操作系统软件相等地分布在网络的每个结点上，所有结点的地位平等，结点软件以前台和后台两种方式工作，前台为本地用户服务，后台为其他结点上的用户提供服务，每一台网络计算机既能充当网络服务的请求者也能充当网络服务的提供者。

对等式网络结构的优点是：使用简单，计算机上资源可直接共享，容易安装与维护，管理方便，价格比较便宜，不需要专门的服务器等。对等式网络结构的缺点是：数据的保密性较差，文件管理分散等。

对等式网络结构的网络操作系统主要流行在计算机网络发展的早期，目前，在工作组内几台计算机之间进行简单通信和共享资源也常采用这种结构。对等式网络结构的例子有：Novell公司的Personal NetWare，Invisible Software公司的Invisible LAN3. 44，Microsoft公司的Windows for Workgroup 3. 11、Windows 3. x、Windows 95、Windows 98等。

（2）非对等式网络结构

非对等式网络结构又称为客户—服务器（Client - Server）结构。这种结构的网络操作系统将网络计算机结点分为网络服务器和网络工作站两类。网络服务器一般采用高配置和高性能的计算机，以集中方式提供网络服务和管理网络共享资源。网络工作站通常配置较低，主要为本地用户访问本地资源和网络资源提供服务。客户机和服务器之间并没有严格的界限，取决于运行什么软件。简单地讲，客户是提出服务请求的一方，服务器是提供服务的一方。服务器所提供的服务功能不仅包含文件服务、打印服务和数据库服务，还包括计算、通信，以及Internet和Intranet等方面的服务。在客户—服务器结构中，网络操作系统软件分为两部分：一部分（服务器程序）运行在服务器上，另一部分（客户程序）运行在工作站上，任务由客户程序和服务器程序共同完成。这种模式能充分发挥服务器和客户机各自的计算能力，方便分别对客户端和服务器端进行优化，为用户提供一个理想的分布环境，消除不必要的网络传输负担，是目前主流网络操作系统的工作方式。

非对等式网络结构的优点是：数据分布处理，有效使用系统资源，文件集中管理，数据的安全性和保密性好，系统可靠性高。非对等式网络结构的缺点是：应用开发环境相对较复杂，工作站上的资源不能直接共享，安装和维护比对等式网络结构麻烦。

Novell公司的NetWare 3. X和4. X是早期具有客户—服务器结构的网络操作系统的典型代表。目前世界上流行的网络操作系统，绝大多数都采用客户—服务器模式。常见的有 UNIX、Linux 、Windows NT、Windows 2000、Windows XP，以及 Windows 家族的新成员等。

7.2.2 网络操作系统实例介绍

1. Novell NetWare

Novell 公司是最早涉及网络操作系统的公司之一，1983 年推出了 NetWare 操作系统。NetWare 2.2 是 16 位网络操作系统，3.X 以上版本属于 32 位网络操作系统。NetWare 操作系统以文件服务器为中心，其文件服务和打印服务对应于 ISO/OSI 参考模型的应用层和表示层。NetWare 由以下几部分组成。

1）文件服务器内核：实现 NetWare 的核心协议（NCP），提供 NetWare 的所有核心服务，负责处理工作站的网络服务请求。NetWare 提供的服务有文件与打印服务、数据库服务、通信服务、报文服务等。

2）工作站外壳：工作站通过运行重定向程序 NetWare Shell 对用户命令进行解释。当用户应用程序发出网络服务请求时，NetWare Shell 将它转交给通信软件发送到服务器；当用户应用程序发出 DOS 命令时，NetWare Shell 将它提交给本地 DOS 操作系统执行；NetWare Shell 还负责接收并解释来自服务器的信息，并将它转送给工作站用户应用程序。

3）底层通信软件：负责在网络服务器与工作站之间建立通信连接，实现网络各站点与服务器之间的通信。通信软件包括网卡驱动程序及通信协议软件等。

NetWare 最重要的特征是基于模块设计思想的开放式系统结构。NetWare 是一个开放的网络服务器平台，可以方便地对其进行扩充。NetWare 系统对不同的工作平台（如 DOS、OS/2、Macintosh）、不同的网络协议环境（如 IPX/SPX、TCP/IP、APPLETALK）及各种工作站操作系统提供了一致服务。该系统还可以通过增加一些自选的服务（如替补备份、数据库、电子邮件及记账等）来对系统功能进行扩充。

作为一个可扩充的平台，NetWare 包含一个增强的协议引擎，还包括扩充的文件和目录系统的名字规约、LAN 网卡驱动程序集合及其他增值服务。

NetWare 操作系统具有以下特点。

（1）高速文件系统

在局域网中，对文件系统的访问非常频繁，因此，提高服务器硬盘上文件的访问速度对提高网络访问速度有重要影响。Novell 公司采取了一系列先进技术来加快文件访问的速度，如目录 HASH 查找法、磁头电梯式寻道、磁盘 Cache、FAT 索引等。

（2）硬件适应性强

NetWare 是一个不依赖于任何连网环境的网络操作系统，无论使用何种传输介质、拓扑结构、网卡建成的局域网，都可以使用 NetWare。NetWare 可支持以太网、令牌环网、双绞线以太网等网络硬件环境，支持数百种不同种类的网卡。

（3）三级容错

NetWare 是第一个建立容错机制的微机网络操作系统，具有三级容错能力。第一级容错是防止硬盘的区域故障而采取的容错手段，如热修复与写后读校验；第二级容错是防止硬盘损坏而采取的容错手段，如磁盘镜像和磁盘双工；第三级容错是防止服务器损坏而采取的容错手段，在 NetWare 中可以采用双服务器备份等手段。

(4) 4 种安全机制

NetWare 建立了入网限制、用户权限、受托权限及文件和目录属性等 4 级安全机制，从而有效防止了对重要数据和文件的窃取和破坏。

(5) 网络监控与管理

NetWare 网络监控与管理实用程序使网络管理员能够及时监控和管理网络当前的运行状态，其记账功能可以统计每个用户对网络资源的使用情况。

(6) 开放协议技术

NetWare 引入了开放协议技术，允许在 NetWare 环境中使用不同的网络拓扑结构、不同的传输介质和不同的网卡；允许在多种网络之间实现网络互连，并提供一致的 NetWare 服务和数据流接口。

NetWare 存在以下缺点：工作站资源无法直接共享；安装、管理及维护较对等网复杂；当多个用户同时访问文件和数据时，网络效率会降低；服务器的运算功能往往没有得到充分发挥等。

NetWare 代表性的版本有 V3.11、V3.12 和 V4.10 、V4.11、V5.0、V6 和 V6.5 等。目前还在使用的主要是 V5.0 以后的版本，这些版本支持所有的重要台式操作系统（DOS、OS/2、Windows、UNIX 和 Macintosh 等）及 IBM SAA 环境，为需要在多厂商产品环境下进行复杂网络计算的企事业单位提供了高性能的综合平台。

NetWare V5.0 具有以下一些特点。

1）增加了对 TCP/IP 的直接支持。它既可以实现纯粹的 TCP/IP 环境，又能单独使用 IPX/SPX 协议，甚至组成 TCP/IP 和 IPX/SPX 的混合环境，并可方便地从 IPX/SPX 迁移到 TCP/IP，使网络通信变得更加容易。

2）对网络目录服务（NDS）做了进一步的增强，使它能智能地识别网络目录数据库的变化，仅更新其中改变的部分，从而减少了网络上的通信量。此外，还增加了编目服务，能帮助系统管理员搜索目录，在网络上快速查找信息等。

3）提供了快速的 Java 环境，使用户能快速对应用程序和数据进行存取。

4）捆绑了一些著名软件，如 Oracle 8，Netscape Communicator 等，因此 NetWare V5.0 可以作为数据库服务器和万维网服务器。

2. Linux

Linux 在服务器领域已经非常成熟，其使用范围日趋扩大。Linux 的网络服务功能非常强大，但由于 Linux 的桌面应用和 Windows 相比还有一定差距，因此除了一些 Linux 专门实验室之外，大多数企、事业在应用 Linux 系统时，往往是 Linux 与 Windows 等操作系统共存形成异构网络。

在一个网络系统中，操作系统的地位非常重要。Linux 网络操作系统以高效和灵活而著称。它能够在微型计算机上实现全部的 UNIX 特性，具有多任务、多用户的特点。Linux 的组网能力非常强大，它不仅提供了对当前 TCP/IP 的完全支持，还提供了对下一代 Internet 协议——IPv6 的支持。Linux 在 IP 上为不同的通信模型提供了两种传输协议，即不可靠的基于报文的 UDP 和可靠的基于流的 TCP。Linux 在 TCP、UDP 及 IP 上实现了两种类型的 Socket（套接字）：BSD Socket 和 INET Socket，它支持 FreeBSD 的带有扩展的 Socket 和 TCP/IP，支持两个主机间的网络连接和 Socket 通信模型。Socket 与各通信协议之间的关系如图 7-1 所示。

Linux 的核心网络架构从上往下可以分为 3 层，分别是：位于用户空间的应用层，位于内核空间的网络协议栈层，以及物理硬件层。Linux 网络的协议栈源于 BSD 的协议栈，它基于分层的设计思想，其 Internet 模型总共分为 4 层，从下往上依次是网络接口层，网际层，传输层、应用层。Linux 协议栈的 Internet 模型与 OSI 七层网络模型的对应关系如表 7-3 所示。

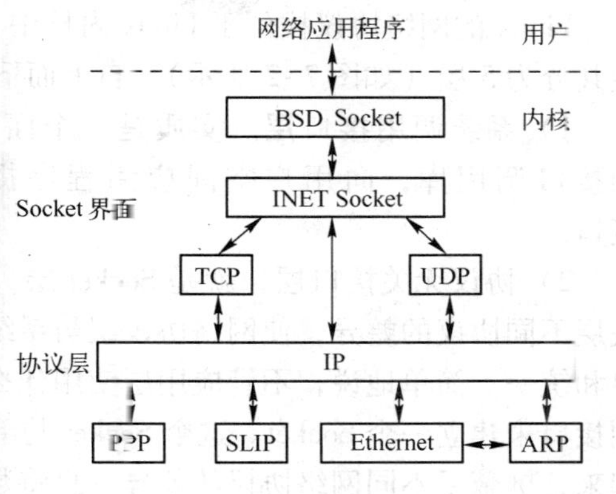

图 7-1　Socket 层次示意图

表 7-3　Linux 协议栈的 Internet 模型与 OSI 七层模型对应关系

OSI 七层网络模型	Linux 协议栈的 Internet 模型	功　　能	协　　议
应用层	应用层	负责为应用进程（程序）提供服务	FTP、HTTP、DNS、SMTP、NFS
表示层			
会话层			
传输层	传输层	负责两个主机中进程之间的通信	TCP、UDP
网络层	网际层	负责网络间的寻址和主机间的通信	IP、ICMP、ARP、RARP
数据链路层	网络接口层	负责实际数据的传输	HDLC、PPP、SLIP
物理层			

网络接口层对应 OSI 七层网络模型的物理层和数据链路层。网络接口层负责实际数据传输，对应的网络协议有 Ethernet、FDDI 和能以帧形式传输 IP 数据报的任何协议。

网际层对应 OSI 七层网络模型的网络层，其作用是负责离散计算机之间的数据传输。网际层上最重要的协议是无连接的 IP（网际协议），此外还有一些其他协议，如 ICMP、ARP、RARP 等。IP 与其他协议一起负责在网络间进行路由选择，使源主机传输层传下来的分组能够传送到目标主机。

传输层对应 OSI 七层网络模型的传输层，其任务是负责端到端的通信，即两个主机中进程之间的通信。传输层中主要有两个协议：TCP（传输控制协议）和 UDP（用户数据报协议）。TCP 是建立在 IP 之上的面向连接的协议，它保证端到端的可靠信息传输，提供了在传输之前先建立连接、传输过程中对 IP 数据包进行传输确认、丢失数据包时重新发送、将收到的数据包按照它们的发送次序重新装配等机制。UDP 也建立在 IP 之上，但它是一种无连接协议，当信息从一台计算机发送到另一台计算机时，两者之间并没有明确的连接。UDP 不保证数据传输是否到达目的地，也不提供重传机制，所以它是不可靠的传输协议。虽然用 UDP 传输信息具有不可靠性，但它比 TCP 有更好的传输效率。

应用层对应 OSI 七层网络模型的应用层、表示层和会话层。应用层位于协议栈的顶端，它直接为用户的应用进程（程序）提供服务。常见的应用层协议有 HTTP、FTP、Telnet、SMTP 和 Gopher 等。应用层是 Linux 网络设定最关键的一层，Linux 服务器的配置文档主要针对应用层中的协议。

Linux 的网络协议栈位于 Linux 内核中，整个栈严格按照分层思想进行设计，网络协议栈共分为 5 层（如图 7-2 所示），自上而下分别如下所示。

1）系统调用接口层。实质是一个面向用户空间应用程序的接口调用库，向用户空间应用程序提供使用网络服务的接口。

2）协议无关接口层，就是 Socket 层。这一层的目的是屏蔽底层不同协议的差异，使网络协议层与系统调用层之间的接口简单和统一。简单地说，不管应用层使用什么协议，都通过系统调用接口来建立一个 Socket。这个 Socket 与下面的网络协议层联系起来，屏蔽了不同网络协议的差异，只将数据部分呈现给应用层（通过系统调用接口）。

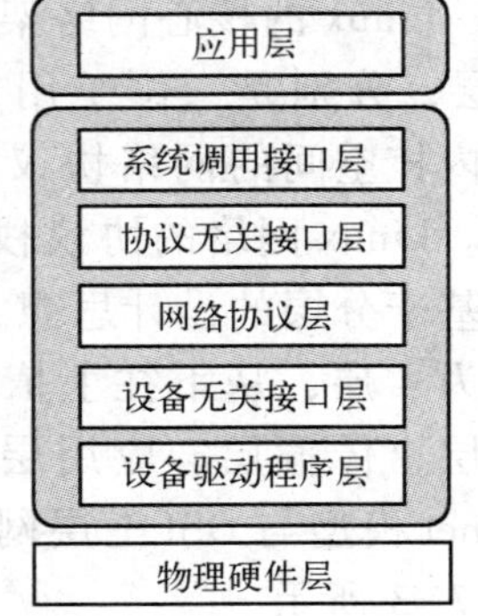

图 7-2　Linux 的网络协议栈

Socket 层提供了一组通用函数来支持各种不同协议。它不但可以支持典型的 TCP 和 UDP，而且还可以支持 IP、以太网和其他传输协议。

通过网络协议栈进行通信需要对 Socket 进行操作。Linux 中的 Socket 结构是 struct sock，这个结构在 linux/include/net/sock. h 中定义，包含了特定 Socket 所需要的所有信息。

3）网络协议层。它是整个协议栈的核心。网络协议层主要定义和实现各种网络协议，最主要的是 TCP、UDP、IP、ICMP、ARP、RARP 等。

4）设备无关接口层。这一层的主要目的是为不同的网络设备驱动程序提供统一的网络协议层接口，它将各种不同驱动程序的功能统一抽象为几个特殊的动作，如 open、close、init 等。这一层可屏蔽底层不同驱动程序的差异。

5）设备驱动程序层。设备驱动程序层位于网络栈底部，这一层包含负责处理物理网络设备的设备驱动程序。例如，包串口使用的 SLIP 驱动程序及以太网设备使用的以太网驱动程序就位于这一层中。

可以看出，Linux 的网络协议栈具有严格分层的结构，每一层执行相对独立的功能。协议栈中的两个“无关”层的设计非常好，通过这两个“无关”层，协议栈可以非常方便地进行扩充。

Linux 中最常见的应用层协议有 HTTP（超文本传输协议）、FTP（文件传送协议）、Telnet（远程登录）、SMTP（简单邮件传送协议）、TFTP（简单文件传送协议）、DNS（域名解析协议）、SNMP（简单网络管理协议）、DHCP（动态主机配置协议）、NFS（网络文件系统）协议、RPC（远程过程调用协议）等。

7.3　分布式操作系统

7.3.1　分布式操作系统概述

分布式系统是通过计算机网络将一组独立的计算机连接起来形成一个整体的“单计算机系统”，它一般具有以下特征。

1）系统中的计算机可以通过系统的安全通信机制相互交换信息。

2）系统中的计算机可以相互合作完成同一任务，即可以将一个程序分布在多台计算机上并行运算。

3）系统中的资源为所有用户共享，且用户以透明方式访问系统资源，即访问时无须考虑资源的物理位置。

4）系统的一个结点发生故障不影响其他结点运行，具有较好的容错性和稳健性。

分布式系统与计算机网络系统都使用了网络技术，在硬件连接、拓扑结构及通信控制等方面基本一致，都具有数据通信和资源共享功能，但存在以下差别：在计算机网络系统中，用户通常通过远程登录或让计算机直接相连来传输信息或资源共享，通信或共享资源时必须知道网络结构及资源的位置，换句话说，资源位置对用户不透明；而在分布式系统中，用户在通信或共享资源时如同在单计算机系统上进行操作一样，不需要知道系统有多少台计算机存在，不需要知道资源存放在哪台计算机上；此外，在分布式操作系统的统一控制下，互连的计算机可以协调工作，完成同一任务，可以将一个大型程序的并行模块自动分散到多台计算机上并行运算。

要使分布式系统达到“让用户使用起来像单计算机系统一样”的目标，关键是实现网络访问和系统管理的透明性。透明性包括多个方面：位置透明性，指用户不必知道系统资源实际存放的计算机结点位置；迁移透明性，指系统在用户没有察觉的前提下可以将资源从一个结点自由迁移到另一个结点；复制透明性，指系统在用户没有察觉的前提下可以任意复制文件或资源的多个副本；并发透明性，指用户不必知道系统中是否有其他用户与其在竞争使用资源；并行透明性，指系统在用户没有察觉的前提下，能够自动找出一个大型程序的并行模块，并将它们分散到不同计算机结点上并行执行。

用于管理分布式系统的操作系统称为分布式操作系统。一个分布式操作系统除了具有一般单机操作系统的功能外，还应具有以下功能。

1）强有力的通信手段，使运行在不同计算机上的进程能够可靠地交换信息。

2）提供访问其他机器资源的功能，使用户可以访问或使用其他计算机结点上的资源。

3）提供分布式并行计算能力，使用户编写的分布式并行程序能够分布到系统的多个计算机结点上并行运算。

4）网络管理功能，能够高效管理和控制网络资源，且对用户具有透明性，使用户使用分布式系统与使用单机系统有相似的体验。

5）提供相应手段，使分布式系统具有高性能，同时系统应该高度可靠、容易扩充、便于维护。

要实现分布式系统的透明性，分布式操作系统至少需要具有以下机制。

1）有全局性的统一通信机制，任何一台机器上的进程都采用相同的方法与其他计算机结点上的进程通信。

2）有全局性的统一进程管理和安全保护机制，进程的创建、运行、撤销及保护方式不会因机器而异。

3）有全局性的统一资源管理机制，它隐蔽资源的分布，以透明方式为用户分配和管理资源。

7.3.2 分布式资源管理

资源管理和调度是操作系统的主要任务。单机操作系统采用集中管理方式，一类资源由一个资源管理者统一管理。但在分布式系统中，资源分布在各个计算机结点上，若一类资源由一个资源管理者集中管理会导致系统性能降低，系统的可靠性也会下降。例如，若分布式系统中每台计算机的内存资源都由位于某台计算机上的内存管理程序统一管理，则无论谁申请内存资源都必须发送消息给统一的内存管理程序，从而大幅度增加了系统开销；此外，如果内存管理程序所在的计算机发生故障，则可能导致整个系统瘫痪。

在分布式操作系统中，一类资源通常由多个管理者进行管理，具体可分为以下两种管理方式。

1）局部集中管理方式。指系统中的一类资源由多个管理者进行管理，但每个资源只有一个管理者。例如，系统可以有多个文件管理者，但每个文件只受其中的一个文件管理者管理，使用某个文件也只需通过该文件的管理者。在局部集中管理方式下，一个资源管理者既应具有向其他资源管理者提交资源申请的功能，也应具有接受其他资源管理者转来的资源申请的功能。在这些功能的帮助下，当一个资源管理者不能满足某申请者的资源请求时，它能够帮助该申请者向其他资源管理者申请资源，于是，用户的资源申请过程与单机操作系统一样，只需向本机资源的管理者提出申请，无须知道系统中有多少个资源管理者及每个资源管理者管理哪些资源，也无须知道系统资源的分布情况。

2）完全分布管理。指一类资源中的每个资源由多个管理者共同管理，每个管理者对资源只有部分控制权，对每个资源的使用必须获得它的所有管理者同意。例如，假设一个文件具有多个副本，它们分别由不同的文件系统进行管理，即这个具有多个副本的文件资源由多个文件管理者共同管理，在这种情况下，为了保证文件各副本内容的一致性，某文件管理者在收到使用文件的申请后，必须先与其他文件副本的管理者协商，然后才能决定是否允许申请者使用该文件。

在分布式系统中，由于资源管理者分布在不同的计算机上，系统必须具有相应的资源搜索算法，以帮助用户找到需要的资源。设计资源搜索算法应尽量满足以下条件：效率高、系统开销小、避免饥饿、资源使用均衡、具有稳定性等。目前常用的分布式资源搜索算法有以下几种。

1）投标算法。当资源管理者向其他资源管理者申请资源时，先以广播方式向网络其他结点的资源管理者发送招标消息；各结点的资源管理者收到招标消息后，若资源管理者拥有需要的资源，则按照一定策略计算出“标数”，然后向申请者发送一条投标消息，否则返回一个拒绝消息；当申请者收到所有回复的消息后，再按照一定策略选出一个中标者，并向其发送申请资源消息。

2）由近及远算法。让资源申请者按照结点位置从近处向远处搜索，直至搜索到的某结点上具有所申请的资源为止。

3）回声算法。资源申请者向它的每个邻接计算机结点发送包含资源请求的查询消息；与之类似，邻接结点又向它的每个邻接结点转发包含资源请求的查询消息。资源申请者根据所有结点传回的回复消息，按照一定策略挑选出一个资源提供者，然后向选中的资源提供者发出申请资源的消息。

7.3.3 分布式进程通信

分布式系统中的底层通信机制有3种：消息传递机制、远程过程调用（RPC）、套接字。此外，为了解决互操作性，在上层应用程序与底层通信软件之间增加了一层称为中间件的标准化协议和编程接口。

1. 消息传递机制

在分布式系统中，进程之间的通信常通过消息传递实现。最简单的分布式消息传递方式基于客户—服务器模型。客户进程以消息形式向服务器提出服务请求，服务器根据客户提出的请求提供服务，并将结果以消息形式返回客户进程。在设计分布式消息传递机制时，需要解决目标进程寻址和通信原语设计问题。

在分布式系统中，目标进程寻址通常有以下几种方法。

1）采用机器号和进程号寻址。机器号指每台结点计算机有一个唯一的编号，利用这个编号，可以使消息能够正确地发送到目标机器上。而进程号用来确定消息应传送给计算机中的哪个进程。这种寻址方法的缺点是位置不透明，用户必须知道接收计算机的地址。

2）采用广播寻址。在支持广播的网络中，发送进程在网络上广播一个包含目标进程地址的定位包，所有结点都能收到广播包。目标结点确定此进程在本机上后，将自己的机器号回传给发送结点，发送结点内核记下这个地址，以避免下次再广播。广播寻址的优点是位置透明，缺点是广播将增加系统开销。

3）采用名称服务器寻址。将系统中的一台计算机设置为名称服务器，该服务器提供了机器名（字符串形式）到机器地址的映射。当客户机要发送请求消息到某服务器时，先将该服务器的名字发送给名称服务器以获得被请求服务器的机器地址，有了这个地址，就可以直接发送消息。

分布式系统中的通信原语分为同步通信原语和异步通信原语两种。

同步发送时，发送进程要求接收进程做好接收消息准备，发送进程发送完消息后，将自己阻塞起来等待接收进程回答。若在规定的时间内没有收到回答，则认为消息已丢失，于是重新发送。同步发送的缺点是系统的并行性较差，无法利用广播消息功能。

异步发送时，发送进程将消息发送出后，并不阻塞自己，而是继续运行，这时，发送进程可以与消息传送并行工作。异步发送的缺点是不知道消息何时被传送，不知道发送缓冲区何时重新可用。解决办法有两个：一是由发送原语将消息复制到系统缓冲区，允许发送进程继续工作；二是当消息发送出后，向发送进程发出中断，通知它缓冲区可用。

此外，一个进程可以采用“多播”方式将消息同时传送给一组进程；一个进程也可以按照一定顺序接收多个进程发来的消息。

与发送消息类似，接收消息也分为阻塞型和非阻塞型。

在实际通信过程中，发送的消息有可能丢失。可以采用以下方法之一来解决：一是使用可靠的传输协议，传输过程中附带完成确认、检错、重传、重新排序等操作，使消息正确到达目的地；二是发送进程所在机器的内核与接收进程所在机器的内核进行应答，仅当发送方收到接收方发回的确认消息后，发送方的内核才释放发送进程。

2. 远程过程调用

远程过程调用也是分布式系统中被广泛采用的进程间通信方法。通过远程过程调用，允许在一个计算机结点上运行的进程访问远程计算机所提供的服务，且用户感觉像在执行本地过程调用一样。

远程过程调用与本地过程调用的实现方式不一样，前者在不同计算机的地址空间中运行，不可能成为调用过程的一部分，必须建立一个独立的进程来执行被调用的过程。这个进程可以在调用时动态创建，也可以作为专用服务进程静态创建。

为了能以与本地过程调用相同的方式完成远程过程调用，需要在客户机和服务器上分别设置客户代理和服务器代理。当客户机上的一个进程需要调用服务器上的一个过程时，就发出一条带参数的 RPC 命令给客户代理，客户代理收到 RPC 命令后，便执行本次远程过程调用，把参数打成消息包，执行发送原语请求内核将消息发送给服务器。服务器内核收到消息后，将消息传送给正阻塞等待消息的服务器代理，服务器代理从收到的消息中取出参数，然后创建或调用一个服务器进程，由该服务器进程执行相应的过程调用。当过程调用结束后，服务器代理重新获得控制权，它将返回结果打成消息包，再调用发送原语请求内核将消息发回调用者进程。消息送回客户机后，客户机内核将它送给客户代理，客户代理检查并拆开消息包，取出结果返回给调用进程。过程调用结束后，服务器代理重新回到阻塞状态，等待下一条消息。

上述远程调用方法仅适用于同构型分布式系统，即要求各结点计算机运行相同的操作系统，有一致的参数表示方法。对于异构型分布式系统，需要在 RPC 机构中增设参数表示的转换机制，以消除在参数表示方式上的差异。

3. 套接字

套接字（Socket）是在程序中使用 TCP 或 UDP 进行通信的一种通用编程接口，简单地说，就是通信双方的一种约定，它提供了一组 API 函数，通过调用这组函数来完成实际信息传输。

要在 TCP/IP 的基础上实现不同应用进程之间的通信，需要使用 3 个参数：通信目标的 IP 地址、使用的传输层协议（TCP 或 UDP）、使用的端口号。通过将这 3 个参数与 1 个 Socket 绑定在一起，应用层和传输层就可以通过 Socket 区分不同的连接，实现应用进程之间的通信。

使用 Socket 进行通信的方式如下：应用进程建立 Socket，并通过绑定与网络驱动程序建立联系，然后应用进程将要发送的数据传给自己的 Socket，由该 Socket 提交给网络驱动程序向网络上发送出去；接收计算机收到发送给它的数据后，由网络驱动程序交给接收进程的 Socket，接收进程便可以从该 Socket 中提取接收到的数据。

存在两种类型的套接字：流套接字和数据报套接字。流套接字使用 TCP，提供面向连接的可靠数据传输，在两个套接字之间传送的数据包能够保证以发送时的顺序传送到目标端。数据报套接字使用 UDP，它不像 TCP 那样提供面向连接的特性，传输的可靠性得不到保证，也不能确保数据按照发送顺序提交。

4. 中间件

分布式系统常采用客户—服务器计算模式。该模式的基本思想是：操作系统的对外服务功能由一组称为服务器的协作进程提供，这组服务器进程运行在用户态；用户进程称为客户（进程），当客户需要获得操作系统的某项服务时，便向操作系统发出一个请求；操作系统内核收到客户请求后，再将请求送至相应的服务器；服务器在完成客户请求的服务后，再通过内核向客户回送一个响应。

客户—服务器计算模式的优点是灵活、可靠、高效，但它对分布式计算的标准化提出了很高要求。这是因为若缺乏标准化，会使得实现集成的、多厂商的、企业范围内的客户—服务器配置和分布式应用变得非常困难。实现访问标准化的一种方法是：在上层应用程序与下层通信软件及操作系统之间使用标准的编程接口和协议，建立支持在异构网络、异构计算机及不同操作系统中访问系统资源的工具。这种标准化的编程接口、协议和工具一起被称为中间件。

中间件是一种独立的系统软件或服务程序，分布式应用程序借助这层软件在异构网络、异构计算机及不同操作系统之间共享资源。通过中间件，应用程序可以工作在多种平台和操作系统环境下。中间件位于客户机/服务器的操作系统之上，管理计算机资源和网络通信，是连接两个独立应用程序或独立系统的软件。使用中间件连接的系统，即使它们的接口不同，相互之间仍能交换信息。

中间件的确切作用取决于客户—服务器计算的类型，即应用程序的具体功能。中间件分为客户端组件和服务器端组件两个部分，其基本作用是使运行在客户端的应用程序能够访问服务器上的各种服务，而无须考虑与服务器之间的差别。中间件作为一个软件层，隐藏了下层网络和平台的异构特性，将底层服务综合起来，以一种更透明、更高级的形式为上层应用提供服务。中间件提供了一致的分布式服务接口，支持不兼容系统的统一访问。

大多数客户—服务器计算模式都采用了中间件技术。在采用了中间件的系统中，总是通过中间件来帮助客户沟通从用户界面到达服务器的路径；同时，中间件还起着增强透明性的作用，它隐蔽通信协议，隐蔽数据库查询语言，转换异构硬件的数据格式等。

中间件的实现通常基于消息传递和远程过程调用等底层通信机制。

尽管目前还没有一种标准的分布式计算环境，但已经出现了许多中间件，如微软公司的COM（构件对象模型）、OSF的DCE（分布式计算环境）、OMG的CORBA（公共对象请求代理体系结构）等。

7.3.4 分布式进程的互斥与同步

在单机计算机系统中，可以通过共享信号量等机制实现进程的互斥与同步，但在分布式系统中，各计算机相互分散，未共享主存储器，因此单机系统中采用的同步机制不再适用。在分布式系统中，由于进程分布在各个计算机结点上，进程访问资源只能根据本地的信息进行决策，并通过网络通信联系；信息在网络上传输时会有延迟，不能保证资源管理者收到资源申请的顺序就是申请者请求资源的顺序；而所谓进程的互斥与同步，实质上是要求诸进程按照一定顺序使用资源或要求诸进程按照一定顺序执行。所以，分布式进程互斥与同步首先需要解决的问题是确定不同计算机中发生事件的先后顺序问题。

1. 确定事件的先后顺序

在分布式系统中，各计算机上的时钟是独立的，没有一个公共时钟，很难通过时钟来确定事件发生的先后顺序。在这种情况下，1978年Lamport提出了不使用物理时钟确定分布式系统中事件先后顺序的方法。Lamport认为，如果两个进程无关，则其时钟根本不需要同步，而对于相关进程，也没有必要找到它们的绝对执行时间，只要能够确定出它们执行的先后顺序就行。

若事件 a 在 b 之前发生，则认为 a 到 b 存在“先发生”关系，记为“a→b”。“先发生”关系可以通过以下方法确定。

1）若 a 和 b 是同一进程中的两个事件，且 a 早于 b，则 a→b 为真。

2）若 a 是一个进程中的发送消息事件，b 是另一个进程中的接收消息事件，则 a→b 为真。

3）若存在事件 c，使 a→c 且 c→b，则 a→b 为真。

按照上述方法确定“先发生”关系，对同一进程中事件发生的先后顺序可以完全确定，但对不同进程中事件发生的先后顺序只能部分确定。例如，有 3 个进程 P1、P2、P3，分别发生下述事件。

事件 a：P1 发送消息给 P2。

事件 b：P2 访问一个文件。

事件 c：P2 在事件 b 发生后，接收来自 P1 的消息。

事件 d：P2 在接收 P1 的消息后，再发送消息给 P3。

事件 e：P3 接收来自 P2 的消息。

显然，存在关系 a→c→d→e、b→c→d→e，但 a、b 之间的先后顺序无法确定。对于分别发生在不同进程中的事件，若它们之间无法确定先后顺序，则称为并发事件。并发事件之间没有相互依存关系，不必按照一定顺序执行。

2. 时间戳

Lamport 利用时间戳来记录事件发生的先后顺序。时间戳又称为逻辑时钟，指为系统中的所有事件，按照事件发生的顺序，赋予一个称为时间戳的正整数值，且若事件 a 早于事件 b 发生，则事件 a 的时间戳 Ta 小于事件 b 的时间戳 Tb。

确定事件时间戳的方法很多，其中一种确定方法如下。

1）对于某进程中的非接收消息事件 a，若 a 是该进程的第一个事件，则事件 a 的时间戳 Ta = 1；若 a 是该进程中发生的第 j 个事件，且前面第 j - 1 号事件 b 的时间戳为 Tb，则事件 a 的时间戳 Ta = Tb + 1。

2）对于某进程中的接收消息事件 a，若 a 是该进程的第一个事件，且 Tc 是发送消息事件的时间戳，则事件 a 的时间戳 Ta = Tc + 1；若 a 是该进程的第 j 个事件，且 Tc 是发送消息事件的时间戳，前面第 j - 1 号事件 b 的时间戳为 Tb，则事件 a 的时间戳 Ta = 1 + Max（Tb，Tc）。

有了上述确定时间戳的规则后，就可以使用时间戳来对涉及消息传输的事件进行排序。每当系统发送消息时，需要将时间戳加 1，再以（m，Ti，i）形式将消息发送出去，其中，m 是消息内容，Ti 是此消息的时间戳，i 是发送消息的节点编号。接收进程收到消息后，再按照上述规则 2）确定自己的时间戳。接收进程有可能收到来自站点 i 的消息 x 和来自站点 j 的消息 y，这时可以使用以下方法确定事件 x 和事件 y 的先后顺序：

① 若 x 的时间戳小于事件 y 的时间戳，则 x 早于 y；

② 若 x 的时间戳与事件 y 的时间戳相等，则站点编号小的事件早于站点编号大的事件。

图 7-3 给出了利用时间戳确定消息顺序的一个例子。在编号为 1、2、3 的 3 个计算机结点上同时运行着 3 个进程 P1、P2、P3；进程 P1 在时钟值为 0 时，将其时钟值加 1 后作为消息的时间戳，向进程 P2 和 P3 发送消息（a，1，1）；进程 P2 和 P3 收到消息时，由于本地的时钟值是 0，于是将其时间戳设置为 2 = 1 + Max(0，1)；接着，P2 将时间戳值增加为 3 后

作为消息的时间戳，然后向进程 P1 和 P3 发送消息（x，3，2）；P1 和 P3 在收到消息后，在几乎相同的时刻分别发送消息 b 和 y。在整个系统中，按照时间戳规则确定出的消息顺序是确定的，即有：a→x→b→y。

图 7-4 给出了利用时间戳确定消息顺序的另一个例子。在编号为 1、2、3、4 的 4 个计算机结点上同时运行着 4 个进程 P1、P2、P3、P4；P1 和 P4 几乎在相同的时刻分别向其他 3 个进程发送消息（a，1，1）和（b，1，4）；P1 发送的信息比 P4 发送的信息早到达结点 2，但消息到达结点 3 的时间顺序正好相反，似乎出现了矛盾，不过由上述时间戳定序规则可知，当到达的两个消息的时间戳相等时，应按照结点的编号顺序确定消息的顺序，因此，到达结点 3 的消息顺序应调整为 a→b；于是，整个系统消息的顺序都是 a→b。

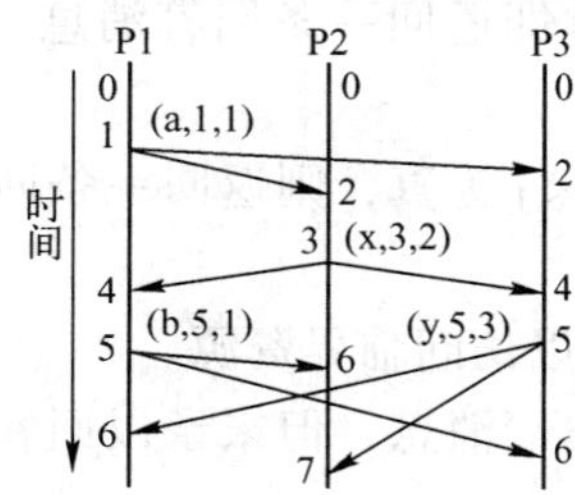

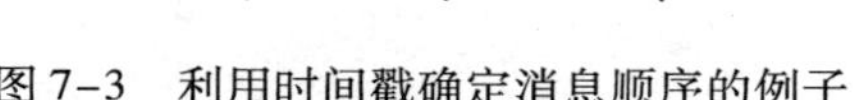
图 7-3　利用时间戳确定消息顺序的例子

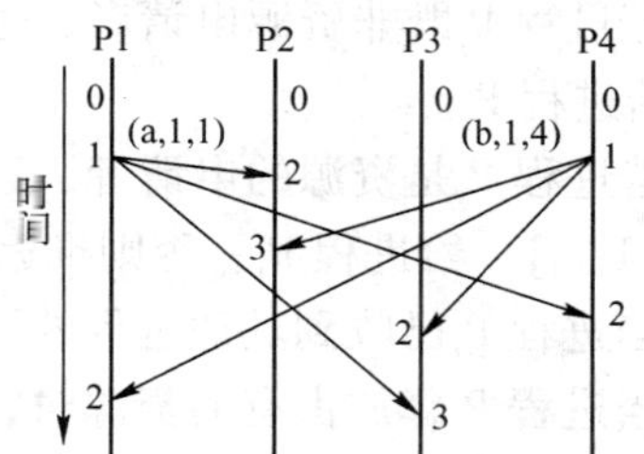

图 7-4　利用时间戳确定消息顺序的另一个例子

3. 分布式同步算法

（1）Lamport 算法

Lamport 算法是最早提出的分布式同步算法。该算法对要求访问临界资源的所有事件进行排序，然后按照先来先服务原则对事件进行处理。Lamport 算法基于以下假设：分布式系统包含 N 个结点，每个结点建立了一个称为请求队列的数据结构，用来存放最近收到的消息和结点自身产生的消息，队列中的消息按照时间戳顺序排列；为了描述简单，假设每个结点只有一个进程，且仅控制一种临界资源，本设定不难进行推广。算法使用了以下 3 类消息。

1）（Request，T_i，i）：进程 P_i 申请使用资源。

2）（Reply，T_j，j）：进程 P_j 回答请求进程，同意它访问由自己控制的资源。

3）（Release，T_k，k）：占有资源的进程 P_k，将释放资源的消息发送给所有进程。

算法描述如下。

1）若进程 P_i 希望访问临界资源，则发送申请资源消息（Request，T_i，i）给其他所有进程，且将该消息插入自己的请求队列。

2）当进程 P_j 接收到申请资源消息（Request，T_i，i）时，将它按照时间戳顺序插入到自己的请求队列，并形成回答消息（Reply，T_j，j），广播给结点集合中的所有进程。

3）若满足以下条件，则允许进程 P_i 进入临界区访问临界资源。

① 进程 P_i 的资源请求消息已排到消息队列的最前面。

② 进程 P_i 已经收到其他所有进程的回答消息，且其他消息的时间戳都晚于 P_i 资源请求消息的时间戳。

4）进程 P_i 释放占有的资源时，需进行以下操作：从进程 P_i 对应的请求资源队列中，将 P_i 自己的资源请求消息（Request，T_i，i）删除，再发送一条带时间戳 T_i 的释放资源消息

（Release，T_i，i）给其他所有进程。

5）进程 P_j 收到进程 P_i 释放的释放资源消息后，从自己的请求消息队列中删除进程 P_i 的申请资源消息（Request，T_i，i）。

（2）Ricart 算法

Ricart 算法是 Lamport 算法的改进算法，该算法试图通过取消 Release 消息来减少进程访问资源时所发送的消息数量。算法描述如下。

1）若进程 P_i 希望访问临界资源，则通过广播方式发送申请资源消息（Request，T_i，i）给其他所有结点的进程。

2）当进程 P_j 接收到申请资源消息（Request，T_i，i）时，执行以下操作。

① 若进程 P_j 既非资源申请者，也不是资源占有者，则立即返回一条回答消息（Reply，T_j，j）给进程 P_i。

② 若进程 P_j 是资源的申请者，且 $T_i < T_j || T_i == T_j \&\& i < j$ 为真，则返回一条回答消息（Reply，T_j，j）给进程 P_i；否则推迟发送 Reply 响应。

3）当进程 P_i 已收到其他进程的回答消息 Reply 后，便可以访问临界资源。

4）当进程 P_i 释放占有的资源时，对那些曾经接到过其申请消息，但未予以回答的进程补送回答消息 Reply。

（3）令牌传递算法

算法的基本思想是：所有的进程通过软件方法在逻辑上构成一个环，环中每个进程有一个直接前驱和直接后继；系统设置一个“令牌”，它在由进程组成的逻辑环中不断循环，只有获得令牌的进程才能访问临界资源；在初始化时，令牌由环中的某个进程获得，进程获得令牌后，就检查欲进入的临界区，如果临界区内没有进程，则当前进程进入临界区内访问临界资源；临界资源访问结束后，当前进程退出临界区时，便将令牌送给它的后继，不允许一个进程使用同一个令牌进入第二个临界区；后继收到前驱传来的令牌后，若要访问临界资源，则按照上述方法进行操作，若不访问临界资源，则将令牌传送给它的后继。

由于环中只设置了一个令牌，在任何情况下只有一个进程获得令牌，所以在任何时候只有一个进程能够进入临界区，从而实现临界资源的互斥访问。同时，由于令牌以固定的规律绕环循环，每个进程都有获得访问临界资源的机会，因此，不会出现所谓的“饥饿”现象。

7.3.5 分布式文件系统

文件系统是操作系统的一个重要组成部分，它通过对操作系统所管理的外存空间进行抽象，屏蔽对物理设备的直接操作，向用户提供统一的文件访问接口。文件系统可分为本地文件系统和分布式文件系统。本地文件系统指文件系统管理的物理存储资源直接连接在本地结点上，处理器通过系统总线可以直接访问。分布式文件系统指文件系统管理的物理存储资源不一定直接连接在本地结点上，而是通过计算机网络与结点相连。随着网络应用的不断发展，本地文件系统由于单个结点本身的局限性，已很难满足海量数据存取的需要，因而不得不借助分布式文件系统，把系统负载转移到多个结点上。

分布式文件系统的结构一般基于客户端/服务器模式。该模式下，客户使用远程调用方法访问文件，而服务器响应客户的服务请求。分布式文件系统软件由运行在服务器上的软件和运行在客户机上的软件两部分组成。这两部分软件都需要在本机操作系统的文件系统配合下运行。现代操作系统都实现了虚拟文件系统，分布式文件系统通过虚拟文件系统与本机文件系统交互作用。

分布式文件系统对用户的访问过程具有透明性，表现在两个方面：一是网络透明性，即用户以访问本机文件的方式访问远程文件服务器上的文件；二是位置透明性，即用户访问文件时不必知道文件的具体网络结点位置，只要文件名字不改变，文件物理位置的改变对用户的访问方式没有影响。分布式文件系统通过以下两种方式来实现访问的透明性：一是通过“服务器名+路径名”访问文件；二是将远程文件系统安装在本机的文件目录上。

分布式文件系统需要采用并发控制和同步机制来实现多个用户对文件系统的访问。用户访问分布式文件常表现为以下几种方式：只读共享；受控写操作（即允许多个用户同时打开一个文件，但只有一个用户能进行写操作）；并发写操作（即允许多个用户在宏观上同时读写一个文件）。

下面介绍两种有代表性的分布式文件系统。

1. NFS

最早广泛使用的分布式文件系统是 NFS（网络文件系统）。NFS 基于客户端/服务器模式，其基本思想是让任意组合的客户端和服务器通过网络共享一个公共的文件系统。每个 NFS 服务器可以输出一个或多个目录供远程客户端访问。用户可以连接到远程 NFS 服务器上，像访问本地硬盘文件一样访问 NFS 服务器上的文件，感觉不到自己是在访问远程文件。NFS 是一个到处可用和广泛实现的开放式系统，它已成为 Internet 上进行分布式访问的一种事实上的标准。

NFS 的设计目标之一是支持异构型系统，客户端和服务器可以运行在不同的硬件平台和操作系统环境下。为了支持这一目标，需要对客户端和服务器的接口进行定义，为此，NFS 使用了以下两个协议：NFS 处理安装协议、NFS 文件和目录协议。NFS 的实现分 3 层：顶层是系统调用层，处理诸如 open、read、close 之类的函数；中层是 VFS（虚拟文件系统）层，该层提供顶层与底层文件系统间的接口；底层是文件系统层，包括各种实际文件系统。NFS 的工作原理如下。

1）客户端访问的文件是本地文件还是远程文件由系统内核在文件打开时进行区分，整个过程对用户是透明的。

2）NFS 客户端通过 TCP/IP 模块向 NFS 服务器发出 RPC 请求。

3）NFS 服务器在端口 2049 接收包含客户端请求的 UDP 数据包。尽管允许 NFS 服务器使用一个临时性端口，但绝大多数服务器直接指定 UDP 端口为 2049。

4）NFS 服务器收到一个客户端请求后，就将这个请求传递给本地文件访问例程，该例程根据客户端的请求访问服务器主机上的相应本地磁盘文件。

5）NFS 服务器需要一定时间来处理一个客户端请求，访问本地文件也需要一段时间，这段时间内不应该阻止其他用户的服务请求，因此，大多数 NFS 服务器都是多线程的，具体实现方式依赖于不同的操作系统。

6）NFS 客户端也需要时间来处理一个用户进程的请求，当 NFS 客户端向服务器主机发出一个 RPC 调用后，当前客户端就等待服务器的应答。在客户端的等待期间，为了使用户进程能够继续访问远程资源，客户端操作系统内核中一般运行着多个 NFS 客户端，其具体实现方法也依赖于操作系统。

2. DFS

目前，Windows 操作系统中提供了一种称为 DFS（分布式文件系统）的文件系统。DFS 拓扑从 DFS 树的根目录开始，位于逻辑层次顶部的 DFS 根目录被映射到一个物理共享，DFS 链接将一个 DNS 名称映射到目标共享文件夹的 UNC 名称或目标 DFS 根目录的 UNC 名称上。当 DFS 客户端访问 DFS 服务器的共享文件夹时，DFS 服务器就将该 DNS 名称映射到真正的共享文件夹的 UNC 名称上，且将引用返回给该客户端，以便客户端能够找到真正的共享文件夹。通过将 DNS 名称映射到真正的共享文件夹的 UNC 名称上，使得数据的物理位置对用户是透明的，这样用户就无须记住真正存储文件夹的服务器。当 DFS 客户端请求 DFS 共享的引用时，DFS 服务器就将 DFS 客户端定向到真正的物理共享。DFS 具有以下优点。

1）易于文件访问。文件分散放置在网络中的很多计算机上，通过分布式文件系统的链接将这些文件透明地链接在服务器上，客户只要知道服务器的位置就可以访问整个网络中所有链接的文件资源。

2）增加了文件的可访性。一般情况下，存放文件的计算机被关闭后，该文件就无法访问了，但 DFS 提供了一种称为“目标”或“副本”的功能，在存放文件的计算机被暂时关闭的情况下，仍然可以有效地访问文件。原文件和目标文件的同步操作（自动同步或手动同步）保证了同一文件的不同副本之间在内容上的一致性。

3）减轻了文件服务器的负载。在分布式文件系统中，文件分别存放在网络中的不同计算机上，客户机访问 DFS 服务器中某链接的文件时，将被转移到真实存放该文件的计算机上进行访问，于是减轻了 DFS 服务器的负载。

7.3.6 进程迁移

进程迁移是指将一个进程从当前计算机迁移到另一台计算机上继续执行。在分布式系统中，一个进程被启动运行后，并不一定固定在一台计算机上运行，可以根据需要将它迁移到其他计算机上继续运行。需要进行进程迁移的原因如下。

1）动态负载平衡。将进程迁移到负载较轻或空闲的结点上，可以减少结点间负载的差异，充分利用资源，改善系统整体性能。

2）提高容错性和可用性。某结点出现故障时，通过将进程迁移到其他结点继续运行，将极大提高系统的可靠性和可用性。在某些关键性应用中，这一点尤为重要。

3）改善通信性能。对于分布在不同结点上但彼此交互性很强的进程，若将它们迁移到同一个结点上，将大大减少通信开销。与之类似，若文件的规模远大于处理该文件的进程的规模，把进程迁移到文件所驻留的结点上，将显著减少数据传输。例如，把进程迁移到文件服务器上执行运算，而不像传统那样从文件服务器通过网络将数据传输给进程，对于那些需要向文件服务器请求大量数据的进程，将有效减少通信量，提高运行效率。

4）充分利用特殊资源。可以将进程迁移到某个计算机结点上，以便利用该结点上独特的硬件或软件资源。

5）内存导引（Memory Ushering）机制。当一个结点耗尽它的主存时，内存导引机制允许进程迁移到其他拥有空闲内存的结点上，以避免在该结点上频繁进行分页操作或频繁与外存进行交换。

进程迁移功能可以成为操作系统的一部分，也可以成为用户空间和系统环境的一部分，或者成为应用程序的一部分。根据应用的级别，可以将进程迁移进行如下分类。

1）用户级迁移：用户级迁移实现比较简单，软件开发和维护也较为容易，因此，现在很多系统的进程迁移都是采用用户级实现，如 Condor 和 Utopia 等。然而，由于在用户空间无法获得内核的所有状态，使得一些进程类型无法进行迁移。另外，由于内核空间和用户空间之间存在着壁垒，打破这个边界获得内核提供的服务需要巨大的开销，所以用户级迁移的实现效率远远低于内核级迁移实现的效率。

2）应用级迁移：应用级迁移实现较为简单，可移植性好，但需要了解应用程序的语义，且可能需对应用程序进行修改或重编译，透明性较差。这种类型的系统有 Freedman 和 Skordos 等。

3）内核级迁移：基于内核的进程迁移可以全面获取进程和操作系统的状态，充分利用操作系统提供的功能，因此效率较高，且能够为用户提供很好的透明性。但由于需要对操作系统进行修改，所以实现比较复杂。这种类型的典型系统有 MOSIX 和 Sprite 等。

要实现进程迁移，分布式系统中必须建立进程迁移机制，负责解决以下问题：由谁来启动进程迁移，应该迁移进程的哪些信息，对尚未完成的信息和信号如何处理。

由谁来启动进程迁移依赖于迁移要达到的目标。如果目标是负载平衡，则由操作系统中监视负载的模块负责在适当的时间启动进程迁移。如果是为了其他目标，如获得资源，则由分布式系统的其他相应部分作为进程迁移的启动者。

迁移一个进程实际上是迁移该进程的状态信息，然后在目标结点上根据进程的状态信息再生这个进程。一般来说，需要迁移的进程状态信息如下。

1）进程执行状态：指当前运行进程的处理器状态，包括内核在处理器现场切换时保存和恢复的信息，如指令计数器、程序状态字、通用和浮点寄存器值、栈指针等。

2）进程控制信息：指操作系统用来控制进程的所有信息，包括进程优先级、进程标识、父进程标识等。

3）进程的内存状态和进程地址空间：包括进程的所有虚存信息、进程数据和进程的堆栈信息等。

4）进程的消息状态：包括进程的消息和连接的控制信息等。

5）文件状态：包括文件描述符和文件缓冲区；怎样保持文件 Cache 的一致性和确保进程间文件的同步访问也需要进程迁移机制考虑。

相对于其他进程状态而言，进程迁移比较困难的是迁移进程的地址空间和已打开的文件。迁移进程的地址空间通常有以下几种策略。

1）迁移进程的整个地址空间。优点是简单，且完成迁移后源系统不需要再记录和跟踪该进程的剩余部分。缺点是当进程的地址空间很大，且进程迁移后只需要其中很少部分程序和数据时，这个方法付出的代价太大。

2）仅迁移进程在内存中那部分地址空间。迁移后若进程运行时还需要另外的代码或数据，再通过请求方式予以传送。优点是传输的信息量小。缺点是完成迁移后源系统必须继续保存被迁移进程的数据和相关信息。

3）采用预先复制方法，即进程还在源结点上运行时，就预先将该进程的地址空间复制到目标结点上。复制后，源结点上的某些地址空间内容有可能再次被修改，因此预先复制方法需要进行两次迁移。这种策略能够减少进程被冻结的时间。

迁移打开的文件有两种策略：一是将打开的文件随进程一起迁移；二是暂时不迁移文件，当迁移后的进程又提出访问该文件的请求时，再进行迁移。如果文件正被多个分布式进程共享，则不必迁移。

在进程迁移期间，有可能其他进程继续向源系统中已迁移的进程发送消息或信号。对这部分尚未完成的消息或信号，可以按照以下思路进行处理：在源系统中建立一种机制，临时存放尚未完成的消息和信号，待被迁移进程在目标计算机上建立起新的进程后，再将它们传送至目标系统。

7.3.7 分布式系统中的死锁

在网络和分布式系统中，处理死锁的思路与单机系统类似，可以事先采用预防性措施，也可以在死锁发生后及时检测和解除。然而，由于进程和资源的分布性，竞争资源的进程来自不同的结点，且拥有资源的结点通常只知道本结点的资源使用情况，因此，分布式系统中的死锁处理比集中式系统中的死锁处理要复杂得多。可以将分布式系统中的死锁分为两类：资源死锁和通信死锁。资源死锁指诸进程因共享资源而产生的死锁。通信死锁指不同结点在通信过程中，因竞争消息缓冲区而产生的死锁。

在网络和分布式系统中，避免死锁非常困难，主要有以下两个原因：一是若要避免死锁，则每个结点需要了解其他所有结点的相关信息，而结点的状态总是在不断变化，即使它们相互交换信息，也不可避免地会有延迟，使得结点获取的信息往往是过时的，因此，每个结点要掌握全局的状态信息非常困难；二是从网络通信、进程处理及存储开销等角度分析，维护全局状态信息会产生大量的系统开销。

1. 预防死锁

可以采用与单机系统类似的方法，设置一些限制性条件，破坏产生死锁的必要条件。例如，资源分配时可以采用静态分配策略，即进程在运行之前，一次性地申请它运行所需要的全部资源；若系统具有足够的空闲资源，便一次性进行分配，于是，进程运行时就不会提出新的资源请求；否则，一个资源也不分配给该进程，而让它等待。这样，就破坏了请求和保持条件。又如，可以给所有资源规定一个线性递增顺序，要求分配资源时严格按照该递增顺序进行分配，这样就破坏了环路等待条件。

也可以利用时间戳技术，通过提前阻塞或者杀死某些进程来预防死锁发生。例如，假设有两个时间戳分别为 T1 和 T2 的事件 A1 和 A2，A2 申请已被 A1 占用的资源 R，为了预防死锁发生，有以下两种处理方法。

1）若 T2 < T1，则阻塞 A2；否则杀死 A2，然后重启 A2。即如果事件 A2 在事件 A1 之前开始（按照时间戳值），那么 A2 等待 A1 结束；否则，分布式操作系统杀死 A2，并在一段时间后重新启动它（具有相同的时间戳 T2），这时 A1 已经释放了资源 R。这种方法称为等待死亡法。

2）若 T2 < T1，则杀死 A1；否则停止 A2 执行。即如果事件 A2 在事件 A1 之前发生（按照时间戳值），则杀死 A1；如果 A1 开始得比较早，那么分布式操作系统就停止 A2 执行。这种方法称为受伤等待法。

2. 检测死锁

在分布式系统中，检测死锁存在以下几种方案。

(1) 集中式检测死锁

指定一个结点作为检测死锁的中心控制结点，该结点上设置一张描述整个分布式系统资源分配和请求情况的资源分配图，当检测进程检测到出现进程—资源环路时，就中止一个进程以便解除死锁。这种方法要求各个结点及时向中心控制结点提供信息，以便中心控制结点及时更新整个分布式系统的资源分配图。集中式检测死锁方法的优点就是简单。缺点是大量通信会造成系统开销很大，且一旦中心控制结点出现故障，就可能导致整个系统瘫痪；另外，这种方法有可能会产生假死锁问题。

所谓假死锁，是指在网络和分布式环境中，若在资源分配图上检测到出现进程—资源环路，不一定就会发生死锁，这是因为消息在网络上传送存在延迟，进程接收到消息的时序不一定与消息发送的时序一致，因此，资源分配图上反映的资源分配和请求情况不一定与真实情况一致。例如，进程 A 和 B 运行在结点 1 上，进程 C 运行在结点 2 上，资源 R1 和 R2 位于结点 1 上，资源 R3 位于结点 2 上；开始状态如图 7-5a 所示：A 占有了资源 R1 且请求资源 R2，B 占有了资源 R2，C 占有了资源 R3 且请求资源 R1。这时系统是安全的，因为 B 运行结束后，释放的 R2 可供 A 运行结束，A 释放的 R1 可供 C 运行结束。若 B 释放了资源 R2 后又申请 R3，但结点 2 向中心控制结点发送的“进程 B 正在请求其资源 R3”消息，比结点 1 向中心控制结点发送的“进程 B 已释放了资源 R2”消息早到达，则在中心控制结点的资源分配图上就会形成如图 7-5b 所示的进程—资源环，从而导致出现假死锁。

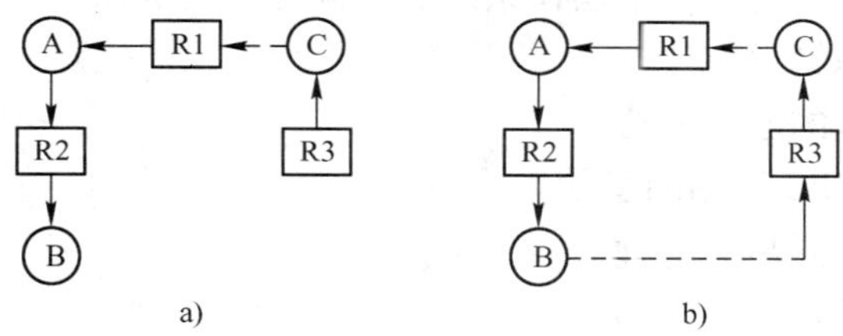

图 7-5 假死锁的例子

a) 在 B 释放 R2 之前的状态 b) B 释放 R2 再请求 R3 出现的假死锁

解决办法是使用时间戳。由于结点 2 发送的消息是应结点 1 的请求而发出的，因此结点 2 到中心控制结点的消息的时间戳应晚于结点 1 到中心控制结点的消息的时间戳。当中心结点的检测进程收到有可能导致死锁的消息后，便向系统中的每个结点发送消息：“收到结点 2 发来的时间戳为 T 的消息，系统有可能出现死锁，若有小于时间戳 T 的消息要发送给我，请立即发送”。当中心控制结点收到每个结点发出的肯定或否定响应消息后，如果检测资源分配图发现进程—资源环已消失，则系统仍然是安全的。

(2) 分布式检测死锁

可以通过网络中竞争资源的进程相互协作完成死锁检测，方法如下。

1) 每个结点设置一个死锁检测进程。

2) 对请求和释放资源的消息排队，在每条消息上加上时间戳。

3) 当某个进程欲请求资源时，先向其他所有进程发送消息，获得这些进程的响应消息后，才将请求资源的消息发送给管理这个资源的进程。

4）每个进程应将资源的分配情况通知所有进程。

分布式检测死锁方法的通信开销也相当大，且亦可能出现假死锁。

(3) 分层式检测死锁

将计算机结点按照树形结构组织起来进行死锁检测，父结点检测自己的所有子结点，并做出合适的决策。

7.4 习题

1. 简述多处理器系统的类型。
2. 简述多处理器操作系统的类型。
3. 简述多处理器系统的调度方法。
4. 简述多处理器系统的同步方法。
5. 简述 TCP/IP 网络结构，以及与 OSI 参考模型的对应关系。
6. 简述网络操作系统的主要特征和基本分类。
7. 什么是客户端/服务器模型？该模型有哪些好处？
8. 简述网络操作系统 NetWare 的基本特点。
9. 简述 Linux 操作系统的网络特点。
10. 简述分布式操作系统的特点。
11. 简述分布式操作系统与网络操作系统的异同点。
12. 简述分布式资源管理方法。
13. 简述分布式进程的通信方法。
14. 简述执行一个 RPC 调用的步骤。
15. 简述分布式进程同步的原理。
16. 怎样确定时间戳?
17. 简述 Lamport 算法。
18. 简述令牌传递算法。
19. 简述分布式文件系统。
20. 简述进程迁移方法。
21. 简述分布式系统中的死锁处理方法。

第 8 章 操作系统的安全性

随着计算机应用领域的不断扩展，人们对计算机系统的依赖愈来愈大。为了使用方便，越来越多的组织和个人将一些重要的信息保存在计算机系统中，并通过计算机网络进行信息传输。在这种情况下，如何确保信息在计算机系统中安全地存放，以及信息如何安全地在网络中传输，已成为重要且必须解决的问题。在影响信息安全的诸多因素中，操作系统的安全尤为重要，这是因为操作系统是计算机系统资源的管理者和人们使用计算机的接口，若没有相应的安全保护措施，则整个计算机系统的安全自然得不到保证。没有操作系统的安全，就谈不上整个系统的安全，就不能解决计算机网络、数据库及其他各种应用中的信息安全问题。

本章主要针对计算机操作系统的安全性问题进行介绍，包括影响系统安全的因素和操作系统的安全机制等内容。

8.1 系统安全性概述

8.1.1 系统安全性的内涵

计算机系统的安全问题涉及范围很广，其基本内容是对计算机系统的软、硬件资源和信息资源加以保护，使它们不会因系统受到恶意攻击、自然灾害或用户偶然操作失误而遭到破坏、丢失、窃取、篡改或泄密，确保计算机系统能连续正常运行。

计算机系统的安全性包括硬件的安全性和软件的安全性。硬件的安全性是指计算机系统的硬件设备和相关设施受到物理保护，防止硬件出现故障、遭受破坏或丢失，一旦出现问题能够及时修复或处理。软件的安全性是指对计算机的软件和信息资源进行保护，防止非法复制、修改或泄密。

计算机系统的安全性涉及保密性、完整性、可用性和真实性等内容。保密性是指系统中的文件和数据只允许被授权用户知道和访问。完整性是指系统中的所有信息不允许非受权用户修改。可用性是指授权用户的合理请求，能正确、安全、及时地得到服务或响应。真实性是指系统能够验证用户的身份，防止非法用户进入系统。

计算机系统的安全问题十分复杂，不仅与系统软、硬件的安全性能有关，而且受系统构建方式等多方面因素影响。一个系统内往往存在着多个风险点，任何一个风险点出问题，都可能导致出现安全事故。尤其需要注意的是系统安全问题往往呈现出动态性特征，因为随着信息技术发展，攻击者的攻击手段层出不穷，也许今天的主要攻击手段，到了明天就会被一种新的攻击手段替代。因此，对系统安全性问题，人们不可能找到一种一劳永逸的解决方案。

解决系统安全性问题要考虑众多因素，往往需要采用系统工程的方法进行解决。例如，可以采用层次化方法对系统安全的功能按层次进行组织，即首先将系统的安全性问题划分成若干个安全主题作为最高层，然后将各安全主题划分成若干个子功能作为次高层，依此划分下去，直至最低层为一组最小可供选择的安全功能，通过使用多层次的安全功能来保证整个系统各方面的安全。

目前，几乎所有组织和个人在实现系统安全工程时，都遵循了适度安全准则，即根据实际需要实现适度的安全目标。这样做的理由有以下两个方面：一方面，对安全问题的全面覆盖难以实现；另一方面，对安全问题进行全面覆盖所需要的资源和成本令很多人难以接受。

8.1.2 影响系统安全的因素

影响计算机系统安全的因素很多，总体上可分为自然因素、系统故障及人为因素三大类。随着计算机技术和网络技术的发展，人为因素引发的安全问题越来越严重，成为了目前最主要的安全问题。

1. 自然因素

存放在计算机系统中的数据，随着时间推移会逐渐失效。战争、地震、火灾、洪水等不可抗拒事件也会对计算机系统中保存的信息造成永久性损坏。

2. 系统故障

计算机系统的软、硬件故障，如程序出错、磁盘或磁带损坏等，可能会破坏系统中保存的数据和信息。老鼠啃坏存储设备或通信线路等也会导致数据或信息丢失。

3. 人为因素

人为因素主要包括人为偶然失误和人为恶意攻击等。

人为偶然失误是指操作员偶然进行了不正确的操作，如输入了不正确的数据或执行了错误的程序，使系统的安全性受到影响。

人为恶意攻击是指攻击者使用包括恶意程序在内的各种手段对计算机系统进行有意攻击，试图破坏计算机的软、硬件系统，或者窃取、破坏信息。恶意程序主要包括“陷门”、“逻辑炸弹”、计算机病毒、计算机“细菌”、特洛伊木马、蠕虫等。

“陷门”是指进入程序的秘密入口，通过“陷门”可以不经过通常的安全检查就可以访问程序。当利用“陷门”来获得非授权的访问时，“陷门”就变成了威胁。通过操作系统来控制“陷门”非常困难，必须将安全防护重点集中在程序开发和软件更新的行为上才能更好地避免这类攻击。

“逻辑炸弹”是嵌入在某个合法程序里面的一段代码，被设置成当满足特定条件时就会发作。它具有计算机病毒的潜伏性。一旦逻辑炸弹被触发，它就可能改变或删除系统中的数据或文件，或者引起系统关机或完成特定的破坏活动。

计算机病毒是一段攻击性代码，它采用将自己嵌入到程序中的方式来感染计算机系统。计算机病毒一般具有破坏性，当被感染的程序执行时，病毒就开始进行破坏和传播。病毒拥有宿主程序的访问权限，可以做该程序能做的任何事情。例如，如果宿主程序是系统程序，病毒就可以清除系统文件，使系统瘫痪。病毒的传播方式是自我复制，当受感染的计算机运行一个未被感染的软件时，病毒就将其副本传送到该软件中。因此，通过用户间的交换磁盘行为或通过网络向另一用户发送程序的行为，可能导致病毒从一台计算机传播到另一台计算机。典型的病毒在其生命期内要经历潜伏、繁殖、发作三个阶段。

计算机“细菌”是一个程序，这个程序并不明显破坏数据和文件，只是不断繁殖自己。

一个典型的“细菌”程序除了不断繁殖自己外，可能什么也不做。随着“细菌”程序不断进行自我繁殖，最终将耗尽所有系统资源（如 CPU、RAM 、硬盘等），从而拒绝用户对这些系统资源进行访问。

特洛伊木马是一个独立的程序，表面上在执行合法任务，实际上却具有用户无法预料的非法功能。它的危害是可以非直接地完成一些非授权用户不能完成的任务。例如，登录程序中的特洛伊木马可能会悄悄记录用户输入的账号和密码，文本编辑程序中的特洛伊木马可能会复制用户编辑的文件，再将这些非法获取的信息存放到攻击者可以访问的地方或者直接发送到攻击者的计算机上。

网络蠕虫是一个独立程序，利用网络连接寻找攻击目标。网络蠕虫在系统中被激活后，可以表现得像计算机病毒或“细菌”，也可以注入特洛伊木马程序，或者直接进行破坏行动。网络蠕虫的传播主要靠网络载体实现，例如，可以通过电子邮件将自己的复制品发送到另一系统；可以远程执行自己在另一系统中的副本；可以作为一个用户注册到另一个远程系统中，再使用命令将自己从一个系统复制到另一个系统。网络蠕虫与计算机病毒类似，在其生命期内将经历潜伏、繁殖、发作三个阶段。在繁殖阶段一般要完成如下操作：通过检查主机表或保存的远程系统地址搜索要感染的远程系统；建立与远程系统的连接；将自身复制到远程系统并使该副本运行。与计算机病毒一样，网络蠕虫也很难对付，但如果很好地设计并实现了网络安全和单机系统安全，则可以最大限度地降低网络蠕虫的威胁。

随着计算机网络的发展，尤其是 Internet 的广泛应用，通过网络对计算机系统进行攻击已成为最主要的攻击方式。目前，利用网络进行攻击的方式主要有如下几种。

1）假冒，也称为身份攻击，指攻击者假冒成一个合法用户，利用安全体制所允许的操作，去破坏计算机系统的安全。

2）数据截取，指攻击者通过非正当途径截取网络系统中的文件和数据，由此造成网络信息泄露。

3）拒绝服务。攻击者通过修改传送的数据包或通过将合法用户修改为非法用户等操作，使网络系统拒绝接收相应用户的数据或拒绝向相应用户提供服务。

4）修改。攻击者修改数据包中的信息。例如，可以修改数据包中的协议控制信息，使该数据包改变传送目标；也可以修改数据包中的数据内容，使消息内容发生改变等。

5）伪造。攻击者将一些编造的虚假信息送入计算机，或者在某些文件中添加一些虚假的记录。

6）中断。破坏系统中的某个或某些资源而造成信息传输中断。中断可以由硬件故障引起，也可以由软件故障引起。

7）通信量分析。攻击者通过窃听手段窃取在网络中传输的信息，再检查数据包中的协议控制信息，了解通信者的身份和地址；也可以通过检查数据包的长度和通信频率，了解所传输数据的性质。

8.2 操作系统的安全机制

面对各种安全威胁，操作系统必须采用有效的安全机制，抵御人为恶意攻击可能对操作系统造成的危害，确保操作系统的安全。否则，来自操作系统本身的漏洞会使整个计算机系统的安全措施变得毫无用处。目前，操作系统采用了身份鉴别、存取控制、最小特权管理、硬件保护、安全审计、入侵检测和数据加密等一系列安全措施。

8.2.1 身份鉴别

身份鉴别又称为用户认证和验证，目的是防止他人从系统外入侵，常作为计算机和网络安全的第一道防线。大多数操作系统对身份鉴别采用了口令鉴别方式，该方式使用了注册和登录机制。

注册机制是指用户通过注册获得用户账号和口令等信息。系统设置一张注册表，记录注册用户的账号、口令及其他信息，每个账号在系统中是唯一的，系统管理员能通过注册表了解进入系统中用户的情况。

登录机制是指注册用户在使用计算机系统之前必须登录。用户登录时，需要输入口令进行身份验证，只有用户输入的口令与系统保存的口令副本一致，登录才会成功。只有登录成功，用户才有权使用计算机系统。

通过口令来鉴别用户身份虽然简便易行，但比较脆弱，主要表现在以下几个方面。

1）口令本身存在一定的不安全性。许多用户喜欢用自己的生日、电话号码或其他容易被别人猜测的字符组成口令。在这种情况下，入侵者可以通过收集目标用户的相关信息，采用常见的字典攻击方法，破解目标用户的口令。

2）用户无意中泄露口令。例如，用户随意将口令告诉他人；用户将写在纸上的口令随意存放；用户输入口令时被偷窥等。

3）用户采用不安全的网络或网络软件传输口令，导致传输的口令被入侵者非法截获。

由于口令容易被人猜测和识破，因此注重对口令的保密显得尤为重要，可以从以下几个方面加强口令的安全性。

1）组成口令的字符种类和字符数量要适当。为了增加口令被破解的难度，可以采用较长的口令和增加组成口令的字符种类。可以考虑采用8个字符以上的口令长度，且口令中除了数字和英文字母外，还应包含一些其他字符。当然，太长、太复杂的口令不利于用户记忆。

2）输入口令时不回显。用户输入口令时，登录程序不应将口令字符显示在屏幕上，以防止被他人窥视。

3）口令要定期更换。口令有效期越短，其泄露的可能性就越小。系统应设置口令的有效期，提醒用户定期更换自己的口令，对超过有效期的口令视为非法口令。

4）加密口令文件。在多用户系统中，用户的口令通常保存在口令文件中。必须对口令文件进行加密保护，以保证口令文件不被未授权用户读取或修改。

5）限制用户登录次数。通过限制登录尝试次数，可以将攻击者猜测口令的次数限制在一定范围内。当用户连续输入不正确口令的次数超过规定的阈值时，系统应禁止该用户继续登录，自动断开登录连接。

6）系统应对口令的使用和修改进行审计。审计对象包括成功登录、失败登录、口令修改、口令过期后上锁的用户账号等。当使用同一个存取端口或同一个账号连续登录的次数超过规定的阈值时，系统应及时通知系统管理员，可能有攻击者在攻击系统。当用户成功登录时，系统应显示与该用户上次登录有关的信息，用户可以根据这些信息来判断是否有他人在使用自己的账户，或者是否有人在破解自己的口令。

身份鉴别除了常见的口令鉴别外，还可以利用物理标志进行身份鉴别和利用公开密钥进行身份鉴别。

利用物理标志进行身份鉴别是指利用用户的身份证、持有的磁卡或 IC 卡等物理实物作为鉴别用户身份的一种标志。除了上述物理标志外，目前可用于鉴别用户身份的标志还包括声音、指纹、视网膜和 DNA 等生物学特征。

利用公开密钥进行身份鉴别是一种通过数字签名和数字证书来对用户身份进行鉴别的策略。在电子商务活动过程中，需要在网络上对交易双方进行身份鉴别，于是通过数字签名和数字证书进行身份验证就成为 Internet 上的一种重要的身份鉴别手段。

8.2.2 存取控制

1. 存取控制概述

存取控制是对计算机系统中主体访问客体的操作进行控制。只有将对客体的一定访问权限授予给某主体后，该主体才能访问相应客体。这里所说的主体是指采取访问动作的实体，可以是用户、用户组或进程；客体是指被访问的实体，通常指文件或数据。在计算机系统中，主体和客体可以是相对的，一个实体可以是主体或者是客体，也可以既是主体又是客体。例如，当进程为用户提供服务时，进程是用户的客体，同时它又是访问文件的主体。

存取控制的主要功能是授权和访问控制。进行存取控制需要解决以下几个问题。

1）确定需要控制的访问权限。常用的访问权限有读、写、执行、删除、增加等或它们的组合。权限的划分精度直接关系到存取控制的精确度，应根据安全策略的需要对不同的客体规定不同的访问权限。例如，对普通文件有读、写、执行权限；对文件目录有创建、删除、浏览等权限。

2）授权，即确定授予哪些主体访问哪些客体的权限。授权有两种方式：自主方式和强制方式。自主方式是指用户把自己拥有资源（客体）的一些访问权限授予给某些主体。强制方式是指在产生客体时由系统强制规定对它的访问权限。

3）存取控制，即根据授权对主体访问客体的操作进行访问控制。主体每次访问客体之前，系统应检查该主体对该客体的访问权限，然后根据访问权限对该客体进行相应的访问操作。

2. 自主存取控制

资源所有者可以按照其意愿将自己拥有资源的一些访问权限授予给系统中的其他用户（主体），故称为自主存取控制。另外，自主也指用户可以将自己对某些客体的部分或全部访问权限自主地授予给其他用户（主体）。在几乎所有的计算机系统中，文件、目录、信号量及设备等都被纳入自主存取控制范围。

要实现完善的自主存取控制，需要使用一张称为存取控制矩阵的表来记录有关授权的信息。存取控制矩阵的每一行描述了某个主体对所有客体的访问权限，每一列描述了所有主体对某个客体的访问权限。存取控制矩阵的例子如表 8-1 所示。

如果将系统中所有主体对所有客体的存取权限组成一个存取控制矩阵，则存储该矩阵需要很大的内存空间。由于一个主体一般只访问很少客体，对应的访问控制矩阵实际上是一个稀疏矩阵，因此没有必要将整个矩阵保存下来。可以采用以下两种方法来简化表示主体对客体的访问权限。

表 8-1　存取控制矩阵的示例

主体＼客体	File1	File2	File3	…
Zhang	Read	Write	Execute	
Wang	Read/ Write	Read/ Execute	Read/ Write	
Zhou	Write	Read/ Write	Read/ Write	
⋮				

（1）权能表

系统为每个主体建立一个权能表，包含该主体可访问的所有客体和访问权限，即存取控制矩阵中该主体对应行的信息。当主体访问某客体时，系统需要在该主体的权能表中检查它是否有相应的权限。使用权能表，在确定一个主体对部分或全部客体的访问权限时效率较高。但也有一些操作，如“确定谁能存取当前文件”，需要检查所有用户的权能表，在这种情况下，通过权能表来实现自主存取控制的效率较低。

（2）存取控制表

系统为每个客体建立一个存取控制表，包含可访问该客体的所有主体和访问权限，相当于存取控制矩阵中该客体对应列的信息。当主体访问一个客体时，系统需要在客体的存取控制表中检查该主体是否有相应的访问权限。使用存取控制表，在检查一些主体对某确定客体的访问权限时效率较高。但也有一些操作，如“确定一个主体拥有的所有访问权限”，需要检查所有客体的存取控制表，在这种情况下，由存取控制表来实现自主存取控制的效率较低。

3. 强制存取控制

若采用强制存取控制机制，则系统中每个主体和每个客体的安全属性由操作系统按照规则自动设置或由系统安全管理人员设置，用户不能进行改变。当主体（如进程）要访问一个客体（如文件）时，系统会使用强制存取控制机制，根据主体的访问方式和系统的安全规则，比较主体和客体的安全属性，确定是否允许主体对客体进行访问。

在强制存取控制机制下，客体的属主也不能改变客体的安全属性，不能将自己拥有客体的访问权限授予给其他主体。一旦系统判断某主体不能访问某客体，那么任何人都不能对判断结果进行更改，任何人都不能使该主体访问该客体，这就是所谓的“强制”。

操作系统往往将自主存取控制机制和强制存取控制机制结合起来使用，即只有主体同时通过自主存取控制检查和强制存取控制检查时，才能访问相应的客体。通过自主存取控制，用户可以防止其他用户非法访问自己的文件；而强制存取控制则作为一种更强的安全措施，使用户不能通过意外事件或有意识的误操作逃避系统的安全控制。

使用强制存取控制可以有效防范入侵者的破坏活动。例如，在强制存取控制机制下，即使特洛伊木马入侵到一个正在机密安全级上运行的进程，它也无法将机密信息写到入侵者可以访问的公开文件中，因为机密进程写入文件的安全级别至少是机密级。由于强制存取控制提供了更强的安全措施，可以将系统中的信息分密级和类别进行管理，因此适用于政府部门及军事和金融等领域。

8.2.3 最小特权管理

特权是超越存取控制的操作能力，它与存取控制结合使用。一个特权定义了一个可以违反系统安全策略的操作能力。为了使系统能够正常运行，系统中的某些进程需要具有一些违反系统安全策略的操作能力，这是通过授予相应进程一定的特权来实现的。在现代多用户操作系统中，一般超级用户拥有所有特权，而普通用户没有任何特权，其结果是系统中的进程或者拥有所有特权（超级用户进程），或者没有任何特权（普通进程）。这种特权管理方式便于对系统进行管理，但不利于系统的安全，一旦超级用户的密码丢失或者超级用户进程被他人控制，就会对系统造成极大威胁。此外，超级用户的误操作也可能对系统造成巨大破坏。为了确保系统安全，在授予某个用户、某个进程特权时，应遵循最小特权管理原则。

最小特权管理的基本思想是：为了系统安全，系统中的每个主体只能拥有与其操作相符的必要的最小特权集，系统不应给予用户、进程超过其执行任务所必需特权以外的任何特权。例如，系统操作员只能授予他完成计算机系统日常操作和维护所必要的特权，网络管理员只能授予他进行网络管理必要的特权。在最小特权管理机制下，由于任何用户和进程都不能获得全部特权，因而可以减少特权用户口令丢失、错误软件、恶意软件及误操作等带来的损失。

最小特权管理可以从以下两个方面进行。

（1）用户特权

将超级用户的特权划分为一组细粒度特权，分别授予不同的系统操作员和系统管理员，使他们只具有完成各自职责所必需的特权。例如，可以根据系统管理的需要，在系统中设置以下几个特权管理用户：系统安全管理员、系统审计员、系统操作员、安全操作员、网络管理员，每个特权用户授予完成其管理职责所必需的最小特权集。

（2）进程和文件特权

对计算机系统进行管理需要相应的特权，普通用户由于没有特权而无法参与管理工作。为了在确保计算机系统安全的前提下使普通用户能够参与部分系统管理（如关闭计算机系统、备份文件系统、安装文件系统等），可以对执行文件或进程赋予相应的特权，然后普通用户通过运行执行文件或进程参与相应的管理工作。这样，既提高了系统管理的灵活性，又确保了系统安全。

8.2.4 硬件保护

确保计算机硬件安全运行是实现高效、安全、可靠操作系统的基础。目前常用的硬件保护方法有内存保护和运行保护等。

1. 内存保护

在计算机系统中，多个进程共享内存资源。对内存进行保护，确保内存中的诸进程在自己的内存空间中运行，互不干扰，是对一个安全操作系统的最基本要求。计算机系统使用内存保护机制来实现内存保护目的。该机制确保了指令只能访问在程序中被授权访问的存储单元。受保护的单位可以是进程空间、程序/数据段、页面、字块或字。保护单位越小，保护精度越高，但其开销也越大。实现内存保护需要解决以下问题：怎样将进程禁闭在操作系统为它分配的内存区内，怎样正确设置进程访问各个内存区的权限。不同的系统，解决问题的方法各不相同。

对不支持虚拟内存的系统，可以使用以下机制实施内存保护。

1）设置两个界限寄存器，分别存放一段连续内存区（程序的代码和数据存放在此区域内）的上界地址和下界地址。程序执行时，系统对每条指令所要访问的地址进行检查。若没有越界，则程序继续执行；若发生越界，便发出越界中断，停止该程序执行。

2）设置基址寄存器和限长寄存器，分别存放一段连续内存区的起始地址和长度。内存保护原理与前一种方法相同。

3）将内存划分成等长的物理块，每个物理块保留 K 个二进制位用于设置“内存锁”。每个进程由内核设置了一把“钥匙”（用进程状态字中的 K 个二进制位表示）。当某个内存块被分配给一个进程时，内核就在该内存块中设定与进程“钥匙”等值的内存锁。每当进程访问内存时，由硬件检查该进程的“钥匙”与进程要访问内存块的锁是否匹配，如果两者匹配，则此次访问被许可，否则就引起非法访问中断。

对于支持虚拟存储器的系统，内存保护可以通过在页表项或段表项中设置不同的内存访问权限来实现。

在页式虚拟存储管理系统中，每个进程有自己的页表，该进程的每个页面对应一个页表项，进程的逻辑地址通过页表项映射到不同的物理页面上。每个页表项中设置的保护码规定了对相应页面许可的访问操作。当进程访问某个存储单元时，硬件保护机制会根据存储单元所属页面的保护码检查本次访存操作的合法性，若合法，则访问继续，若不合法，则产生异常进行保护。

在段式或段页式虚拟存储管理系统中，每个进程有自己的段表，该进程的每个段对应一个段表项，每个段表项中设置的保护码规定了对相应段允许的访问操作。当进程访问某个存储单元时，硬件保护机制会检查存储单元所属段的保护码，若合法，则访问继续，若不合法，则产生异常进行保护，以确保要访问的每个虚地址总是位于操作系统分配给该进程的地址空间内。

2. 运行保护

运行保护机制是通过为进程运行设置不同的保护域来确保系统安全的，规定进程总是在一定的保护域内运行。所谓保护域是允许进程拥有特权集的一种抽象，它们具有环形的等级式结构，最内层的保护域拥有最高特权，向外逐次降低，最外层保护域的特权最低。

最简单的保护域设置方式是设置核心域和用户域两层。这种设置方式将操作系统进程与应用进程分隔开来，保护系统进程或应用进程不被其他程序破坏。在核心域运行的进程处于核心态，在用户域运行的进程处于用户态。核心域运行的进程比在用户域运行的进程具有更多的访问权限，如可以访问全部主存地址和 I/O 端口、可以执行特权指令等。处理器状态字中包含有指明当前进程所属保护域的字段，计算机硬件根据此字段限制当前进程的访问权限。核心域的进程可以访问所有的程序和数据。用户域的进程不能直接访问核心域的程序和数据，只能通过一种特殊的入口——陷入指令调用核心域的程序，即用户进程通过执行陷入指令进入核心域。

在多层保护域结构中，最内层域存放操作系统程序；紧靠最内层存放受限制的系统程序，如编译程序、汇编程序、数据库管理程序等；最外层域存放应用程序。不同程序运行时，最重要的安全措施如下。

1）程序可以访问同层域和外层域中的数据，但不会调用外层域中的程序。

2）程序可以调用同层域和内层域中的函数（服务），但不能访问内层域中的数据。上述安全措施可以确保某域不被外层域侵入。

Multics 操作系统是一个设置多层保护域结构的例子。它具有 8 层保护域，其中，内 4 层（R0 ~ R3）用于操作系统，外 4 层（R5 ~ R7）用于应用程序。操作系统内核在 R0 中执行，管理程序根据需要的安全级别运行在 R1 ~ R3 中。应用系统可以根据安全需要对用户分级授权。

8.2.5 安全审计

安全审计是对系统中有关安全的活动进行记录、检查及审核，作为一种事后追踪手段来保证系统的安全性。通过对系统进行安全审计，可以记录下合法用户的误操作，也可以及时发现恶意攻击者对计算机系统进行的恶意攻击和非法入侵，对可能发生的事故进行预测和报警，或为追查事故原因提供依据。

系统进行审计的基本单位称为审计事件。每个审计事件对应了一个可区分、可标识、可记录的基本用户活动。例如，用户创建文件操作通过调用 create( )系统调用实现，为了反映和记录用户的这个操作，在执行系统调用时，可以设置审计事件 create，将该操作及相关的信息，如创建文件的文件名、访问模式等，由审计机制记录下来。

安全操作系统通常需要审计的事件包括注册事件（如用户标识、用户身份鉴别、退出系统等），使用系统或访问资源事件（如特权用户执行的操作、创建/删除文件、执行程序、修改密码、修改安全级别等），管理员和操作员进行的操作事件及利用隐蔽信道的事件等。一些审计事件属于系统外部事件，即用户进入系统所产生的事件；另一些审计事件属于系统内部事件，即已进入系统后用户发生的事件。

系统通常会将需要记录的行为定义成审计事件集。用户或进程的相关操作始终在系统的监视之下，一旦其行为落入审计事件集中，审计机制就会将该行为作为一个审计事件记录下来。

显然，审计会增大系统开销，如果设置的审计事件太多，会对系统性能造成很大影响，因此，应对用户的安全行为进行适当筛选，仅选择最主要的安全事件进行审计，以免过多降低系统性能。

审计结果以审计记录形式存放在审计日志中。审计日志文件通常在系统启动审计时自动建立。审计记录通常包含以下信息：事件发生的日期和时间、事件主体的标识符、事件的类型、事件结果（成功或失败）等。对于某些事件，还应记录事件发生的地点、客体标识符及客体安全等级等信息。

审计日志本身也需要进行安全保护，因为入侵者进入系统后必做的事情之一就是试图修改日志文件，清除他们活动的痕迹。操作系统应严格控制对日志文件的访问权限，以避免它们受到非法访问或毁坏。

审计过程一般由审计事件检测和审计数据存储两部分组成。要对审计事件进行有效检测，必须正确设置检测事件的位置，即正确设置审计点。审计点既可以设置在核内，也可以设置在核外。若将审计点设置在核内系统调用的总入口处，则可以全面审计系统中所有使用内核服务的事件。若将审计点设置在设备驱动程序中，则可以审计使用特殊设备的事件。若要对特权命令进行审计，则应将审计点安排在特权命令的出口处，这是因为一个特权命令往往要使用多个系统调用，如果逐个审计特权命令用到的所有系统调用，则会使审计数据变得复杂和难以理解。

审计过程如下：若发生可审计事件，则系统在审计点调用审计函数向审计进程发送消息，由审计进程完成审计数据的缓冲、存储、归档工作。为了提高系统效率，可将审计数据先写到缓冲区，当缓冲区满时，审计进程才将缓冲区中的所有审计数据一次性地写到日志文件中。

8.2.6 入侵检测

入侵检测是指识别针对计算机系统或网络资源的恶意企图和行为，并对此做出反应。入侵检测作为一种积极主动的安全防护技术，在计算机网络系统受到危害之前拦截和响应入侵，提供针对各种攻击和误操作的实时保护手段。根据检测所用分析方法的不同，可将入侵检测分为特征检测和异常检测两种方式。

1. 特征检测

特征检测确定一些入侵活动的典型特征，通过比较现在的活动是否与这些特征匹配来检测是否有入侵。常用的检测技术如下。

1）专家系统。根据由特征入侵建立起来的检测规则，分析当前活动的行为特征，判断是否有入侵发生。规则即知识，它是专家系统赖以判定入侵存在与否的依据。通过专家系统进行入侵检测的有效性取决于知识库的完备性，而知识库的完备性又取决于审计记录的完备性与实时性。

2）基于模型的入侵检测方法。入侵者在攻击一个系统时往往采用一定的行为序列，如猜测口令的行为序列，这种行为序列构成了具有一定行为特征的模型。根据这种模型所代表攻击意图的行为特征，可以实时地检测出恶意的攻击企图。

3）简单模式匹配。该方法将已知的入侵特征编码成与审计记录相符合的模式。当新的审计事件产生时，通过判断事件的特征与已知的入侵模式是否匹配来确定有没有外部入侵。

2. 异常检测

异常检测假设入侵者的活动异常于正常活动。为了实现异常检测，需要建立正常活动的“规范集”。当主体活动的统计规律违反规范集时，则认为可能是“入侵”行为。异常检测的优点是检测不受系统以前是否知道这种入侵方式所限制，能够检测新的入侵行为。

异常检测的缺点是：若入侵者知道了检测规律，则可以小心避免系统指标的突变，使用逐渐改变系统指标的方法来逃避检测；检测效率不高，检测时间较长。尤其重要的是，异常检测是一种“事后”的检测，当检测到入侵行为时，也许破坏已经发生了。

3. 入侵检测技术发展趋势

入侵检测技术有以下发展趋势。

1）分布式入侵检测。这个概念有两层含义：一是针对分布式网络攻击的检测方法；二是使用分布式的方法来检测分布式的攻击。

2）智能化入侵检测，即使用智能化的方法与手段来进行入侵检测。所谓的智能化方法，现阶段常用的有神经网络、遗传算法、模糊技术、免疫原理等。

3）与网络安全技术相结合。

8.2.7 数据加密技术

数据加密是对系统中存储和传输的数据进行加密，使之成为密文，只有被授权者才能对加密后的数据进行解密。数据加密后，即使攻击者截获了数据，也无法知道数据的内容，从而保证了系统信息资源的安全。本节将对数据加密技术及相关内容进行概述性介绍。

1. 数据加密模型

一个数据加密模型如图 8-1 所示。该模型涉及下述概念：明文，准备加密的文本；密文，明文加密后的文本；加密（解密）算法，用于实现从明文（密文）到密文（明文）转换的公式、规则或程序；密钥，加密或解密算法中的关键参数。

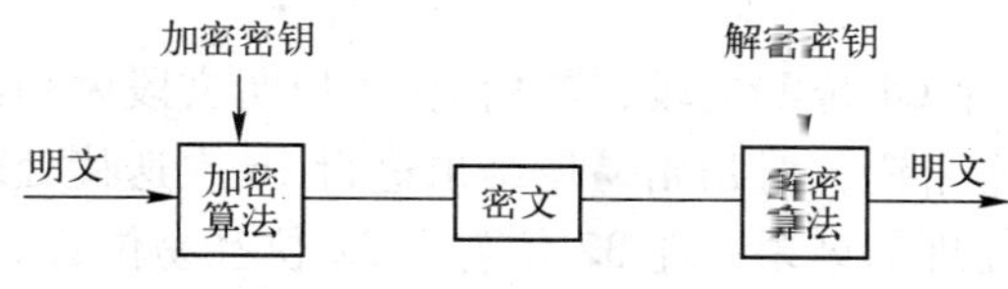

图 8-1　数据加密模型

数据加密过程为：在发送端利用加密算法和加密密钥对明文进行加密，得到密文；密文传送到接收端后，再利用解密算法和解密密钥对密文进行解密，将密文恢复为明文。

2. 加密算法分类

根据加密密钥与解密密钥是否相同，或它们之间是否存在相依关系，可以将加密算法划分为：

1）对称加密算法。加密算法与解密算法之间存在相依关系，即或者加密算法与解密算法使用相同的密钥，或者知道了加密密钥后可以推出解密密钥。这种算法安全性的关键在于双方是否能妥善保护密钥，因此该算法又称为保密密钥算法。

2）非对称加密算法。加密密钥与解密密钥不同，且不能从加密密钥推出解密密钥。于是，可以将加密密钥公开而成为公开密钥，明文用公开密钥加密后，解密时再使用私有的解密密钥。这种加密算法又称为公开密钥加密算法。

根据加密时变换明文的单位可以将加密算法划分为：

1）序列加密算法。将明文看成是比特流或字符流 p1、p2……，在密钥序列 k1、k2……的控制下，逐比特或逐字符地将明文转换成密文，即 p1 在 k1 的控制下变为密文，p2 在 k2 的控制下变为密文……，依此类推。

2）分组加密法。将明文划分成若干个固定长度的比特分组，然后在加密密钥的控制下，以每次变换一个比特分组方式，依次将所有比特分组转变为密文。

3. 基本加密方法

最基本的加密方法有两种：易位法和置换法，其他大多数加密方法都是基于这两种方法而形成的。

（1）易位法

易位法是按照一定规则，重新安排明文中比特或字符的顺序而形成密文，但字符本身保持不变。易位法可进一步分为比特易位和字符易位两种方式。比特易位实现简单，可以通过硬件实现，主要用于数字通信中。字符易位需要利用密钥对明文进行易位操作形成密文。

(2) 置换法

置换法是按照一定规则，通过将一个字符置换成另一个字符的方式形成密文。例如，a 置换成 Q，b 置换成 W，c 置换成 E……。

4. 数据加密标准

数据加密标准（DES）是通用的计算机加密算法，主要用于政府和商业应用。DES 是一种对称加密算法，加密和解密密钥相同，20 世纪 70 年代由 IBM 公司开发。

DES 使用的密钥长度为 64 位，它由两部分组成；一部分是实际密钥，占 56 位；另一部分是 8 位奇偶校验码。DES 属于分组加密算法，它将明文按照 64 位一组分成若干个明文组，每组使用 56 位密钥对 64 位的二进制明文数据进行加密，产生 64 位密文数据。DES 的加密过程分以下 4 步。

1）先将明文分成若干个 64 位明文段，然后对 64 位明文段做初始易位处理。

2）每次使用 56 位加密密钥，对初始易位结果进行 16 次迭代处理。

3）将经过 16 次迭代处理的结果的左 32 位与右 32 位互易位置。

4）进行初始易位的逆变换。

由于 DES 的密钥只有 56 位，且仅有 256 个不同的密钥，因此，随着计算机运行速度的不断提高，目前能够采用尝试法破解 DES 密文。于是在 DES 算法的基础上，发展出了 3 次 DES 加密算法。3 次 DES 加密算法依次使用了 3 个 56 位密钥进行加密，使总密钥长度增至 168 位，就是用目前最快的计算机对 3 次 DES 密文进行尝试法破解，也需要万亿年之久。

5. 公开密钥算法 RSA

RSA 加密算法的命名取自 3 个创始人的第一个字母，它是目前最流行的公开密钥加密算法，已成为公开密钥加密算法事实上的国际标准，能用于数据加密和数字签名。RSA 加密算法的主要特点是在对数据进行加密和解密时，使用不同的密钥。每个用户都保存着一对密钥，其中，公开密钥对外公开，另一个是自己的私有密钥。若用户要与另一个用户通信，他可以利用收信者的公开密钥对数据进行加密，收信者接收到加密的数据后，再使用自己的私有密钥进行解密。

RSA 加密算法十分安全，其安全性基于数论中大素数分解的困难性。RSA 加密算法产生密钥的方法是：先产生两个足够大的强质数 p 和 q；计算出 $n=p\times q$ 和 $z=(p-1)\times(q-1)$；选取一个与 z 互质的奇数 e 作为公开指数；找到值 d，使它满足 $e\times d=1 \bmod z$；将得到的两组数（n，e）和（n，d）分别作为公开密钥和私有密钥。RSA 的加密/解密算法不是进行简单的算术和逻辑运算，而是基于数学函数。

公开密钥算法的优点是能适应网络开放的要求，密钥管理简单；缺点是算法复杂，加密数据的速度和效率较低。在实际应用中，常将对称加密算法与公开密钥加密算法结合起来使用，利用对称加密算法来对大容量数据加密，而采用 RSA 等算法来传递对称加密算法的密钥。

6. 数字签名

在办公和商业过程中，人们往往需要在文件或单据上签名，以备日后查验。在利用计算机网络传送信息时，可以利用公开密钥加密算法进行数字签名。要使数字签名代替传统签名，必须满足以下几个条件。

1）接收者能够核实发送者对发送报文的签名。

2）发送者事后不能抵赖自己对发送报文的签名。

3）接收者无法伪造发送者对报文的签名。

目前已有多种数字签名方法，下面介绍其中的两种。

（1）简单数字签名

采用这种签名方式时，发送者使用私有密钥对明文进行加密后发送给接收者，接收者使用发送者的公开密钥对收到的密文解密。采用这种数字签名方式的理由是：①若接收者利用发送者的公开密钥对收到的密文解密成功，则证实了发送者对报文的签名；②由于只有发送者才能发送这种密文，故不容发送者进行抵赖；③由于接收者没有发送者的私有密钥，故接收者无法伪造发送者对报文的签名。

这种数字签名方法不能达到保密目的，这是因为任何人都可以收到密文，且可以利用发送者的公开密钥进行解密。

（2）保密数字签名

要实现发送者和接收者之间的保密数字签名，发送者和接收者都应具有密钥。保密数字签名过程是：①发送者利用自己的私有密钥对明文加密，得到密文；②发送者再利用接收者的公开密钥对密文再加密；③接收者利用自己的私有密钥对收到的密文解密；④接收者利用发送者的公开密钥对密文再次解密。

7. 数字证明书

要使用公开密钥加密算法进行数字签名，必须保证公开密钥持有者的合法性。为此，需要有一个大家都信得过的认证机构，由该机构为公开密钥发放一份证明书，该证明书称为数字证明书。数字证明书包括用户名称、发证机构名称、公开密钥、公开密钥的有效日期、证明书的编号、发证者签名等信息，用于网络通信时证明公开密钥所有者的合法性。

8.3 系统安全评测标准

现代操作系统都或多或少地实现了部分安全功能。如何评价一个操作系统的安全性，如何选择一个满足安全要求的操作系统，需要有一个统一的安全评测标准。1983 年，美国推出了历史上第一个计算机系统安全评价标准《可信计算机系统评测标准》，简称 TCSEC 橘皮书。随后，许多国家纷纷推出了自己的标准。我国在 1999 年也制定了相应的国家标准 GB 17859—1999《计算机信息系统安全保护等级划分准则》。

1. TCSEC 橘皮书

TCSEC 橘皮书根据系统采用的安全策略和具备的安全功能，将计算机系统分为从 D 到 A 四类，共计 7 个安全级别。各级别的安全性依次升高，较高级别包含较低级别的安全性，A 类代表安全性最高的系统。

（1）D 类

D 类是安全性最低的级别，任何不满足较高安全性的系统都划入 D 类。划归 D 类说明整个系统是不可信任的，没有硬件保护措施，操作系统容易受到破坏，不提供身份验证和访问控制。早期操作系统 MS-DOS 就属于这个级别。

（2）C 类

C 类是自主保护类。该类的安全特点是系统的对象（如文件、目录）可以由其属主自定义访问权限。C 类包含 C1、C2 两个安全级别。

C1 级称为自主安全保护系统。它具有某种程度的硬件保护措施，用户需要使用注册名和口令验证身份，实现初级的自主存取控制机制，允许文件或目录的属主阻止他人访问自己的程序或数据。该级别没有提供管理和限制超级用户的功能。

C2 级称为受控的存取控制系统。它包含了 C1 的全部安全特性，实现了针对单个用户的自主存取控制机制，具有进一步限制用户执行文件或访问文件的能力，引入了审计机制。此外，还包含了其他一些安全特性。

（3）B 类

B 类是强制保护类。该类的安全特点是系统强制安全保护，每个系统对象（如文件、目录）和主体（如用户、进程）都有自己的安全标签，系统根据安全标签赋予访问者对访问对象的访问权限。B 类包含 B1、B2、B3 三个安全级别。

B1 级称为标记安全保护级。它具有 C2 级的全部安全特性，引入了强制存取控制机制，实现了主体、客体的安全标记和标记管理；当一个对象处于强制存取控制下时，不允许该对象的属主改变其存取许可权限。

B2 级称为结构保护级。它具有形式化的安全模型，以及更加完善的强制存取控制机制、系统结构化设计、可信通路设计、最小特权管理、隐蔽通道分析和处理方案。B2 级别要求对系统中的所有对象都进行标记，包括给设备（如磁盘、磁带、终端）分配单个或多个安全级别，对高安全级别对象与低安全级别对象之间的通信进行强制访问控制。

B3 级称为安全域级。它具有全面的存取控制和访问监控机制，严格对系统进行结构化设计，具有审计实时报告机制，具有更好的隐蔽通道分析和解决方案，通过硬件机制提供安全域保护，要求用户终端通过一条可信任途径连接到系统。

（4）A 类

A 类是验证保护类。它包含较低级别的所有安全特性，还包含了一个严格的设计、控制和验证过程。设计必须经过数学验证，必须具有形式化的安全模型和系统顶层设计说明，且经过形式化验证两者的一致性。此外，还需要使用形式化技术解决隐蔽通道问题。

美国国防部要求采购的系统，其安全级别至少要达到 B 类。商业用途的系统一般追求达到 C 类安全级别。目前的操作系统开发中，从 B1 升至 B2 被认为是最困难的。

2. 我国相应的国家标准

1999 年，中国国家技术监督局发布了 GB 17859—1999《计算机信息系统安全保护等级划分准则》。该准则将计算机的安全保护能力划分为 5 个安全保护等级，大致与 TCSEC 中的 C1、C2、B1、B2、B3 级别相对应。

（1）用户自主保护级

实现命名用户对命名客体的自主存取控制，能够控制客体属主、同组用户及其他用户对客体的共享和如何共享，用户登录时通过鉴别机制验证用户的真实身份，确保与安全相关的信息（如鉴别用户的数据、存取权限信息）不被非授权用户访问、修改或破坏。

（2）系统审计保护级

自主存取控制的粒度更细，达到系统中的每一个单用户。实现审计机制，该机制可以审计系统中受保护对象的访问情况、用户鉴别机制的使用情况、系统管理员的操作情况及其他涉及系统安全的事件；确保审计日志不被非授权用户访问、修改或破坏。引入客体重用机制，当释放一个客体时，应清除它当前包含的所有信息，以便当该客体被重新分配时，新主体不能从中获得原主体的任何信息。

(3) 安全标记保护级

实现强制存取控制机制，对系统中的所有主体和它们控制的客体指定敏感标记，只有当主体和客体的敏感标记满足一定关系时，系统才允许主体读或写客体。在网络环境中，使用完整性敏感标记确保信息在传输过程中不会受损。审计记录中包含客体的敏感标记信息。

(4) 结构化保护级

基于一个明确定义的形式化安全策略模型进行系统结构化设计，安全功能的设计与实现要接受更充分的测试和更完善的复审。建立隐蔽通道分析机制，提供用户注册的可信通路，支持最小特权管理。

(5) 访问验证保护级

采用更严格的设计、测试和验证过程，实现更全面的存取控制和访问监控机制。在审计过程中增加报警和终止事件的功能。实现更完善的隐蔽通道分析，在系统与用户之间提供可信的通信路径。建立可信恢复机制，保证系统在失效或中断后，可以进行不损坏任何安全保护性能的恢复。

8.4 Linux 的安全机制

经过多年发展，Linux 的功能在不断增强，其安全机制也在逐步完善。按照 TCSEC 评估标准，目前 Linux 的安全等级基本达到了 C2，更高安全级别的 Linux 系统正在开发之中。下面对 Linux 已有的安全机制进行概述性介绍。

1. 身份标识和鉴别

当创建用户账户时，系统管理员为该用户分配唯一的用户号（UID）和用户组号（GID），并为用户建立一个主目录；用户的口令经过 DES 或 MD5 加密后存放在/etc/passwd 文件中。用户登录时，需要输入口令且经加密后与存放在 passwd 文件中的口令密文进行比较，以鉴别用户身份真伪。

/etc/passwd 文件包含所有用户账户的信息，因此普通用户只有只读权限。为了防止入侵者通过获得口令密文来猜测口令，可以将用户的口令密文存放在文件 shadow 中，shadow 文件只有超级用户才能访问。

用户设置或修改口令时，若输入新口令的安全性不够，系统会发出警告。系统管理员还可以通过设置口令的最小长度和有效期等属性，增加口令的安全性。

2. 存取控制

Linux 实现了粗粒度的自主存取控制，用户可以为自己的文件设置和修改访问权限。权限类型有读、写、执行 3 种，授权对象包括文件属主、同组用户、其他用户 3 类。为了满足一些应用的高安全性要求，可以利用 Linux 的 ACL（访问控制表）进一步完善文件授权设置。Linux 的 ACL 可以将存取控制细化到每个用户，而非笼统的“同组用户”或“其他用户”。

在 Linux 中，每个进程有真实 UID、真实 GID、有效 UID、有效 GID 四个标识。进程的真实 UID 和真实 GID 是创建该进程的用户的 UID 和 GID，表示该进程隶属于谁。进程的有效 UID 和有效 GID 标识进程的主体身份，当进程试图访问某文件时，内核将该进程的有效 UID 和有效 GID 与文件存取权限集中的相应值进行比较，以决定是否授予该进程相应的权限。一般情况下，进程的真实 UID 和真实 GID 就是该进程的有效 UID 和有效 GID。

在 Linux 中，允许对执行文件设置 SUID（或 SGID）标志。当带 SUID（或 SGID）标志的执行文件执行时，进程的有效 UID（或有效 GID）被改变成执行文件属主的 UID（或 GID），从而使未被授权的用户能够完成某些要求授权的任务。

3. 审计

Linux 系统实现了比较完善的审计功能，能全面监控系统中发生的事件，并及时对系统异常进行报警提示。Linux 可以审计的内容包括：所有系统和内核信息；每一次网络连接和其源 IP 地址，有时还包括攻击者的用户名和使用的操作系统等信息；远程用户申请访问哪些文件；用户可以控制哪些进程；具体用户使用的每条命令等。Linux 的审计记录存放在日志文件中。大部分日志文件存放在/var/log 目录下。Linux 常见的日志文件如表 8-2 所示。

表 8-2 Linux 系统中的主要日志文件

日志文件名	记 录 内 容
acct 或 pacct	记录每个用户使用过的命令
lastlog	记录用户最后一次登录的信息
loginlog	不良的登录尝试记录
messages	记录输出到系统控制台或由 syslog 系统服务程序产生的信息
sulog	记录 su 命令的使用信息
utmp	记录当前登录的用户信息
wtmp	记录用户登录和注销的信息，或者系统开机/关机的历史信息
xferlog	记录 ftp 的使用信息

Linux 的审计服务程序是 syslogd，它根据配置文件/etc/syslog. conf，将系统和内核发送过来的需要记录的信息分别记录到不同的日志文件，并输出到指定设备或发送到其他主机中。

4. 入侵检测

在 Linux 的较新版本中配备了入侵检测工具。利用 Linux 配备的入侵检测工具和第三方提供的工具可以使 Linux 具备较高级的入侵检测能力。这些能力包括：记录入侵企图，当攻击发生时及时通知管理员；在特定情况下攻击发生时，采取事先规定的措施；发送一些错误信息误导攻击者，如伪装成其他操作系统，使攻击者误认为他们正在攻击其他类型的系统。

5. 加密文件系统

加密文件系统是将加密服务引入文件系统，从而提高计算机文件系统的安全性。目前 Linux 已有多种加密文件系统，如 CFS、TCFS、CRYPTFS 等，其中，具有代表性的是 TCFS。TCFS 通过将加密服务与文件系统紧密集成，使用户感觉不到文件的加密过程，且文件系统加密后，合法用户访问保密文件与访问普通文件几乎没有区别。TCFS 能够做到除了加密文件的所有者以外，其他用户（包括超级用户）都无法读懂加密后的文件。

6. 网络安全

为了支持网络计算，Linux 提供了多种网络操作命令，用户可以使用这些命令远程访问计算机，使用远程计算机上的资源或者请求远程服务器上的服务。要防止入侵者利用这些远程服务入侵系统，必须对远程用户的访问行为进行控制，仅对特定用户开放必要的网络服务，以减少入侵者的入侵机会。

Linux 使用超级守护进程 xinetd 实现网络服务的访问控制。xinetd 监听在 xinetd. conf 配置文件中登记的端口，启动被请求的服务程序，使用网络过滤工具对启动的网络服务进行访问控制并记录访问请求，此外，还安装 OpenSSH 和 OpenSSL 软件包实现网络安全通信。

Linux 配备了防火墙控制网络访问来增加系统的安全性。Linux 防火墙系统提供了以下功能：访问控制，可以执行基于地址（源和目标）、用户和时间的访问控制策略，从而杜绝非授权访问；审计，对通过防火墙的网络访问进行记录，建立完备的日志，审计和追踪网络访问记录，并可以根据需要产生报表；抗攻击，Linux 防火墙具有高度的安全性和抵御各种攻击的能力；其他附属功能，如与审计相关的报警和入侵检测，与访问控制相关的身份验证、加密和认证，甚至 VPN 等。

7. 备份与恢复

备份与恢复是系统发生严重故障的补救措施。Linux 系统具有专门的备份程序及网络备份工具。可以使用这些程序对 Linux 进行定期备份，一旦系统崩溃，能够及时从原先的备份中恢复系统。

8.5 Windows XP 的安全机制

Windows XP 属于安全级别为 C 级的操作系统，其安全策略如下。

（1）用户身份验证

对用户进行身份验证是确保操作系统安全的最基本手段。在 Windows XP 中，用户通过登录完成其身份验证过程。用户登录通过登录进程 Winlogon、LSA、身份验证包和 SAM 相互作用完成。

登录进程 Winlogon 是一个用户态进程，负责搜寻用户名和密码，并发送给 LSA 以便验证它们，然后在用户会话过程中创建初始化进程。LSA 是本地安全权限服务器，负责本地系统的安全性规则、用户身份验证及向事件日志发送安全性审计消息。SAM 是一个数据库，它包含用户和组的定义、密码及属性等信息。身份验证包是一个动态链接库，用于检查用户登录时输入的用户名和密码是否与 SAM 数据库中保存的用户名和密码匹配。

在 Windows XP 中，用户可以使用单个密码或智能卡登录到域，然后通过身份验证机制向域中的所有计算机表明自己的身份；也可以只登录到本地计算机上。

Windows XP 的安全机制提供了两种类型的身份验证：一种是交互式登录验证，即根据用户的本地计算机账户或者活动目录账户，在登录时验证用户身份；另一种是网络身份验证，即用户试图访问网络服务时，对用户的身份进行验证。

（2）访问控制

Windows XP 基于保护对象进行访问控制。Windows XP 中的保护对象包括文件、设备、邮件槽、已命名的和未命名的管道、进程、线程、事件、互斥体、信号量、可等待定时器、访问令牌、窗口、桌面、网络共享、服务、注册表键和打印机等。Windows XP 中的每个保护对象都有一个安全描述符，用来控制哪些用户对本对象可以进行哪些访问操作。保护对象的安全描述符主要包含以下属性：标记，定义安全描述符的类型和内容；所有者，记录本对象的所有者；系统访问控制表（SACL），确定哪些用户的哪些操作应记录到安全审核日志中；自主访问控制表（DACL），确定哪些用户和组以何种权限访问本对象。

在Windows XP中，进程（用户）有一个访问令牌，用来指明该进程（用户）拥有的特权。访问令牌是一个包含进程（或线程）标识的数据结构，包含以下内容：用户安全标识符（SID）；用户所属的组的安全标识符；启用和禁用的特权列表；默认所有者，即指定进程创建的对象的所有者；默认ACL，即指定进程创建的对象的访问控制表。当进程试图访问某个对象时，对象管理器就从该进程的访问令牌中读取用户SID和组SID，然后扫描此对象的DACL。如果发现匹配的访问控制项，此进程就具有该访问控制项规定的访问权限。

(3) 加密文件系统

在Windows 2000中，微软公司采用了基于公共密钥的加密文件系统（EFS）。在Windows XP中，对加密文件系统做了进一步改进，使其能够允许多个用户同时访问加密的文档。用户可以采用设置加密属性的方式对文件或文件夹加密，其操作就像设置其他属性一样简单。如果对一个文件夹进行加密，那么，该文件夹中的所有文件和子文件夹都将自动进行加密。EFS还允许在Web服务器上存储加密文件。可以通过Internet将文件以加密形式传输且存储在服务器上，当用户需要使用自己的文件时，它们再以透明方式在用户的计算机上进行解密。Windows XP的这种特性允许在Web服务器上安全地存放具有敏感性的数据，而不必担心数据被入侵者窃取，或在传输过程中被他人读取。

(4) 智能卡支持

Windows XP将智能卡性能集成到操作系统中，包括支持使用智能卡登录到终端服务器。Windows XP对智能卡的内在支持使基于智能卡的安全技术应用更加方便。

使用智能卡在下面几个方面提高了系统的安全性：①可以有效防止密钥或其他个人信息被修改；②将涉及鉴定、数字签名及密钥交换等鉴定安全的计算与系统中不需要这些计算的部分隔开；③使信任性信息和其他私人信息可以很容易地从一台计算机迁移到其他计算机。

(5) Internet连接防火墙

Internet连接防火墙是Windows XP的重要特性之一，它可用于在使用Internet连接共享时保护内部网络，也可用于保护单机。一旦启用了Internet连接防火墙，则只有经过域认证的用户才能正常访问主机，而所有其他来自Internet的TCP/ICMP连接包都将被丢弃，因此可以较好地防止端口扫描和拒绝服务攻击。

(6) 增强的安全性

Windows XP的安全特性，如访问控制表（ACL）、安全组和组策略等，可以使用户保护指定的文件、应用程序和其他资源。这些特性共同为安全访问提供了强大且灵活的控制架构。Windows XP提供的安全设置除了可以单独实施外，也提供了预定义的安全模板。用户可根据需要直接使用安全模板，也可以在此基础上做进一步修改。

Windows XP对访问控制方面的策略做了较多改进，主要包括限制网络用户为来宾账号的策略、空口令限制策略、实现单一登录方式、针对漫游用户的凭证管理等。

Windows XP的凭证管理特性为包括密码和X. 509证书在内的用户凭证提供了安全的存储方式。在凭证管理特性下，如果用户需要访问网络中的一个应用程序，那么在首次进行尝试时，需要进行身份验证，并根据提示信息提供一个凭证。用户提供相应凭证后，该凭证会与所请求的应用程序建立关联。此后，当这个用户再次访问该应用程序时，原先保存的凭证可以在无须重新输入的情况下再次起作用。

Windows XP 的软件限制策略以“透明”的方式隔离和使用不可靠的代码和可能对用户数据造成危害的代码，以便保护计算机系统免受病毒、木马或蠕虫等恶意程序破坏，保证数据安全。

Windows XP 的 Kerberos V5 协议提供了客户端（可以是用户、计算机或服务）和服务器之间相互鉴定的方法，使服务器鉴定客户端更加便利，甚至在最庞大、最复杂的网络环境中使用也是如此。

8.6 习题

1. 计算机系统的安全性包括哪几个方面？
2. 影响操作系统安全性的因素有哪些？
3. 利用网络攻击主要有哪些方式？
4. 什么是恶意程序？它主要包含哪些成员？
5. 简述身份鉴别机制的实现方法。
6. 简述加强口令安全的方法。
7. 简述存取控制机制的实现原理。
8. 简述自主存取控制的实现原理。
9. 存取控制矩阵、存取控制表和权能表分别是什么？
10. 简述最小特权原理。
11. 简述内存保护原理。
12. 简述运行保护原理。
13. 简述安全审计原理。
14. 简述入侵检测的基本方法。
15. 简述数据加密的类型。
16. 简述数据的基本加密方法。
17. 简述数据加密标准（DES）。
18. 简述公开密钥加密算法 RSA。
19. 简述数字签名的基本原理。
20. 简述 Linux 操作系统的安全机制。
21. 简述 Windows XP 操作系统的安全机制。

第9章　实验指导

9.1　实验1　进程的控制与通信

1. 实验目的

通过本次实验加深对进程概念的理解，进一步认识进程的异步及并发特征，熟悉 Linux 系统中进程通信的基本原理及进程的信号通信和管道通信机制，掌握 Linux 系统中与进程控制和进程通信相关的系统调用。

2. 准备知识

Linux 系统中的进程和任务是等价的概念。用户程序通过调用 C 语言库函数或相关系统调用能够对进程实施控制，并实现进程间通信。

（1）基本概念

1）进程的概念，进程与程序的区别。

2）并发执行的概念。

3）进程互斥的概念。

4）进程通信的基本原理。

（2）Linux 的系统调用机制

Linux 中的系统调用通过中断机制实现。中断是指计算机运行过程中，当某个事件发生后，CPU 暂时停止当前进程执行，转而执行相应的中断处理程序，待处理完毕后又返回被中断点继续执行原进程或重新调度新进程执行的过程。

（3）相关函数

1）fork( )函数。用 fork( )函数来创建一个新进程。调用格式为：

```
int fork( );
```

fork( )创建子进程成功后，向子进程返回 0，向父进程返回子进程的 pid。若创建子进程失败，则返回 -1。

2）wait( )函数。wait( )函数常用来控制父进程与子进程的同步。在父进程中调用 wait( )函数，则父进程被阻塞，进入等待队列，等待子进程结束。当子进程结束时，它会产生一个终止状态字，系统会向父进程发出 SIGCHLD 信号。父进程接到信号后，便提取子进程的终止状态字，从 wait( )函数返回继续执行原程序。调用格式为：

```
#include < sys/type. h >
#include < sys/wait. h >
(pid_t) wait(int  * statloc);
```

如果执行成功，则返回子进程识别码（PID）；若有错误发生，则返回 -1。

3）kill( )函数。kill( )函数用于删除执行中的程序或者任务。调用格式为：

```
kill(int PID,int IID);
```

其中，PID是要被杀死进程的进程号，IID是向将被杀死进程发送的中断号。

4）signal( )函数。signal( )函数允许调用进程控制软中断信号的处理。调用格式为：

```
#include <signal.h>
int sig;
void (*func)();
signal(sig,function);
```

Linux定义了20个信号，每个信号名都为大写字母，且都以SIG开头。部分信号取值及其含义如表9-1所示。

表9-1　signal信号的部分取值

信　号	功　能	值
SIGHUP	挂起	1
SIGINT	键盘中断，〈Ctrl+c〉组合键	2
SIGQUIT	键盘按〈Ctrl+\〉组合键	3
SIGKILL	要求终止进程	9
SIGALRM	定时器报警，时间到	14
SIGTERM	kill发出的软件结束信号	15
SIGCHLD	子进程结束发给父进程的信号	17
SIGCONT	让暂停的进程继续执行的信号	18
SIGPWR	电源故障	30

5）pipe( )函数。pipe( )函数用于创建一个管道。调用格式为：

```
#include <unistd.h>
pipe(int fp[2]);
```

其中，fp[2]是供进程使用的文件描述符数组，fp[0]用于写，fp[1]用于读。

调用成功，则返回0；调用失败则返回-1。

6）exit( )函数。调用格式为：

```
#include <stdlib.h>
 void exit(int status);
```

功能：进程运行结束时执行exit( )系统调用进行自我消亡，并把参数status返回给父进程。执行exit( )使进程进入僵死状态（TASK_ZOMBIE），此时进程已停止执行，但尚保留着进程的进程描述符task_struct，正等待其他进程提取该进程的信息，待信息提取结束后，系统将回收进程残余的所有资源，把进程所有的I/O缓冲区数据自动写回，然后将该进程删除。参数status用于指定进程退出时的状态，为0~255之间的整数值。

3. 实验要求

1）编制一段程序，使用生产者和消费者模型，实现进程的同步与互斥。

有界缓冲区内设有10个存储单元，放入/取出的数据项设定为1~10这10个整数。要求每个生产者和消费者对有界缓冲区进行操作后，即时显示有界缓冲区的全部内容、当前指针位置和生产者/消费者标识符。

2）编制一段程序，实现进程的管道通信。

使用系统调用 pipe( )建立一条管道线，两个子进程分别向管道各写一句话：

Child process 1 is sending a message!

Child process 2 is sending a message!

而父进程则从管道中读出来自于两个子进程的信息，并显示在屏幕上。

要求：父进程先接收子进程 P1 发来的消息，然后再接收子进程 P2 发来的消息。

4. 实验指导

1）使用生产者和消费者模型，实现进程的同步与互斥的实现提示。

① 多个缓冲区不是环形循环的，也不要求按顺序访问。生产者可以把产品放到目前的某一个空缓冲区中。

② 消费者只消费指定生产者的产品。

③ 在测试用例文件中指定所有的生产和消费需求，只有当共享缓冲区的数据满足了所有关于它的消费需求后，此共享缓冲区才可以作为空闲空间允许新的生产者使用。

④ 在为生产者分配缓冲区时各生产者之间必须互斥，此后各个生产者的具体生产活动可以并发。而消费者之间只有在对同一产品进行消费时才需要互斥，同时它们在消费过程结束时需要判断该消费对象是否已经消费完毕并清除了该产品。

在操作系统中，信号量 sem 是一整数。在 sem 大于或等于 0 时代表可供并发进程使用的资源数量，sem 小于 0 时则表示正在等待使用临界区的进程数量。信号量的数值仅能由 P、V 原语操作改变。一次 P（即 WAIT）原语操作使得信号量 sem 减 1，而一次 V（即 SIGNAL）原语操作使得信号量 sem 加 1。

2）实现进程管道通信算法的流程图（如图 9-1 所示）。

5. 参考源程序

（1）实现进程同步与互斥参考源程序

```
#include < windows. h >
#include < fstream >
#include < iostream >
#include < stdio. h >
#include < string >
#include < conio. h >
using namespace std;
//定义一些常量
//本程序允许的最大临界区数
#define MAX_BUFFER_NUM10
//秒到微秒的乘法因子
#define INTE_PER_SEC 1000
//本程序允许的生产和消费线程的总数
#define MAX_THREAD_NUM 64
//定义一个结构,记录在测试文件中指定的每一个线程的参数
```

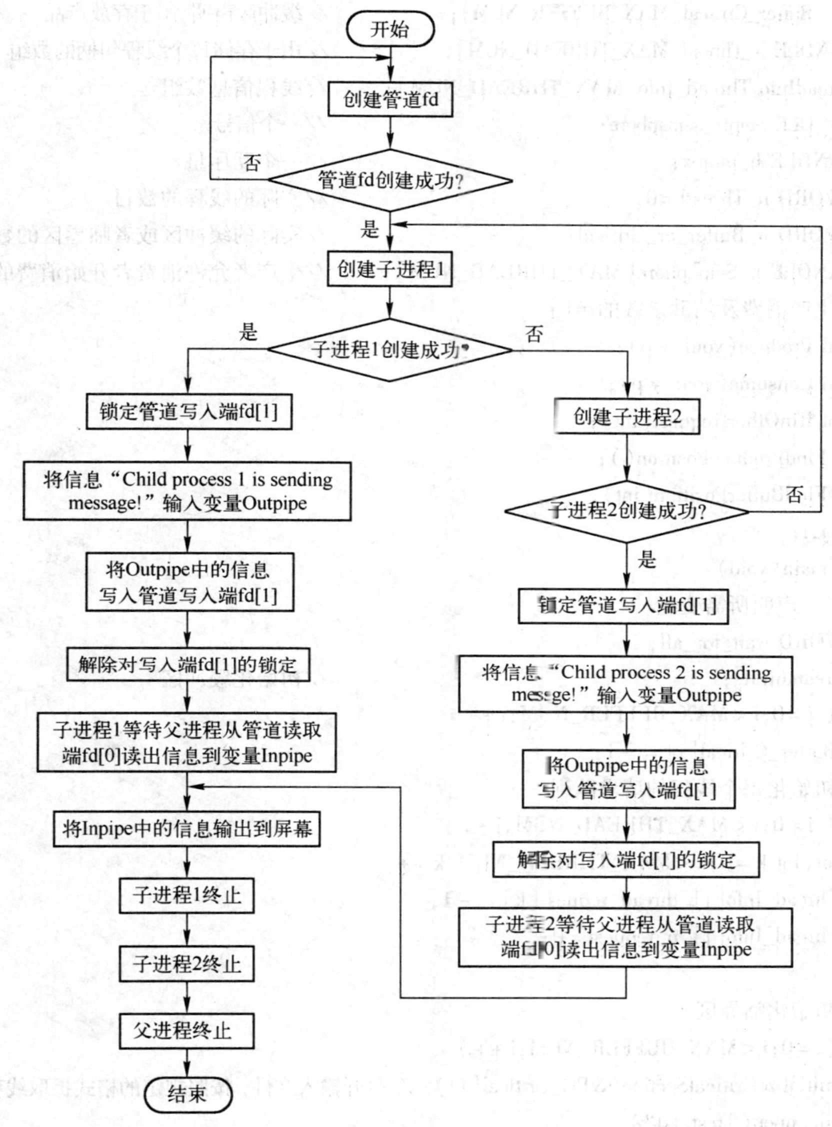

图 9-1　进程管道通信算法流程图

```
struct ThreadInfo
{  int serial;                                  //线程序列号
   char entity;                                 //是 P 还是 C
   double delay;                                //线程延迟
   int thread_request[MAX_THREAD_NUM];          //线程请求队列
   int n_request;                               //请求个数
};
// 全局变量的定义
//声明临界区对象,用于管理缓冲区的互斥访问
CRITICAL_SECTION
        PC_Critical[MAX_BUFFER_NUM];
```

```
int    Buffer_Critical[MAX_BUFFER_NUM];               //缓冲区声明,用于存放产品
HANDLE h_Thread[MAX_THREAD_NUM];                      //用于存储每个线程句柄的数组
ThreadInfo Thread_Info[MAX_THREAD_NUM];               //线程信息数组
HANDLE empty_semaphore;                               //一个信号量
HANDLE h_mutex;                                       //一个互斥量
DWORD n_Thread =0;                                    //实际的线程的数目
DWORD n_Buffer_or_Critical;                           //实际的缓冲区或者临界区的数目
HANDLE h_Semaphore[MAX_THREAD_NUM];                   //生产者允许消费者开始消费的信号量
//生产消费及辅助函数的声明
void Produce(void  *p);
void Consume(void  *p);
bool IfInOtherRequest(int);
int FindProducePosition();
int FindBufferPosition(int);
int j,i;
int main(void)
{  //声明所需变量
DWORD wait_for_all;
ifstreaminFile;                                       //初始化缓冲区
for( i=0;i<MAX_BUFFER_NUM;i++)
  Buffer_Critical[i] = -1;
//初始化每个线程的请求队列
for( j=0;j<MAX_THREAD_NUM;j++)
{ for(int k=0;k<MAX_THREAD_NUM;k++)
  Thread_Info[j].thread_request[k] = -1;
  Thread_Info[j].n_request =0;
}
//初始化临界区
for(i=0;i<MAX_BUFFER_NUM;i++)
  InitializeCriticalSection(&PC_Critical[i]); //打开输入文件，按照规定的格式提取线程等信息
inFile.open("test.txt");
        //从文件中获得实际的缓冲区的数目
inFile>>n_Buffer_or_Critical;
inFile.get();
printf("输入文件是:\n");
        //回显获得的缓冲区的数目信息
printf("%d \n",(int) n_Buffer_or_Critical);
        //提取每个线程的信息到相应数据结构中
while(inFile)
{ inFile>>Thread_Info[n_Thread].serial;
  inFile>>Thread_Info[n_Thread].entity;
  inFile>>Thread_Info[n_Thread].delay;
  char c;
```

```
    inFile.get(c);
    while(c!='\n'&& ! inFile.eof())
    { inFile >> Thread_Info[n_Thread].thread_request[Thread_Info[n_Thread].n_request ++];
      inFile.get(c); }
    n_Thread ++;
  }
//回显获得的线程信息,便于确认正确性
for(j =0;j <(int) n_Thread;j ++)
{ int Temp_serial = Thread_Info[j].serial;
  char Temp_entity = Thread_Info[j].entity;
  double Temp_delay = Thread_Info[j].delay;
  printf("\n thread%2d %c %f ",
     Temp_serial,Temp_entity,Temp_delay);
  int Temp_request = Thread_Info[j].n_request;
  for(int k =0;k < Temp_request;k ++)
     printf("%d",Thread_Info[j].thread_request[k]);
  cout << endl;
}
printf("\n\n");
//创建在模拟过程中几个必要的信号量
empty_semaphore = CreateSemaphore(NULL,n_Buffer_or_Critical,n_Buffer_or_Critical,
                                 ("semaphore_for_empty"));
h_mutex = CreateMutex(NULL,FALSE,("mutex_for_update"));
//下面这个循环用线程的 ID 号来为相应生产线程的产品读写时所使用的同步信号量命名
for(j =0;j <(int)n_Thread;j ++)
{ string lp = "semaphore_for_produce_";
  int temp =j;
  while(temp)
  { char c =(char)(temp%10);
    lp += c;
    temp/ =10; }
h_Semaphore[j +1] = CreateSemaphore(NULL,0,n_Thread,lp.c_str());
}
//创建生产者和消费者线程
for(i =0;i <(int) n_Thread;i ++)
{if(Thread_Info[i].entity =='P')
  h_Thread[i] = CreateThread(NULL,0,
       (LPTHREAD_START_ROUTINE)(Produce),
       &(Thread_Info[i]),0,NULL);
  else
  h_Thread[i] = CreateThread(NULL,0,(LPTHREAD_START_ROUTINE)(Consume),&(Thread_In-
fo[i]),0,NULL);
}
```

```
//主程序等待各个线程的动作结束
wait_for_all = WaitForMultipleObjects (n_Thread,h_Thread,TRUE, -1);
printf(" \n \nALL Producer and consumer have
                finished their work. \n");
printf("Press any key to quit!\n");
        getch();
        return 0;
    }
//确认是否还有对同一产品的消费请求未执行
bool IfInOtherRequest(int req)
{ for(int i =0;i < n_Thread;i ++)
  for(int j =0;j < Thread_Info[i]. n_request;j ++)
  if(Thread_Info[i]. thread_request[j] == req)return TRUE;
  return FALSE;
}
//找出当前可以进行产品生产的空缓冲区位置
intFindProducePosition()
{ int EmptyPosition;
  for(int i =0;i < n_Buffer_or_Critical;i ++)
  if(Buffer_Critical[i] == -1)
  { EmptyPosition =i;
//下面这个特殊值表示本缓冲区正处于被写状态
    Buffer_Critical[i] = -2;
    break; }
  return EmptyPosition;
}
//找出当前所需生产者生产的产品的位置
int FindBufferPosition(int ProPos)
{ int TempPos;
  for (int i =0 ;i <n_Buffer_or_Critical;i ++)
  if(Buffer_Critical[i] == ProPos)
  { TempPos =i;
    break; }
  return TempPos;
}
void Produce(void *p) //生产者进程
{ //局部变量声明
DWORD wait_for_semaphore,
DWORD wait_for_mutex,m_delay;
int m_serial;
//获得本线程的信息
m_serial = ((ThreadInfo *)(p)) ->serial;
m_delay = (DWORD)(((ThreadInfo *)(p)) ->delay *INTE_PER_SEC);
```

```
Sleep( m_delay) ; //开始请求生产
printf( " Producer %2d sends the produce require. \n" ,m_serial) ;
//确认有空缓冲区可供生产,同时将空位置数 empty 减 1;用于生产者和消费者的同步
wait_for_semaphore = WaitForSingleObject( empty_semaphore, -1) ;
//互斥访问下一个可用于生产的空临界区,实现写互斥
wait_for_mutex = WaitForSingleObject( h_mutex, -1) ;
int ProducePos = FindProducePosition( ) ;
ReleaseMutex( h_mutex) ;
//生产者在获得自己的空位置并做上标记后,以下的写操作在生产者之间可以并发
//核心生产步骤中,程序将生产者的 ID 作为产品编号放入,方便消费者识别
printf( " Producer %2d begin to produce at
    position %2d. \n" ,m_serial,ProducePos) ;
Buffer_Critical[ ProducePos ] = m_serial;
printf( " Producer %2d finish producing: \n " ,m_serial) ;
printf( "  position[ %2d ]:%3d \n" ,
  ProducePos,Buffer_Critical[ ProducePos ] ) ;
//使生产者写的缓冲区可以被多个消费者使用,实现读写同步
ReleaseSemaphore( h_Semaphore[ m_serial]
                        ,n_Thread,NULL) ;
}
void Consume( void * p) //消费者进程
{  //局部变量声明
DWORD wait_for_semaphore,m_delay;
int m_serial,m_requestNum;
        //消费者的序列号和请求的数目
int m_thread_request[ MAX_THREAD_NUM ] ;
        //本消费线程的请求队列
        //提取本线程的信息到本地
m_serial = ( ( ThreadInfo * ) ( p) ) -> serial;
m_delay = ( DWORD) ( ( ( ThreadInfo * ) ( p) ) -> delay * INTE_PER_SEC) ;
m_requestNum = ( ( ThreadInfo * ) ( p) ) -> n_request;
for ( i = 0;i < m_requestNum;i ++ )
m_thread_request[ i] = ( ( ThreadInfo * ) ( p) ) -> thread_request[ i] ;
Sleep( m_delay) ; //循环进行所需产品的消费
for( i = 0;i < m_requestNum;i ++ )
{  //请求消费下一个产品
printf( " Consumer %2d request to consume %2d
product\n" ,m_serial,m_thread_request[ i] ) ;
//如果对应生产者没有生产,则当前线程等待;如果生产者已生产了产品,允许的消费者数目减 1;
//实现了读写同步
wait_for_semaphore = WaitForSingleObject( h_Semaphore[ m_thread_request[ i] ] , -1) ;
//查询所需产品放到缓冲区的号
int BufferPos = FindBufferPosition( m_thread_request[ i] ) ;
```

```
//开始进行具体缓冲区的消费处理,读和写在该缓冲区上仍然是互斥的
/*进入临界区后执行消费动作;并在完成此次请求后,通知另外的消费者本处请求已经满足;同时如果对应的产品使用完毕,就做相应处理;并给出相应动作的界面提示;该相应处理指将相应缓冲区清空,并增加代表空缓冲区的信号量*/
EnterCriticalSection(&PC_Critical[BufferPos]);
printf("Consumer%2d begin to consume %2d
product\n",m_serial,m_thread_request[i]);
((ThreadInfo*)(p))->thread_request[i] = -1;
if(!IfInOtherRequest(m_thread_request[i]))
{ Buffer_Critical[BufferPos] = -1;
                    //标记缓冲区为空
  printf("Consumer%2d finish consuming %2d:\n ",m_serial,m_thread_request[i]);
  printf("position[%2d]:%3d\n",BufferPos,Buffer_Critical[BufferPos]);
  ReleaseSemaphore(empty_semaphore,1,NULL);
} else
{printf("Consumer %2d finish consuming product %2d\n ",m_serial,m_thread_request[i]);
} //离开临界区
LeaveCriticalSection(&PC_Critical[BufferPos]);
} }
```

(2) 实现进程管道通信参考源程序

```
#include <unistd.h>
#include <signal.h>
#include <stdio.h>
int pid1,pid2;
main() {
int fd[2];
char OutPipe[100],InPipe[100];
pipe(fd);
while((pid1 = fork()) == -1);
if(pid1 ==0) {
lockf(fd[1],1,0);
sprintf(OutPipe,"\n Child process 1 is sending message!\n");
write(fd[1],OutPipe,50);
sleep(5);
lockf(fd[1],0,0);
exit(0);
}
else {
while((pid2 = fork()) == -1);
if(pid2 ==0) {
lockf(fd[1],1,0);
sprintf(OutPipe,"\n Child process 2 is sending message!\n");
```

```
        write(fd[1],OutPipe,50);
        sleep(5);
        lockf(fd[1],0,0);
        exit(0);
        } else {
        wait(0); read(fd[0],InPipe,50);
        printf("%s\n",InPipe);
        wait(0);
        read(fd[0],InPipe,50);
        printf("%s\n",InPipe);
        exit(0); }
          }
        }
```

9.2 实验2 进程调度与银行家算法

1. 实验目的

通过本次实验，进一步掌握进程的相关概念，加深对进程调度算法的理解，掌握银行家算法的实现原理，理解死锁的相关概念及其避免方法。

2. 准备知识

（1）进程的概念和进程状态

（2）相关的系统调用

1）fork()：通过复制调用进程来建立新的进程。

2）exec()：包括一系列系统调用，它们都是用一个新的程序覆盖原来的内存空间，实现进程的转换。

3）wait()：提供初级的进程同步措施，能使一个进程等待，直到另一个进程结束为止。

4）exit()：用来终止一个进程的运行。

（3）进程调度策略

1）先来先服务调度算法。

2）时间片轮转调度算法。

3）优先数调度算法。

（4）银行家算法

银行家算法是一种避免死锁的算法。避免死锁方法允许进程动态地申请资源，但系统在进行资源分配之前，应先计算此次分配资源的安全性，若分配后不会导致系统进入不安全状态，则进行资源分配，否则让进程等待。

安全状态指系统中存在一个安全序列。不安全状态指系统中不存在一个安全序列。安全序列是一个包含系统中所有进程的进程序列，按照该进程序列的顺序为所有进程分配资源，所有进程的资源需求都可以得到满足，所有进程都可以顺利完成。系统处于安全状态一定不会出现死锁，处于不安全状态就可能出现死锁。

1）银行家算法相关数据结构。

① 可利用资源向量 Available，一个含有 m 个元素的数组，其中的每个元素代表一类可利用资源的数量。例如，如果 Available[j] = K，则表示系统中现有 K 个可使用的 Rj 类资源。

② 最大需求矩阵 Max，一个 n×m 的矩阵，它描述了系统 n 个进程中的每个进程对 m 类资源的最大需求。例如，如果 Max[i, j] = K，则表示进程 i 最多需要 K 个 Rj 类资源。

③ 分配矩阵 Allocation，一个 n×m 的矩阵，它记录了系统中每类资源当前已分配给每个进程的数量。例如，如果 Allocation[i, j] = K，则表示进程 i 当前已分配了 K 个 Rj 类资源。

④ 需求矩阵 Need，一个 n×m 的矩阵，记录每个进程尚需的各类资源数量。例如，如果 Need[i, j] = K，则表示进程 i 还需要 K 个 Rj 类资源，方能完成任务。

2）银行家算法的实现原理。

Request[i]是进程 Pi 的请求向量。Request[i][j] = k 表示进程 Pi 请求分配 k 个 Rj 类资源。当 Pi 发出资源请求后，系统按下述步骤进行检查。

① 如果 Request[i]≤Need，则转向步骤 2，否则，认为出错，因为它所请求的资源数已超过它当前的最大需求量。

② 如果 Request[i]≤Available，则转向步骤 3，否则，表示系统中尚无足够的资源满足 Pi 的申请，Pi 必须等待。

③ 系统试探性地把资源分配给进程 Pi，并修改下面数据结构中的数值：

Available = Available － Request[i]

Allocation[i] = Allocation[i] + Request[i]

Need[i] = Need[i] － Request[i]

系统执行安全性算法，检查此次资源分配后，系统是否处于安全状态。如果安全才正式将资源分配给进程 Pi，完成本次分配；否则，将试探分配作废，恢复原来的资源分配状态，让进程 Pi 等待。

3. 实验要求

1）编写程序模拟实现优先数调度算法和时间片轮转调度算法。

对实验中产生的各种随机数的取值范围加以限制，如所需的 CPU 时间限制在 1～20 之间，进程数 n 取 4～8 个，使用动态数据结构。

2）编写程序实现银行家算法。

假定系统有 5 个进程（P0、P1、P2、P3、P4）和 3 类资源（A、B、C），各种资源的数量分别为 10、5、7，在 T0 时刻的资源分配情况如表 9-2 所示。

表 9-2 一个系统中所有进程的资源分配情况

进程	MAX A B C	Allocation A B C	Need A B C	Available A B C
P0	7 5 3	0 1 0	7 4 3	3 3 2 (2 3 0)
P1	3 2 2	2 0 0 (3 0 2)	1 2 2 (0 2 0)	

（续）

进程	MAX A B C	Allocation A B C	Need A B C	Available A B C
P2	9 0 2	3 0 2	6 0 0	3 3 2 (2 3 0)
P3	2 2 2	2 1 1	0 1 1	
P4	4 3 3	0 0 2	4 3 1	

4. 实验指导

1）模拟调度算法的实现流程如图 9-2 所示。

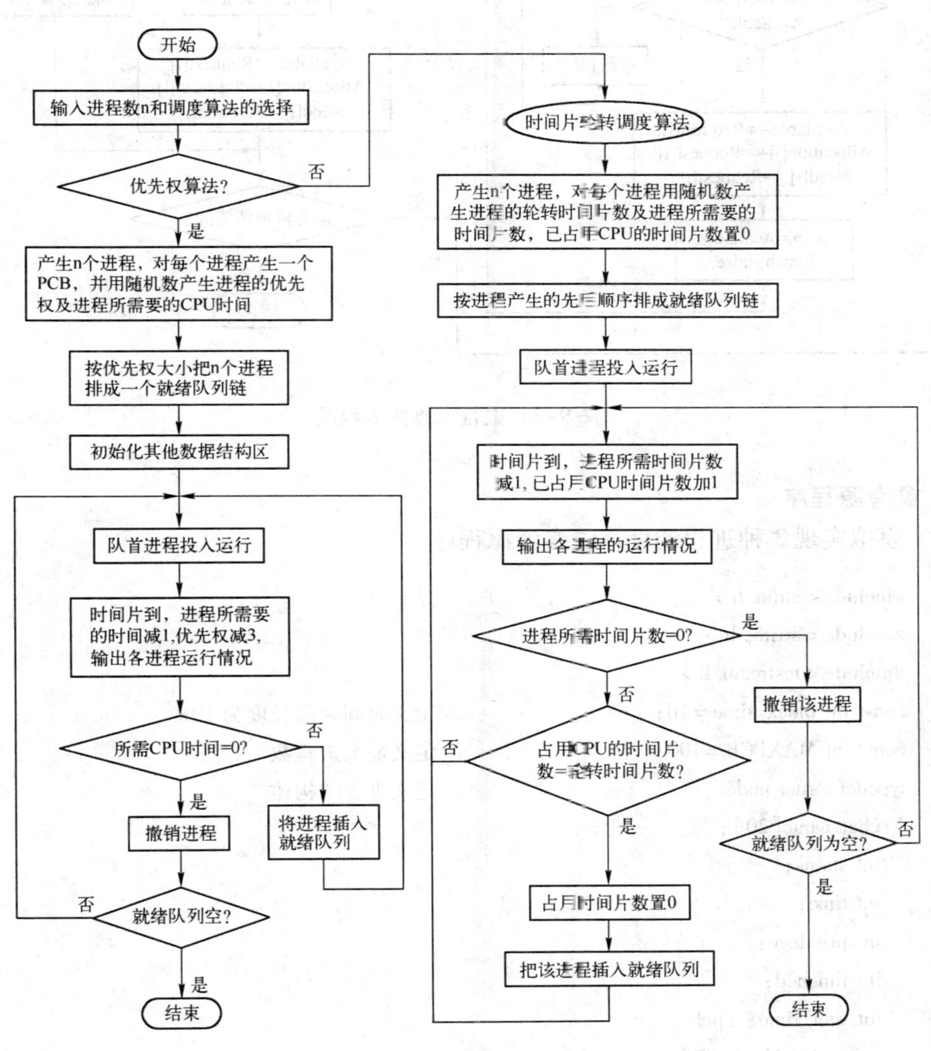

图 9-2　模拟调度算法实现流程图

2）实现银行家算法的流程如图 9-3 所示。

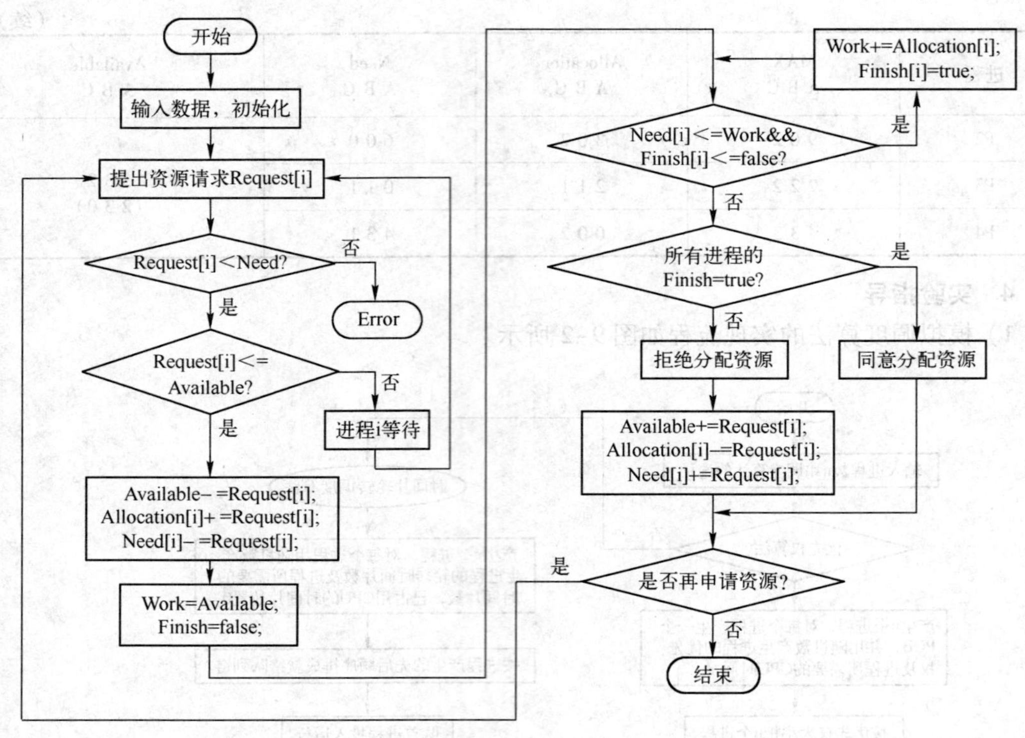

图 9-3　银行家算法流程图

5. 参考源程序

(1) 模拟实现 3 种进程调度算法参考源程序

```
#include <stdio.h>
#include <string.h>
#include <iostream.h>
const int block_time = 10;                    //定义时间片的长度为 10 s
const int MAXPCB = 100;                       //定义最大进程数
typedef struct node                           //定义进程结构体
{ char name[20];
  int status;
  int time;
  int privilege;
  int finished;
  int wait_time; } pcb;
  pcb pcbs[MAXPCB];
    int quantity;
void initial( ) //初始化函数
{ int i;
  for( i = 0; i < MAXPCB; i ++ )
```

```
    { strcpy(pcbs[i].name,"");
      pcbs[i].status =0;
      pcbs[i].time =0;
      pcbs[i].privilege =0;
      pcbs[i].finished =0;
      pcbs[i].wait_time =0;
    }
  quantity =0;
}
int readData() //读数据函数
{ FILE *fp;
  char fname[20];
int i;
cout<<"请输入进程流文件名:";
cin>>fname;
if((fp =fopen(fname,"r"))==NULL)
{ cout<<"错误,文件打不开,请检查文件名"<<endl;
else
{ while(!feof(fp))
    { fscanf(fp,"%s %d %d %d",
      pcbs[quantity].name, &pcbs[quantity].status, &pcbs[quantity].time, &pcbs[quantity]
.privilege);
      quantity++; } //输出所读入的数据
cout<<"输出所读入的数据"<<endl;
cout<<"进程名 进程状态 所需时间 优先数"<<endl;
for(i =0;i<quantity;i++)
{ cout<<""<<pcbs[i].name<<"
"<<pcbs[i].status<<""<<pcbs[i].time<<" "<<pcbs[i].privilege<<endl;
}
return(1); }
return(0);
}
void init() //重置数据,以供另一个算法使用
{ int i;
for(i =0;i<MAXPCB;i++)
{ pcbs[i].finished =0;
  pcbs[i].wait_time =0; }
}
void FIFO() //先进先出算法
{ int i,j; int total; //输出 FIFO 算法执行流
cout<<endl<<"*************"<<endl
cout<<"FIFO 算法执行流:"<<endl;
cout<<"进程名 等待时间"<<endl;
```

```
for(i=0;i<quantity;i++)
{ cout<<" "<<pcbs[i].name<<" "<<pcbs[i].wait_time<<endl;
for(j=i+1;j<quantity;j++)
{ pcbs[j].wait_time+=pcbs[i].time; }
}
total=0;
for(i=0;i<quantity;i++)
{ total+=pcbs[i].wait_time; }
cout<<"总等待时间:"<<total<<" 平均等待时间:"<<total/quantity<<endl;
}
void privilege()  //优先数调度算法
{ int i,j,p;
int passed_time=0;
int total;
int queue[MAXPCB];
int current_privilege=1000;
for(i=0;i<quantity;i++)
{ current_privilege=1000;
for(j=0;j<quantity;j++)
{ if((pcbs[j].finished==0)&&(pcbs[j].privilege<current_privilege))
  { p=j;
    current_privilege=pcbs[j].privilege;
  }
}
queue[i]=p;
pcbs[p].finished=1;
pcbs[p].wait_time+=passed_time;
passed_time+=pcbs[p].time;
}  //输出优先数调度执行流
cout<<endl<<"**********"<<endl;
cout<<"优先数调度执行流:"<<endl;
cout<<"进程名 等待时间"<<endl;
for(i=0;i<quantity;i++)
{ cout<<" "<<pcbs[queue[i]].name<<" "<<pcbs[queue[i]].wait_time<<endl;
}
  total=0;
  for(i=0;i<quantity;i++)
{ total+=pcbs[i].wait_time; }
  cout<<"总等待时间:"<<total<<" 平均等待时间:"<<total/quantity<<endl;
}
void timer()    //时间片轮转调度算法
{ int i,j,number,flag=1;
int passed_time=0;
```

```
int max_time =0;
int round =0;
int queue[1000];
int total =0;
while(flag ==1)
{flag =0;
number =0;
for(i =0;i < quantity;i ++)
{  if(pcbs[i].finished ==0)
   {  number ++; j =i; }
}
if(number ==1)
{ queue[total] =j;
  total ++; pcbs[j].finished =1; }
if(number >1)
{ for(i =0;i < quantity;i ++)
{ if(pcbs[i].finished ==0)
{ flag =1;
queue[total] =i;
total ++;
if(pcbs[i].time < =block_time * (round +1))
{ pcbs[i].finished =1; }
} } }
round ++; }
if(queue[total -1] ==queue[total -2])
{ total - -; }
cout << endl << " * * * * * * * * * * * * * * " << endl;
cout << "时间片轮转调度执行流:" << endl;
for(i =0;i < total;i ++)
{ cout << pcbs[queue[i]].name << " ";
  cout << endl; }
}
void version()          //显示
{
cout << "/ * * *进程调度  * * */ ";
cout << endl << endl;
}
void main()        //主函数
{ int flag;
  version();
  initial();
  flag = readData();
  if(flag ==1)
```

```
    { FIFO();
      init();
      privilege();
      init();
      timer();
    } }
```

(2) 银行家算法参考源程序

```
#include <iostream>
using namespace std;
#define MAXPROCESS 50                                    //最大进程数
#define MAXRESOURCE 100                                  //最大资源数
int AVAILABLE[MAXRESOURCE];                              //可用资源数组
int MAX[MAXPROCESS][MAXRESOURCE];                        //最大需求矩阵
int ALLOCATION[MAXPROCESS][MAXRESOURCE];                 //分配矩阵
int NEED[MAXPROCESS][MAXRESOURCE];                       //需求矩阵
int REQUEST[MAXPROCESS][MAXRESOURCE];                    //进程需要资源数
bool FINISH[MAXPROCESS];                                 //系统是否有足够的资源分配
int p[MAXPROCESS];                                       //记录序列
int m,n;                                                 //m 个进程, n 个资源
void Init();                                             //初始化
bool Safe();                                             //安全性检查
void Bank();                                             //银行家算法
int main()
{ Init();
  Safe();
  Bank();
}
void Init()      /*初始化*/
{ int i,j;
cout<<"银行家算法"<<endl;
cout<<"请输入进程的数目:\n";
cin>>m;
cout<<"请输入资源的种类:\n";
cin>>n;
cout<<"请输入每个进程最多所需的各资源数,按照"<<m<<"x"<<n<<"矩阵输入"<<endl;
for(i=0;i<m;i++)
  for(j=0;j<n;j++)
    cin>>MAX[i][j];
cout<<"请输入每个进程已分配的各资源数,也按照"<<m<<"x"<<n<<"矩阵输入"<<endl;
for(i=0;i<m;i++)
  {for(j=0;j<n;j++)
  { cin>>ALLOCATION[i][j];
```

```
    NEED[i][j] = MAX[i][j] - ALLOCATION[i][j];
    if(NEED[i][j] <0)
  {cout << "您输入的第" << i + 1 << "个进程所拥有的第" << j + 1 << "个资源数错误,请重新输
  入:" << endl;
  j - - ;
  continue;
} } }
cout << "请输入各个资源现有的数目:" << endl;
for(i = 0;i < n;i ++ ) cin >> AVAILABLE[i];
}
void Bank( )      /* 银行家算法 */
{ int i,cusneed;
char again;
int breakmark = 0;
while(1)
{ breakmark = 0;
  cout << "请输入要申请资源的进程号" << endl;
cin >> cusneed;
cout << "请输入进程所请求的各资源的数量" << endl;
for(i = 0;i < n;i ++ ) cin >> REQUEST[cusneed][i];
for(i = 0;i < n;i ++ )
{if(REQUEST[cusneed][i] > NEED[cusneed][i])
  { cout << "您输入的请求数超过进程的需求量! 请重新输入!" << endl;
    breakmark = 1;
    break;//continue; }
if(REQUEST[cusneed][i] > AVAILABLE[i])
{ cout << "您输入的请求数超过系统拥有的资源数! 请重新输入!" << endl;
  breakmark = 1;
  break;//continue; }
}
if(breakmark == 1) continue;
for(i = 0;i < n;i ++ )
{ AVAILABLE[i] - = REQUEST[cusneed][i];
  ALLOCATION[cusneed][i] += REQUEST[cusneed][i];
  NEED[cusneed][i] - = REQUEST[cusneed][i];
}
if(Safe( )) cout << "同意分配请求!" << endl;
else
{ cout << "您的请求被拒绝!" << endl;
  for(i = 0;i < n;i ++ )
   { AVAILABLE[i] += REQUEST[cusneed][i];
     ALLOCATION[cusneed][i] - = REQUEST[cusneed][i];
     NEED[cusneed][i] += REQUEST[cusneed][i];
```

```
} }
for(i=0;i<m;i++) FINISH[i]=false;
cout<<"您还想再次请求分配吗？是请按 y/Y,否请按其他任意键"<<endl;
cin>>again;
if(again=='y'||again=='Y') continue;
break;
} }
bool Safe() /*安全性检查*/
{ int i,j,k,l=0;
int Work[MAXRESOURCE]; /*工作数组*/
for(i=0;i<n;i++) Work[i]=AVAILABLE[i];
for(i=0;i<m;i++) FINISH[i]=false;
for(i=0;i<m;i++)
{ if(FINISH[i]==true) continue;
  else
  { for(j=0;j<n;j++)
    if(NEED[i][j]>Work[j]) break;
    if(j==n)
    { FINISH[i]=true;
      for(k=0;k<n;k++) Work[k]+=ALLOCATION[i][k];
      p[l++]=i;
      i=-1; }
    else continue;
  }
  if(l==m)
  { cout<<"系统是安全的"<<endl;
    cout<<"安全序列:"<<endl;
    for(i=0;i<l;i++)
    { cout<<p[i];
      if(i!=l-1) cout<<"-->";
    }
    cout<<""<<endl;
              return true;
    } }
    cout<<"系统是不安全的"<<endl;
    return false;
}
```

9.3 实验 3 虚拟存储器管理

1. 实验目的

通过本次实验，进一步熟悉虚拟存储器的概念及实现虚拟存储器的方法，掌握分页式存储管理的基本原理及页面置换算法的实现机制。

2. 准备知识

1）分页式存储管理中的地址变换方法。

2）分页式虚拟存储管理中的缺页中断处理方法。

3. 实验要求

编写程序实现先进先出（FIFO）页面调度算法处理缺页中断。

FIFO 页面调度算法总是淘汰该作业中最先进入主存的那个页面，因此可以用一个数组来存放该作业已在主存的页面。假定作业被选中时，把开始的 m 个页面装入主存，则数组的数组元素可定为 m 个。

在编写 FIFO 页面调度算法程序时，为了提高系统效率，如果应淘汰的页在内存中没有修改过，则不必把该页调出（因磁盘上已有其副本），而直接装入一个新页将其覆盖。

由于是模拟调度算法，因此程序中并不真正启动页面的调进/调出，而改用输出调出的页号和装入的页号来模拟调出和装入过程。

4. 实验指导

使用线性表保存页表。每个页表项信息包括调入主存的标志、主存块号、在磁盘上的位置、修改标志等。使用线性表保存 FIFO 页面调度算法使用的对应关系数组 P。用数组模拟实现调度的队列，该队列需要支持查找、插入和删除操作（即替换操作）。

页表定义如下：

```
struct info //页表
{ bool flag; //标志
  long block;//块号
  long disk;//在磁盘上的位置
  bool dirty;//修改标志
}pagelist[SizeOfPage];
long po;//队列标记
long P[M];
```

使用函数 init()进行初始化,使用循环结构读入各条指令。

FIFO 页面调度模拟算法的流程图如图 9-4 所示。

5. 参考源程序

```
#include <cstdio>
#include <cstring>
#define SizeOfPage 100
#define SizeOfBlock 128
#define M 4
struct info//页表
{ bool flag; //标志
  long block;//块号
  long disk;//在磁盘上的位置
  bool dirty;//修改标志
```

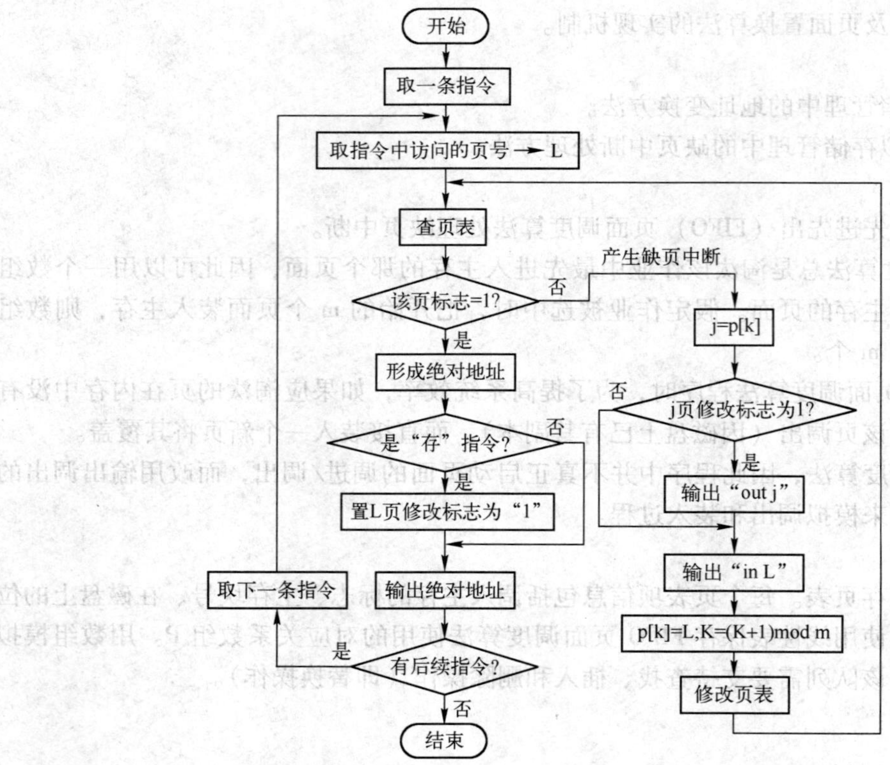

图 9-4　FIFO 页面调度模拟算法流程图

```
}pagelist[SizeOfPage];
long po;//队列标记
long P[M];
void init_ex1()
{ memset(pagelist,0,sizeof(pagelist));
  pagelist[0].flag=1;
  pagelist[0].block=5;
  pagelist[0].disk=011;
  pagelist[1].flag=1;
  pagelist[1].block=8;
  pagelist[1].disk=012;
  pagelist[2].flag=1;
  pagelist[2].block=9;
  pagelist[2].disk=013;
  pagelist[3].flag=1;
  pagelist[3].block=1;
  pagelist[3].disk=021;
}
void work_ex1()
```

```
{ bool stop = 0;
long p,q;
char s[128];
do { printf("请输入指令的页号和单元号:\n");
if (scanf("%ld%ld",&p,&q)!=2)
{ scanf("%s",s);
  if(strcmp(s,"exit")==0) stop=1;
} else if(pagelist[p].flag)
  printf("绝对地址=%ld\n",pagelist[p].block*SizeOfBlock+q);
else printf("* %ld\n",p);
} }
while (!stop);
}
void init_ex2()
{ po=0;
  P[0]=0;P[1]=1;P[2]=2;P[3]=3;
  memset(pagelist,0,sizeof(pagelist));
  pagelist[0].flag=1;
  pagelist[0].block=5;
  pagelist[0].disk=011;
  pagelist[1].flag=1;
  pagelist[1].block=8;
  pagelist[1].disk=012;
  pagelist[2].flag=1;
  pagelist[2].block=9;
  pagelist[2].disk=013;
  pagelist[3].flag=1;
  pagelist[3].block=1;
  pagelist[3].disk=021;
}
void work_ex2()
{ long p,q,i;
char s[100];
bool stop=0;
do {
printf("请输入指令的页号、单元号,以及是否为存指令:\n");
if (scanf("%ld%ld",&p,&q)!=2)
{ scanf("%s",s);
  if (strcmp(s,"exit")==0) stop=1;
}
else
{ scanf("%s",s);
if (pagelist[p].flag)
```

```
{ printf("绝对地址 = %ld\n",pagelist[p].block * SizeOfBlock + q);
  if(s[0] =='Y'||s[0] =='y')
  pagelist[p].dirty = 1;
}
else
{ if (pagelist[P[po]].dirty)
  //将更新后的内容写回外存
pagelist[P[po]].dirty = 0;
pagelist[P[po]].flag = 0;
printf("out %ld\n",P[po]);
printf("in %ld\n",p);
pagelist[p].block = pagelist[P[po]].block; pagelist[p].flag = 1;
P[po] = p;
po = (po + 1)% M;
} } }
while (!stop);
printf("数组 P 的值为:\n");
for (i = 0;i < M;i ++)
      printf("P[%ld] = %ld\n",i,P[i]);
}
void select()
{ long se;
char s[128];
do {
printf("请选择题号(1/2):");
if (scanf("%ld",&se)!=1)
{ scanf("%s",s);
  if (strcmp(s,"exit") ==0) return;
}
else
{ if (se ==1)
  { init_ex1(); work_ex1(); }
  if (se ==2)
  { init_ex2(); work_ex2(); }
}
} while (1);
}
int main()
{ select();
  return 0;
}
```

9.4 实验4 文件管理

1. 实验目的

通过本次实验，进一步熟悉文件系统的相关概念，掌握文件系统中文件管理功能的实现方法。

2. 准备知识

1）文件的操作。

2）文件的逻辑结构和物理结构。

3）磁盘空间的管理。

4）磁盘目录结构。

3. 实验要求

模拟文件系统常用的多级目录结构和外存空间离散分配（采用盘图管理外存）策略，实现文件系统对文件的部分管理功能。

设计目录结构（采用多级目录），以及文件目录项的结构、外存空间的位示图（即盘图），并编程实现下述操作：

1）初始化目录和位示图。

2）为用户创建文件、增加文件长度、分配外存空间和更新目录信息。

3）允许用户删除文件、更新目录和回收外存空间。

4）提供文件复制和移动功能并进行管理。

5）允许更改已存在文件的文件名。

6）可以创建和删除子目录。

假定外存空间为1MB，文件系统为文件分配存储空间的分配单位是物理块（扇区），根目录允许的目录项总数为100。

4. 实验指导

在内存中开辟一个虚拟磁盘空间作为文件存储器，在其上实现一个多用户多目录的文件系统。磁盘空闲空间的管理选择位示图，用0表示未使用，1表示已使用。如果采用位示图来管理文件存储空间，并采用显式链接分配方式，则可以将位示图合并到FAT中。文件目录结构采用多用户多级目录结构，每个目录项包含文件名、物理地址、长度等信息，还可以通过目录项对文件的读和写操作进行保护。

5. 参考源程序

```
#include <conio.h>
#include <stdio.h>
#include <iostream>
using namespace std;
typedef struct FDT
{ char fname[8],exfname[3],propert;
  int size;
```

```
    struct FDT * sibling, * son;
  }FDT, * FP;
  FP Root = NULL;
  int eqn(char x[ ],int c,char y[ ]);
  FP chdir(FDT * t)
{ char ch,pname[81],tn[9] = {"","","","","","","","",'\0'}; /* 假定路径名长不超过 8 */
  int i,k;
  FP r;
  printf("请输入新选择的目录所在的路径名及目录名(如:\\abc\\ttt)\n");
  scanf("%s",pname);
  printf("所选目录是:%s\n",pname);
  i = 0;
  r = t;
  while(pname[i]! = '\0')
  {k = 0;
  while(pname[i] == '\\') i++;
  while(pname[i]!  = '\\'&&pname[i]! = '\0')
                              tn[k++] = pname[i++];
  if(r) r = r -> son;
  while (r &&(!eqn(tn,8,r -> fname)||((r -> propert! = 'd')&&(r -> propert! = 'D'))))
    r = r -> sibling;
    if(!r)
    { printf("指定的路径或目录错误! 按任一键返回\n");
      getchar();
      return t;
  } }
  printf("你所选当前目录是:%s\n",tn);
  return r;
  }
  int eqn(char x[ ],int c,char y[ ])
  { int i;
    if(!c) return 0;
    for(i = 0;i < c;i++)
    if(x[i] == '\0'&&(y[i] == '')) break;
    else if(x[i]! = y[i]) return 0;
    return 1;
  }
  void displist(FP q)
  { int i;
    i = 0;
    while(i < 8) putchar(q -> fname[i++]);
    printf(" ");
    i = 0;
```

```
    while(i<3)putchar(q->exfname[i++]);
    printf(" %c ",q->propert);
    if(q->propert!='D'&&q->propert!='d') printf("%d\n",q->size);
    else printf("\n");
  }
  void dlist(FDT *ptr)
  { int i;
    FP r;
    char fn[9],exfn[4],c1,c2;
    c1=c2='';
    r=ptr->son;
    printf("输入要查看的当前目录下的文件/子目录名(*代表全体):");
    scanf("%s",fn);
    printf("\n输入文件的扩展名(*代表全体或子目录):");
    scanf("%s",exfn);
    if(!r)
    { printf("当前目录为空! 按任一键返回\n");
      getchar(); getchar();
      return; }
    i=0;
    while(i<8 && fn[i]=='') i++;
    if(i<8) c1=fn[i];
    i=0;
    while(i<3 && exfn[i]=='') i++;
    if(i<3) c2=exfn[i];
    if(c1=='*'&& c2=='*')
    { while(r)
      { displist(r); r=r->sibling; }
    }
    if(c1!='*'&& c2!='*')
    { if(!r)
      {printf("查看的文件没有,按任一键返回");
      getchar(); getchar(); return;
      }
      while(r&&(!eqn(fn,8,r->fname)||!eqn(exfn,3,r->exfname)))r=r->sibling;
      displist(r);
    }
    if(c1=='*'&& c2!='*')
    { printf(" *&&x");
      while(r)
      { while(!eqn(exfn,3,r->exfname))r=r->sibling;
        displist(r);
        r=r->sibling;
```

```
    } }
    if(c1! ='*'&& c2 =='*')
    { printf("x&& *");
      while(r)
      { while(! eqn(fn,8,r -> fname)) r = r -> sibling;
        displist(r);
        r = r -> sibling;
    } }
    printf("所有内容如上显示,按任一键返回!");
    getchar(); getchar();
}
void create(FP r)
{ char mn[9],exn[4] = {'','','','\0'};
    int s,i;
    char pt;
    FP q;
    printf("输入要在当前目录下新建的文件/子目录名:");
    scanf("%s",mn);
    printf("\n 输入要建立文件/子目录的属性:A = 归档/R = 只读/H = 隐含/D = 子目录:");
    pt = getchar();
    while(pt < 65 || pt > 102)
    pt = getchar();
    if(pt! ='D'&& pt! ='d')
    { printf("\n 输入扩展名:");
      scanf("%s",exn);
      printf("\n 输入文件大小 -- 字节数:");
      scanf("%d",&s);
    } else s = 0;
    q = (FDT *)malloc(sizeof(struct FDT));
    i = 0;
    while(i < 8&&mn[i]! ='\0')
    { q -> fname[i] = mn[i]; i ++; }
    while(i < 8) q -> fname[i ++] ='';
    i = 0;
    while(i < 3&&exn[i]! ='\0')
    { q -> exfname[i] = exn[i]; i ++; }
    while(i < 3) q -> exfname[i ++] ='';
    q -> propert = pt;
    q -> size = s;
    q -> sibling = q -> son = NULL;
    if(r -> son)
    { r = r -> son;
      while(r -> sibling)
```

```
    r = r -> sibling;
    r -> sibling = q;
  } else r -> son = q;
  printf("新建的文件/子目录是:");
  for(i = 0;i < 8;i ++) putchar(q -> fname[i]);
  for(i = 0;i < 3;i ++) putchar(q -> exfname[i]);
  printf(" %c %d\n",q -> propert,q -> size);
}
void deletef(FP ptr)
{ char fn[9],exn[4],ch;
  FP r,q;
  q = ptr;
  r = ptr -> son;
  printf("输入要删除的文件/子目录名:");
  scanf("%s",fn);
  printf("输入要删除的文件扩展名(子目录用*):");
  scanf("%s",exn);
  if(exn[0]! ='*')
  while(r &&(!eqn(fn,8,r -> fname)||!eqn(exn,3,r -> exfname)))
  { q = r; r = r -> sibling; }
  else
  while(r&&(!eqn(fn,8,r -> fname)||
     (r -> propert! ='d')&&(r -> propert! ='D')))
  { q = r; r = r -> sibling; }
  if(!r)
  { printf("要删除的文件/子目录不存在! 按任一键返回...");
    getchar(); getchar();
    return;
  }
  else if(((r -> propert =='d'||r -> propert =='D'))&&r -> son)
  { printf("要删除的子目录不空!");
  return; }
  else
  { if(q -> son == r)
    { q -> son = r -> sibling; free(r); }
    else
    { q -> sibling = r -> sibling;
      free(r); }
    printf("文件/子目录%s已删除!",fn);
  } }
void copyf(FP r)
{ printf("暂时尚未实现! 按任一键返回...\n");
  getchar(); getchar();
```

```
}
void movef(FP r)
{ printf("暂时尚未实现! 按任一键返回... \n");
  getchar(); getchar();
}
void main()
{ FP p;
  int i,choice;
  char n[] = {'R','O','O','T','','','',''};
  p = Root = (FDT *)malloc(sizeof(FDT));
  p->son = p->sibling = NULL;
  for(i=0;i<8;i++) p->fname[i] = n[i];
  for(i=0;i<3;i++) p->exfname[i] ='';
  for(;;)
  { choice =0;
    //clrscr();
    printf("\n\n\n 请在下列操作中选择\n");
    printf(" 1 改变当前目录\n");
    printf("2 查看目录\n");
    printf("3 建立文件/子目录\n");
    printf("4... 删除文件/子目录\n");
    printf("5... 复制文件\n");
    printf("6... 移动文件/子目录\n");
    printf("0... 结束本程序\n");
    scanf("%d",&choice);
    printf("\n");
    switch (choice)
    { case 1:p = chdir(p);break;
      case 2:dlist(p);break;
      case 3:create(p);break;
      case 4:deletef(p);break;
      case 5:copyf(p);break;
      case 6:movef(p);
      }
    if(choice ==0) break;
  }/*for*/
}/*main*/
```

9.5 实验 5 Linux 操作系统下的设备管理

1. 实验目的

通过本实验的学习，熟悉 Linux 操作系统中设备驱动程序的组成，掌握简单字符设备驱动程序的编写方法及 Linux 操作系统的设备管理方法。

2. 准备知识

(1) 设备驱动程序的简单介绍

Linux 设备驱动程序集成在内核中，是驱动或操作硬件控制器的软件。从本质上讲，驱动程序是常驻内存的低级硬件处理程序的共享库，它们是内核中具有高特权、常驻内存、可共享的下层硬件处理例程。设备驱动程序封装了如何控制设备的技术细节，通过特定的接口导出一个规范的操作集合，内核使用规范的设备接口通过文件系统接口把设备操作导出到用户空间程序中。

在 Linux 中，字符设备和块设备的 I/O 操作有所区别。块设备在每次硬件操作时把一个数据块传送到主存缓存中或从主存缓存中把一个数据块传送到设备中；而字符设备并不使用缓存，信息传送以单个字节为单位进行。

Linux 操作系统允许设备驱动程序作为可装载内核模块实现，也就是说，设备接口的实现不仅可以在 Linux 操作系统启动时进行注册，还可以在 Linux 操作系统启动后装载模块时进行注册。

Linux 的设备驱动程序有如下一些特点。

1) 设备驱动程序是内核的一部分，如果驱动程序出错，有可能导致系统崩溃。

2) 设备驱动程序必须为内核或者其子系统提供标准接口。例如，一个终端驱动程序必须为内核提供一个文件 I/O 接口；一个 SCSI 设备驱动程序应该为 SCSI 子系统提供一个 SCSI 设备接口。

3) 设备驱动程序使用一些标准的内核服务，如内存分配等。

4) 大多数的 Linux 设备驱动程序都可以在需要时装载进内核，在不需要时从内核中卸载。

5) Linux 设备驱动程序可以集成为内核的一部分，也可以根据需要把驱动程序的一部分集成到内核中，只需要在系统编译时进行相应的设置即可。

6) 当系统启动且各个设备驱动程序初始化后，驱动程序便可以处理其控制的设备。如果设备驱动程序控制的设备不存在也不会影响系统运行。

(2) 设备驱动程序与外界的接口

每种类型的驱动程序，不管是字符设备驱动程序还是块设备驱动程序，都为内核提供相同的调用接口，故内核能以相同的方式处理不同的设备。Linux 为不同类型的设备驱动程序维护相应的数据结构，以便定义统一的接口并实现驱动程序的可装载性和动态性。Linux 设备驱动程序与外界的接口分为以下 3 个部分：驱动程序与操作系统内核的接口、驱动程序与系统引导的接口、驱动程序与设备的接口。

(3) 设备驱动程序的组织结构

设备驱动程序有一个比较标准的组织结构，一般可以分为 3 个主要组成部分：自动配置和初始化子程序、服务于 I/O 请求的子程序、中断服务子程序。

(4) 设备驱动程序的代码

Linux 内核通过一个 file 结构来识别设备驱动程序，且通过 file_operations 结构来访问设备驱动程序中的函数。

Linux 的设备驱动程序代码通常包含几个部分：驱动程序的注册与注销、设备的打开与释放、设备的读/写操作、设备的控制操作、设备的中断和轮询处理。

3. 实验要求

编写一个简单的字符设备驱动程序。要求该字符设备包括 scull_open()（打开）、scull_write()（写入）、scull_read()（读取）、scull_ioctl()（控制）和 scull_release()（释放）5 个基本操作，并编写一个测试程序来测试所编写的字符设备驱动程序。

4. 实验指导

（1）字符设备驱动程序要用到的数据结构

```
struct device_struct{
const char *name;
struct file_operations *chops;
};
static struct device_struct chrdevs[MAX_CHRDEV];
typedef struct Scull_Dev {
    void **data;
    int quantum;                    // 当前容量大小
    int qset;                       // 当前数组大小
    unsigned long size;
    unsigned int access_key;        // 由 sculluid 和 scullpriv 使用的存取字段
    unsigned int usage;             // 当设备正在使用时,将它加锁
    struct Scull_Dev *next;         // 指向下一个设备
} scull;
```

（2）字符设备的结构

字符设备的结构即字符设备的开关表。当字符设备注册到内核后，字符设备的名字和相关操作被添加到 device_struct 结构类型的 chrdevs 全局数组中，称 chrdevs 为字符设备的开关表。下面以一个简单的例子说明字符设备驱动程序中字符设备结构的定义（假设设备名为 scull）。

```
**** file_operation 结构定义如下,即定义 chr 设备的_fops ****
    static int scull_open(struct inode *inode,struct file *filp);
    static int scull_release(struct inode *inode,struct file *filp);
    static ssize_t scull_write(struct inode *inode,struct file *filp,const char *buffer,int count);
    static ssize_t scull_read(struct inode *inode,struct file *filp,char *buffer,int count);
    static int scull_ioctl(struct inode *inode,struct file *filp,unsigned long int cmd,unsigned long arg);
    struct file_operation chr_fops =
    {   NULL,                   // seek
        scull_read,             // read
        scull_write,            // write
        NULL,                   // readdir
        NULL,                   // poll
        scull_ioctl,            // ioctl
        NULL,                   // mmap
        scull_open,             // open
```

```
        NULL,                  // flush
        scull_release,         // release
        NULL,                  // fsync
        NULL,                  // fasync
        NULL,                  // check media change
        NULL,                  // revalidate
        NULL                   // lock
};
```

(3）字符设备的驱动程序入口

字符设备的驱动程序入口点主要包括初始化字符设备、字符设备的I/O调用和中断。在系统引导时，每个设备驱动程序通过其内部的初始化函数init()对其控制的设备及其自身初始化。字符设备的初始化函数是chr_dev_init()，在/linux/drivers/char/mem.c中，它的主要功能之一是在内核中登记设备驱动程序，具体方法是调用register_chrdev()函数。register_chrdev()函数定义如下：

```
#include <linux/fs.h>
#include <linux/errno.h>
int register_chrdev(unsigned int major,const char * name,struct file_operation * fops);
```

其中，major是为设备驱动程序向系统申请的主设备号，如果为0，则系统为此驱动程序动态地分配一个主设备号；name是设备名；fops是前面定义的file_operation结构的指针。在登记成功的情况下，如果指定了major，则register_chrdev()返回值为0；如果major值为0，则返回内核分配的主设备号，且若register_chrdev()操作成功，设备名便会出现在/proc/devices文件中。在登记失败的情况下，register_chrdev()返回值为负。

初始化部分一般还负责给设备驱动程序申请系统资源，包括内存、中断、时钟、I/O端口等。这些资源也可以在open()子程序或别的地方申请。当申请的资源不再使用时，应释放它们，以利于资源的共享。

用于字符设备的I/O调用主要有open()、release()、read()、write()和ioctl()。

open()函数的使用比较简单，当一个设备被进程打开时，open()函数被唤醒：

```
static int scull_open(struct inode * inode,struct file * filp) {
    ⋮
    MOD_INC_USE_COUNT;
    return 0;
}
```

注意宏MOD_INC_USE_COUNT的使用：Linux内核需要跟踪系统中每个模块的使用信息，以确保设备的安全使用。MOD_INC_USE_COUNT和MOD_DEC_USE_COUNT可以检查使用驱动程序的用户数，以保护模块不被意外卸载。

release()函数的使用和open()函数相似。

```
static int scull_release(struct inode * inode,struct file * filp) {
    ⋮
```

```
    MOD_DEC_USE_COUNT;
    return 0;
}
```

当设备文件执行 read( )函数调用时，将从设备中读取数据，实际上是从内核数据队列中读取，并传送给用户空间。设备驱动程序的 write( )函数的使用和 read( )函数相似，只不过数据传送的方向发生了变化，即把请求的字节数 count 从用户空间的缓冲区 buf 复制到硬件或内核的缓冲区中。

有时需要获取或改变正在运行的设备的参数，这时就需要用到 ioctl( )函数。

```
static int scull_ioctl(struct inode * inode,struct file * filp,unsigned long int cmd,unsigned long arg);
```

其中，参数 cmd 是驱动程序要执行命令的特殊代码；参数 arg 是任何类型的 4 字节数，它为特定的 cmd 提供参数。在 Linux 中，内核中的每个设备都有唯一的基本号（Base Number）和与基本号相关的命令范围。具体的 ioctl 基本号可参见 Documentation/ioctl - number。Linux 中定义了 4 种 ioctl( )函数调用。

```
_IO(base,command)               // 可以定义所需要的命令，没有数据传送的问题，返回正数
_IOR(base,command,size)         // 读操作的 ioctl 控制
_IOW(base,command,size)         // 写操作的 ioctl 控制
_IOWR(base,command,size)        // 读写操作的 ioctl 控制
```

当用到的硬件设备产生中断信号时，需要中断服务子程序。

下面给出几个入口函数流程图的参考设计。

1）scull_open( )函数，流程图如图 9-5 所示。

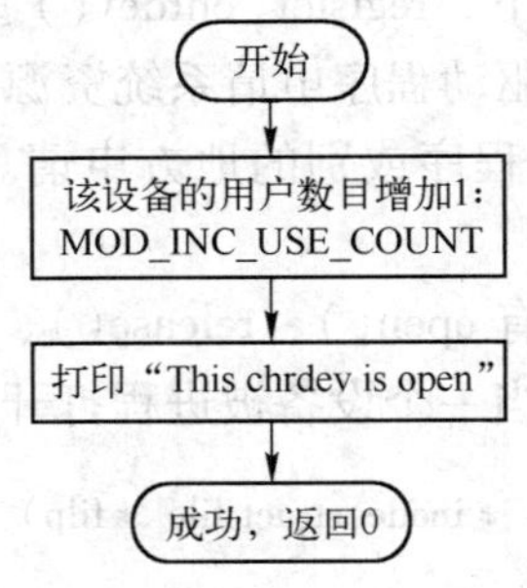

图 9-5　scull_open( )函数的流程图

2）scull_write( )函数，流程图如图 9-6 所示。

3）scull_read( )函数，流程图如图 9-7 所示。

4）scull_ioctl( )函数，流程图如图 9-8 所示。

图 9-8 中的相关术语说明如下。

SRT：SCULL_RESET；SQNM：SCULL_QUERY_NEW_MSG；SQML：SCULL_QUERY_MSG_LENGTH。

5）scull_release( )函数，流程图如图 9-9 所示。

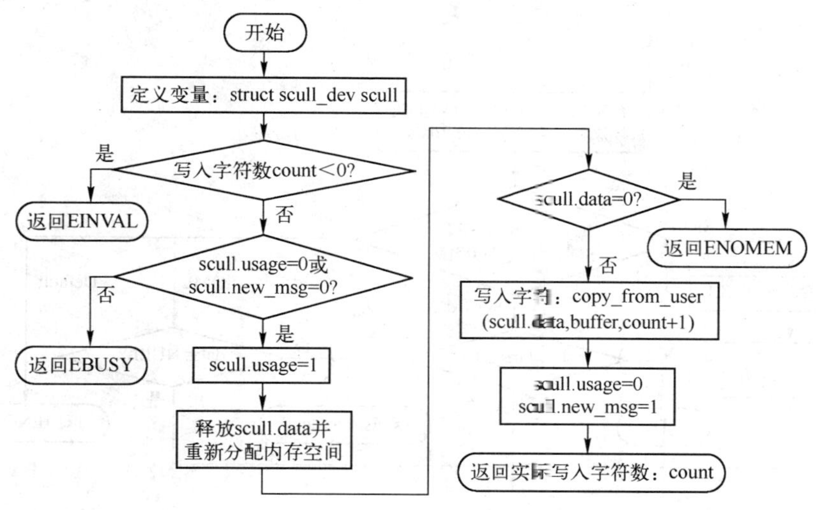

图 9-6　scull_write()函数的流程图

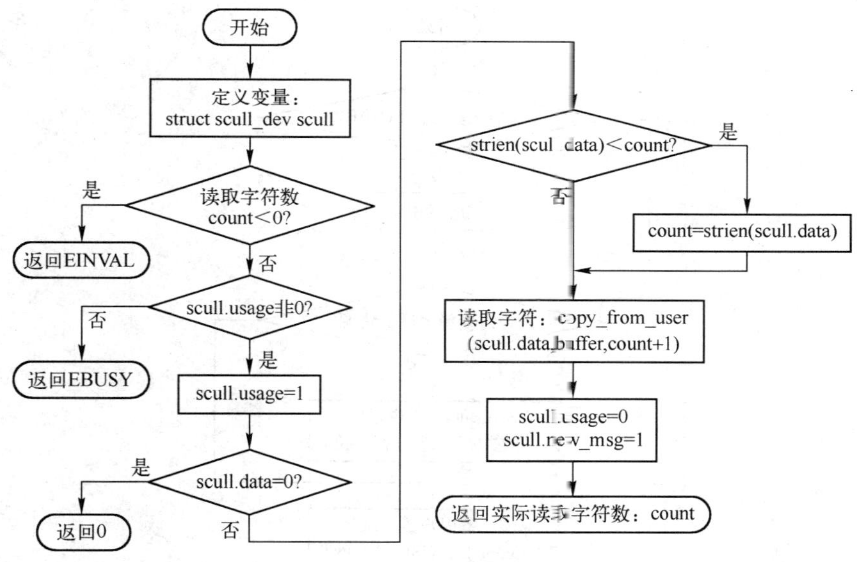

图 9-7　scull_read()函数的流程图

（4）字符设备驱动程序的安装

编写完设备驱动程序后，下一项任务是对它进行编译和装入可引导的内核。对于字符驱动程序，可以通过下面步骤完成。

1）将自定义头文件 scull. h 和文件 scull. c 复制到包含字符设备驱动程序源代码的 drivers/char 子目录中。

2）在 chr_dev_init()函数的最后调用 init_module()子程序（chr_dev_init()函数在 drivers/char/mem. c 中）。

3）编辑 drivers/char 目录中的 makefile 文件，将 driver. c 的名称放在 OBJS 定义的后面，并将 driver. c 名称放在 SRCS 定义的后面。

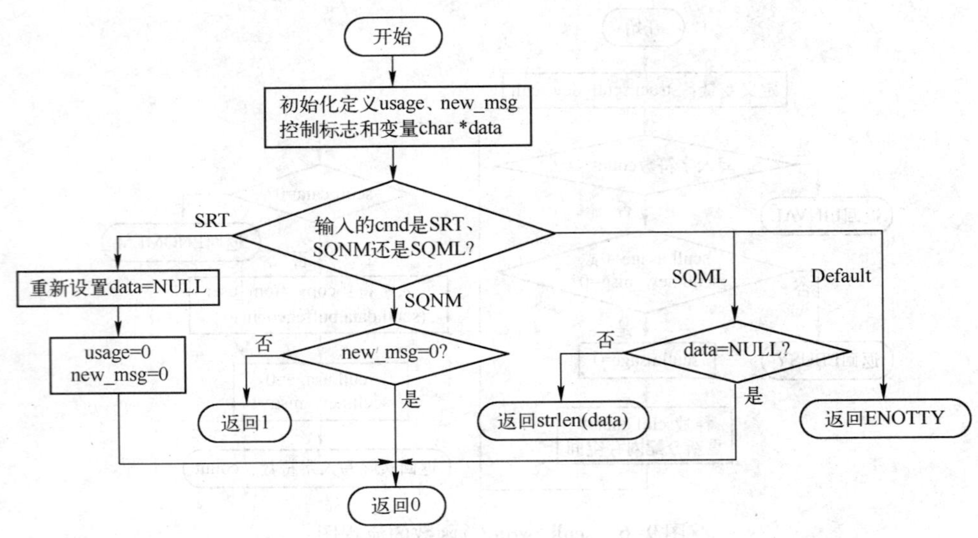

图 9-8　函数 scull_ioctl( ) 的流程图

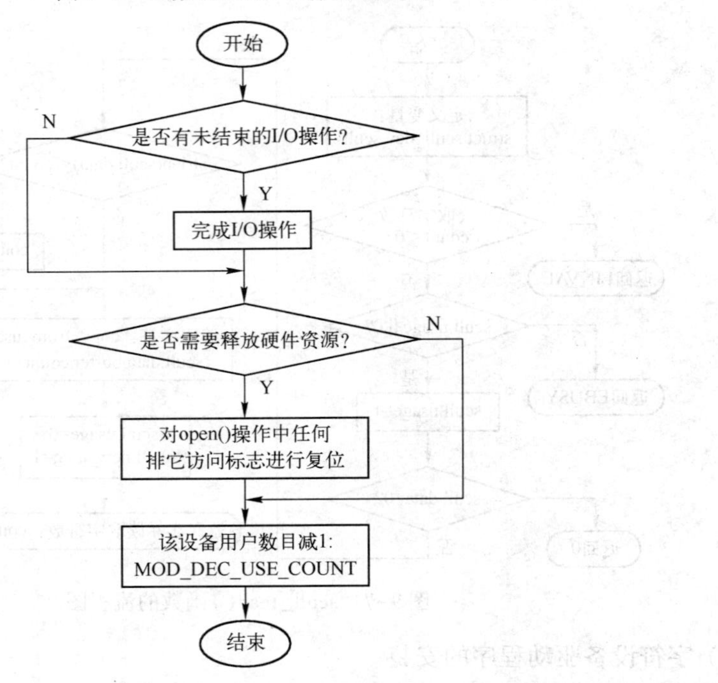

图 9-9　scull_ release( ) 函数的流程图

4）将目录改变到 Linux 源程序目录的最上层，重新建立和安装内核。作为一般性预防措施，当改变内核的代码时，应当将计算机上重要的内容做一次备份。

5）如果用 lilo 引导系统，最好将新内核作为试验项，在 lilo. conf 文件中另加一个 Linux 引导段。

（5）测试函数

在该字符设备驱动程序编译加载后，再在/dev 目录下创建字符设备文件 chrdev，使用命令：#mknod　/dev/chrdev　c　major minor，其中“c”表示 chrdev 是字符设备，“major”是 chrdev 的

主设备号（该字符设备驱动程序编译加载后，可在/proc/devices 文件中获得主设备号，或者使用命令：#cat /proc/devices|awk "\\ $ 2 == \ "chrdev\"{ print\\ $ 1}" 获得主设备号）。

测试函数的流程图如图 9-10 所示。

5. 参考源程序

（1）scull_open( )函数

```
int scull_open( struct inode
    * inode,struct file * filp)
{ MOD_INC_USE_COUNT;
          // 增加该模块的用户数目
  printf( "This chrdev is in open\n" );
  return 0;
}
```

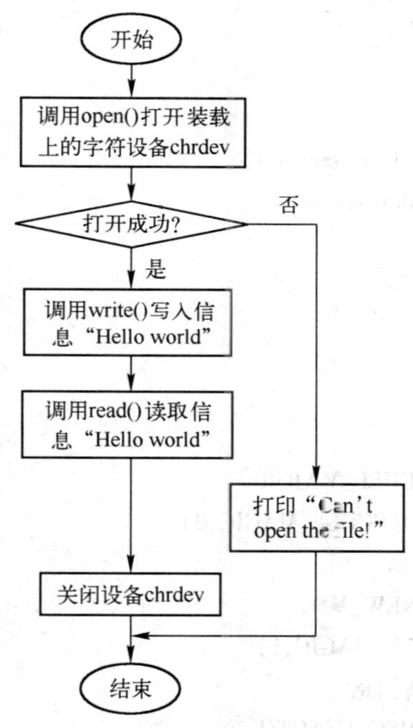

图 9-10　测试函数的流程图

（2）scull_write( )函数

```
intscull_write( struct inode * inode,
    struct file * filp,const char * buffer,
    int count)
{ if( count < 0) return - EINVAL;
if( scull. usage || scull. new_msg)
return - EBUSY; scull. usage = 1;
kfree( scull. data);
data = kmalloc( sizeof( char) * ( count + 1), GFP_KERNEL);
```

```
if( !scull. data) return -ENOMEM;
copy_from_user( scull. data, buffer, count +1 );
scull. usage =0; scull. new_msg =1;
return count;
}
```

(3) scull_read( )函数

```
int scull_read( struct inode *inode;struct file *filp;char *buffer,int count)
{ int length;
  if( count <0 )
  return -EINVAL;
  if( scull. usage) return -EBUSY;
  scull. usage =1;
  if( scull. data ==0 ) return 0;
  length = strlen( scull. data ) ;
  if( length < count)
  count = length;
  copy_to_user( buf, scull. data, count +1 ) ;
  scull. new_msg =0; scull. usage =0;
  return count;
}
```

(4) scull_ioctl( )函数

```
#include <linux/ioctl. h >
#define SCULL_MAJOR 0
#define SCULL_MAGIC SCULL_MAJOR
#defineSCULL_RESET _IO( SCULL_MAGIC,0)
                // 重置数据
#define SCULL_QUERY_NEW_MSG
                _IO( SCULL_MAGIC,1)
                // 查找新信息
#define SCULL_QUERY_MSG_LENGTH
_IO( SCULL_MAGIC,2)
//获得信息长度
#define IOC_NEW_MSG 1
static int usage, new_msg;
//控制标记
static char *data;
int scull_ioctl( struct inode *inode,
struct file *filp, unsigned long int
                cmd, unsigned long arg)
{ int ret =0;
switch( cmd) {
```

```
case SCULL_RESET:
  kfree(data);
  data = NULL;
  usage = 0; new_msg = 0;
  break;
case SCULL_QUERY_NEW_MSG:
  if(new_msg) return IOC_NEW_MSG;
  break;
case SCULL_QUERY_MSG_LENGTH:
  if(data == NULL) return 0;
  else return strlen(data);
  break;
default:
  return -ENOTTY;
}
return ret;
}
```

(5) scull_release()函数

```
void scull_release(struct inode
 *inode,struct file *filp)
{ MOD_DEC_USE_COUNT;  // 该模块的用户数目减 1
printf("This chrdev is in release\n");
return 0;
#ifdef DEBUG
printf("scull_release(%p,%p)\n,inode,filp);
#endif
}
```

(6) 测试函数

```
/* 在该字符设备驱动程序编译加载后，再在/dev 目录下创建字符设备文件 chrdev */
#include <stdio.h>
#include <sys/types.h>
#include <sys/stat.h>
#include <sys/ioctl.h>
#include <stdlib.h>
#include <string.h>
#include <fcntl.h>
#include <unistd.h>
#include <errno.h>
#include "chrdev.h" // 见后面定义
void write_proc(void);
void read_proc(void);
```

```
main( int argc, char * * argv)
{ if( argc == 1)
   { puts( "syntax: testprog[ write|read] \n" );
     exit(0); }
     if( ! strcmp( argv [1], "write" ) )
                    write_porc( );
     else if( ! strcmp( argv [1], "read" ) )
                        read_proc( );
     else
        puts( "testprog: invalid command! \n" );
  return 0;
}
void write_proc( )
{ int fd, len, quit = 0;
  char buf[100];
  fd = open( "/dev/chrdev", O_WRONLY);
  if( fd <= 0)
  { printf( "Error opening device for writing! \n" );
    exit(1); }
while( ! quit)
{ printf( "\n Please write into:" );
  gets( buf);
  if( ! strcmp( buf, "exit" ) ) quit = 1;
  while( ioctl( fd, DYNCHAR_QUERY_NEW_MSG) )
  usleep(100);
  len = write( fd, buf, strlen( buf) );
  if( len < 0)
  { printf( "Error writing to device! \n" );
    close( fd);
    exit(1);
  }
  printf( "\n There are %d bytes written to device! \n", len); }
  close( fd);
}
void read_proc( )
{ int fd, len, quit = 0;
  char * buf = NULL;
  fd = open( "/dev/chrdev", O_RDONLY);
  if( fd < 0)
{ printf( "Error opening device for reading! \n" );
exit(1); }
while( ! quit)
{ printf( "\n Please read out:" );
```

```
while( ! ioctl( fd,DYNCHAR_QUERY_NEW_MSG) )
                                usleep(100);
// 获取信息长度
len = ioctl( fd,DYNCHAR_QUERY_MSG_LENGTH,NULL);
if( len)
{ if( buf ! = NULL) free( buf);
  buf = malloc( sizeof( char) * ( len + 1) );
  len = read( fd,buf,len);
  if( len < 0) {
  printf( "Error reading from device! \n" );
  }
else
{ if( ! strcmp( buf," exit" )
  { ioctl( fd,DYNCHAR_RESET); // 重置
    quit = 1; }
  else printf( "% s \n" ,buf);
} } }
free( buf); close( fd);
}
// 以下为 chrdev. h 定义
#ifndef _DYNCHAR_DEVICE_H
#define _DYNCHAR_DEVICE_H
#include < linux/ioctl. h >
#define DYNCHAR_MAJOR 42
#define DYNCHAR_MAGIC DYNCHAR_MAJOR
#define DYNCHAR_RESET _IO( DYNCHAR_MAGIC,0)
                        // 重置数据
#define DYNCHAR_QUERY_NEW_MSG_IO( DYNCHAR_MAGIC,1)
                                                    //查找新信息
#define DYNCHAR_QUERY_MSG_LENGTH_IO( DYNCHAR_MAGIC,2) // 获得信息长度
#define IOC_NEW_MSG 1
#endif
```

附录　Linux 常用命令

1. 常用文件和目录操作命令

(1) cat

语法：cat file [>|>] [destination file]

功能：在标准输出上显示文件内容。

(2) chmod

语法：chmod [-R] permission-mode file [directory]

功能：改变文件或目录的权限。

(3) chown

语法：chown [-fhR] owner [:group] {file | directory}

功能：改变文件或目录的所有者。

(4) clear

语法：clear

功能：清除终端屏幕。

(5) cmp

语法：cmp [-ls] file1 file2

功能：比较两个文件的内容。

(6) cp

语法：cp [-R] source file or directory destination file or directory

功能：复制文件或目录。

(7) cut

语法：cut [-cdf list] file

功能：提取文件中的若干数据。

(8) diff

语法：diff [-iqb] file1 file2

功能：显示文件内容之间的差异。

(9) du

语法：du [-ask] filenames

功能：汇总磁盘的使用情况。

(10) emacs

emacs 是一个全屏显示编辑器。emacs 中的一些常见编辑命令见表 A-1。

表 A-1　emacs 的常用命令

命　　令	命令的功能	命　　令	命令的功能
〈Ctrl + v〉	向前移动一屏	〈Alt + v〉	向后移动一屏
〈Ctrl + p〉	光标向上移动一行	〈Ctrl + n〉	光标向下移动一行

（续）

命　　令	命令的功能	命　　令	命令的功能
〈Ctrl + f〉	光标向左移动一格	〈Ctrl + b〉	光标向右移动一格
〈Alt + f〉	向前移动一个词	〈Alt + b〉	向后移动一个词
〈Ctrl + a〉	移动至起始行	〈Ctrl + e〉	移动至结束行
〈Alt + a〉	移至句子的起始处	〈Alt + e〉	移至句子的末尾
〈Delete〉	删除光标前的字符	〈Ctrl + c〉	删除光标后的字符
〈Alt + Delete〉	删除光标前的词	〈Alt + d〉	删除光标后的词
〈Ctrl + k〉	删除光标位置到行尾的所有字符	〈Alt + k〉	删除光标位置到当前句尾的内容
〈Ctrl + x〉	取消前一个操作	先输入〈Ctrl + x〉。再输入〈Ctrl + f〉	打开另一个文件
先输入〈Ctrl + x〉。再输入〈Ctrl + s〉	保存当前文件	先输入〈Ctrl + x 〉。再输入〈Ctrl – w〉	另存当前文件
先输入〈Ctrl + x〉。再输入〈s〉	保存最近修改过的全部缓存器内容	先输入〈Ctrl + x〉。再输入〈Ctrl + c〉	退出 emacs

(11) file

语法：file filename

功能：确定文件的类型。

(12) find

语法：find [path] [-type fdl] [-name pattern] [-atime [+ –] number of days] [-exec command {} \ ;] [-empty]

功能：查找文件或目录。

(13) grep

语法：grep [-viw] pattern file(s)

功能：显示文件中匹配指定模式的所有行。

(14) head

语法：head [-count |-n number] filename

功能：显示文件的头几行，默认显示头10行。

(15) ln

语法：ln [-s] sorcefile target

功能：建立硬链接或软链接（符号链接）。

(16) locate

语法：locate keyword

功能：查找文件或命令的路径。

(17) ls

语法：ls [-laRl] file or directory

功能：列出目录下的文件和子目录。

(18) mkdir

语法：mkdir directory

功能：建立目录。

(19) mv

语法：mv [-if] sourcefile targetfile

功能：移动文件（目录），或者更改文件（目录）的名字。

（20）pico

一个全屏文本编辑器。

（21）pwd

语法：pwd

功能：显示当前工作目录的内容。

（22）rm

语法：rm［-rif］file or directory

功能：删除文件或目录。

（23）sort

语法：sort［-rndu］［-o outfile］［infile/sortedfile］

功能：用来排序或者合并文件。

（24）stat

语法：stat file

功能：显示对文件或者目录的各种统计数据。

（25）strings

语法：strings filename

功能：打印至少 4 个字符长的字符序列。

（26）tail

语法：tail［-count|-fr］filename

功能：显示文件最后几行内容，默认显示文件最后 10 行内容。

（27）touch

语法：touch file or directory

功能：更新文件或目录的时间信息。若指定的文件不存在，则建立一个空文件。

（28）umask

语法：umask mask

功能：设置用户的默认文件许可。

（29）uniq

语法：uniq［-c］filename

功能：不重复显示文件的行。

（30）vi

vi 是一个全屏显示编辑器。vi 中的一些常见编辑命令见表 A-2。

表 A-2　vi 的常用命令

命　令	命令的功能	命　令	命令的功能
〈Ctrl + D〉	窗口向下移动半屏	〈Ctrl + U〉	窗口向上移动半屏
〈Ctrl + F〉	翻至前一屏	〈Ctrl + B〉	翻至后一屏
k 或↑	光标移动到上一行	j 或↓	光标移动到下一行
l 或←	光标向左移动一个字符	h 或→	光标向右移动一个字符
-	光标移动到前一行的开始处	Return	光标移动到下一行的开始处

（续）

命　　令	命令的功能	命　　令	命令的功能
w	光标移动到下一个词的词首	b	光标移动到前一个词的词首
0	光标移动到当前行的行首	$	光标移动到当前行的行尾
a	在光标后插入文本	i	在光标前插入文本
o	在当前行后插入一新行	O	在当前行前插入一新行
x	删除光标下的字符	dw	删除一个词（包括后面的空格）
dd	删除当前行	d^	删除从行首到光标左边的字符和空格
:w	将当前文件存盘，但继续编辑	U	取消上一个操作
:ZZ 或 :wq	保存当前文件并退出 vi	:q 或 :q!	不存盘退出 vi

(31) wc

语法：wc [-lwc] filename

功能：统计文件的行数、字符数和单词数。

(32) whatis

语法：whatis keyword

功能：用一行内容显示关于 keyword 的描述。它等同于 man-f。

(33) whereis

语法：whereis [-bmsu] [-BMS directory … -f] filename

功能：确定指定文件的位置和其手册部分的位置。

(34) which

语法：which command

功能：显示可执行命令的路径和别名。

2. 文件压缩和文件归档命令

(1) compress

语法：compress [-v] file(s)

功能：压缩文件。压缩后的文件具有 . Z 扩展名。

(2) gunzip

语法：gunzip [-v] file(s)

功能：将扩展名为 . gz、-gz、. z、-z、_z、. Z、tgz 等的压缩文件解除压缩状态。

(3) gzip

语法：gzip [-rvlcdt] file(s)

功能：压缩文件。压缩后的文件具有 . gz 扩展名。

(4) rpm

语法：rpm [-ivhqladefUV] [-force] [nodeps] [-oldpackage] package list

功能：Red Hat 公司的包管理程序，使用它来管理 RPM 包，使之快速地安装或卸载。

(5) tar

语法：tar [c] [x] [v] [z] [f filename] file or directory names

功能：将多个文件或目录归档成一个文件；也可以从归档文件中抽取文件和目录，恢复原来的文件或目录。

（6）uncompress

语法：uncompress [-v] file(s)

功能：将扩展名为.Z 的压缩文件解压缩。

（7）unzip

语法：unzip file(s)

功能：将扩展名为.zip 的压缩文件解压缩。

（8）zip

语法：zip [-ACDe9] file(s)

功能：压缩文件。压缩后的文件具有.zip 扩展名。

3. 文件系统命令

（1）dd

语法：dd if = input file [conv = conversion type] of = output file [obs = output block size]

功能：将输入文件按照指定格式转换后再写到输出文件。

（2）df

语法：df [-k] filesystem or file

功能：汇总计算机系统中磁盘空间的使用情况。

（3）edquota

语法：edquota [-p name] [-ugt] username or groupname

功能：给用户或用户组分配磁盘使用定额。

（4）fdisk

语法：fdisk hard disk device

功能：对硬盘进行分区。

（5）mkfs

语法：mkfs [-t fstype] [-cv] device or mount point [blocks]

功能：创建新的文件系统。

（6）mount

语法：mount -a [-t fstype] [-o options] device directory

功能：安装文件系统。

（7）quota

语法：quota [-u username] [-g groupname]

功能：查询用户或用户组使用磁盘的情况。

（8）swapoff

语法：swapoff -a

功能：停止交换设备。

（9）swapon

语法：swapon -a

功能：启动交换设备。

(10) umount

语法：umount [-a] [-t fstype]

功能：卸载文件系统。

4. 系统状态命令

(1) dmesg

语法：dmesg

功能：显示内核启动的状态信息。

(2) free

语法：free

功能：显示内存的使用状态。

(3) shutdown

语法：shutdown [-r] [-h] [-c] [-k] [-t seconds] time [message]

功能：关闭系统或重新启动系统。

(4) uname

语法：uname [-m] [-n] [-r] [-s] [-v] [-a]

功能：显示当前系统的信息。

(5) uptime

语法：uptime

功能：显示当前时间、系统开机的时间、有多少用户连接在服务器上，以及最近系统负载等信息。

5. 用户管理命令

(1) chfn

语法：chfn username

功能：改变用户的个人信息。

(2) chsh

语法：chsh username

功能：改变用户的 shell。

(3) groupadd

语法：groupadd groupname

功能：建立新的用户组。

(4) groupmod

语法：groupmod -n new-group current-group

功能：修改已经存在用户组的组名或 GID。

(5) groups

语法：groups [username]

功能：显示用户组的组名。

(6) last

语法：last [-number] [username] [reboot]

功能：显示/var/log/wtmp 文件创建后已登录用户的清单。

(7) passwd

语法：passwd username

功能：设置或修改用户的密码。

(8) su

语法：su [-] [username]

功能：从当前用户切换到其他用户。

(9) useradd

语法：useradd newuser

功能：建立一个新的用户账号。

(10) userdel

语法：userdel username

功能：删除已存在的用户账号。

(11) usermod

语法：usermod -d new home directoy username

功能：修改用户的账号。

(12) who

语法：who

功能：显示当前用户的信息。

(13) whoami

语法：whoami

功能：显示当前用户的用户名。

6. 访问网络的用户命令

(1) finger

语法：finger user@ host

功能：查询主机的 finger 守护进程。

(2) ftp

语法：ftp ftp-hostname or IP-address

功能：默认的 FTP 客户程序。

(3) lynx

语法：lynx [-dump] [-head] [URL]

功能：基于文本的交互式网络浏览器。

(4) mail

语法：mail user@ host [-s subject] [<filename]

功能：默认的 SMTP 邮件客户程序。

(5) pine

语法：pine

功能：一个全屏的 SMTP 邮件客户程序。

(6) rlogin

语法：rlogin [-l username] host

功能：用于远程登录到主机。

(7) talk

语法：talk username tty

功能：用于实时地与某个用户交流信息。

(8) telnet

语法：telnet hostname or IP-address [port]

功能：默认的 Telnet 客户端程序，通过它可以连接到 Telnet 服务器。

(9) wall

语法：wall

功能：将随后输入的文本信息发送到所有用户终端。

7. 网络管理命令

(1) host

语法：host [-a] host-IP-address

功能：检查主机的 IP 地址，或者获得指定主机或 IP 地址的 DNS 信息。

(2) hostname

语法：hostname

功能：显示系统的主机名。

(3) ifconfig

语法：ifconfig [interface] [up] [down] [netmask mask]

功能：设置网络接口，也可以利用它观察网络接口的状态。

(4) netstat

语法：netstat [-r] [-a] [-c] [-i]

功能：显示本地系统的网络连接状态。

(5) nslookup

语法：nslookup [-query = DNS record type] [hostname or IP] [name-server]

功能：执行 DNS 查询。

(6) ping

语法：ping [-c count] [-s packet size] [-l interface]

功能：检查本机是否能通过 TCP/IP 连接到远程计算机上。

(7) route

语法：route add -net net-address netmask dev device
route add -host hostname or IP dev device
route add default gw hostname or IP

功能：设置网络路径（路由）和默认网关等。

(8) tcpdump

语法：tcpdump expression

功能：网络测试工具，用来检查网络故障。

(9) traceroute

语法：traceroute host or IP-address

功能：检查网络路由问题。

8. 进程管理命令

（1）bg

语法：bg

功能：用来将某个进程放到后台运行。

（2）fg

语法：fg [% job-number]

功能：用来将后台的命令转到前台运行。

（3）jobs

语法：jobs

功能：用来查看挂起的所有作业。

（4）kill

语法：kill [-s signal | -p] [-a] PID
　　　kill -l [signal]

功能：给进程发送信号，默认可以杀死一个或多个进程。

（5）killall

语法：killall [-egiqvw] [-signal] name
　　　Killall [-l] [-v]

功能：给指定名字的所有进程实例发送信号，默认可以杀死指定名字的所有进程实例。

（6）ps

语法：ps

功能：报告系统的所有进程。

（7）top

语法：top

功能：用于实时监测进程。

9. 自动任务命令

（1）at

语法：at [-V] [-q queue] [-f file] [-mldbv] time
　　　at -c job [job...]

功能：用来安排作业或命令在指定的时间执行。

（2）atq

语法：atq [-V] [-q queue] [-v]

功能：显示 at 作业队列中当前规划的作业。

（3）atrm

语法：atrm [-V] [-q queue] [-v]
　　　atrm [-V] job [job...]

功能：删除 at 作业。

（4）contab

语法：contab [-u user] file

contab [-u user] { -l | -r | -e }

功能：用来安排任务在指定的时间自动执行。contab 与 at 命令的区别是，at 任务只执行一次，而 contab 任务可以重复执行。

10. 打印命令

（1）lpq

语法：lpq [-al] [-p printer]

功能：列出打印机的状态。

（2）lpr

语法：lpr [-i indentcols] [-p printer] filename

功能：打印指定文件。

（3）lprm

语法：lprm [-a] [jobID] [all]

功能：删除打印队列中的某个或某些等待打印的任务。

11. 其他常用命令

（1）alias

语法：alias name of the alias = command

功能：给指定命令创建一个别名。

（2）bc

语法：bc

功能：一个交互式计算器。

（3）cal

语法：cal [month] [year]

功能：显示指定年、月的日历。

（4）history

语法：history

功能：显示最近在命令行输入的所有命令。

（5）ispell

语法：ispell filename

功能：以交互方式校对文本文件中的拼写错误。

（6）mesg

语法：mesg [y|n]

功能：打开或停止对终端的公共写访问。

（7）set

语法：set var = value

功能：设置环境变量。

（8）source

语法：source filename

功能：使文件可以在当前的 shell 环境下执行。

(9) unalias

语法：unalias name of the alias

功能：删除命令的别名。

(10) write

语法：write username tty

功能：用来向指定用户、指定终端发送消息。

参考文献

[1] 汤子瀛，哲凤屏，汤小丹．计算机操作系统（修订版）[M]．西安：西安电子科技大学出版社，2001.

[2] 孙钟秀，等．操作系统教程 [M]．4 版．北京：高等教育出版社，2008.

[3] 罗宇，邹鹏，邓胜兰，等．操作系统 [M]．2 版．北京：电子工业出版社，2007.

[4] 任爱华，王雷．操作系统实用教程 [M]．2 版．北京：清华大学出版社，2004.

[5] 张献忠．操作系统实用教程 [M]．北京：电子工业出版社，2007.

[6] 刘振鹏，王煜，张明．操作系统 [M]．2 版．北京：中国铁道出版社，2007.

[7] 孔宪君，吕滨．计算机网络操作系统原理与应用 [M]．北京：机械工业出版社，2006.

[8] 宗大华，宗涛．操作系统教程 [M]．北京：人民邮电出版社，2008.

[9] Mohammed J Kabir. Red Hat Linux 7 服务器使用指南 [M]．路晓村，徐小青，刘娟，等译．北京：电子工业出版社，2001.

[10] 曹先彬，陈香兰．操作系统原理与设计 [M]．北京：机械工业出版社，2009.

[11] 张尧学，史美林，张高．计算机操作系统教程 [M]．3 版．北京：清华大学出版社，2006.

[12] 颜彬，李登实．计算机操作系统 [M]．北京：清华大学出版社，2007.

[13] 曾平，郑鹏，金晶．操作系统教程 [M]．2 版．北京：清华大学出版社，2008.

[14] 郁红英，李春强．计算机操作系统实验指导 [M]．北京：清华大学出版社，2008.